W0267968

109 Anaesthesiologie und Intensivmedizin
Anaesthesiology and Intensive Care Medicine

20 Jahre Fluothane

Herausgegeben von

E. Kirchner

Mit 151 Abbildungen

Springer-Verlag
Berlin Heidelberg New York 1978

Professor Dr. med. Erich Kirchner

Direktor des Instituts für
Anaesthesiologie der Med. Hochschule
Zentralklinikum Roderbruch
Karl-Wiechert-Allee 9, 3000 Hannover

ISBN-13: 978-3-540-08602-4 e-ISBN-13:978-3-642-66862-3
DOI: 10.1007/978-3-642-66862-3

Library of Congress Cataloging in Publication Data. Main entry under title: 20 [i. e. Zwanzig] (Anaesthesiologie und Intensivmedizin; 109) Papers presented at a symposium. „Das Symposium . . . . wurde aus Anlaß des 10jährigen Bestehens des Instituts für Anaesthesiologie der Medizinischen Hochschule Hannover veranstaltet." Bibliography: p. Includes index. 1. Halothane-Congresses. 2. Hannover. Medizinische Hochschule. Institut für Anaesthesiologie. II. Series: Anaesthesiology and Intensive Care Medicine; 109. RD86.H3Z9 615'.781 77-26961

Reprint of the original edition 1978

Druck und Bindearbeiten: Meister Druck Kassel.
2127/3140-543210

Vorwort

Das Symposion "20 Jahre Fluothane" wurde aus Anlaß des 10-jährigen Bestehens des Instituts für Anaesthesiologie der Medizinischen Hochschule Hannover veranstaltet.

20 Jahre eigene Erfahrung mit Fluothane, gesammelt zunächst unter RUDOLF FREY (Heidelberg) und HEINZ OEHMIG (Marburg/L.) und seit 1966 im eigenen Bereich in Hannover, hatten ihre Grundlage in dem ersten Bericht von MICHAEL JOHNSTONE (Manchester) - unserem Ehrengast - der am 20. Januar 1956 erstmals Fluothane am Menschen anwendete.

Fluothane ist chemisch ein 2-brom-2-chlor-1,1,1-trifluoraethan, sein internationaler Freiname ist Halothan.

Es wurde von SUCKLING synthetisiert und von RAVENTÓS pharmakologisch untersucht.

Mit der Einführung des Fluothane in die Narkose-Praxis begann ein neuer Abschnitt in der Geschichte der Inhalationsnarkose. Kein Narkosemittel ist seither mit soviel Enthusiasmus, Sorgfalt und aus so vielen Blickrichtungen untersucht worden, wie das Fluothane.

Dabei lieferte die geleistete Forschungsarbeit nicht nur Informationen über das neue Inhalationsnarkoticum, sondern brachte eine Erweiterung unserer Kenntnisse auf dem Gebiet der Anaesthesie allgemein und dazu wesentliche Erfahrungen in der Anwendung wissenschaftlicher Methoden im Fachgebiet der Anaesthesiologie.

Fluothane hat günstige physikalische Eigenschaften, verändert sich nicht in Gegenwart von Atemkalk und ist in den bei der Narkose angewendeten Mischungsverhältnissen mit Sauerstoff oder Lachgas-Sauerstoff weder brennbar noch explosibel.

Die Ausscheidung erfolgt hauptsächlich über die Lunge; nur ein sehr geringer Anteil wird verstoffwechselt. Dabei entstehen Abbauprodukte, die ihrerseits nicht narkotisch wirken und deshalb für die Aufrechterhaltung der Narkose keine Rolle spielen.

Eine reversible Dämpfung des Zentralnervensystems beginnt in der Hirnrinde und breitet sich allmählich bis in die Medulla oblongata aus. Der zentrale Atemantrieb wird dabei vor den Kreislaufzentren gedämpft.

Fluothane hat einen angenehmen Geruch, es reizt die Schleimhäute der oberen Luftwege nicht. Sauerstoff oder Lachgas-Sauerstoffgemische können als Trägergase verwendet werden. Die Konzentration läßt sich in der Anflutungsphase so schnell steigern, daß das Excitationsstadium - das sich bei langsamer Anflutung in klassischer Weise demonstrieren läßt - nicht störend bemerkbar macht. Die Abwesenheit von Brechreiz und Hustenreiz lassen es zu, die endotracheale Intubation bei gehöriger Narkosetiefe, begünstigt durch eine frühzeitige Entspannung der Kiefer-Larynx-Pharynx-Muskulatur, ohne die Anwendung von Muskelrelaxantien vorzunehmen. Der limitierende Faktor ist dabei das Blutdruckverhalten, weshalb die Intubation ohne Relaxation insbesondere bei Kindern angewendet wird. Für Erwachsene hat die Intubation unter Muskelrelaxantien Vorteile: es wird Zeit gespart, die Narkose braucht niemals tiefer zu sein, als es den Erfordernissen der Operation entspricht.

Der geringen Analgesiewirkung wegen ist eine Prämedikation mit Analgetica (nebst Atropin!) und der Zusatz von Lachgas - auch bei Kurznarkosen - vorteilhaft.

Die Bemühungen um schnelle "Straßenfähigkeit" oder gar "Verkehrstüchtigkeit" sind angesichts der erlaubten 0,8 ‰ Alkohol im Blut nicht mehr relevant. Die vorübergehende Bewußtlosigkeit muß ungleich schwerer bewertet werden, als die leichte Alkoholisierung.

Das Fluothane schien eine Abkehr von der ausgefeilten "balanced anaesthesia" und eine Rückkehr zur reinen Inhalationsanaesthesie zu ermöglichen. Heute muß man sagen, daß gerade der Einbau des Fluothane in die "balanced anaesthesia", die Anwendung von thermostabilisierten Verdunstern und die Anwendung assistierter oder kontrollierter Beatmung ermöglicht haben, dieses Anaestheticum bei jeder Art von Anaesthesie einzusetzen. Die Anwendung des Fluothane ist beim Frühgeborenen ebenso möglich wie beim Greis, beim "Gesunden" ebenso wie bei Schwerstkranken und/oder wenn zusätzlich besondere Techniken, z. B. eine kontrollierte Hypotonie, künstliche Hypothermie oder die extracorporale Zirkulation eingesetzt werden sollen.

Spezifische Eigenschaften des Fluothane, etwa die Senkung des Augeninnendruckes, die rasche Entspannung der Kiefer-, Larynx- und Pharynxmuskulatur, die Herabsetzung des Uterustonus, die Erweiterung peripherer Gefäße und der Bronchien, werden gezielt ausgenutzt oder durch geeignete Dosierung in Kombination mit anderen Medikamenten in ihrer Auswirkung eingeschränkt.

Nachteilige Wirkungen des Fluothane - blutdrucksenkende Wirkung, Myokarddepression, Bradykardie in tiefer Narkose, Auskühlung z. B. - die aus einer absoluten oder relativen Überdosierung resultieren oder aus einer unerwünschten Kombination mit Adrenalin entstehen, sind leicht durch geeignete Abwandlungen der Narkosetechnik zu vermeiden.

Deshalb ist auch, obgleich viele Messungen und Deutungen vorliegen, die Frage nach der Bedeutung der Negativa bzw. der

Wertigkeit der erhobenen Befunde bisher offengeblieben. Wir wissen: kein Narkosemittel ist a priori sicher, alle sind potentiell tödlich. So sehr wir uns auch daran gewöhnt haben, die Narkose als harmlose, weil reversible Vergiftung zu sehen, so sehr sind wir betroffen, wenn sich während oder nach der Anwendung von Narkosemitteln, hier des Fluothanes, Katastrophen einstellen.

Während wir mit Veränderungen der Atemtätigkeit, mit Veränderungen des Kreislaufs, der Herzschlagfolge und des Uterustonus keine Probleme mehr haben, schocken uns Ereignisse wie "maligne Hyperthermie", "postoperativer Ikterus" oder "akute gelbe Leberatrophie".

Die Betroffenheit über solche Verläufe wird gesteigert durch die Unwissenheit über die Auslösungsmodi - diese Katastrophen treten auch nach anderen, in der Anaesthesie verwendeten Medikamenten auf - und das Fehlen geeigneter Screening-Methoden, mit deren Hilfe man Warnungen oder Hinweise zur Verschiebung von nicht dringlichen Eingriffen erhielte.

Mehr und mehr werden die Auswirkungen oder möglicherweise schädlichen Einwirkungen von Narkosegasen und -dämpfen auf das Anaesthesiepersonal und die Operationssaalbesetzung diskutiert. Die notwendige Filterung von Narkose-Abgasen oder deren Beseitigung durch geeignete Entlüftungsanlagen oder Absaugaggregate sollte auch in Altbauten Zug um Zug ermöglicht werden.

Die wissenschaftliche Ausstellung, die zu gestalten durch ein Entgegenkommen der Fa. Drägerwerk, Lübeck, möglich war, gibt einen Überblick über die derzeit "einbaufertigen" Anlagen und Möglichkeiten zur Beseitigung von Narkosegasen und -dämpfen.

Die Aussagen des Symposions sind als eine Orientierungshilfe gedacht, welche die Anwendung von Fluothane frei von Spekulationen machen soll und die derzeit wichtigen, zum Teil schwer zugänglichen Befunde zusammenfaßt.

Herzlich danken möchte ich der Fa. ICI-Pharma, Plankstadt, für die Unterstützung des Symposions und des Abdrucks der Vorträge.

Dem Springer-Verlag sei für die sorgfältige Ausführung und drucktechnische Gestaltung des Bandes gedankt.

Hannover, im Januar 1978 Erich Kirchner

Inhaltsverzeichnis

IV. Wissenschaftliche Sitzung (Vorsitz: K.-H. WEIS)

V. Wissenschaftliche Sitzung (Vorsitz: E. KOLB)

Verzeichnis der Referenten und Vorsitzenden

BARTH, L., Prof. Dr. med. habil., F. F. A. R. C. S., Chefarzt der Anaesthesie-Abteilung, Rotes-Kreuz-Krankenhaus, 2800 Bremen

BAUR, H., Dr., Institut für Medizinische Dokumentation und Statistik der Universität Bonn, 5300 Bonn-Venusberg

BLAUM, U., Dr., Anaesthesieabteilung des Krankenhaus Nordwest, 6000 Frankfurt/M.

BIHLER, K., Prof. Dr. med., Chefarzt der Anaesthesieabteilung des Städt. Krankenhauses, 8070 Ingolstadt

BÖHMIG, P., Dr. med., Anaesthesieabteilung der Universität Rom, Italien

BÜTTNER, W., Dr. med., Chefarzt der Anaesthesieabteilung des Krankenhauses St. Petrus, 5300 Bonn

BURKERT, H., Dr. med., Institut für Anaesthesiologie der Universität, 7400 Tübingen

BURM, A., Dr. med., Anaesthesieabteilung des Academisch Ziekenhuis, Leiden, Niederlande

COMELLI, L. F., M. D., Anaesthesieabteilung der Universität Rom, Italien

DAHMEN, H., Dr. med., Anaesthesieabteilung des Ev. Jung-Stilling-Krankenhauses, 5900 Siegen

DAUB, D., Dr. med., Abteilung für Anaestehsiologie der Medizinischen Fakultät der Technischen Hochschule, 5100 Aachen

DEHNEN, H., Dr. med., Institut für Anaesthesiologie der Universität, 4000 Düsseldorf

DIECKMANN, W., Dr. med., Akad. Oberrat, Institut für Anaesthesiologie der Universtität, 7400 Tübingen

DOBBELSTEIN, H., Dr. med., Anaesthesieabteilung des Dreifaltigkeits-Krankenhauses, 5000 Köln-Braunsfeld

EBERLEIN, H. J., Prof. Dr. med., Direktor des Instituts für Anaesthesiologie, Klinikum Charlottenburg der Freien Universität Berlin, Spandauer Damm 130, 1000 Berlin

EHEHALT, V., Dr. med., Dozent an der Anaesthesie-Abteilung am Zentrum für Chirurgie der Universitätskliniken, 6300 Gießen

FISCHER, K. J., Dr. med., Oberarzt in der Zentralen Anaesthesieabteilung der Universität, 2300 Kiel

FOURNELL, A., Dr. med., Institut für Anaesthesiologie der Universität, 4000 Düsseldorf

FREIBERGER, K. U., Dr. med., Chefarzt der zentralen Anaesthesieabteilung des Krankenhauses, 5353 Mechernich

FREY, R., Prof. Dr. med., F. F. A. R. C. S., Direktor des Instituts für Anaesthesiologie der Universität, 6500 Mainz

GULLOTTA, F., Prof. Dr. med., Institut für Neuropathologie der Universität, 5300 Bonn

GARSTKA, G., Dr. med. Akad. OR., Institut für Anaesthesiologie der Universität, 5300 Bonn

GERBERSHAGEN, H. U., Prof. Dr. med., Oberarzt am Institut für Anaesthesiologie der Universität, 6500 Mainz

HARLER, B., Dr. med., Institut für Anaesthesiologie der Universität, 5300 Bonn

HARTUNG, E., Dr. med., Institut für Anaesthesiologie der Universität, 4000 Düsseldorf

HAVERS, L., Prof. Dr. med., Institut für Anaesthesiologie der Universität, 5300 Bonn

HEMPEL, V., Dr. med., Oberarzt im Institut für Anaesthesiologie der Universität, 7400 Tübingen

HEMPELMANN, G., Priv. Doz., Dr. med., Oberarzt im Institut für Anaesthesiologie der Medizinischen Hochschule, 3000 Hannover 61

HENNES, H. H., Dr. med., OMR, Chefarzt der Anaesthesieabteilung am Stadtkrankenhaus, 6450 Hanau

HOLKE, M., Dr. med., Anaesthesieabteilung am Stadtkrankenhaus, 6450 Hanau

HILLEBRAND, W., Dr. med., Physiologisches Institut I der Universität, 3400 Göttingen

HUSE, K. D., Dr. med. Akad. OR, Institut für Anaesthesiologie der Universität, 4000 Düsseldorf

JOEL, W., Dr. med., Medizinische Universitätsklinik, 7400 Tübingen

JOHNSTONE, M., MD., F. F. A. R. C. S., Dept. of Anaesthesie, Royal Infirmary Manchester, University of Manchester, Great Britain

KALFF, G., Prof. Dr. med., Vorstand der Abteilung Anaesthesiologie der Medizinischen Fakultät der Technischen Hochschule, 5100 Aachen

KARLICZEK, G., Dr. med., Anaesthesieabteilung der Universität Groningen, Niederlande

KESSLER, G., Dr. med., Anaesthesieabteilung der Universitätskliniken, 2000 Hamburg-Eppendorf

KNORR, J., Dr. med., Chefarzt der Anaesthesieabteilung des Krankenhauses St. Petrus, 5300 Bonn

KÖHLER, H., Dr. med., Institut für Anaesthesiologie der Universität, 4000 Düsseldorf

KOLB, E., Prof. Dr. med., Direktor der Anaesthesieabteilung am Klinikum rechts der Isar der Technischen Universität, 8000 München

LANDAUER, B., Dr. med., Oberarzt der Anaesthesieabteilung am Klinikum rechts der Isar der Technischen Universität, 8000 München

LAPSIT, H., Dr. med., Anaesthesieabteilung des Stadtkrankenhauses, 6450 Hanau

LEHRBERGER, K., Dr. med., Abteilung für Anaesthesiologie der Universität, 6300 Gießen

LEMPERT, J., Dr. med., Institut für Anaesthesiologie der Universität Wien, Österreich

MAYR, J., Dr. med., Abteilung für Anaesthesiologie der Krankenanstalten Eßlingen/Neckar und Abteilung für Anaesthesiologie des Klinikums Mannheim der Universität Heidelberg

MITTRING, A., Dr. med., Neurochirurgische Abteilung Ev. Jung-Stilling-Krankenhaus, 5900 Siegen

MOSTERT, J. W., MD., Prof. of Anesthesiology, University of Chicago/Illinois, USA

MOTTNER, J., Dr. med., Abteilung für Anaesthesiologie der Universität, 6300 Gießen

OEHMIG, H., Prof. Dr. med., Krankenhauswissenschaftliches Institut Dr. Petri, 5020 Frechen-Marxdorf/Köln

OSER, G., Dr. med., Institut für Anaesthesiologie, Klinikum Charlottenburg der Freien Universität, 1000 Berlin 19

PATSCHKE, D., Priv. Doz., Dr. med., Oberarzt am Institut für Anaesthesiologie, Klinikum Charlottenberg der Freien Universität, 1000 Berlin 19

PICHLMAYR, Ina, Prof. Dr. med., Akad. Dir., Institut für Anaesthesiologie der Medizinischen Hochschule Hannover, Arbeitsbereich Krankenhaus Oststadt, 3000 Hannover

PIGNATELLI, M. G., Dr. med., Anaesthesieabteilung der Universität Padua, Italien

PIEPENBROCK, S., Dr. med., Oberarzt am Institut für Anaesthesiologie der Medizinischen Hochschule, 3000 Hannover

PINTO, G., Dr. med., Anaesthesieabteilung der Universität Rom, Italien

PFLÜGER, H., Prof. Dr. med., Direktor der Anaesthesieabteilung am Krankenhaus Nordwest, 6000 Frankfurt/M.

RADKE, J., Dr. med., Institut für klinische Anaesthesie der Universität, 3400 Göttingen

REJHER, V., Dr. med., Anaesthesieabteilung des Academisch Ziekenhuis, Leiden, Niederlande

RIBARIČ, L., Prof. Dr. med., Primarius des Instituts für Anaesthesiologie Klinička bolnica "Braće dr Sobol" Reijeka, Jugoslawien

RICKART, R., Dr. med., Institut für Pharmakologie der Universität, 7400 Tübingen

RICHERT, A., Dr. med., Anaesthesieabteilung Ev.-Jung-Stilling-Krankenhaus, 5900 Siegen

RIETBROCK, I., Priv. Doz., Dr. med., Oberärztin am Institut für Anaesthesiologie der Universität, 6700 Würzburg

ROMMELSHEIM, K., Dr. med., Institut für Anaesthesiologie der Universität, 5300 Bonn

RUPRECHT, H., MTA, Klin. Laboratorium der Univ. Frauenklinik, 5300 Bonn

SALEHI, E., Dr. med., Oberarzt der Anaesthesieabteilung, Klinische Anstalten der Medizinischen Fakultät der RWTH, 5100 Aachen

SEHHATI, Gh., Dr. med., Institut für Anaesthesiologie der Universität, 6500 Mainz

SONNTAG, H., Prof. Dr. med., Abteilungsvorsteher am Institut für klinische Anaesthesie der Universität, 3400 Göttingen

SPIERDIJK, J., Prof. Dr. med., Leiter der Anaesthesieabteilung des Academisch Ziekenhuis Leiden, Niederlande

SPIESS, W., Dr. med., Chefarzt der Anaesthesieabteilung am Kreiskrankenhaus, 6430 Bad Hersfeld

SCHLEBUSCH, H., Dr. med., Leiter des klinischen Labors der Universitätsfrauenklinik, 5300 Bonn

SCHLIMGEN, R., Dr. med., Oberärztin der Abteilung für Anaesthesiologie der Medizinischen Fakultät der RWTH, 5100 Aachen

SCHMIDT, H., Dr. med., Oberarzt der Anaesthesieabteilung des Krankenhaus Nordwest, 6000 Frankfurt/M.

SCHRAUT, W., Dr. med., Department of Anesthesiology, University of Chicago, Illinois, USA

SCHULZE, A., Prof. Dr. med., Chefarzt der Neurochirurgischen Abteilung des Ev.-Jung-Stilling-Krankenhauses, 5900 Siegen

SCHWEICHEL, E., Dr. med., Institut für Anaesthesiologie, Klinikum Charlottenburg der Freien Universität, 1000 Berlin 19

STEINBEREITHNER, K., Prof. Dr. med., Leiter der Abteilung für experimentelle Anaesthesiologie am Institut für Anaesthesiologie der Universität Wien, Österreich

STIER, A., Prof. Dr. Dr., Max-Planck-Institut für biophysikalische Chemie, 3400 Göttingen

TARNOW, J., Priv. Doz., Dr. med., Oberarzt am Institut für Anaesthesiologie, Klinikum Charlottenburg der Freien Universität, 1000 Berlin 19

TÖLLE, W., Dr. med., Anaesthesieabteilung am Klinikum rechts der Isar der Technischen Universität, 8000 München

TRATCZYK, K., Dr. med., Institut für Anaesthesiologie der Universität Wien, Österreich

VARASSI, G., MD., Anaesthesieabteilung der Universität Rom Italien

WATZEK, Chr., Dr. med., Institut für Anaesthesiologie der Universität Wien, Österreich

WAWERSIK, J., Prof. Dr. med., Direktor der zentralen Anaesthesieabteilung der Universität, 2300 Kiel

WEIGAND, H., Dr. med., Chefarzt der Anaesthesieabteilung am Dreifaltigkeitskrankenhaus, 5000 Köln

WEIHRAUCH, H., Dr. med., Oberärztin am Institut für Anaesthesiologie der Medizinischen Hochschule Hannover, Arbeitsbereich Krankenhaus Oststadt, 3000 Hannover

WEIS, K. H., Prof. Dr. med., Vorstand des Instituts für Anaesthesiologie der Universität, 6700 Würzburg

WIDMANN, Th., Dr. med., Abteilung für Anaesthesiologie der Krankenanstalten Eßlingen/Neckar und Abteilung für Anaesthesiologie des Klinikums Mannheim der Universität Heidelberg

WILDE, J., Dr. med., Institut für Anaesthesiologie, Klinikum Charlottenburg der Freien Universität, 1000 Berlin 19

WOLFRAM-DONATH, U., Dr. med., Institut für klinische Anaesthesie der Universität, 3400 Göttingen

WRBITZKY, R., Dr. med., Chefarzt der Anaesthesie-Abteilung des Ev.-Jung-Stilling-Krankenhauses, 5900 Siegen

Twenty Years of Fluothane

M. Johnstone

"- ..... the record of the past is the guide of the future"

The first anaesthesia which started the clinical of halothane (Fluothane) was given on the 20th January, 1956 at the Manchester Royal Infirmary. Three months later a report on its use in twohundred patients was discussed by a sub-committee of the Medical Research Council in London and it was agreed that the clinical investigation should be extended to other medical centers at home and abroad. Two years later halothane was in worldwide use and acclaimed as a highly effective anaesthetic agent. Its success was publicly acknowledged in 1973 by the presentation of the JOHN SCOTT AWARD to its discoverers Drs. CHARLES SUCKLING and JAMES RAVENTOS. The award was made by the trustees of the City of Philadelphia and is given to persons who make discoveries or inventions that are of proven benefit to mankind. Halothane is now the yardstick by which all anaesthetic agents are judged. In view of the present widespread interest in the synthesis of new anaesthetic drugs it may be of interest to present an account of the work which ensured the success of halothane when it came into clinical use.

The work which ultimately led to the discovery of halothane was started in the 1930's by JOHN FERGUSON, a research chemist at the I.C.I. Laboratories in Liverpool. FERGUSON was also interested in the biological effects of the fluorocarbons and formulated the thermodynamic approach to the problem of the chemical constitution of narcotics (1). He gave us what is probably the best definition of an anaesthetic drug: "a drug which causes a reversible inhibition of all biological functions". This definition was prophetic because it describes what halothane proves to be.

FERGUSON's work in anaesthetics was interrupted in 1939 and was resumed in 1950 when he was joined in the same laboratory by CHARLES SUCKLING who was also a research chemist interested in the biological effects of chemical compounds. During the following years SUCKLING, following the principles laid down by FERGUSON, synthesized some hundreds of fluorocarbons and examined their biological effects in the lower forms of animal life (2, 3). He classified the compounds into three biological types 1, the toxins; 2, the convulsants; and 3, the narcotics. The toxins are lethal and are used mainly as pesticides. Most of the compounds are convulsants and are widely used as industrial solvents, spray propellants, fire extinguishers and refrigerants and although not necessarily biologically lethal they obviously have no place in anaesthetic practice. There were very few compounds in the narcotic group. SUCKLING recognised ten of them of which halothane was the one which he synthesized in January 1953.

FERGUSON and SUCKLING, in their selection of the narcotic compounds to be investigated as potential anaesthetic agents, saw that the boiling point of the compound was of vital importance and agreed that 60 degrees C was optimal. They knew that the volatility of an inhalational drug, which is a reflection of its boiling point, is of equal importance to its thermodynamic ratio (Ps/Pa). Poor volatility means slow absorption and slow excretion by the lungs and these are not desirable features in an inhalational anaesthetic agent.

The advanced screening of the narcotic compounds prepared by SUCKLING was done by JAMES RAVENTOS, a pharmacologist and an expert in industrial hygiene who worked in the I.C.I. Pharmaceutical Laboratories in Manchester. As a result of his studies of the effects of the compounds in the higher species of animals, he selected halothane as being the compound most likely to succeed in clinical anaesthesia. During the next three years he subjected it to a comprehensive pharmacological assessment (4). He then presented the pharmacological facts of the drug clearly, and he accurately predicted its performance characteristics in man. The subsequent clinical use of the drug confirmed RAVENTOS' findings both in regard to the dose requirements and their effects. RAVENTOS' data made the clinical trial a simple and predictable procedure which went strictly according to plan. The important lesson learned from this approach to the pharmacological assessment of a drug is that the work must be done by a pharmacologist with a wide knowledge of the problems of industrial hygiene and who has much experience in the pharmacological screening of all kinds of chemicals that are used by or on mankind. This expertise as always, belongs to the industrial chemist and the pharmacologist.

The clinical trial of halothane was planned and supervised by Dr. BEN WEVILL, the Medical Director of the Pharmaceutical Division of I.C.I. who was fortunately an experienced anaesthetist. With his consent, the trial was divided into three phases: the first or tentative phase; the second or definitive phase; and the third or integrative phase.

Phase 1. The drug was used in minimal measured doses to supplement the conventional thiopentone-nitrous oxide-oxygen anaesthesia for surgery in relatively fit adult patients premedicated with pethidine and atropine. It was realised that this approach would not provide precise evidence of the effectiveness of halothane. The simultaneous use of two or more drugs during anaesthesia provides misleading results, does not permit firm conclusions and may conceal undesirable effects in the drug under consideration. The main advantage of this approach is that it provided reasonable confidence in the use of halothane and justified progress to the second or definitive phase of the study.

Phase 2. This involved the use of halothane as the sole agent for the induction and maintenance of anaesthesia in patients of all age groups undergoing most forms of surgical operations (5).

No other drugs of any description were given before or during anaesthesia until clear indications for their use arose: This is neither the safest nor the best method of using halothane or any other anaesthetic agent. It is the only method whereby the performance characteristics of an anaesthetic agent can be assessed. Failure to perform this phase of the investigation leads to confusion. Halothane survived this test and the information obtained provided the basis for the third or integrative phase of the study.

An important development in closed circuit techniques occurred during the second phase of the clinical trial. The volatility and potency of halothane made it possible to use completely closed systems - circuit or two-and-fro - fed with the basal requirements of oxygen to which the appropriate dose of halothane vapour was added from a calibrated vaporiser outside the closed system. This completely eliminated the danger of overdosage from vaporisers inside the closed system when assisted or controlled ventilation was used. It became possible to measure the amount of vapour fed into the circuit and it was calculated that 7 to 10 ml of halothane vapour would maintain anaesthesia in the average adult patient, with about 400 ml for the induction of surgical anaesthesia. The maintenance dose could be provided with an oxygen flow of 300 ml a minute through a calibrated vaporiser (Fluotec Mark 3) set at 3%. The closed system is the most efficient, the most economical and theoretically the safest method of using halothane. Its disadavantage is that it is not easily adaptable to the use of mechanical ventilators over long periods of time.

Phase 3. This was the phase in which the attractive features of halothane were integrated pharmacologically with those of the many other drugs required in good anaesthetic practice. As a result of the information provided by Phase 2 it was possible to select for use with halothane the best sedatives, vagolytics, analgesics, intravenous and other narcotics, relaxants, antiemetics and the other drugs needed for the efficient management of modern surgical procedures. This is a continuing process dictated by the appearance of new drugs of many pharmacological types which add to the quality of anaesthesia. The main attraction of halothane at the present time is that it is the only anaesthetic agent that protects patients from the immediate consequences of surgery.

The Immediate Consequences of Surgery

These are fear, pain, muscular rigidity and overactivity of the sympatho-adrenal system. The sympathetic nervous system is activated by many forms of adrenergic stimuli which include fear, pain, cold, trauma, hypovolaemia, hypotension, hypocapnia, acidotic and toxaemic states. The obvious manifestations of sympathetic overactivity are constriction of the alpha adrenoceptor vascular beds and hyperactivity of the heart. Persistence of the reaction leads to shock, circulatory failure and death and in its lesser forms causes the morbidity of anaesthesia and surgery.

This is a primitive protective reaction which, within the context of surgery, does more harm than good. The severity of the cardiovascular reaction to adrenergic stress can be measured accurately by means of electrocardiography and volume-pulse (digital) plethysmography (6). The effects of halothane on the adrenergic reaction to surgical stress has been extensively studied by these means.

The unique feature of halothane is its ability to block the sympathetic reaction to most causes of adrenergic stress, the exceptions being exogenous catecholamines (7) and induced hypocapnia (8). The drug abolishes the consciousness of fear and pain and produces dilatation of the alpha adrenoceptor vascular beds and constriction of the beta adrenoceptor blood vessels of the skeletal muscles. These effects persist in the face of the most severe surgical stimuli, e.g., traction on abdominal viscera, and are characteristic of blockade of the sympathetic efferent pathways (9). Higher doses of halothane cause a progressive decline in the arterial blood pressure with a gradual slowing of the heart rate and the appearance of varying degrees of atrio-ventricular block. The negative dromotropic effect of halothane is prevented by atropine, which also modifies the negative chronotropism and the hypotension. The baroreceptor reaction to hypotension is blocked by halothane anaesthesia.

Profound arterial hypotension induced by halothane is associated with a widening of the QT interval of the electrocardiogram, a change which suggests an impairment of calcium ion activity within the myocardial cells. Accumulating evidence suggests that halothane, like verapamil, is a calcium ion antagonist. This effect of halothane is rapidly reversed by the withdrawal of the drug and it may therefore be regarded as being a reversible inhibition of a biological function: it is within FERGUSON's definition of anaesthesia. It may be concluded that the cardiovascular effects of halothane anaesthesia are caused by three simultaneous actions; first, sympathetic blockade; second, a passive increase in vagal tone following the active depression of sympathetic activity; and third, the negative inotropism of calcium ion antagonism.

Halothane has been criticised because it sensitises the beta adrenoceptors of the heart to exogenous adrenaline. The discovery of the beta blockers has made this criticism irrelevant (7). Beta blockers like propranolol protect the heart from the effects of catecholamines and it has been shown that halothane anaesthesia is compatible with beta adrenergic blockade. This confirms the fact that the maintenance of myocardial efficiency during halothane anaesthesia is independent of catecholamine release and means that halothane does not cause adrenergic stress. Survival from the myocardial effects of other anaesthesia agents depends on the myocardial stimulation caused by the release of catecholamines and the use of beta blockers with them may precipitate fatal myocardial failure. In the pharmacological screening of new anaesthetic agents it is advisable that their compatibility with beta adrenergic blockade should be carefully assessed. Those which provoke signs of sympatho-adrenal activity should be regarded with suspicion because they will increase the adrenergic reaction to surgery, and are not in accordance with FERGUSON's definition of an anaesthetic drug. The corollary is that halothane, like other sympathetic blockers, should be avoided in circumstances in which the maintenance of myocardial function depends on brisk sympathetic stimulation, e.g. metabolic acidosis, bacterial toxaemias and in patients comatose with catecholamine-dependent agents.

Latent Viral Hepatitis in Surgical Patients

Latent or unrecognised viral hepatitis is a pitfall for anaesthetists, surgeons, physicians and others who must use chemotherapy. The author was alerted to the danger of the virus in the early stages of the clinical trial of halothane (10). A few weeks after the trial started an apparently healthy male adult was admitted to the Manchester Royal Infirmary for the elective repair of an inguinal hernia and it was planned to operate during the afternoon of the following day. The patient was examined on the day of admission by both the surgeon and the anaesthetist and he appeared to be in good health. It was agreed that halothane anaesthesia might be used. The premedication was pethidine 100 mg with atropine 0.5 mg and was given intramuscularly the following morning. The patient was nauseated one hour later. The nausea became worse and vomiting occurred. Shortly afterwards it was noticed that his sclera had become jaundiced. The operation was postponed and subsequently the patient was found to be suffering from acute viral hepatitis the source of which could not be identified. Had this patient been admitted to hospital 24 hours earlier, the consequences to him, to the anaesthetist and to halothane do not bear thinking about in the light of the hysterical reactions to similar incidents which occurred elsewhere (11).

As a result of this experience it was decided to calculate the probable incidence of latent or incipient viral hepatitis in patients requiring surgery in the United Kingdom. The incidence of the disease as indicated by the Morbidity Statistics from General Practice for the year 1955 and the need of the public for surgery were used in the assessment with the cooperation of the Department of Anaesthetics (Professor W. W. MUSHIN) of the Cardiff Royal Infirmary (12). It was estimated that 83 cases of viral hepatitis may be encountered up to three weeks after anaesthesia out of every million patients anaesthetised. A similar calculation in the U.S.A. gave a figure of 400 cases of coincidental viral hepatitis per million anaesthetics up to 12 months after anaesthesia (13).

The number of cases of so-called "halothane hepatitis" reported to the Committee on Safety of Medicines during the year 1964 - 72 was 130 (14). As there are approximately 5 million anaesthetics administered annually in the United Kingdom, of which 90% may involve the use of halothane (15), it may be stated that the incidence of so-called "halothane hepatitis" is 3 cases per million anaesthetics. These figures speak for themselves and certainly do not provide grounds for putting the blame on halothane.

This is not to say that halothane is blameless. Halothane, like other narcotic drugs, depresses cell mediated immunity for periods up to three weeks after exposure (16). The severity of the depression is related to the amount given and to the competence of the cells prior to exposure. It would appear that the lymphocytes and the phagocytes are anaesthetised and fail to recognise the viral, bacterial and other antigens against which they are normally active, i.e., a reversible inhibition of a biological function. The degree and the duration of the immunodepression may be expected to increase with the numbers of exposures to anaesthesia and, strictly speaking, a second-anaesthetic should not be administered to a patient until the appropriate immunological tests of lymphocyte activity have shown a return to normal, especially in patients with signs of viraemic or bacterial infections after the first anaesthetic, e.g., herpes simplex, mononucleosis, influenza, hepatitis, brucellosis, etc.

During the past few years there has been much talk about atmospheric pollution in operating theatres, much of which is highly speculative, if not neurotically sensational. Our preoccupation with the atmosphere has blinded us to the fact that the most dangerous pollutant in the operating theatres is human blood. The fact was recognised by the British Government on 9th January, 1976 when it announced that viral hepatitis was to be regarded as an industrial disease in those whose daily work brought them into contact with human blood. This means that anaesthesists, nurses, theatre technicians and to some extent surgeons, who are not always very careful about looking after themselves, will be compensated for prolonged or permanent liver injury sustained in the performance of their duties.

The dangers of transmitted viral hepatitis should not be exaggerated. It is not improbable that the vast majority of anaesthetists soon acquire a permanent immunity to the virus as the result of frequent exposure (vaccination and revaccination) during their working hours. Unfortunately, a few will develope chronic active viral hepatitis and it is they who will suffer the immunodepressive consequences of occupational exposure to anaesthetic gases. It is nonsense to suggest that they are "allergic" to halothane.

Halothane has been involved in other controversies. No comment is required because the source of most of them can be traced to errors of judgement of one kind or another. All the controversies in which halothane has been involved have been of benefit to anaesthetists partly because many of the participants were not anaesthesists and partly because anaesthesists were compelled to think for themselves and to demonstrate the fact that they are fully capable of finding the correct solutions. This of course, is what being a specialist is all about. After twenty years of intensive clinical study, it may be said with confidence that halothane has arrived and has become the yardstick by which future anaesthetic agents will be judged. More than any other agent, halothane has shown us the true meaning of "anaesthesia". Our knowledge of the effects of halothane, especially at intracellular levels, is not complete. When it is complete it is possible that the drug will have revealed to us as much about the causes and the treatment of certain cardiovascular dysfunctions unrelated to anaesthesia as curare has taught us about the management of respiratory diseases.

References

1. FERGUSON, J.: Chemistry and Industry 818-824 (1964).
2. SUCKLING, G. W.: Chemistry and Industry 105-110 (1972).
3. SUCKLING, G. W.: British Journal of Anaesthesia 29, 466 (1957).
4. RAVENTOS, J.: Anesthesie, Analgesie et Reanimation (Paris) 19, 27 (1962).
5. JOHNSTONE, M.: British Journal of Anaesthesia 33, 29 (1961).
6. JOHNSTONE, M.: British Journal of Anaesthesia 44, 826 (1972).
7. JOHNSTONE, M.: British Journal of Anaesthesia 38, 516 (1966).
8. JOHNSTONE, M.: British Journal of Anaesthesia 40, 607 (1966).
9. JOHNSTONE, M.: British Journal of Anaesthesia 46, 414 (1974).
10. JOHNSTONE, M.: Anesthesie, Analgesie et Reanimation (Paris) 19, 77 (1962).
11. LINDENBAUM, J., LEIFER, E.: New England Journal of Medicine 268, 525 (1963).
12. JOHNSTONE, M.: British Journal of Anaesthesia 36, 718 (1964).
13. BUNKER, J. P., BLUMENFIELD, C. M.: New England Journal of Medicine 268, 531 (1963).
14. INMAN, W. H. W., MUSHIN, W. W.: British Medical Journal 1, 5 (1974).
15. MUSHIN, W. W., ROSEN, M., JONES, E. V.: British Medical Journal 3, 18 (1971).
16. JOHNSTONE, M.: British Medical Journal 1, 196 (1974).

ZUR BIOTRANSFORMATION DES HALOTHAN

A. Stier

Vor 20 Jahren wurde Halothan als Anästhetikum eingeführt, seit 10 Jahren wissen wir, daß es biochemisch nicht inert ist. Die folgende Übersicht gibt aktuelle Kenntnisse der Biotransformation des Halothan wieder. Die toxikologische Bewertung des Halothan-Stoffwechsels, insbesondere im Hinblick auf die sogenannte "Halothan-Hepatitis", stand und steht bei vielen der Untersuchungen zur Biochemie des Halothan-Stoffwechsels im Vordergrund. Dies hat mitunter die Wahrheitsfindung erschwert. So wurden z.B. die Lebertoxizität nie als Folge der als Metabolite nachgewiesenen Stoffe wie Trifluoäthanol und Trifluoracetaldehyd untersucht und zur Erklärung der "Halothan-Hepatitis" herangezogen. Im folgenden wird daher differenzierend (1) zuerst zur Frage Stellung genommen, was ist unter Bedingungen, die einer klinischen Narkose entsprechen, sichere Kenntnis des Halothan-Stoffwechsels beim Menschen, (2) welche Stoffwechselwege und -mechanismen können wir daraus und aus tierexperimentellen Untersuchungen in vivo und in vitro vermuten und schließlich (3), welche Arbeitshypothesen können wir aus diesen Kenntnissen für klinisch-pharmakologische Untersuchungen am Menschen aufstellen, die zur Klärung der Frage beitragen, ob in Zusammenhang mit Halothan-Narkosen beobachtete Leberschädigungen durch die Biotransformation des Halothans verursacht bzw. mitverursacht sind (vgl. auch (1)).

Nachgewiesene und hypothetische Metaboliten des Halothan

Von den in Tabelle 1 zusammengestellten bisher gefundenen und vermuteten Stoffwechselprodukten sind drei Metaboliten bisher beim Menschen eindeutig identifiziert: Trifluoressigsäure, N-trifluoracetylaminoäthanol und N-acetyl-S-(2-brom-2-chlor-1,1-difluoräthyl)-L-cystein. Der Nachweis dieser Metaboliten impliziert die Abspaltung von anorganischem Chlorid, Bromid und eventuell auch Fluorid, von denen das erste auch direkt im Urin von Patienten nachgewiesen worden ist. Hauptmetabolit ist beim Menschen Trifluoressigsäure. Wieviel von den beiden anderen Produkten gebildet wird, ist noch nicht bekannt.

In Tierversuchen in vivo und in vitro (in Inkubationsversuchen mit Lebermikrosomen) wurden weitere Metaboliten nachgewiesen, deren eindeutige Identifizierung aber noch aussteht: In der Leber wurden undefinierte Produkte einer kovalenten Bindung an Proteine gefunden. Zukünftige tierexperimentelle Untersuchungen müssen erst zeigen, wie und an welche Proteine Halothan-Metaboliten gebunden sind, und das Ausmaß der kovalenten Bindung an Proteine unter Bedingungen bestimmen, die einer Inhalationsnar-

Tabelle 1. Produkte und Zwischenstufen der Biotransformation von Halothan[a]

	Nachgewiesen	Hypothetisch
	Im Urin	
Chemisch definiert	Trifluoressigsäure (2, 3)	Trifluoracetylchlorid
	N-Trifluoracetyl-2-Aminoäthanol (4)	N-Trifluoracetyl-Phosphatidyl Äthanolamid (4)
	N-Acetyl-S-(2-Brom-2-Chlor-1,1-Difluoräthyl)-L-Cystein (4)	2-Brom-2-Chlor-1,1-Difluor-Äthylen (4)
	Bromid (5)	Trifluoracetaldehyd (6)
	Chlorid (6)	Trifluoräthanol (6)
Chemisch undefiniert	Fluor (4)	
	"Several minor metabolites" getrennt durch Säulenchromatographie (4)	
	Produkte mit einem Molekulargewicht > 1000 (7)	
	In der Leber	
	Produkte der kovalenten Bindung an Mikrosomale Proteine der Leber (8, 9, 10)	

[a]Unterstrichene Produkte wurden beim Menschen nachgewiesen

kose entsprechen. Dabei müssen Methoden angewandt werden, mit denen einwandfrei eine kovalente Bindung an Proteine nachgewiesen werden kann; z. B. ist seit der Entdeckung des cysteingebundenen Metaboliten zu berücksichtigen, daß dieses Cysteinderivat unter bestimmten Aufarbeitungsbedingungen Radioaktivität auf Proteine übertragen könnte. Ein kleiner Teil des kovalent gebundenen Materials dürfte auch auf eine radiochemische Verunreinigung von radioaktiv markierten Halothan-Präparationen zurückzuführen sein. Die quantitativen Angaben zur kovalenten Bindung in vitro sind in ihrer Aussagekraft für die in vivo Verhältnisse sehr zweifelhaft, da unter den artifiziellen Bedingungen dieses in vitro Modells (vgl. (11))eventuell wesentlich mehr Radioaktivität an Proteine gebunden wird als in vivo. Im Falle des Antiepileptikums Diphenylhydantoin wurde beispielsweise in vitro, aber nicht in vivo ein ähnliches Bindungsausmaß gefunden wie für das starke Lebergift Brombenzol. Ein Teil der bisher undefinierten Produkte dürfte identisch sein mit Produkten, die im Tierversuch mit einem Molekulargewicht größer als 1000 auftreten und vielleicht trifluoracetylierte Peptidderivate als Abbauprodukte von kovalent derivatisierten Proteinen darstellen.

Weitere bisher diskutierte Stoffwechselprodukte des Halothan sind rein hypothetisch: Für die intermediäre Bildung des reaktiven, schwer direkt nachweisbaren Trifluoracetylchlorid bestehen Hinweise aus den Kenntnissen des Mechanismus der mischfunktionellen Oxygenierung. Darüberhinaus könnte Trifluoracetylchlorid das reaktive Zwischenprodukt darstellen, das kovalent an Proteine und Lipide bindet (siehe unten "Wege und Mechanismen der Halothan-Biotransformation").

Ein solches Lipidderivat könnte N-trifluoracetyl-phosphatidyläthanolamid darstellen, aus dem sich durch Lipolyse das im Urin bei Tier und Mensch nachgewiesene N-trifluoracetyl-2-aminoäthanol abspaltet. Die intermediäre Bildung von 2-Brom-2-chlor-1,1-difluoräthylen wurde aus chemischen Modellexperimenten als Zwischenprodukt bei der Bildung des N-Acetyl-S-(2-brom-2-chlor-1,1-difluoräthyl)-L-cystein postuliert.

Unter den vorgeschlagenen Produkten bzw. Zwischenprodukten des Halothan-Stoffwechsels sind weiterhin Trifluoräthanol und Trifluoracetyldehyd zu nennen; ihre Entstehung ist nach verschiedenen experimentellen Befunden unwahrscheinlich. Z. B. konnte nach Applikation von Trifluoräthanol oder Trifluoracetaldehyd, aber nicht nach Halothan-Narkosen (12) beim Kaninchen Trifluoräthanolglukuronid im Urin identifiziert werden.

Wege und Mechanismen der Halothan-Biotransformation

Aus der Art der entstandenen Metabolite und bis zu einem gewissen Grade aus der Kenntnis der Funktionsweise der an ihrer Bildung beteiligten Enzyme kann ein hypothetisches Schema der Stoffwechselwege des Halothans, wie es in Abb. 1 dargestellt ist, gegeben werden. Die bei Tier und Mensch gefundenen Endprodukte des Stoffwechsels von Halothan können 1. als Produkte eines Abbaus (wie Trifluoressigsäure), dessen Primärschritt eine mischfunk-

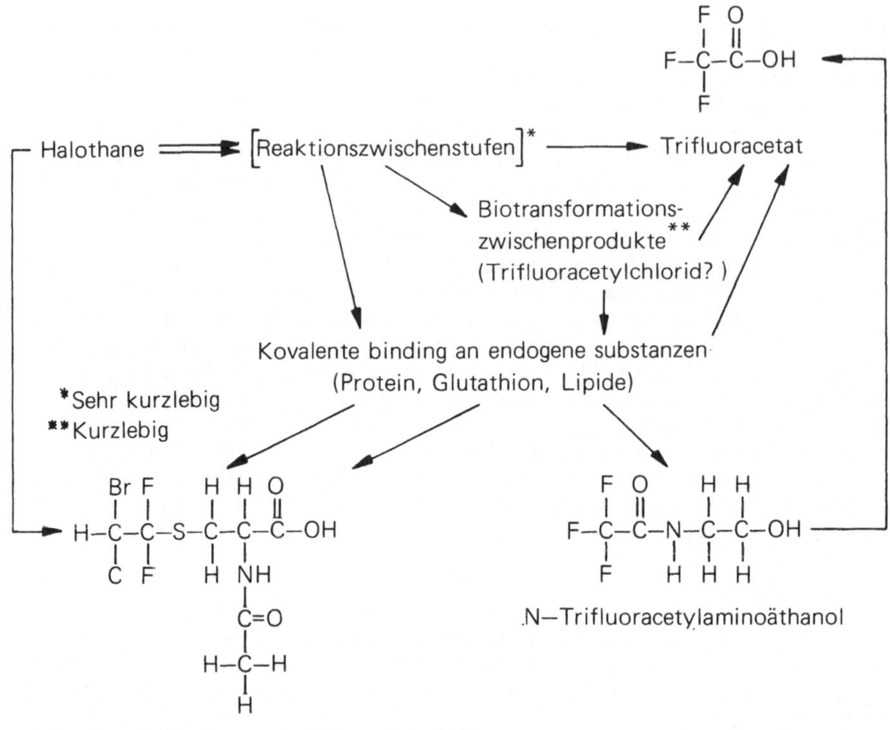

Abb. 1. Hypothetisches Schema der Biotransformation[+] des Halothans in der Leber
[+]Die in Strukturformeln angegebenen Metaboliten wurden im Urin beim Menschen nachgewiesen

tionelle Oxygenierung abhängig von Cytochrom P_{450} darstellt, und 2. als Produkte synthetischer Reaktionen, nämlich einer kovalenten Bindung an nieder- und hochmolekulare endogene Substanzen betrachtet werden. Der Mechanismus der mischfunktionellen Oxygenierung des Halothan, der letztlich zur Trifluoressigsäure führt, ist wenig verstanden. Darüberhinaus ist u. a. unbekannt, ob am Stoffwechsel mehrere Enzymsysteme beteiligt sind und damit genetisch bestimmt verschiedene Reaktionswege vorliegen. Umwelteinflüsse, z. B. Stimulierung durch andere Medikamente und Umweltstoffe, sind beobachtet worden und darüberhinaus ist eine Vielzahl weiterer Einflüsse möglich, die die Abbaureaktion qualitativ und quantitativ beeinflussen können. Die Unterscheidung zwischen Reaktionszwischenstufen und Biotransformationszwischenprodukten ist wichtig. Die ersten sind nicht isolierbar, sie stellen Zwischenstufen eines an die Enzyme gebundenen Übergangskomplexes dar. Ob diese Zwischenstufen Radikalformen oder Carbanionen sind, gehört, soweit es sich um Cytochrom P_{450} abhängige Biotransformationsreaktionen handelt, zum allgemeinen Problem des Verständnisses des Mechanismus der mischfunktionellen Oxygenierung von Fremdstoffen in der Leber.

Solche Zwischenstufen sind sehr kurzlebig und rearrangieren sich im Komplex zu den Biotransformationszwischenprodukten - im Falle des Halothan vermutlich Trifluoracetylchlorid -, die noch reaktiv genug sind, um synthetische Reaktionen unter kovalenter Bindung an endogene Stoffe einzugehen, oder sie gehen direkt in stabile Endprodukte - im Falle des Halothan Trifluoressigsäure - über. Reaktionszwischenstufen können auch direkt am reaktiven Zentrum des Enzyms mit funktionellen Gruppen reagieren. Generell können bei der mischfunktionellen Oxygenierung von Fremdstoffen im endoplasmatischen Reticulum der Leber solche Reaktionszwischenstufen kovalent an das abbauende Enzymsystem binden, Biotransformationsprodukte dagegen an Gewebebestandteile der näheren Umgebung des Enzymsystems in der Membran, wobei die Ausdehnung dieser betroffenen Umgebung von der Reaktivität bzw. Lebensdauer und Diffusibilität der Zwischenprodukte bzw. der Reaktivität der endogenen Reaktionspartner in dieser Zone abhängt. Im Hinblick auf biologische Folgen ist die kovalente Bindung von Reaktionszwischenstufen an die mischfunktionellen Oxygenasen mehr ein allgemeines Problem der durch diese hochaktiven Enzyme katalysierten Biotransformation von Arzneimitteln und Fremdstoffen, während die Art und das Ausmaß der kovalenten Bindung von reaktionsfähigen Biotransformationszwischenprodukten mehr von den spezifischen Eigenschaften dieser Produkte abhängt, und damit von einem Arzneimittel bzw. Fremdstoff zum anderen unterschiedliche biologische Wirkungen auslöst (vgl. unten "Arbeitshypothesen zu klinisch-pharmakologischen Untersuchungen des Halothan-Stoffwechsels").

Die Trifluoressigsäure könnte hypothetisch im endogenen Stoffwechsel aktiviert und auf endogene Substrate übertragen werden - eine Reaktion, die in dem Schema nicht gezeigt ist - und umgekehrt aus synthetischen Produkten abgespalten werden. Es ist daher auch offen, wie groß der Anteil Trifluoressigsäure ist, der durch Abspaltung aus Zwischenprodukten synthetischer Reaktionen z. B. aus N-trifluoracetyl-2-aminoäthanol oder trifluoracetylierten Proteinen sekundär gebildet wird. Ein Hinweis darauf ergibt sich vielleicht aus der biphasischen Kinetik der Trifluoressigsäureausscheidung nach Halothan und nach Trifluoracetatapplikationen (13). Wir können im Tierversuch eine rasche und eine sehr langsame Phase mit einer Halbwertzeit von durchschnittlich 2 bzw. 10 - 14 Tage unterscheiden. Der Anteil der langsamen Phase scheint nach Halothan-Narkosen größer. Vielleicht steht die langsame Ausscheidungsphase des Trifluoracetats in Zusammenhang mit der Freisetzung von Trifluoracetat aus Produkten kovalenter Bindung an endogene Substanzen.

Produkte synthetischer Reaktionen - durch kovalente Bindung reaktiver Zwischenprodukte - sind N-trifluoracetyl-2-aminoäthanol und N-acetyl-S-(2-brom-2-chlor-1,1-difluoräthyl)-L-cystein. Das erste entsteht vielleicht auf dem Wege über ein trifluoracetyliertes Phosphatidyläthanolamin, aus dem es durch Lipolyse frei wird. Es ist eine lohnenswerte Aufgabe für einen biochemischen Pharmakologen, in der Leber das Phosphatidyläthanolaminderivat zu suchen.

Das Cysteinderivat könnte grundsätzlich auf einem von Cytochrom P_{450} unabhängigen Wege entstanden sein, z. B. durch eine direkte enzym-katalysierte Reaktion mit Glutathion oder einem anderen Cysteinderivat. Auch hier stehen in vitro Untersuchungen an Leberpräparationen zur Bildung dieses Derivates, überhaupt Untersuchungen, ob dieses Derivat in der Leber oder extrahepatisch entsteht, aus. COHEN und Mitarbeiter vermuten, daß es in einer Cytochrom P_{450} abhängigen Reaktion über ein durch Fluorelimination entstandenes Äthylenzwischenprodukt gebildet wird (4).

Arbeitshypothesen zu klinisch-pharmakologischen Untersuchungen des Halothan-Stoffwechsels

Was bedeuten diese Ergebnisse zur Biotransformation des Halothan für die Auslösung von Nebenwirkungen, die die Leber betreffen. A priori ist keiner der biochemischen Befunde so eindeutig, daß wir daraus sichere toxische Wirkungen ableiten können. Das Trifluoracetat ist im akuten Versuch ungiftig. Die Giftigkeit des 2-Aminoäthanol- und des Cysteinderivats sind bekannt. Ob die intracelluläre Entstehung von Fluorid, falls Fluorid überhaupt in der Leber gebildet wird, giftig ist, ist ebenfalls offen. Zur Beurteilung der intracellulären Bildung von anorganischem Bromid aus Halothan stehen Erfahrungen aus dem Langzeitgebrauch bromhaltiger Schlafmittel zur Verfügung. Der Befund einer kovalenten Bindung an Protein bedarf, wie schon erwähnt, in verschiedener Hinsicht einer Präzisierung. Es ist in vielen Fällen von Arzneimitteln und Fremdstoffen, in denen eine kovalente Bindung gefunden worden ist, noch ein offenes Problem, ob diese Reaktion einen toxischen Primärprozeß darstellt oder eine Reaktion, die keine biologischen Konsequenzen hat (siehe Übersicht (14)), weil die Proteine, an die Arzneimittelmetaboliten binden, nicht Schlüsselpositionen in der Zellfunktion und/oder einen hohen turnover haben bzw. weil Wiederherstellungsmechanismen eine Anpassung an dieses Phänomen ermöglichen. Die Befunde zur Biotransformation des Halothans können aber eine Grundlage für die Formulierung von Arbeitshypothesen geben, um Nebenwirkungen, die in Zusammenhang mit Halothan gebracht werden, besser zu verstehen. Die im Folgenden gegebenen Arbeitshypothesen beziehen sich auf das am Menschen beobachtete Phänomen der Halothan-Hepatitis, für die es kein eindeutiges tierisches Modell gibt. Die in verschiedenen Tierversuchen veröffentlichten pathologisch-anatomischen Leberveränderungen haben weniger Beziehung zu dieser Halothan-Hepatitis als zu dem allgemeinen Problem, wie groß die Belastbarkeit der Leber ist. Wieviele ungünstige experimentelle Faktoren müssen wir kombinieren, um ihre in gewissen Grenzen vorgegebene physiologische Anpassungsfähigkeit zu überspielen? So bringt die Applikation von hohen Dosen von Phenobarbital während 30 Tagen (15) die Leber in einen Zustand, in dem andere Stoffe schädlich wirken, nicht weil deren Giftschwelle erniedrigt wird und damit ihr toxisches Potential sichtbar wird, sondern weil eine so vorbehandelte Leber ein qualitativ anderes Organ darstellt, das eine andere Anpassungsfähigkeit besitzt. Die Halothan-Hepatitis wurde, weil sie selten auftritt, bei Wiederholungsnarkosen beobachtet und weil sie bestimmte pathologisch-anatomische Veränderungen zeigt, als immunpathologisches Phänomen angesehen (16). Die beobachtete kovalente Bindung erfüllt für eine solche Pathogenese eine notwendige aber nicht hinreichende Vorbedingung: Ein Halothan-Metabolit als Hapten könnte mit einem Protein ein Antigen bilden. Die Seltenheit des Phänomens kann durch individuelle Unterschiede im immunologischen Gedächtnis erklärt werden, aber auch dadurch, daß durch eine genetisch bedingte Anomalie der Struktur und der Zusammensetzung des endoplasmatischen Reticulums der Leber ein Schlüsselprotein in der Membran ausnahmsweise in die Reichweite reaktiver Zwischenprodukte gelangt (17) und damit zum Antigen wird, gegen das sich Antikörper richten.

Wenn man die immunologische Komponente in der Pathogenese nicht berücksichtigt, müßte man nach genetisch bedingten Anomalien der Stoffwechselwege des Halothan suchen, die zu direkt toxischen Reaktionen führen, wobei wieder Struktur und Zusammensetzung des endoplasmatischen Reticulums eine Rolle spielen mögen. Schließlich können auch die gleichzeitige Gabe oder Vorbehandlung mit anderen Arzneimitteln oder Exponierung gegen andere Fremdstoffe sowohl die Stoffwechselwege als auch Struktur und Zusammensetzung des endoplasmatischen Reticulums so verändern, daß direkt toxische Wirkungen durch Halothan-Metaboliten ausgelöst werden können.

Welche Untersuchungen zu diesen offenen Fragen der Biotransformation des Halothan können am Patienten durchgeführt werden? Die Suche nach fluorhaltigen Serumproteinen, die aus der Leber stammen, würde Hinweise auf die Rolle von Halothan-Metaboliten als mögliche Haptene geben und - im Falle von Proteinen mit einem hohen turnover - auf das Ausmaß der kovalenten Bindung in vivo beim Menschen. Entsprechende indirekte Hinweise würden Untersuchungen der Kinetik der Ausscheidung des Trifluoracetats geben, vorausgesetzt, daß die Vermutung in Tierexperimenten bestätigt würde, daß das inder langsamen Phase ausgeschiedene Trifluoracetat aus kovalenten Bindungen freigesetzt wurde. Die Bestimmung von Serumfluoridspiegeln könnten Aufschluß über die Menge des gebildeten Cystein-Metaboliten geben.

Literatur

1. VAN STEE, E. W.: Toxicology of inhalation anesthetics and metabolites. Ann. Rev. Pharmacol. 16, 67-79 (1976).
2. STIER, A., ALTER, H.: Stoffwechselprodukte des Halothan im Urin. Anaesthesist 15, 154-155 (1966).
3. CASCORBI, H. F., BLAKE, D. A., HELRICH, M.: Differences in biotransformation of halothane in man. Anesthesiology 32, 119-123 (1970).
4. COHEN, E. N., TRUDELL, J. R., EDMUNDS, H. N., WATSON, E.: Urinary metabolites of halothane in man. Anesthesiology 43, 392-401 (1975).
5. STIER, A., ALTER, H., HESSLER, O., REHDER, K.: Urinary excretion of bromide in halothane anesthesia. Anesth. Analg. 43, 723-728 (1964).
6. VAN DYKE, R. A., CHENOWETH, M. B., VAN POZNAK, A.: Metabolism of volatile anesthetics. Biochem. Pharmacol. 13, 1239-1247 (1964).
7. COHEN, E. N., TRUDELL, J. R.: Non-volatile metabolites of halothane. In: Cellular Biology and Toxicity of Anesthetics. FINK, B. R. (ed.). Williams and Wilkins Co., Baltimore (1972).

8. UEHLEKE, H., HELLMER, K. H., TABARELLI-POPLAWSKI, S.: Metabolic activation of halothane and its covalent binding to liver endoplasmic proteins in vitro. Naunyn-Schmiedebergs Arch. Pharmakol. 279, 39-52 (1973).
9. VAN DYKE, R. A., WOOD, C. L.: Binding of radioactivity from ^{14}C-labeled halothane in isolated perfused rat livers. Anesthesiology 38, 328-332 (1973).
10. HEMPEL, U., REMMER, H.: In vivo and in vitro studies on irreversible binding of halothane metabolites to proteins. Experienta 31, 680-681 (1975).
11. STIER, A.: Lipid structure and drug metabolism. Biochem. Pharmacol. 25, 109-113 (1976).
12. STIER, A.: unveröffentlicht.
13. STIER, A.: Der Stoffwechsel des Halothan und seine pharmakologisch-toxikologische Bedeutung. Habilitionsschrift, Würzburg 1965.
14. STIER, A.: Zur Bedeutung der Biotransformation von Fremdstoffen: Primäre Giftwirkung durch kovalente Bindung. Internist 14, 202-211 (1973).
15. REYNOLDS, E. S., MOSLEN, M. T.: Liver injury following halothane anesthesia in phenobarbital stimulated rats. Biochem. Pharmacol. 23, 189-195 (1974).
16. MATHIEU, A., DI PATNA, D., KAHAN, B. D., MILLS, J.: Humoral immunity to a metabolite of halothane, fluroxene, and enflurane. Anesthesiology 42, 612-616 (1975).
17. STIER, A.: Membrane fluidity. In: Mechanisms of liver injury. SLATER, T. F. (ed.). New York and London: Academic Press, 1976, in press.

Akute und chronische Wirkung von Halothan auf das endoplasmatische Reticulum der Leberzelle

V. Hempel und R. Rickart

Der Abbau des Halothan (19, 20, 21) findet fast ausschließlich im endoplasmatischen Reticulum der Leberzelle statt (25, 26). Die wenigen gut dokumentierten Fälle von Leberschädigung durch Halothan, deren Ursache durch Expositionsversuch bewiesen wurde (1, 10, 13), lassen daran denken, daß das Halothan typischerweise subklinisch verlaufende Leberschädigungen auslöst, die durch aggressive Stoffwechselprodukte dieses halogenierten Kohlenwasserstoffes (z. B. Radikale, Carbenartige) verursacht werden. Ein solcher Mechanismus ist für die durch Tetrachlorkohlenstoff bewirkte Leberschädigung bewiesen worden (17). Von hochreaktiven Stoffwechselprodukten ist anzunehmen, daß sie am Ort ihrer Entstehung, dem endoplasmatischen Reticulum, Reaktionen eingehen und dadurch Funktionsstörungen bewirken. Im Falle des Halothans müßten die bewirkten Schädigungen so diskret sein, daß sie nur sehr selten zu klinisch faßbaren Symptomen führen, da die Inzidenz der sogenannten Halothanhepatitis beim Anlegen strenger Kriterien außerordentlich gering ist (2). Es sind zahlreiche Untersuchungen durchgeführt worden, die die sogenannten Leberenzyme als Indikator einer Funktionsstörung benutzen wollten (3, 5, 7, 24, 30). Wir nehmen nun an, daß eine Schädigung des endoplasmatischen Reticulums durch aggressive Metabolite nicht unbedingt zum Zerfall von Zellen mit Freisetzung intracellulärer Enzyme führen muß, sondern daß zunächst eine Funktionsstörung der strukturgebundenen Enzyme des endoplasmatischen Reticulums zu erwarten ist. Unter diesen interessiert besonders das Cytochrom-P-450-System, weil es einerseits große Bedeutung für die Biotransformation von Fremdstoffen und körpereigenen Substanzen hat, zum anderen, weil es bei der Tetrachlorkohlenstoff-Schädigung primär seine Aktivität verliert, während andere Enzyme des endoplasmatischen Reticulums ihre Aktivität noch behalten (9). Wegen der Speziesabhängigkeit der Eigenschaften des Cytochrom-P-450-Systems strebten wir danach, einen Teil unserer in vitro gewonnenen Ergebnisse auch am Menschen zu bestätigen. Wir studierten deshalb den Hexobarbitalabbau - Hexobarbital ist ein typisches Substrat des Cytochrom-P-450-Systems - in Suspensionen von Rattenleber-Mikrosomen und beim Menschen unter gleichzeitiger Einwirkung von Halothan. Weiterhin versuchten wir Vorstellungen über die Aktivität des Cytochrom-P-450-Systems unter den Bedingungen chronischer bzw. intermittierender Halothan- und Trifluoressigsäureexposition zu gewinnen. Als Versuchstier wählten wir hierbei die Maus, da sie neben einer relativ hohen metabolischen Aktivität gegenüber Fremdstoffen auch gute Voraussetzungen für Experimente, die eine große Zahl von Versuchstieren erfordern, mitbringt.

Material und Methoden

Als Versuchstiere dienten männliche Wistar-Ratten im Gewicht von 210 - 240 g mit und ohne Vorbehandlung mit Phenobarbital (1‰ im Trinkwasser) sowie männliche NMRI-Mäuse mit einem Gewicht von 23 - 26 g zu Versuchsbeginn. Die Präparation von Lebermikrosomen erfolgte nach REMMER et al. (31). Proteinbestimmungen in der Mikrosomensuspension wurden nach der Methode von LOWRY et al. (12) durchgeführt. Den Gehalt der Mikrosomensuspension an Cytochrom P-450 maßen wir nach der Methode von OMURA und SATO (15), das Flavoprotein "Cytochrom-c-Reductase" wurde nach OMURA et al. (16) bestimmt. Die Aktivität des Cytochrom P-450-Systems ermittelten wir 1. durch photometrische Messung der p-Nitroanisol-Demethylierung (14) und 2. durch gaschromatographische Bestimmung von Hexobarbitalspiegeln in der Mikrosomensuspension und im menschlichen Plasma. Die Inkubationsbedingungen zur Bestimmung des Hexobarbitalabbaus in den Mikrosomensuspensionen waren wie folgt:

2 mg mikrosomales Protein/ml, Cytochrom P-450-Gehalt 2,2 nmol/mg Prot. (vorbehandelte Tiere) und 0,7 nmol/mg Prot. (unvorbehandelte Tiere),
Isocitrat 8 mM, Isocitrat-Dehydrogenase 5 µl/ml Inkubat, Hexobarbital 20 µM (5 µg/ml) in Krebs-Ringer-Phosphar-Puffer. Äquilibrieren mit Narkosemitteldampf aus geeichten Verdampfern (Halothan-Vapor, Enflurane-Vapor, Pentec Mk III), Start der Reaktion durch Zufügen von NADP (1 mM).

Die gaschromatographische Hexobarbitalbestimmung geschah durch Versetzen von Aliquots der Suspension mit gleichen Volumina 1 M $KhPO_4$-Lösung und 20 µM Phenobarbitallösung als internem Standard, Extraktion in Essigäthylester, Eindampfen und Auflösen in methanolischer Trimethyl-phenyl-ammonium-hydroxid-Lösung, Aufbringen auf eine OV-17-Säule (Injection port 300°C, Säulenlänge 1,2 m, Ø 1/8") in einen Trägergasstrom von 30 ml Helium/min und Chromatographie bei einem linearen Temperaturprogramm von 180 - 200° C mit 8°/min. Als Detektor diente ein N-spezifischer Flammenionisationsdetektor.

Die klinisch-pharmakologischen Untersuchungen wurden an elf allgemeinchirurgischen Patienten durchgeführt, denen am prä- und am postoperativen Tag jeweils 500 mg Hexobarbital in 0,9% NaCl-Lösung über 15 - 30 min infundiert wurden. Am Operationstag wurde die Narkose ebenfalls mit 500 mg Hexobarbital eingeleitet. Bei vier Patienten wurde sie als NLA, bei den übrigen als Halothan-N_2O-Kombinationsnarkose durchgeführt. Nach der Hexobarbitalgabe erfolgten jeweils nach einer Äquilibrierungszeit von 60 - 90 min über 6 - 8 Std regelmäßige Blutentnahmen, um aus dem Abfall der Hexobarbitalkonzentration die leberabhängige Hexobarbital-Halbwertszeit gaschromatographisch zu ermitteln.

Die Untersuchungen über die Wirkung chronischer Halothan-Exposition auf das endoplasmatische Reticulum der Mäuseleber wurden mit einem Kasten durchgeführt, der mit 1% Halothan aus einem geeichten Verdampfer in 3 l/min O_2 als Trägergas beschickt wurde.

Die Tiere wurden über 24 Tage 1 h/d exponiert. Die Vergleichsgruppe mit Trifluoracetat erhielt 0,5‰ im Trinkwasser. Als Kontrollen dienten Mäuse, die sonst unter gleichen Bedingungen gehalten wurden.

Die Halothangruppe erhielt am ersten Tag mangels eines Verdampfers eine Dosis von 4 µl/gKG in Olivenöl per Schlundsonde. Am 1., 4., 7., 14. und 24. Tag wurden aus jeder Gruppe je fünf Tiere getötet und nach Präparation der Mikrosomen der Cytochrom P-450- und b-5-Gehalt, die Aktivität der o-Demethylierung von p-Nitroanisol und die Cytochrom-c-Reductase-Aktivität bestimmt.

Ergebnisse

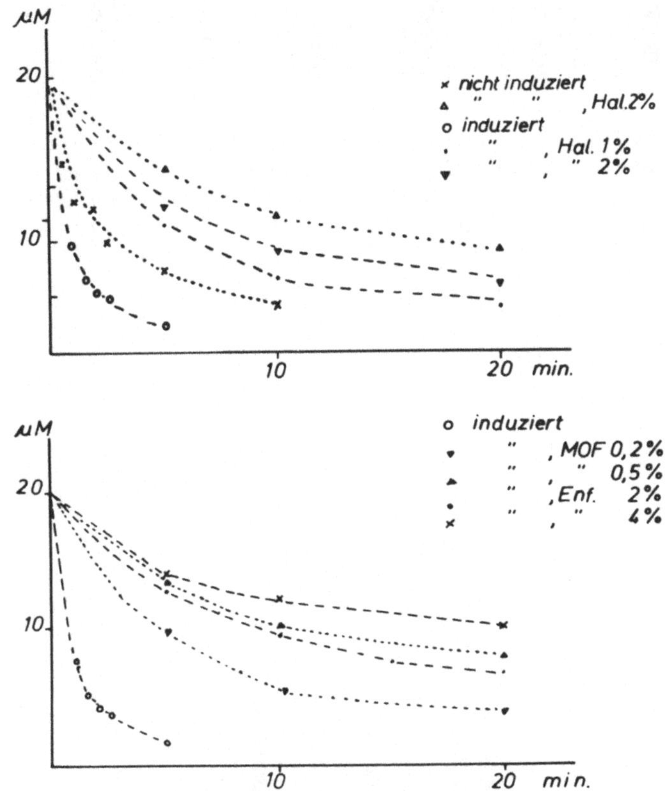

Abb. 1. Abfall der Hexobarbitalkonzentration in Rattenleber-Mikrosomensuspension. Die Inhalationsnarkotica Halothan, Enfluran und Methoxyfluran (Hal., Enf. und MOF) hemmen alle den Hexobarbitalabbau

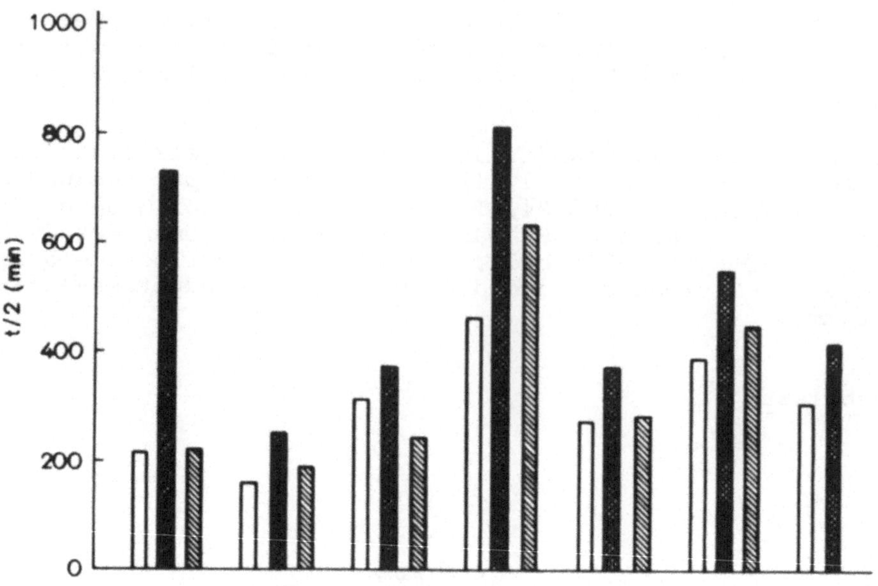

Abb. 2. Hexobarbital-Eliminationshalbwertszeit bei 7 Patienten am Tage vor, während und am Tage nach Halothan-Narkose. Je drei Säulen stellen die Werte eines Patienten dar. In allen Fällen ist die Halbwertszeit am Operationstag am längsten. Die Erklärung dafür liefert die Hemmung des Cytochrom-P-450-Systems durch Halothan

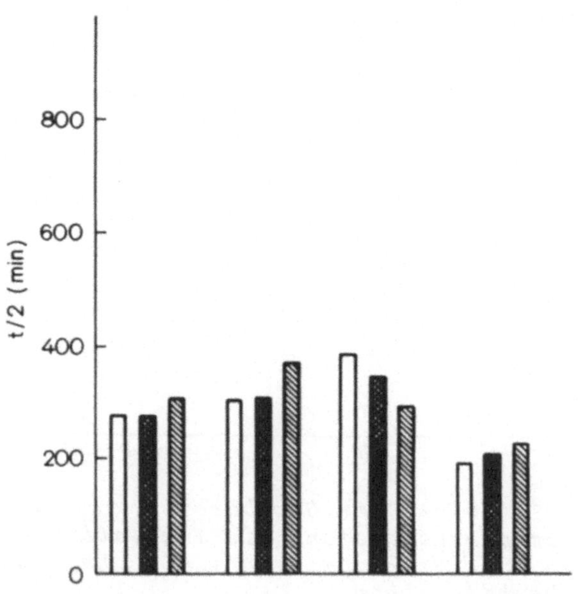

Abb. 3. Hexobarbital-Halbwertszeiten bei vier Patienten mit Neuroleptanalgesien. Darstellung wie Abb. 2. Die Verlängerung der Hexobarbital-Halbwertszeit durch Narkose ist nicht nachweisbar

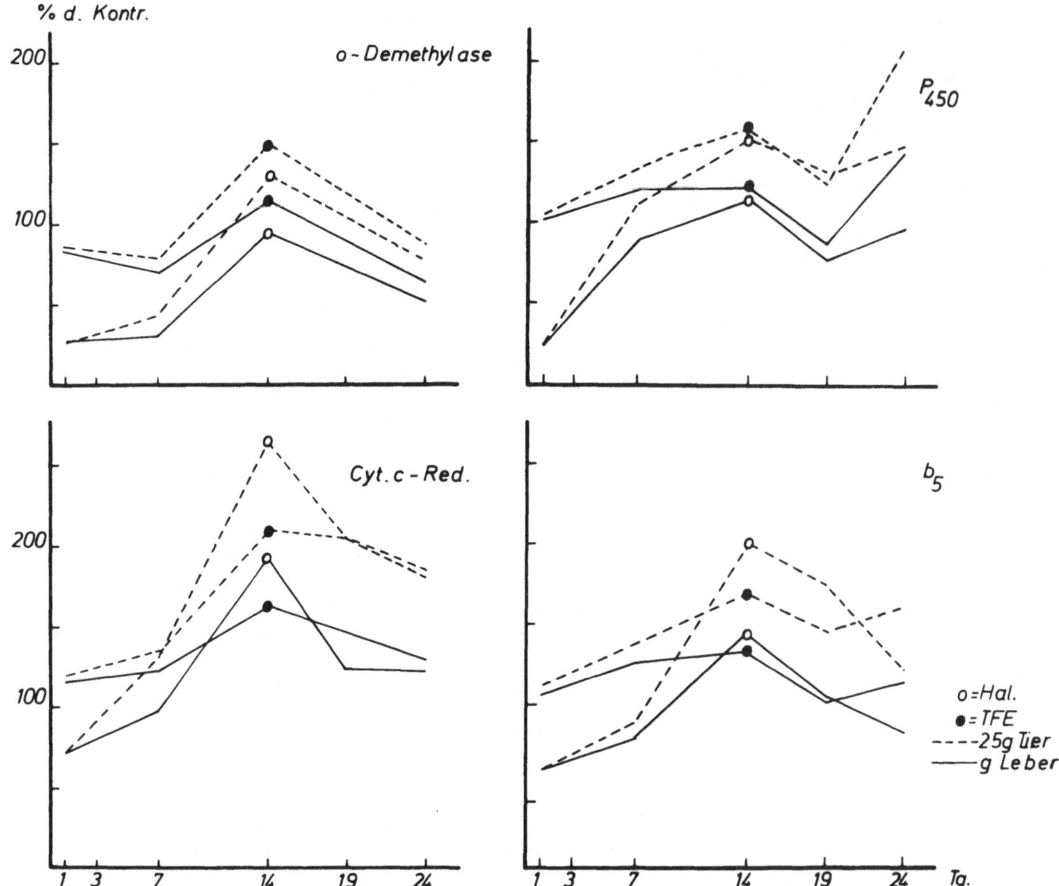

Abb. 4. Verhalten mikrosomaler Enzyme der Mäuseleber bei chronischer (intermittierender) Halothan- und Trifluoressigsäure-Exposition im Vergleich zu Kontrollen.
------- bezogen auf 25 g Tier (die Tiere wuchsen während des Versuchs)
———— bezogen auf 1 g Leberfeuchtgewicht.
Auffallend ist die photometrisch gemessene Zunahme des Cytochrom-P-450-Gehaltes bei Abnahme der durch Messung der p-Nitroanisol-Demethylierung bestimmten Aktivität des Systems. Es findet sich kein Unterschied der Halothan- und der Trifluoressigsäurewirkung

Diskussion

Unsere Untersuchungen über die Interferenz des Hexobarbitalabbaus mit der Halothan-Narkose zeigen sowohl in vitro als auch in vivo eine deutliche Hemmung. Wenn man das Cytochrom-P-450-System als nicht substratspezifisch auffaßt, so kann man schließen, daß diese Hemmung vom kompetitiven Typ ist, wie das bereits für die p-Nitroanisol-Demethylierung (8) und für die Amidopyrin-Demethylierung (23) gezeigt wurde. Das beinhaltet, daß bei hohen Substrat- und niedrigen Hemmstoffkonzentrationen die Hemmung kaum nachweisbar, daß jedoch bei der umgekehrten Situation, wie sie in Narkose vorliegt, eine fast völlige Hemmung des Fremdstoffabbaus festzustellen ist. Hinter einer scheinbar kompetitiven Hemmung kann sich gelegentlich eine allosterische Hemmung verbergen. Der Unterschied ist zwar von großer chemischer, jedoch geringer praktischer Bedeutung. Beide Typen der Hemmung würden nicht eine Schädigung, sondern eine voll reversible Funktionsänderung bedeuten.

Die Kenntnis dieser Hemmung läßt sich wie folgt zur Narkoseführung ausnützen: Ein intraoperativ appliziertes Analgeticum mit kurzer Cytochrom-P-450-abhängiger Halbwertszeit (z. B. Tilidin, Ketamine (29)) wird intraoperativ fast gar nicht, postoperativ jedoch normal schnell abgebaut. So kann man zwar einerseits Inhalationsnarkosemittel einsparen, hat andererseits aber nach Ende der Anästhesie in Bezug auf das Analgeticum wieder normale Abbaubedingungen. Auf diese Weise ist es besonders in der Alterschirurgie, bei der die reine Inhalationsnarkose wegen der Kreislauf- und Myokarddepression, die Neuroleptanalgesie wegen der psychotropen Wirkung (Auslösung von Depressionen) gleichermaßen Nachteile haben, erreichbar, nach einer flachen Inhalationsnarkose eine gute Analgesie in der Aufwachphase zum Schutz vor adrenergen Reaktionen zu erhalten. Tierexperimentelle Befunde zu der Interferenz von Halothan und Ketamine stützen diese Ansicht (28). Dieses Konzept der Steuerung des Fremdstoffabbaus durch Inhalationsnarkose bedarf allerdings noch einiger klinisch-pharmakologischer Arbeit, bis sein praktischer Wert abschätzbar ist.

Unsere Versuche zur Wirkung intermittierender Halothan- und chronischer Trifluoressigsäure-Gaben auf das endoplasmatische Reticulum der Maus sollten ein Modell für die chronische Halothanbelastung von Operationssaalpersonal (27) darstellen. Der Befund, daß der Cytochrom-P-450-Gehalt der Mäuselebern zwar zunahm, seine Aktivität bei der p-Nitroanisol-Demethylierung jedoch zurückging, läßt sich durch folgende Mechanismen erklären:

1. Die anfallende Trichloressigsäure hemmt durch ihre starke Bindung an Protein und ihre langsame Elimination die Aktivität des Enzymsystems, das gewissermaßen kompensatorisch an Menge zunimmt
2. Das zusätzlich synthetisierte Cytochrom P-450 gehört zu einer in diesem Test weniger aktiven Subspezies des Enzyms, wie das TAKAHASHI (22) angenommen hat.

Die Befunde stimmen mit den klinisch-pharmakologischen Ergebnissen einer Studie über die Warfarin-Halbwertszeit bei Anästhesisten überein, die von GHONEIM et al. (6) deutlich verlängert gefunden wurde. Warfarin gilt ebenfalls als Substrat des Cytochrom P-450-Systems. Das bedeutet nicht, daß Halothan nicht auch eine induzierende Wirkung haben kann. Es scheint jedoch zu komplexen Überlagerungen verschiedener Effekte der Induktion und der Hemmung durch Halothan und seine Metabolite zu kommen, die eine Abschätzung klinischer und arbeitsmedizinischer Konsequenzen noch nicht gestatten. Die Hinweise auf Leberschäden bei

Anästhesiepersonal in der gründlichen Studie des "Committee on trace anesthetics on the health of operating room personnel" (4) sind überraschend vage. Das sollte unsere Aufmerksamkeit gegenüber arbeitsmedizinischen und toxikologischen Fragen zwar nicht einschläfern, es kann uns Anästhesisten aber in bezug auf schädigende Leberwirkungen der Halothanspuren beruhigen, zumal das Risiko einer Inoculationshepatitis für uns unvergleichlich höher ist.

Zusammenfassung

Es wurde die Wirkung von Halothan auf die Hexobarbital-Oxidation in vitro und in vivo bei klinischen Halothan-Narkosen untersucht. Es zeigte sich eine Hemmung des Hexobarbital-Abbaus, von der angenommen wird, sie sei durch eine Verdrängung des Hexobarbital vom Cytochrom P-450 durch das Halothan bedingt. Die klinischen Konsequenzen dieser Hemmung werden diskutiert. In weiteren Untersuchungen wurde die Wirkung chronischer Halothan- und Trifluoressigsäure-Exposition auf das endoplasmatische Reticulum der Leber von Mäusen über 24 Tage geprüft. Es fand sich eine Vermehrung des Cytochrom-P-450-Gehaltes, ohne daß eine Zunahme der am p-Nitroanisol-Abbau nachweisbaren Aktivität dieses Enzymsystems damit einherging. Diese Befunde werden in Beziehung zu klinisch-pharmakologischen Ergebnissen anderer Autoren gesetzt, die ebenfalls im Sinne einer Hemmung des Cytochrom-P-450-Systems beim Menschen durch Halothan bei chronischer Exposition gedeutet werden müssen.

Summary

The effect of halothane on the oxidation of hexobarbitone was tested in microsomal incubations and in clinical halothane anaesthesias. The observed inhibition of hexobarbitone oxidation was considered to be the effect of a competition of hexobarbitone and halothane for the binding site of cytochrome P-450. This inhibition is of clinical importance for the kinetics of cytochrome-P-450-dependent substrates during inhalation anaesthesia. Further experiments on the liver effects of chronic exposure of mice to halothane and trifluoracetic acid for 24 days showed an increase of cytochrome P-450-content without an increase of the p-nitroanisol-demethylation. These findings correspond to the results of a clinical investigation of warfarin kinetics in man before and after chronic exposure to halothane (6).

Literatur

1. BELFRAGE, S., AHLGREN, I., AXELSON, S.: Halothane hepatitis in an anaesthetist. Lancet 2, 1466 (1966).
2. BUNKER, J. P. (Chairman of the subcommittee of the national halothane study) et al.: Summary of the National Halothane Study. J. Am. Med. Ass. 197, 121-134 (1966).

3. CLAUBERG, G.: Untersuchungen über den Einfluß von Inhalationsnarkose und Operation auf die Leberfunktion unter besonderer Berücksichtigung des Halothan. Anaesthesist 19, 317-328, 387-392 (1970).
4. COHEN, E. N. (Chairman of the committee of trace anaesthetics on the health of operating room personnel) et al.: Occupational disease among operating room personnel: a national study. Anesthesiology 41, 321-340 (1974).
5. GARSTKA, G., SCHLEBUSCH, H., PUPKE, R., RUPRECHT, H.: Das Verhalten von Leberenzymen bei verschiedenen Narkoseverfahren. Vortrag D 8, Zentraleuropäischer Anaesthesiekongreß, Bremen 1975.
6. GHONEIM, M. M., DELLE, M., WILSON, W. R., AMBRE, J. J.: Alteration of warfarin kinetics in man associated with exposure to an operating-room environment. Anesthesiology 43, 333-336 (1975).
7. GRIFFITHS, H. W., OZGUC, L.: Effects of chloroform and halothane anaesthesia on liver function in man. Lancet 1, 246 (1964).
8. HEMPEL, V., VON KÜGELGEN, C., REMMER, H.: Der Einfluß flüchtiger Narkosemittel auf den Fremdstoffabbau in der Leber. Anaesthesist 24, 400-403 (1975).
9. HENI, N., REMMER, H.: Die Wirkung von Tetrachlorkohlenstoff auf endoplasmatische Enzyme der Rattenleber. Arch. toxikol. 28, 1-11 (1971).
10. KLATSKIN, G., KIMBERG, D. V.: Recurrent hepatitis attributable to halothane sensitization in an anesthetist. New Engl. J. Med. 280, 515-522 (1969).
11. LINDE, H. W., BRUCE, D. L.: Occupational exposure of anesthetists to halothane, nitrous oxide and radiation. Anesthesiology 30, 363-368 (1969).
12. LOWRY, O. H., ROSEBROUGH, N. J., FARR, A. L., RANDALL, R. J.: Protein measurement with the folin phenol reagent. J. Biol. Chem. 193, 265-275 (1951).
13. LUND, J., SHULBERG, A., HELLE, J.: Occupational hazard of halothane. Lancet 2, 528 (1974).
14. NETTER, K. J., SEIDEL, G.: An adaptively stimulated o-demethylatins system in rat liver microsomes and its kinetic properties. J. Pharmacol. Exp. Ther. 146, 61-65 (1964).
15. OMURA, T., SATO, R.: The carbon monoxide binding pigment of liver microsomes. IISolubilisation, purification, and properties. J. Biol. Chem. 239, 2379-2385 (1964).
16. OMURA, T., SIKIEVITZ, P., PALADE, G. E.: Turnover of constituents of the endoplasmic reticulum membranes of rat hepatocytes. J. Biol. Chem. 242, 2389-2396 (1967).
17. SLATER, T. F.: The Role of Lipid Peroxidation in Liver Injury. In: D. KEPPLER: Pathogenesis and Mechanisms of Liever Cell Necrosis. Lancaster: MTP Press 1975.
18. STIER, A.: Zur Frage der Stabilität von Halothan im Stoffwechsel. Naturwissenschaften 54/3, 65 (1964).
19. STIER, A.: Stoffwechselprodukte des Halothan im Urin. Anaesthesist 15, 154-155 (1966).
20. STIER, A.: The biotransformation of halothane. Anesthesiology 29, 388-390 (1968).
21. STIER, A., ALTER, H., HESSLER, O., REHDER, K.: Urinary excretion of bromide in halothane anesthesia. Anesth. Analg. Curr. Res. 43, 723-728 (1964).
22. TAKAHASHI, S.: The effect of inhalational anesthetics on hepatic microsomal enzymes. Jap. J. Anesthesiol. 21, 1304-1310 (1972).
23. TAKAHASHI, S., SHIGEMATSU, A., FURUKAWA, T.: Interaction of volatile anesthetics with rat hepatic microsomal cytochrome P-450. Anesthesiology 41, 375-379 (1974).

24. TROSELL, J., PETO, R., SMITH, A. C.: Controlled trial of repeated halothane anaesthetics in patients with carcinoma of the uterine cervix treated with radium. Lancet 1, 821-824 (1975).
25. VAN DYKE, R. A.: Biotransformation of volatile anesthetics with special emphasis on the role of metabolism in the toxicity of anesthetics. Can. Anesth. Soc. J. 20, 21-32 (1973).
26. VAN DYKE, R. A., CHENOWETH, M. B.: Metabolism of volatile anesthetics. Anesthesiology 26, 348-357 (1965).
27. WHITCHER, C. E., COHEN, E. N., TRUDELL, J. R.: Chronic exposure to anesthetic gases in the operating room. Anesthesiology 35, 348-351 (1971).
28. WHITE, P. F., JOHNSTON, R. R., PUDWILL, C. R.: Interaction of ketamine and halothane in rats. Anesthesiology 42, 179-186 (1975).
29. WIEBER, J., GUGLER, R., HENGSTMANN, J.H., DENGLER, H. J.: Pharmacokinetics of ketamine in man. Anaesthesist 24, 260-263 (1975).
30. WRIGHT, R., CHISHOLM, M., LLOYD, B., EDWARDS, J. C., EADE, O. E., HAWKSLEY, M., MOLES, T. M., GARDNER, M. J.: Controlled prospective study of the effect on liver function of multiple exposures to halothane. Lancet 1, 812-820 (1975).
31. REMMER, H., GREIM, H., SCHENKMAN, J. B., ESTABROOK, R. W.: Methods for the elevation of hepatic mixed function oxydase levels and Cytochrome-P-450. In: Methods in Enzymology Vol. X. New York: Academic Press 1967.

Zur Frage der Hepatotoxizität von Halothan

Ingrid Rietbrock

Mit der Einführung von halogenierten Inhalationsanaesthetica wurden - wenn auch in seltenen Fällen - Läsionen in Leber und Niere beobachtet. Erst mit Aufdeckung ihrer biologischen Umwandlung im Organismus wurde ein besseres Verständnis für derartige Nebenwirkungen vermittelt, wobei jedoch nur bei einigen flüchtigen Stoffen die Genese dieser Störungen durch Biotransformations-Prozesse relativ einfach aufgeklärt werden konnte (8, 19, 29; Übersichtsreferate). Das gilt z. B. für Methoxyfluran und Chloroform, aber nicht für Halothan. Für die im Anschluß an Halothan-Narkosen, insbesondere bei seiner wiederholten Anwendung auftretenden Lebernekrosen konnte keine eindeutige Dosis-Wirkungsbeziehung aufgestellt werden. Daher wurden als auslösende Momente eher ein interkurrenter Infekt mit dem Hepatitisvirus bzw. eine durch Halothan induzierte Sensibilisierung angenommen, als die Bildung von toxischen Metaboliten in Erwägung gezogen (1, 2, 3, 6, 13, 15, 23, 24, 26).

Neuere Untersuchungen von COHEN u. Mitarb. (10) weisen beim Menschen auf die Bildung von hoch-reaktiven Zwischenprodukten hin, die sich an Zellmembranen anreichern und somit in der Leber akkumulieren. Unter welchen Umständen eine derartige kovalente Bindung in vivo zum Untergang der Zellfunktion führt, ist bis heute weitgehend offen.

Wir beschäftigten uns im Tierversuch in vivo mit den Auswirkungen ein- bzw. mehrmaliger Halothaninhalationen in narkotisch und subnarkotisch wirksamen Konzentrationen auf die Leber, wobei von verschiedenen Funktionszuständen der Leberzelle ausgegangen wurde.

Als Versuchstiere dienten männliche und weibliche Wistar-Ratten. Folgende Versuchsanordnungen wurden gewählt:

1. Zur Erzielung eines unterschiedlichen Arzneimittelumsatzes wurden junge männliche Ratten (50 - 80 g KG) über 4 Wochen entweder mit NaCl oder mit Phenobarbital-Na (3,9 mM) im Trinkwasser vorbehandelt und anschließend einmal für 8 Std einer Halothan-Konzentration von 0,6 Vol% ausgesetzt.

2. Der Einfluß wiederholter Halothan-Applikationen wurde vornehmlich an 200 g schweren weiblichen, nicht induzierten Ratten untersucht. Die Konzentrationen betrugen im Kurzzeit-Versuch zwischen 1 und 2 Vol% und im Langzeit-Versuch zwischen 0,3 und 0,5 Vol%.

3. Um evtl. bestehende toxische Effekte zu aggravieren, wurden männliche Ratten (200 g KG) über 4 Wochen gleichzeitig mit subnarkotisch wirksamen Halothan-Konzentrationen (0,4 Vol%, tgl. 2 Std) und für den Rest des Tages mit Phenobarbital im Trinkwasser behandelt und

4. wurden die Auswirkungen wiederholter Halothangaben am Modell der Anit-Cholestase (α-Naphthylisothiocyanat) bei weiblichen Ratten überprüft.

Bei den Untersuchungen wurde neben der Bestimmung des Lebergewichtes und der üblichen konventionellen Leberfunktionsproben, einschließlich lichtmikroskopischer Studien besonders auf das Verhalten mikrosomaler Enzymaktivitäten geachtet, um möglichst frühzeitig Veränderungen der Leberzellfunktion, die sich in vivo ausgebildet haben, biochemisch erfassen zu können (Durchführung der Versuche wie Methodik, s. RIETBROCK 17, 20).

Nach Versuchsansatz (1) ergibt sich, daß Halothan, einmal über 8 Std appliziert, auch bei einer durch Phenobarbital ausgelösten Aktivierung des Arzneimittelumsatzes, gekennzeichnet mit einer Zunahme des Lebergewichts um 51%, einer Erhöhung des Cytochrom P-450-Gehaltes um 150% und einer Steigerung des NADPH-Cytochrom c Reductaseaktivität um 83%, zu keiner Beeinträchtigung der mikrosomalen Enzymaktivitäten führt. Lediglich werden in der Phenobarbitalgruppe leichte Konzentrationserhöhungen der cytoplasmatischen Enzyme nach Halothan beobachtet.

In Abb. 1 sind oben die Plasmaspiegel von GPT, GOT und alkalischer Phosphatase unter normalem und unten unter aktiviertem Arzneimittelumsatz von Kontroll- und Halothantieren dargestellt. Der durch Halothan in der Phenobarbitalgruppe ausgelöste Anstieg von GPT und GOT beträgt zwar 47% bzw. 51%, jedoch konnten im Einzelfall keine Konzentrationserhöhungen über 100 mU/ml gemessen werden.

Die durch Halothan bei wiederholter Gabe (Versuchsansatz 2) hervorgerufenen Leberveränderungen sind zwar ausgeprägter, aber nicht als pathologisch zu werten. Während nach zeitlich begrenzten Halothanbelastungen in narkotisch wirksamen Konzentrationen sowie nach chronischen Halothan-Applikationen in subnarkotischen Konzentrationen weder lichtmikroskopisch gehäuft Leberzellnekrosen, noch biochemisch ein vermehrter Anfall der Transaminasen im Plasma nachgewiesen werden konnte, löst Halothan selbst eine Zunahme des relativen Leberfeuchtgewichtes sowie eine Aktivierung des Arzneimittelmetabolismus aus (17, 18, 20).

Entsprechend ist in vivo die Hexobarbitalschlafzeit verkürzt und in vitro die N-Demethylierung von Aethylmorphin beschleunigt. Dieser erhöhte Umsatz von Fremdstoffen ist nach wiederholten Halothanexpositionen primär die Folge einer Aktivierung der NADPH-Cytochrom c Reductase (Abb. 2, rechte Bildhälfte). Sie beträgt nach einer Belastung mit 2 Vol% täglich 1 Std lang 34%, nach Verlängerung der Expositionszeit von 1 auf 2 Std 60% und nach einer Langzeitbehandlung mit 0,5 Vol% täglich 2 Std über 4 Wochen 85%. Hingegen bleiben der Gehalt an Cytochrom P-450 und die Menge an mikrosomalem Eiweiß der Leber nahezu unverändert (Abb. 2, linke Bildhälfte).

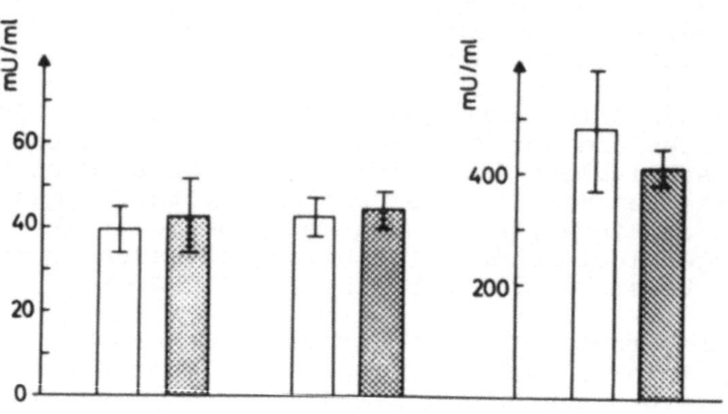

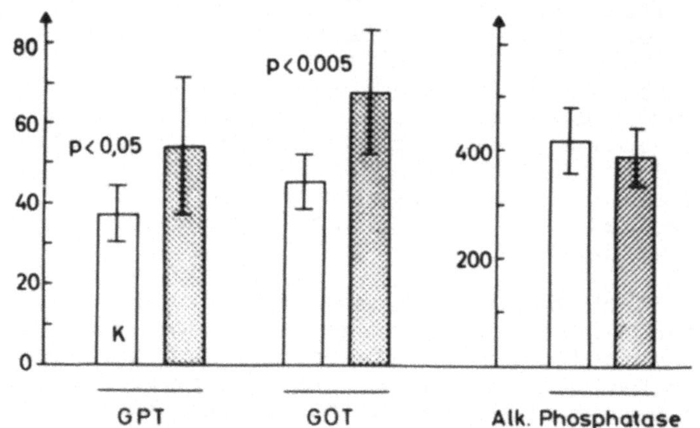

Halothan 0,6 Vol.%, 1 x 8 h

Abb. 1. GPT, GOT und alkalische Phosphatase im Plasma männlicher Ratten vor und 24 Std. nach Inhalation von 0,6 Vol% Halothan, einmal für 8 Stunden.
oben: bei normalem Arzneimittelumsatz (4-wöchige Behandlung mit 3,9 mM NaCl im Trinkwasser).
unten: bei aktiviertem Arzneimittelumsatz (4-wöchige Behandlung mit 3,9 mM Phenobarbital-Na im Trinkwasser).
(Mittelwerte und Standardabweichungen von je 6 - 8 Kontroll- (helle Säulen) und Versuchstieren (schraffierte Säulen)

NADPH — Cyt. c Reduktase

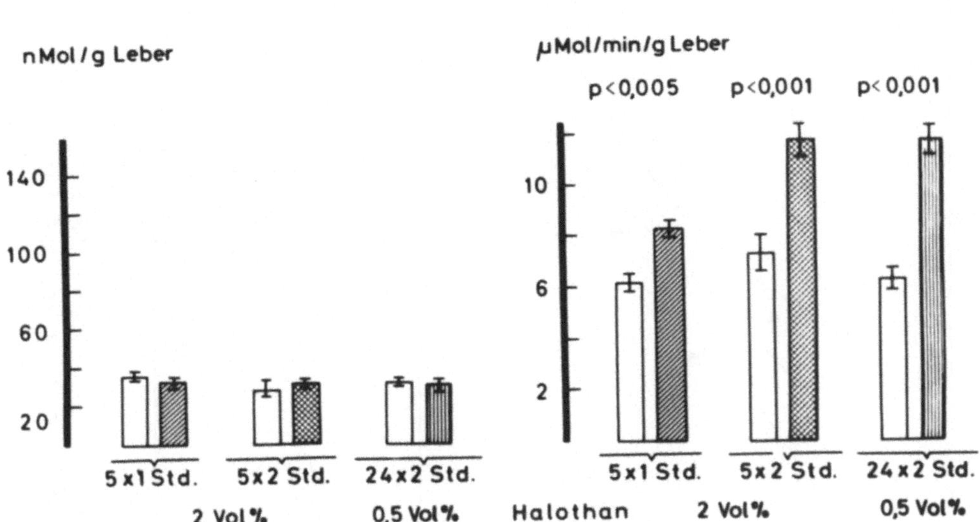

Abb. 2. Cytochrom P-450 und NADPH-Cyt. c Reductaseaktivität der Leber pro g Feuchtgewicht weiblicher Ratten vor (helle Säulen) und jeweils am 3. Tage nach der letzten Halothandosis (schraffierte Säulen), $\bar{x} \pm S_{\bar{x}}$ *von je 6 - 8 Kontroll- und Versuchstieren*

Zwischen der Halothandosis - ausgedrückt in MAC-h - und der mittleren prozentualen Steigerung der NADPH-Cytochrom c Reductaseaktivität, die für jeden Versuchsansatz aus je 6 - 12 Kontroll- wie Versuchstieren ermittelt wurde, ergibt sich eine enge Korrelation. Mit einem r-Wert von 0,79 ist die Dosis-Wirkungsbeziehung signifikant von 0 verschieden (Abb. 3).

Werden wiederholte Halothanapplikationen in subnarkotischen Konzentrationen (0,4 Vol%, tgl. 2 Std lang) mit geringen Phenobarbitaldosen kombiniert (Versuchsansatz 3), so ist nach 4 Wochen die Ausbildung einer Aktivitätssteigerung der alkalischen Phosphatase im Plasma auffällig.

Abb. 4 illustriert das Verhalten der cytoplasmatischen Enzyme in der oberen Bildhälfte und der mikrosomalen Enzymaktivitäten in der unteren Bildhälfte.

Bei nahezu unveränderten Transaminasewerten nimmt die alkalische Phosphatase unter Phenobarbital und Halothan um 179% signifikant ($p < 0{,}001$) gegenüber den Werten nach reiner Phenobarbitalbelastung zu. Hingegen werden die durch Phenobarbital hervorgerufene Erhöhung des Cytochrom P-450-Gehaltes wie Aktivierung der NADPH-Cytochrom c Reductase durch gleichzeitige wiederholte Halothanbelastungen weder beeinflußt noch herabgesetzt. Ledig-

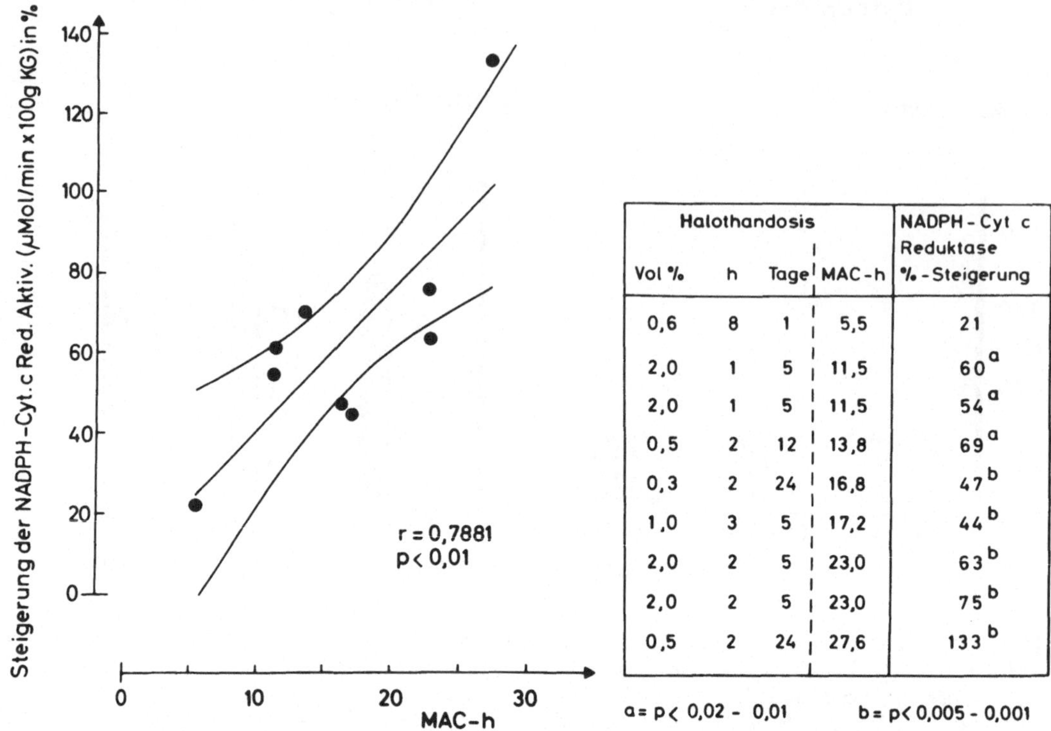

Halothandosis				NADPH-Cyt c Reduktase
Vol %	h	Tage	MAC-h	%-Steigerung
0,6	8	1	5,5	21
2,0	1	5	11,5	60 [a]
2,0	1	5	11,5	54 [a]
0,5	2	12	13,8	69 [a]
0,3	2	24	16,8	47 [b]
1,0	3	5	17,2	44 [b]
2,0	2	5	23,0	63 [b]
2,0	2	5	23,0	75 [b]
0,5	2	24	27,6	133 [b]

a = $p < 0{,}02 - 0{,}01$ b = $p < 0{,}005 - 0{,}001$

Abb. 3. Beziehung zwischen Halothandosis, angegeben in MAC-h, und der mittleren prozentualen Steigerung der NADPH-Cyt. c Reductaseaktivität. Jeder Punkt stellt die mittlere Aktivitätssteigerung aus je 6 - 12 Kontroll- bzw. Versuchstieren dar

lich macht sich bei der N-Demethylierung von Aethylmorphin eine leichte Hemmung nach Halothan bemerkbar.

Auch bei einer durch Anit ausgelösten cholestatischen Leberschädigung (Versuchsansatz 4), bei der der Arzneimittelmetabolismus wenig alteriert wird, rufen wiederholte Halothanapplikationen keinen Zusammenbruch der Leberfunktion hervor.

Abb. 5 gibt die Werte für GPT, GOT und alkalischer Phosphatase vor und 96 bzw. 144 Std nach Anitapplikation sowie nach zusätzlicher Belastung mit 1,0 Vol% Halothan, tgl. 3 Std lang an 3 und 5 aufeinanderfolgenden Tagen, wieder.

Nach Anit-Applikation liegt der maximale Anstieg von GPT, GOT und alkalischer Phosphatase im Plasma zwischen dem 3. und 4. Tag und bildet sich bis zum 6. Tag langsam wieder zurück. Dieser phasische Verlauf ist auch nach mehrmaliger Gabe von Halothan zu beobachten. Zwar wird durch Halothan ein stärkerer Anstieg von GPT und GOT auf dem Höhepunkt der Anitwirkung hervorgerufen, jedoch bildet sich auch hier trotz weiterer Halothanzufuhr die Leberschädigung langsam wieder zurück, wenn auch am 6. Tag sich die Transaminasewerte zwischen Halothan- und Anit-Tieren signifikant voneinander unterscheiden.

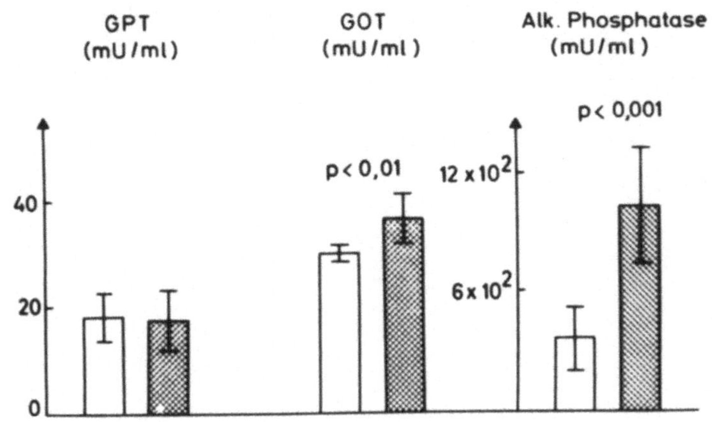

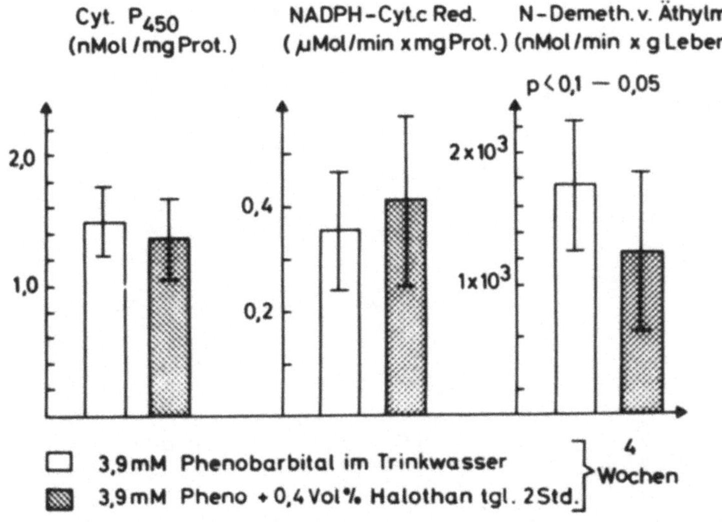

Abb. 4. Obere Bildhälfte: GPT, GOT und alkalische Phosphatase im Plasma; untere Bildhälfte: Cyt. P-450 und NADPH-Cyt. c Reductaseaktivität der Leber pro mg mikrosomales Protein sowie N-Demethylierung von Aethylmorphin pro g Leber männlicher Ratten nach 4-wöchiger Behandlung mit Phenobarbital-Na im Trinkwasser (3,9 mM) - (helle Säulen) bzw. kombinierter Behandlung mit Phenobarbital-Na im Trinkwasser und 0,4 Vol% Halothan tgl. 2 Std über 4 Wochen (schraffierte Säulen). Mittelwerte und Standardabweichungen von je 6 - 8 Kontroll- und Versuchstieren

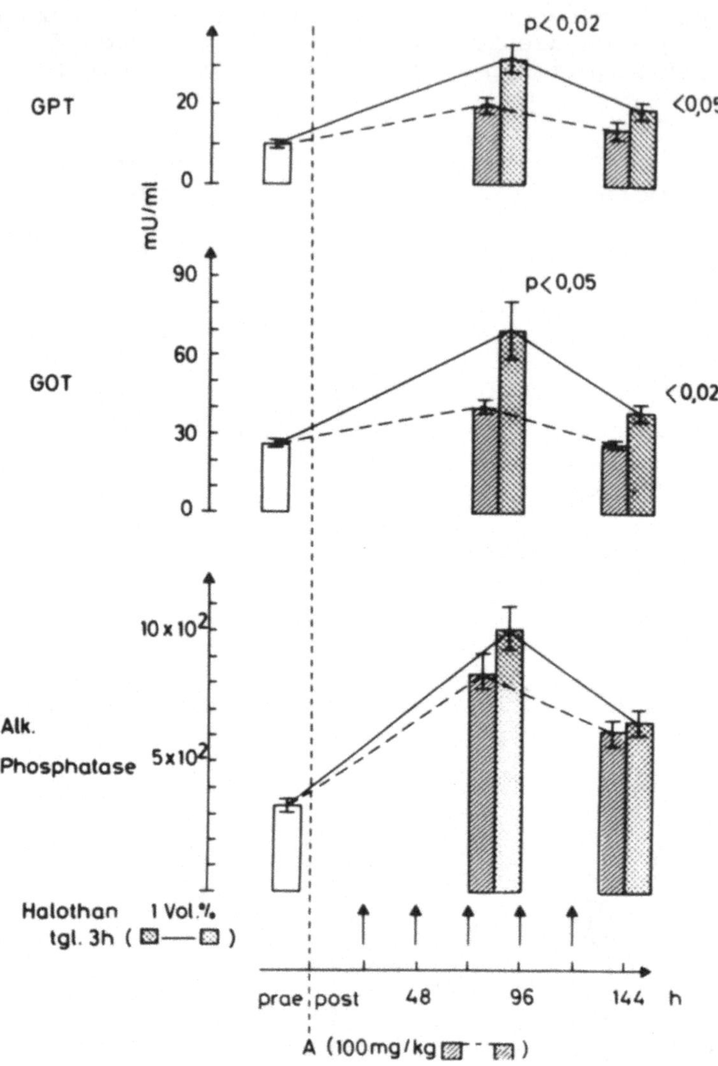

Abb. 5. Mittelwerte und $s_{\bar{x}}$ (n = 8) von GPT, GOT und alkalischer Phosphatase im Plasma weiblicher Ratten vor (helle Säulen), 96 und 144 Std nach Anit-Applikation (schräg schraffierte Säulen) sowie nach zusätzlicher Belastung mit 1,0 Vol% Halothan, tgl. 3 Std an 3 und 5 aufeinanderfolgenden Tagen (überkreuzt schraffierte Säulen)

Eine Zusammenfassung der wichtigsten besprochenen Befunde vermittelt die letzte Abbildung (Abb. 6).

Trotz größter Bemühungen ist die Genese der nach Halothan selten beobachteten Lebernekrosen bis heute nicht aufgeklärt.
So steht fest, daß diese Substanz im klassischen Sinne nicht hepatotoxisch ist. Während sich nach Chloroform in Abhängig-

Arzneimittelumsatz (Beginn)		normal	erhöht (Ph)	normal		normal
Halothan	Vol.% Tag x h	0,6 1 x 8		1 - 2 5 x 1-2	0,3-0,5 12-24 x 2	0,4 24 x 2 + Phenobarb. (tgl.)
Plasma	GPT	O	↑ +	O	O	(↑)
	GOT	O	↑ *	O	O	(↑)
	Alk. Ph.	O	O	O	O	↑↑ *
Leber	Cyt. P_{450}	O	O	O	O	(↓)
	NADPH-Cyt. c Reduktase	O	O	↑↑ *	↑↑ *	O
Hexobarbitalschlafz.		(↑)	—	↓↓ *	↓↓ *	—

+ $p < 0{,}05$ * $p < 0{,}005 - 0{,}001$

Abb. 6. Zusammenfassende Darstellung über das Verhalten von GPT, GOT und alkalischer Phosphatase im Plasma, von Cyt. P-450 und NADPH-Cyt. c Reductase in der Leber und von Hexobarbitalschlafzeit in vivo männlicher und weiblicher Ratten

1. *nach einmaliger Halothanbelastung unter den Bedingungen eines normalen wie aktivierten Arzneimittelumsatzes (Spalte 1 u. 2),*
2. *nach wiederholten Halothangaben; im Kurzzeitversuch in narkotisch und im Langzeitversuch in subnarkotisch wirksamen Konzentrationen (Spalte 3 u. 4) und*
3. *nach gleichzeitiger kombinierter Behandlung mit geringen Phenobarbitalkonzentrationen im Trinkwasser und subnarkotischen Halothankonzentrationen im Langzeitversuch (Spalte 5).*

Die offenen Kreise symbolisieren einen gegenüber den Kontrollen unveränderten Wert, während die Pfeile richtungsweisend eine Zu- bzw. Abnahme aufzeigen

keit von der Aktivität des Arzneimittelumsatzes, der Streß-Situation wie des Ernährungszustandes biochemisch eine Destruktion der mikrosomalen Enzyme und histologisch schwere zentrilobuläre Lebernekrosen abzeichnen (4, 12, 16, 21, 22, 28, 30, 31), konnte nach Halothan unter den vorgegebenen Versuchsbedingungen keine Verminderung der mikrosomalen Enzyme gemessen werden (Abb. 6). Die bei einem induzierten Arzneimittelstoffwechsel bzw. bei einer durch Anit vorgeschädigten Leber beobachteten, leichten Transaminaseerhöhungen machen deutlich, daß Narkotica per se Veränderungen im Regelmechanismus des Organismus hervorrufen. Unter experimentellen Extrembedingungen treten diese eher in Erscheinung, sind aber für Halothan nicht spezifisch (Abb. 6).

In der Literatur wird als gewisser pathogenetischer Faktor die wiederholte Einwirkung hervorgehoben, wobei Kinder ausgeschlossen zu sein scheinen (5, 6, 11, 27, 32). Zwar läßt sich der im Tierversuch nachgewiesene isolierte Anstieg der NADPH-Cytochrom c Reductase nach wiederholten Halothanapplikationen hinsichtlich seiner toxikologischen Bedeutung für den Menschen im Augenblick noch nicht interpretieren, doch zeigen diese Versuche auf, daß das Ausmaß der Leberveränderungen eine Resultante aus der Konzentration, der Einwirkungszeit und der Wiederholungsfrequenz ist. Hier stellen insbesondere die geringen Halothanmengen eine besondere Belastung für den Organismus dar. Es sind die Konzentrationen, die bei Patienten in der postnarkotischen Phase wegen der hohen Lipoidlöslichkeit aus den Fettdepots langsam über Tage frei werden, denen aber der Anaesthesist chronisch ausgesetzt ist (7, 9, 14, 17, 18, 25).

Während zum Schutze des Patienten halogenierte Stoffe innerhalb von 2 - 3 Monaten möglichst nicht wiederholt eingesetzt werden sollten, ist zum Schutze des Anaesthesisten für eine optimale Abgas-Beseitigung der flüchtigen Stoffe Sorge zu tragen.

Summary

Even today, the etiology of liver cell lesions due to halothane is not definitely known, although it has been suggested that increased levels of halothane toxicity might result from repeated anaesthetic administrations or from chronic low-dose exposures.

The present investigation shows, that no liver cell injuries in rats are produced neither by a single halothane anaesthesia even in animals whose drug catabolism was increased by means of phenobarbital nor by multiple administrations of halothane alone in narcotic concentrations (1 - 2 Vol%) for short periods or in subnarcotic concentrations (0,3 - 0,5 Vol%) during 4 weeks. After simultaneous treatment with phenobarbital and halothane (0,4 Vol%) during 4 - 6 weeks only an increased development of the alkaline phosphatase activities in plasma could be observed, while the levels of GOT and GPT in plasma and the phenobarbital induced stimulation of the microsomal enzymes of the liver (cyt. P-450, NADPH-cyt. c reductase) are uneffected by halothane. Further, liver function tests of animals, which indicate a cholestatic liver lesion produced by α-naphthylisothiocyanate even recovered during pretreatment with repeated halothane anaesthesia.

On the other hand multiple doses of halothane alone in narcotic or subnarcotic concentrations stimulate drug metabolizing enzymes in rat liver in a specific manner. The increased metabolism of drug however, does not correlate with an increase of protein in the microsomes or the cyt. P-450 but with an activation of the NADPH-cyt. c reductase. There exists a significant relationship between the halothane-dose, expressed in MAC-h, and the increase of the NADPH-cyt. c reductase activity.

Literatur

1. AIRAKSINEN, M. M., TAMMISTO, T.: Toxic actions of the metabolites of halothane; LD_{50} and some metabolic effects of trifluoroethanol and trifluoroacetic acid in mice and guinea pigs. Ann. Med. Exp. Biol. Fenn. 46, 242 (1968).
2. AIRAKSINEN, M. M., ROSENBERG, P. H., TAMMISTO, T.: A possible mechanism of toxicity of trifluoroethanol and other halothane metabolites. Acta pharmacol. toxicol. (Kbh) 28, 229 (1970).
3. BELFRAGE, S., AHLGREN, I., AXELSON, S.: Halothane hepatitis in an anaesthetist. Lancet 2, 1466 (1966).
4. BROWN, B. R. Jr., SIPES, I. G., SAGALYN, A. M.: Mechanisms of acute hepatic toxicity. Chloroform, Halothane, and Glutathione. Anesthesiology 41, 554 (1974).
5. BUNKER, J. P., FORREST, W. H. Jr., MOSTELLER, F., VANDAM, L. D.: The National Halothane Study. A study of the possible association between halothane anesthesia and postoperative hepatic necrosis. Bethesda, Maryland, US. Government Printing Office 1969.
6. CARNEY, F. M. T., VAN DYKE, R. A.: Halothane hepatitis: A critical review. Anesth. Analg. Curr. Res. 51, 135 (1972).
7. CASCORBI, H. F., BLAKE, D. A., HELRICH, M.: Differences in the biotransformation of halothane in man. Anesthesiology 32, 119 (1970).
8. COHEN, E. N.: Metabolism of the volatile anesthetics. Anesthesiology 35, 193 (1971).
9. COHEN, E. N., BROWN, B. W., BRUCE, D. L., CASCORBI, H. F., CORBETT, T. H., JONES, T. W., WHITCHER, E. Ch.: Occupational disease among operating room personel. A national study. Report of an ad hoc committee on the effect of trace anesthetics on the health of operating room personel. American society of anesthesiologists. Anesthesiology 41, 321 (1974).
10. COHEN, E. N., TRUDELL, J. R., EDMUNDS, H. N., WATSON, E.: Urinary metabolites of halothane in man. Anesthesiology 43, 392 (1975).
11. IMMAN, W. H. W., MUSHIN, W. W.: Jaundice after repeated exposure to halothane. An analysis of reports to the committee on safety of medicines. Br. Med. J. 1, 5 (1974).
12. KLATSKIN, G.: Toxic and drug-induced hepatitis. In: Diseases of the liver SCHIFF, L. (ed.) P. 453. London-Philadelphia: Lippincott 1963.
13. KLATSKIN, G., KIMBERG, D. V.: Recurrent hepatitis attributable to halothane sensitization in an anesthetist. N. Engl. J. Med. 280, 515 (1969).
14. O'MALLEY, K., STEVENSON, I. H., WOOD, M.: Drug metabolizing ability in operating theatre personel. Br. J. Anaesth. 45, 924 (1973).
15. POPPER, H., SCHAFFNER, F.: Structural studies in alcohol and drug induced liver injury. In: Alcoholic cirrhosis and other toxic hepatopathias. ENGEL, A., LARSSON, T. (eds.), p. 15. Stockholm: Nordiska Bokhandeln 1970.
16. REES, K. R.: Mechanism of action of certain exogenous toxic agents in liver cells. Cellular Injury, Ciba Foundation Symposion, p. 53. London: Churchill 1964.
17. RIETBROCK, I.: Beeinflussung der Leberzellaktivität der Ratte durch wiederholte Halothannarkosen unter besonderer Berücksichtigung der Arzneimittelelimination. Habilitationsschrift, Universität Würzbrug, 1973.
18. RIETBROCK, I.: Tierexperimentelle Untersuchungen der Leberfunktion unter Ethrane und Halothan. Prakt. Anaesth. 9, 98 (1974).
19. RIETBROCK, I.: Biotransformation von Inhalationsanaesthetika und ihre Bedeutung für klinische Nebenwirkungen. Anaesthesist 24, 381 (1975).

20. RIETBROCK, I., LAZARUS, G., OTTERBEIN, A.: Effect of halothane on the hepatic drug metabolizing system. Naunyn-Schmiedebergs Arch. Pharmacol. 273, 422 (1972).

21. SCHOLLER, K. L.: Electron-microscopic and autoradiographic studies on the effect of halothane and chloroform on liver cells. Acta Anaesth. Scand. Suppl. 32, 1 - 62 (1968).

22. SCHOLLER, K. L.: Modification of the effects of chloroform on the rat liver. Br. J. Anesth. 42, 603 (1970).

23. SHERLOCK, S.: In: Diseases of the liver and biliary system, 4. Auflage, p. 17, 350. Oxford: Blackwell Sci. Publ. 1968.

24. SHERLOCK, S.: Drugs and the liver. In: Alcoholic cirrhosis and other toxic hepatopathias. ENGEL, A., LARSSON, T. (eds.). Stockholm: Nordiska Bokhandeln 1970.

25. STEVENS, W. C., EGER, E. I. II., WHITE, A., HALSEY, M. J., MUNGER, W., GIBBONS, R. D., DOLAN, W., SHARGEL, R.: Comparative toxicities of halothane, isoflurane and diethyl ether at subanesthetic concentrations in laboratory animals. Anesthesiology 42, 408 (1974).

26. STIER, A., KUNZ, H. W., WALLI, A. K., SCHIMASSEK, H.: Effects on growth and metabolism of rat liver by halothane and its metabolite trifluoroacetate. Biochem. Pharmacol. 21, 2181 (1972).

27. TROWELL, J., PETO, R., SMITH, A. C.: Controlled trial of repeated halothane anaesthetics in patients with carcinoma of the uterine cervix treated with radium. Lancet 1, 821 (1975).

28. VAN DYKE, R. A.: On the fate of chloroform. Anesthesiology 30, 257 (1969).

29. VAN DYKE, R. A.: Biotransformation of volatile anaesthetics with special emphasis on the role of metabolism in the toxicity of anaesthetics. Can. Anaesth. Soc. J. 20, 21 (1973).

30. WHIPPLE, G. H.: Pregnancy and chloroform anesthesia. A study of the maternal, placental and fetal tissues. J. Exp. Med. 15, 246 (1912).

31. WHIPPLE, G. H., SPERRY, J. A.: Chloroform poisoning. Liver necrosis and repair. Bull. Johns Hopkins Hosp. 20, 278 (1909).

32. WRIGHT, R., CHISHOLM, M., LLOYD, B., EDWARDS, J. C., EADE, O. E., HAWKSLEY, M., MOLES, T. M., GARDNER, M. J.: Controlled prospective study of the effect on liver function of multiple exposures to halothane. Lancet 1, 817 (1975).

Halothan und Kreislauf

G. Karliczek

Vor 20 Jahren wurde Halothan in die Klinik eingeführt, und 20 Jahre alt sind auch die ersten Publikationen über Kreislaufveränderungen durch Halothan (20, 33), die sich, wenn auch selten, sehr unangenehm manifestieren können. Das hat zu einer intensiven Erforschung des kardiovasculären Systems unter dem Einfluß von Halothan geführt, was sich bis heute in zahlreichen Veröffentlichungen niedergeschlagen hat (ausführliche Übersicht bei KREBS und KERSTING (22)).

Die Einflußnahme von Halothan auf die Zirkulation ist komplexer Natur. Zwei Wirkungen lassen sich dennoch herauskristallisieren:

1. Abnahme des peripheren Gesamtwiderstandes

Das Verhalten des peripheren Widerstandes unter Halothanwirkung läßt sich sehr deutlich am Verhalten des Perfusionsdruckes bei extracorporaler Zirkulation während Herzoperationen demonstrieren (Abb. 1):

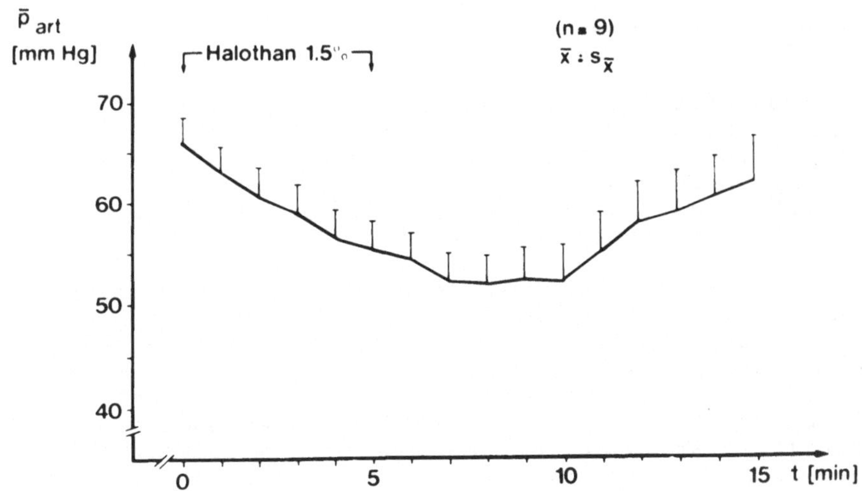

Abb. 1. Absinken des Perfusionsdruckes während extracorporaler Zirkulation als Folge einer Abnahme des peripheren Widerstandes nach Halothan

Mit Hilfe der Herzlungenmaschine wird für ein konstantes Minutenvolumen gesorgt, so daß Veränderungen des arteriellen Druckes ausschließlich auf Veränderungen des peripheren Widerstandes beruhen, da das Herz aus der Zirkulation ausgeschaltet ist. Wie in Abb. 1 ersichtlich ist, bewirkt Halothan ein rasches Sinken des Perfusionsdruckes als Folge der Verminderung des peripheren Widerstandes.

Diese Abnahme des peripheren Widerstandes ist im Wesentlichen ein Summationseffekt aus Sympathicuseinfluß, worauf gleich noch eingegangen werden soll, und direkter Vasodilatation durch Halothan.

Die einzelnen Gefäßgebiete werden unterschiedlich beeinflußt, z. B. werden die der Skeletmuskulatur und der Haut dilatiert, während es im Splanchnicusgebiet reflektorisch zur Widerstandserhöhung kommt (4, 9, 19, 28, 40).

2. Abnahme des Herzminutenvolumens

Erstmalig haben jene Wirkung BURN et al. (7) am Herzlungenpräparat und später zahlreiche Untersucher bei Tier und Mensch beschrieben (11, 15, 21, 23, 28, 35, 39, 41, 42). Das Ausmaß der HMV-Minderung durch Halothan ist konzentrationsabhängig, variiert aber auch sehr stark mit anderen Gegebenheiten, wie Prämedikationsart, Operationsstreß und Untersuchungsmethoden. Im Durchschnitt darf bei 1 MAC (34), also bei einem oberflächlichen chirurgischen Toleranzstadium, mit einer Reduktion von ca. 20% gerechnet werden.

Ursachen der HMV-Minderung sind: Neurale und humorale Einflüsse, die Herzfrequenz, Veränderungen des venösen Rückflusses und eine Myokarddepression.

Auf die Sympathicusaktivität hat Halothan eine hemmende Wirkung, im Gegensatz zu Äther oder Cyclopropan führt es nicht zu einer Katecholaminfreisetzung (16, 29, 31). Die Sympathicushemmung geschieht in mehreren Ebenen: durch Hemmung der Vasomotorenzentren, Ganglienblockade, geringere Wirkung von Noradrenalin und Sensibilisierung von Baroreceptoren.

Im ZNS kommt es zur Hemmung der Vasomotorenzentren mit verminderter efferenter sympathischer Aktivität (30). Dazu trägt möglicherweise auch das veränderte Verhalten der Baroreceptoren bei. Diese werden durch Halothan zumindest bei der Katze sensibilisiert (1), d. h. bei gleichem Druckanstieg im Aortenbogen kommt es unter Halothan zu erhöhter Entladungsrate. Auch dadurch werden die medullären Kreislaufzentren gehemmt, was eine zusätzliche Verminderung der sympathischen efferenten Impulse zur Folge hat.

Auch die Blockierung peripherer sympathischer Bahnen wurde diskutiert. (33), der bei Katzen eine Ganglienblockade durch Halothan gefunden hatte, glaubte damit die Kreislaufveränderungen durch Halothan erklärt zu haben. Jedoch ist heute bekannt, daß die Ganglienblockade keine nennenswerte Rolle bei der Verminderung des Herzzeitvolumens spielt.

Diskutiert wird ferner eine verminderte Ansprechbarkeit peripherer Receptoren auf die sympathischen Neurotransmitterstoffe (29). In Halothananaesthesie kann aber auch ein erhöhter Sympathicotonus gefunden werden (27). Die Kreislaufreflexe über die Baroreceptoren sind nämlich in Halothannarkose intakt und können bei stärkerer Abnahme des arteriellen Druckes eine reflektorische Sympathicuserregung auslösen (27, 40).

Die parasympathische Aktivität wird offensichtlich durch Halothan gesteigert, wobei unklar ist, ob es zu einer echten Aktivierung des parasympathischen Systems oder zu einem relativen Überwiegen bei verminderter Sympathicusaktivität kommt (17). Auch wenn die Rolle der parasympathischen Aktivierung an der Kreislaufdepression durch Halothan bis heute umstritten ist, sollte doch erwähnt werden, daß PITTINGER et al. (32) sowie McGREGOR et al. (25) durch Atropingaben Bradykardie und Blutdruckabfall aufheben konnten.

Häufig wird dem Halothan eine negativ chronotrope Wirkung zugeschrieben. Wie GÖTHERT et al. (17) an Ratten zeigen konnte, beruht diese auf einer Minderung der Sympathicusaktivität, Steigerung der Parasympathicusaktivität und direkter Myokardeinwirkung. Die negativ chronotrope Wirkung ist jedoch kein konstanter Befund, auch Frequenzsteigerungen sind beschrieben worden (21, 39). Sicher spielen hier die Prämedikation und das Ausmaß einer reflektorischen Sympathicuserregung eine Rolle.

Das Herzzeitvolumen wird entscheidend auch vom venösen Rückfluß determiniert. Wie DIETZEL (9) an Hunden zeigte, führt Halothan zu einer Kapazitätszunahme im venösen System. Dadurch fließt weniger Blut zum rechten Herzen. So fand er eine Verminderung des venösen Rückflusses um 10 ml/kg·min bei 1 Vol% Halothan, was ca. 1/7 des Blutvolumens darstellt. Für die Kapazitätszunahme im Venendrucksystem spricht auch die klinische Erfahrung, daß Patienten in Halothannarkose auf plötzlichen Lagewechsel schnell mit Hypotonie reagieren können. Die Myokarddepression durch Halothan ist der wesentliche Faktor für die Verminderung des Herzzeitvolumens. Mit Hilfe von Dehnungsmeßstreifen, die während Herzoperationen auf die Wand des rechten Ventrikels aufgenäht wurden, konnten 1961 erstmalig MORROW und MORROW (28) beim Menschen die Abnahme der Kontraktionskraft nachweisen.

Inzwischen ist dieser Befund durch zahlreiche Untersuchungen sowohl an Papillarmuskelpräparaten, am Herzlungenpräparat, bei verschiedenen Versuchstieren und auch am Menschen bestätigt worden (3, 5, 6, 12, 14, 18, 21, 24, 36, 37, 39).

In Abb. 2 (nach SHIMOSATO und ETSTEN (36)) werden die Veränderungen der Ventrikelfunktionskurven der linken Kammer (links oben) bei verschiedenen Halothankonzentrationen deutlich. Die Schlagarbeit des linken Ventrikels ist als Funktion des enddiastolischen Druckes aufgetragen. Die Veränderungen durch 0,5% Halothan zeigen sich erst bei höheren enddiastolischen Druck-

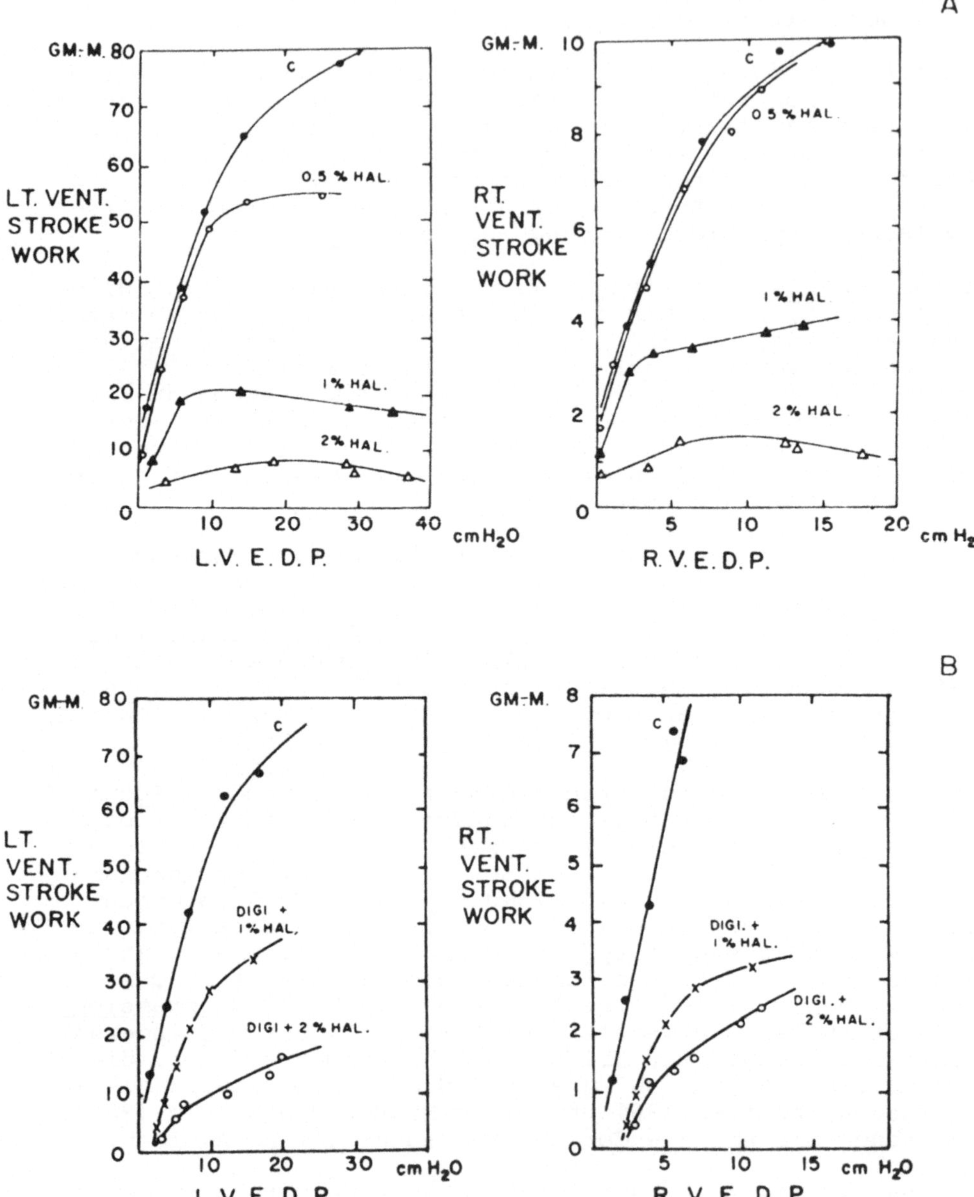

Abb. 2. (nach SHIMOSATO und ETSTEN (36))
Links- und rechtsventrikuläre Funktionskurven während Halothananaesthesie bei nichtdigitalisierten (A) und digitalisierten (B) Hunden, C: Kontrollwerte

werten. 1% und 2% Halothan haben dagegen eine deutliche Abflachung der Ventrikelfunktionskurve zur Folge, d. h. bei gleichen enddiastolischen Drucken kann weniger Schlagarbeit geleistet werden. Es wird auch deutlich, daß die Möglichkeit der Verbesserung der Ventrikelfunktion durch Volumengabe begrenzt ist und eine weitere Erhöhung des enddiastolischen Druckes eine Abnahme der Schlagarbeit zur Folge hat, also der absteigende Teil der Starling-Kurve relativ früh erreicht wird.

Links unten sind die Ventrikelfunktionskurven nach vorheriger Digitalisierung dargestellt. Im Vergleich mit den oben dargestellten Kurven erkennt man, daß zwar eine deutliche Verbesserung, aber keine Normalisierung erzielt werden kann.

Über die Ursachen der Myokarddepression ist noch nicht so viel bekannt. Hier geben die Untersuchungen von DÖHRING (10) interessante Hinweise. Er hat am Herzlungenpräparat des Meerschweinchens mit hohen Konzentrationen von Inhalationsanästhetica (z. B. 3 Vol% Halothan) Herzinsuffizienz erzeugt und diese mit barbituratinduzierten Herzinsuffizienzen verglichen. Sowohl nach Barbituraten als auch nach Inhalationsanästhetica und dem uns interessierenden Halothan kann es zu einer Hemmung des Umsatzes der energiereichen Phosphate, gemessen als Anstieg der Quotienten aus ATP/ADP sowie Kreatinphosphat/Kreatin-Orthophosphat, kommen.

Bei der barbituratbedingten Herzinsuffizienz führten Gaben von Calcium, Isoprenalin oder Strophantin zu einer Wiederherstellung der Kontraktionskraft und einer gleichzeitigen Normalisierung des Umsatzes energiereicher Phosphate. Dagegen zeigten die gleichen Pharmaka bei der Halothan-bedingten Insuffizienz nur in den Anfangsstadien therapeutische Effekte geringeren Ausmaßes.

Voll ausgebildete Insuffizienzen erwiesen sich als therapieresistent, und die Umsatzstörung der energiereichen Phosphate war nicht beeinflußbar. Dies wird noch dadurch verdeutlicht, daß seine elektronenoptischen Untersuchungen nach Herzinsuffizienz durch Inhalationsanästhetica eine offenbar irreversible Veränderung der Ultrastruktur der transversalen Tubuli der Herzmuskelfasern erkennen lassen, die nach Barbituratinsuffizienzen nicht zu beobachten war.

Ergebnisse vom Herzlungenpräparat sind jedoch nicht ohne weiteres auf den intakten Organismus übertragbar. Denn hier sind auch in tiefer Halothannarkose wie TARNOW et al. (38) an Hunden gezeigt haben, die kardiodepressiven Einflüsse des Halothans z. B. durch Dopamin, Effortil oder Glucagon beeinflußbar.

Zusammenfassung

Halothan führt zu einer Verminderung des peripheren Widerstandes und des Herzminutenvolumens. Die Herzminutenvolumenabnahme beruht hauptsächlich auf der Abnahme des Schlagvolumens. Hierfür ist einerseits die Verminderung des venösen Rückflusses, hauptsächlich aber die Myokarddepression verantwortlich. Aus Widerstandssenkung und Herzminutenvolumenabnahme resultiert die arterielle Hypotension, woran möglicherweise auch noch die Sensibilisierung der Baroreceptoren beteiligt ist.

Für die klinische Anwendung ergeben sich folgende Hinweise:

Da in Halothannarkose auch der Sauerstoffverbrauch sinkt, ist die Verminderung des Herzzeitvolumens an sich als sinnvolle Anpassung aufzufassen. Die arterielle Drucksenkung ist jedoch für manche Patienten z. B. mit Coronarsklerose gefährlich. Deshalb sollte Halothan in niedrigen Konzentrationen, möglichst nicht höher als 0,5% gegeben werden.

Kommt es doch zum unerwünschten Blutdruckabfall, ist die Gabe von Kardiotonica neben einer begrenzten Volumenzufuhr sinnvoll.

Literatur

1. ARNDT, J. O., KRZOSSA, M., MÜLLER, A.: Der Einfluß von Ethrane und Halothan auf die Aktivität der Baroreceptoren des Aortaen-Bogens von Katzen. Vortrag Ethrane Symposion Hamburg 1973.
2. BEATON, A.: Fluothane and hypotension in cats. Canad. Anaesth. Soc. J. 6, 13 (1959).
3. BEER, R., BEER, D.: Beeinflussung der myokardialen Kontraktilität durch Narkotika. Münch. Med. Wochenschr. 115, 8 (1973).
4. BLACK, G. W., McARDLE, L.: The effect of halothane on the peripheral blood vessels. Anaesthesia 17, 82 (1962).
5. BLOODWELL, R. D., BROWN, R. C., CHRISTENSON, G. R., GOLDBERG, L. J., MORROW, A. G.: The effect of fluothane on myocardial contractile force in man. Anesth. Analg. 40, 352 (1961).
6. BROWN, B. R. Jr., CROUT, J. R.: A Comparative Study of the effect of Five General Anesthetics on Myocardial Contractility. I. Isometric Conditions Anesthesiology 34, 236 (1971).
7. BURN, J. H., EPSTEIN, H. G., FEIGAN, G. A., PATON, W. P. A.: Some pharmacological actions of fluothan. Br. Med. J. 479 (1957).
8. DEUTSCH, S., LINDE, H. W., DRIPPS, R. D., PRICE, H. L.: Circulatory and respiratory actions of halothane in normal man. Anesthesiology 23, 631 (1962).
9. DIETZEL, W., EMERSON, Th., MASSION, W.: Peripheral vascular effects of cyclopropane and halothane in the dog. J. Pharmacol. exp. Ther. 174, 169 (1970).
10. DÖHRING, H. J.: Mechanismus und Therapie Kardiotoxischer Narkotika-Wirkungen. Intensivmedizin 10, No. 6, 388.
11. EGER, E. J. II., SMITH, N. T., STOELTING, R. K., AILLEN, D. J., KADIS, L. S., WHITCHER, C. E.: Cardiovascular effects of halothane in man. Anesthesiology 32, 396 (1970).
12. FISCHER, K. J.: Vergleich der Wirkung von Ethrane und Halothan auf die Kontraktilität des isolierten, intakten Warmblüter-Herzens (Herz-Lungen-Präparat der Katze). IV. Europäischer Anaesthesiekongreß, Madrid, 5. - 11.9.1974.
13. FLACKE, W., ALPES, M. H.: Actions of halothane and norepinephrine in the isolated mamalian heart. Anesthesiology 23, 293 (1962).
14. GANDER, M., VERAGUT, U. P., LÜTHY, E., HEGGLIN, R.: Hemodynamic effects of halothane in the closed chest dog. Helv. med. Acta 33, 351 (1967).

15. GATTIKER, R., SESSLER, A. D., LUNDBORG, R. O., SWAN, H. J. C.: Herzzeitvolumen u. Sauerstoffwerte (pO_2) und -Sättigung im Lebervenenblut bei Halothan-Anaesthesie. Anaesthesist 15, 151 (1966).
16. GÖTHERT, M.: Wirkungen verschiedener Inhalationsnarkotica auf die Katecholaminkonzentrationen in Herz und Nebennieren. Anaesthesist 20, 135 (1971).
17. GÖTHERT, M., TUCHINDA, P.: Zum Mechanismus der negativ chronotropen Wirkung von Halothan. Anaesthesist 22, 334 (1973).
18. GOLDBERG, A. H., ULLRICK, W. C.: Effects of halothane on isometric concentrations of isolated heartmuscle. Anesthesiology 28, 838 (1967).
19. HEITZ, D. C., JEBSON, P. J., BOUTROS, A. R., BRODY, M. J.: The effect of halothane on the pulmonary vascular bed of the dog. Anesthesiology 35, 61 (1971).
20. JOHNSTON, M.: Br. J. Anaesth. 28, 392 (1956).
21. KARLICZEK, G., HEMPELMANN, G., PIEPENBROCK, S.: A comparison of the cardiovascular effects of enflurane, halothane mehtocyflurane and fluroxene during open cardiac surgery. Acta Anaesth. Belg. 26, 28, 82 (1975).
22. KREBS, R., KERSTING, F.: Zur Ursache der hämodynamischen Nebenwirkungen eineiger Narkotika. Anaesthesist 21, 153 (1972).
23. KUBOTY, Y., VANDAM, L. D.: Circulatory effects of halothane in patients with heart disease. Chir. Pharm. Ther. 3, No. 2, 153 (1962).
24. LUNDBERG, R. O., RAHIMTOOLA, S. H., SWAN, H. J. C.: Halothan administration and left ventricular function in man. Anaesth. Analg. C. 46, 377 (1967).
25. McGREGOR, H., DOVENPORT, H. T., JEGIO, W., SEKEL, J. P., GIBBONS, J. E., DEMERS, P. P.: Cardiovascular effect of halothane in normal children. Br. J. Anaesth. 30m 398 (1958).
26. MAHAFFE, J. E., ALDINGER, E. E., SPROUSE, J. H., DARBY, Th., THROWER, W. B.: The cardiovascular effects of halothane. Anesthesiology 22, 982 (1961).
27. MERIN, R. G.: The relationship between myocardial function and glucose metabolism in the halothane-depressed heart. I. The effect of hyperglycaemia. Anaesthesiology 33, 391 (1970).
28. MORROW, D. H., MORROW, A. G.: The effect of halothane on myocardial contractile force and vascular resistance: direct observations made in patients during cardiopulmonary bypass. Anesthesiology 22, 537 (1961).
29. PRICE, H. L., LINDE, H. W., JONES, R. E.: Sympatho-adrenal responses to general anaesthesia in man and their relation to hemodynamics. Anesthesiology 20, 563 (1959).
30. PRICE, H. L., LINDE, H. D., MOISE, H. T.: Central nervous actions of halothane effecting the systemic circulation. Anesthesiology 24, 770 (1963).
31. PERRY, L. B., VAN DYKE, R. A., THEYE, R. A.: Sympathoadrenal and hemodynamic effects of isoflurane, halothane and cydopropane in dogs. Anaesthesiology 40, 465 (1974).
32. PITTINGER, C. B., CULLEN, S. C., WATLAND, D. C.: Observations on a new Anaesthetic Agent "Fluothane". Arch. Surg. 75, 339 (1957).
33. RAVENTOS, J.: The action of Fluothane - a new volatile Anaesthetic. Br. J. Pharmacol. 11, 394 (1956).
34. SAIDMAN, L. J., EGER, E. I., MUNSON, E. S., BABAD, A. A., MUALLEM, M.: Minimum Alveolar Concentrations of Methoxyflurane, Halothane, Ether and Cyclopropane in man. Correlation with Theories of Anesthesia. Anesthesiology 28, 994 (1967).
35. SEVERINGHAUS, J. W., CULLEN, S. C.: Depression of myocardium and body oxygen consumption with fluothane. Anesthesiology 19, 165 (1958).

36. SHIMOSATO, S., ETSTEN, B.: Performance of digitalized heart during halothane anesthesia. Anesthesiology 24, 41 (1963).
37. SHIMOSATO, S., LI, T. H., ETSTEN, B. E.: Ventricular function during halothane anesthesia in closed chest dog. Circ. Res. 12, 63 (1963).
38. TARNOW, J., BRÜCKNER, J. B., EBERLEIN, A. J., PATSCHKE, D., REINECKE, A., SCHMICKE, P.: Experimentelle Untersuchungen zur Beeinflussung der Haemodynamik in tiefer Halothannarkose durch Dopamin, Glucagon, Effortil, Noradrenalin und Dextran. Anaesthesist 22, 8 (1973).
39. TARNOW, J. W., GETHMANN, W., HESS, W., PATSCHKE, D., WEYMAN, A., BRÜCKNER, J. B.: Der Einfluß von Ethrane auf die Hämodynamik und die Sauerstoffversorgung des Myocards im Vergleich zu Halothan. Anaesthesist 23, 281 (1974).
40. VATNER, S. F., SMITH, N. T.: Effect of halothane on left ventricular function and distribution of regional blood flow in dogs and primates. Circ. Res. 34, 155 (1974).
41. WEAVER, P. C.: A study of the cardiovascular effects of halothane. Ann. R. Coll. Surg. Engl. 49, 114 (1971).
42. WYANT, G. M., MERRIMAN, J. E., KILDUFF, C. J., THOMAS, E. T.: The cardiovascular effects of halothane. Can. Anaesth. Soc. J. 5, 384 (1958).

Halothan und Atmung

H. Weihrauch und I. Pichlmayr

In der ersten pharmakologischen Arbeit über Halothan gab RAVENTOS an, daß bei Hunden und Affen Atemfrequenz und Atemtiefe während der Narkose abnahmen. Die thorakale Atmung wurde im Vergleich zur Zwerchfellatmung durch geringere Konzentrationen aufgehoben. Bei höheren Konzentrationen sistierte die Atmung völlig bei noch intakter Kreislauffunktion. Mit Beendigung der Halothanzufuhr normalisierte sie sich sehr rasch wieder (27).

Beim Menschen sind Änderungen der Respiration unter Halothan nicht so einheitlich wie bei Tieren (28). Mit größerer Narkosetiefe wird oft eine progressive Parese der Intercostalmuskulatur beobachtet, nicht immer ist dies aber ein sicheres Zeichen der Narkosetiefe. Es kann gelegentlich völlige Inaktivität der Intercostalmuskulatur vorliegen ohne signifikante Zeichen einer Erschlaffung anderer Skelettmuskeln (24).

Wie beim Tier nimmt auch beim Menschen das Atemzugvolumen progressiv ab. Die Atemfrequenz kann unverändert bleiben oder geringgradig abnehmen (1, 12, 27), das Gros der Untersucher berichtet jedoch über eine auffällige Tachypnoe, die oft schon früh - unabhängig von der Narkosetiefe - auftritt (1, 4, 6, 24, 25, 27). Die exspiratorische Pause kann fehlen (4). Folgen der veränderten Respiration sind Abnahme der alveolären Ventilation und Anstieg des arteriellen Kohlensäuredrucks mit eventueller Ausbildung einer respiratorischen Acidose (6, 17, 25, 27).

Die folgenden Daten und Meßergebnisse sind insgesamt der Literatur entnommen.

In Abb. 1 (25) sind die Änderungen der Atemwerte bei 0,5 und 1,5%iger inspiratorischer Halothankonzentration dargestellt. Das Atemminutenvolumen ist nicht immer signifikant erniedrigt, es kann - wie Abb. 2 (6) zeigt - infolge der hohen Atemfrequenz noch im Normbereich liegen. Auf Abb. 3 (6) sind die Änderungen des alveolären pCO_2 und der CO_2-Elimination zu sehen. Alle diese Befunde waren reversibel, innerhalb einer Stunde nach Beendigung der Narkose wurden wieder die pränarkotischen Werte gemessen (10).

MUNSON und Mitarbeiter (17) verglichen verschiedene Inhalationsnarkotica miteinander, dabei zeigte Halothan bei äquinarcotischen Dosen (MAC) jeweils die stärkste Erhöhung des arteriellen pCO_2 (Abb. 4) (17).

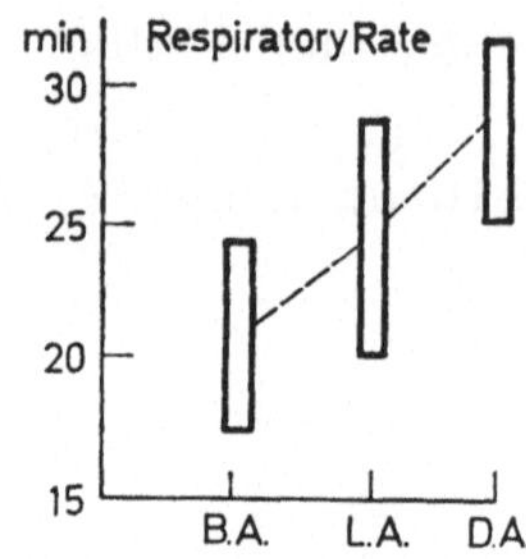

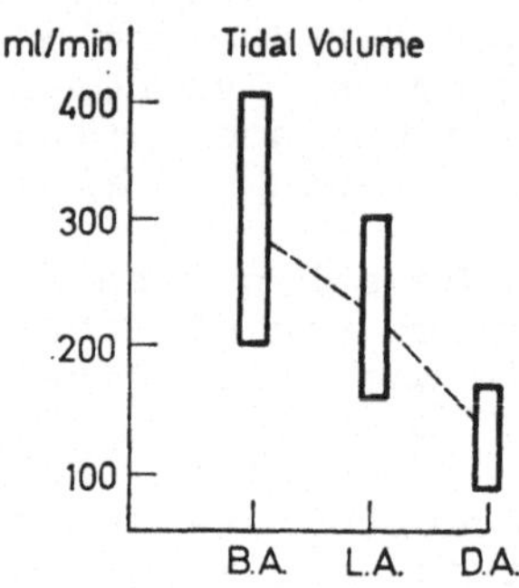

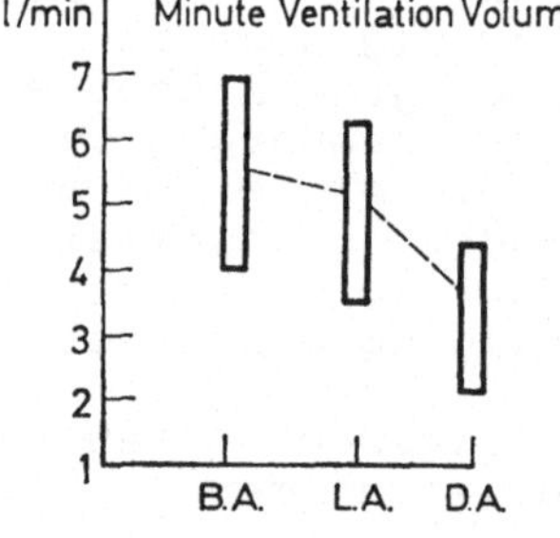

Abb. 1. Einfluß von Halothan auf Atemfrequenz, Atemzugvolumen und Atemminutenvolumen (nach SUN und INSEL (25))

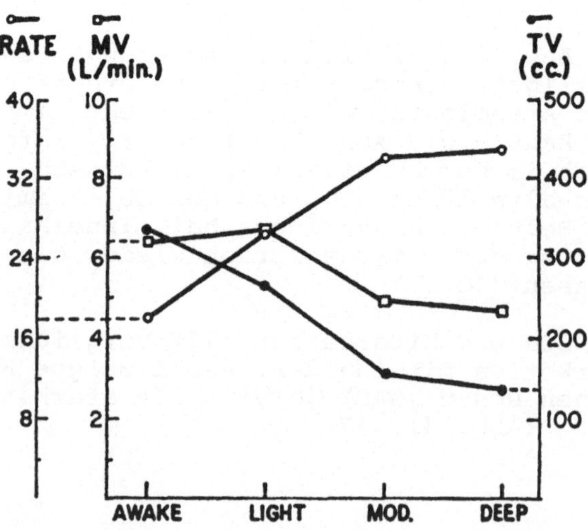

Abb. 2. Änderung der Atemfrequenz, des Atemzugvolumens vor der Narkose und bei verschiedenen Narkosetiefen unter Halothan (nach DEVINE et al. (6))

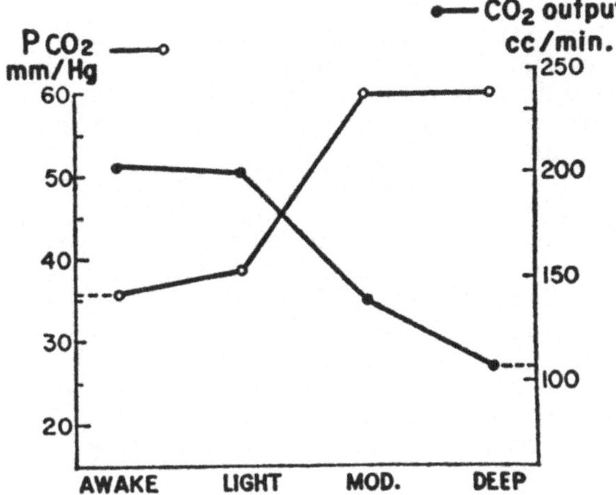

Abb. 3. Graphische Darstellung des endexspiratorischen Kohlensäuredrucks und der Kohlensäureelimination vor der Narkose und bei verschiedenen Narkosetiefen unter Halothan (nach DEVINE et al. (6))

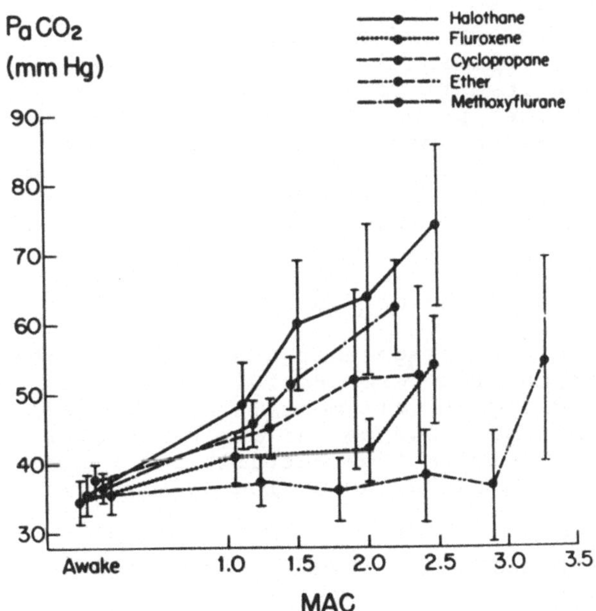

Abb. 4. Mittlere $PaCO_2$-Werte von dreiundvierzig Probanden während Ruheatmung in wachem Zustand und bei äquivalenten Narkosetiefen (MAC). Die vertikalen Linien repräsentieren die Standardabweichungen (nach MUNSON (17))

Die Ursache der Tachypnoe ist bislang noch ungeklärt (27, 17, 18) und mehrere Hypothesen werden diskutiert. Die älteste ist die der Sensibilisierung der Dehnungsrezeptoren der Lunge durch den Halothandampf, die zu einer Hemmung der Inspiration führt (Hering-Breuer-Reflex). Sie wird jedoch von vielen Untersuchern nicht bestätigt (27). So schlugen Versuche fehl, an tachypnoischen Patienten in leichter Halothannarkose den Hering-Breuer-Reflex durch Blähen auszulösen oder durch Vagusdurchtrennung aufzuheben (21). Nicht Sensibilisierung der reflektorischen Steuerung, sondern Aufhebung der Kontrollmechanismen der Atmung wird von PASKIN und Mitarbeitern (21) vermutet. Schmerzreize wegen zu geringer analgetischer Wirksamkeit des Halothans (27), Änderungen im Säure-Basen-Haushalt (18), Kreislaufdepression mit Hypoperfusion des Hirnstamms (18) oder Stimulation eines teilweise aktiven Respirationszentrums durch den erhöhten Kohlensäurepartialdruck sind weitere Mechanismen (27), die in Erwägung gezogen werden.

Die in Abb. 4 gezeigte Reduktion der CO_2-Elimination kann einerseits auf der verminderten alveolären Ventilation mit nachfolgender CO_2-Retention beruhen, andererseits ist eine Verminderung der CO_2-Produktion durch eine halothanbedingte Stoffwechselsenkung denkbar (27). Messungen des O_2-Verbrauchs ergaben eine durchschnittliche Reduktion um 12 bis 22% unter tiefer Halothannarkose (3, 10, 25, 27, 28), die nach NUNN (20) sich nicht von der unter anderen Anästhetica oder im Schlaf unterscheidet. O_2-Aufnahme und CO_2-Produktion entsprachen einander (10, 20). Somit ist der Anstieg der arteriellen und endexspiratorischen Kohlensäure bzw. die verminderte Elimination in erster Linie eine Folge der respiratorischen Insuffizienz (10, 27). Eine respiratorische Acidose mit mittleren pH-Werten von 7,33 - 7,31 wurde bei Erwachsenen und Säuglingen unter Spontanatmung gemessen (10, 26). Veränderungen im Sinne einer metabolischen Acidose traten nicht auf. Bei den Säuglingen war der CO_2-Anstieg 2 - 4 Std nach Narkoseende nicht mehr nachweisbar (17, 26).

Respiratorische Antwort: CO_2- und O_2-Antwortkurve

Der wahrscheinlich beste Weg, eine Aussage über die Wirkung einer Substanz auf die Atmung zu machen, ist deren Beeinflussung der CO_2-Antwortkurve. Diese Messung ergibt weit mehr Information als die reine Aufzeichnung der Ventilationswerte und des Kohlensäuredrucks (17, 19), da hierbei Wechselwirkungen entfallen. Als Beispiel sei die Abnahme der Ventilation bei Reduktion der Stoffwechselrate genannt (19).

Beim normalen, wachen Patienten nimmt das Atemminutenvolumen bei Erhöhung des arteriellen Kohlensäuredrucks um 1,2 - 2,4 l/mmHg zu (17). Die Abb. 5 (19) zeigt eine Schar von normalen CO_2-Antwortkurven bei verschiedenen arteriellen pO_2-Werten. Die gestrichelte Kurve zeigt die Auswirkungen der durch die Hypoxie veränderten Ventilation auf den arteriellen pCO_2 bei einer inspiratorischen Kohlensäurekonzentration von O. Läßt man nun, von irgendeinem dieser Punkte ausgehend, den Probanden eine kohlensäurehaltige Luft einatmen, so steigert er seine Ventilation.

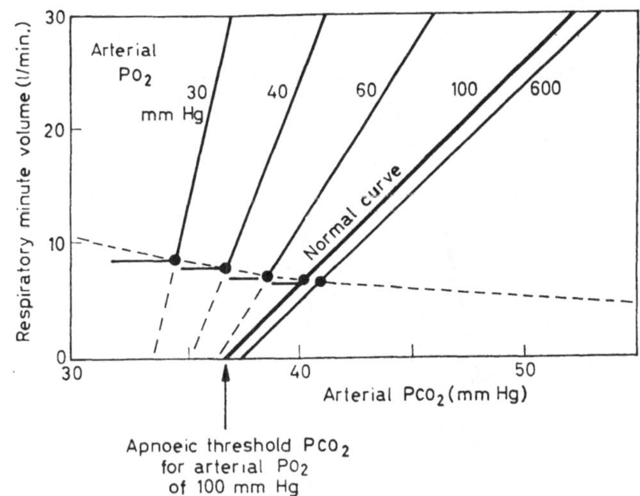

Abb. 5. CO_2-Antwortkurven bei verschiedenen konstanten arteriellen pO_2-Werten beim wachen Probanden (nach NUNN (19))

Nach etwa 5 min ist das Gleichgewicht erreicht und die neuen Werte liegen auf einer der durchgezogenen Linien. Diese Kurven ähneln in dem Bereich, mit dem wir es in der anästhesiologischen Praxis gewöhnlich zu tun haben, geraden Linien. Ein Anstieg des arteriellen Sauerstoffpartialdrucks hat kaum einen Einfluß auf die Kurve, bei Abfall jedoch wird sie steiler und nach links verschoben (19).

Die lineare Beziehung zwischen pCO_2 und Ventilation besteht bis zu einem pCO_2 von über 80 mmHg. Bei weiterer Erhöhung wird ein Maximum an Atmungsstimulation und -steigerung erreicht (Abb. 6) (19). Danach tritt Depression der Ventilation bis zur Apnoe ein. Die dick gezeichnete Kurve in Abb. 5 entspricht Werten, die an wachen Hunden gemessen wurden. Nach NUNN (19) ist anzunehmen, daß sie für den Menschen ähnlich aussehen würde. Die Kurven 1 - 4 repräsentieren die wahrscheinlichen CO_2-Antworten bei verschiedenen Narkosetiefen, wobei die Nr. 4 wohl der bei einer alveolaren Halothankonzentration von 2 - 2,5 Vol% entspricht.

Abb. 7 (nach 19) zeigt CO_2-Antwortkurven von Menschen unter Halothaneinwirkung. Die dicke, nach rechts unten verlaufende Punkt-Strich-Kurve demonstriert wieder die Abnahme der Ventilation und den Anstieg der endexspiratorischen CO_2-Konzentration bei zunehmender Narkosetiefe. Unter Kohlensäurebelastung nimmt die Steilheit der CO_2-Antwortkurve mit steigender Halothankonzentration ab, bis es zum Ausbleiben des Effektes und (Abb. 8) (3) sogar zur Umkehr der CO_2-Wirkung kommt. Das bedeutet, daß bei einer alveolaren Halothankonzentration von 2 Vol% eine Erhöhung der inspiratorischen CO_2-Konzentration zur Apnoe führen kann, wie hier von BRANDSTATER et al. (3) an Hunden ermittelt.

Die Abnahme der respiratorischen Antwort auf CO_2-Exposition ist eine allgemein beobachtete Reaktion auf Anästhetica. Bei einem

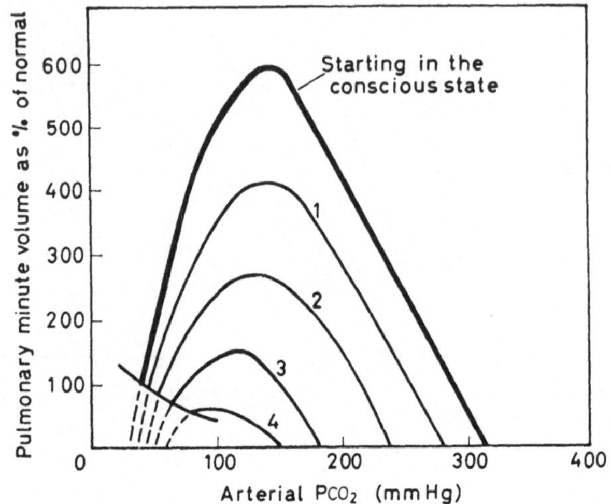

Abb. 6. Der wahrscheinliche Verlauf der vollständigen CO_2-Antwortkurve bis zum Auftreten einer Apnoe. Untersuchungen an Hunden (nach NUNN (19))

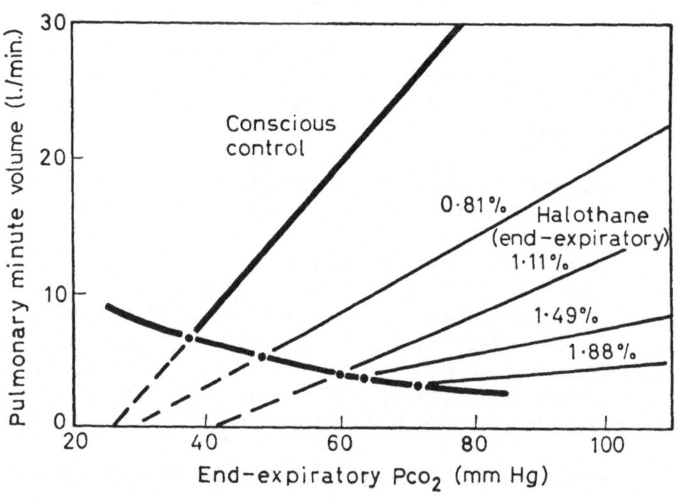

Abb. 7. Verschiebung der CO_2-Antwortkurve unter verschiedenen endexspiratorischen Halothankonzentrationen. Die vertikalen Linien respäsentieren die Standardabweichung (nach NUNN (19))

Vergleich verschiedener Inhalationsnarkotica - Abb. 9 (17) - hat Halothan den stärksten Effekt. Vom Grad der respiratorischen Depression kann jedoch nicht allein auf die Sicherheit eines Narkotikums geschlossen werden, da bei gleicher minimaler (alveolarer) anästhetischer Konzentration (MAC) trotz geringerer Depression bei anderen Mitteln schwerere, z. B. kardiale Nebenwirkungen auftreten können als unter Halothan (17).

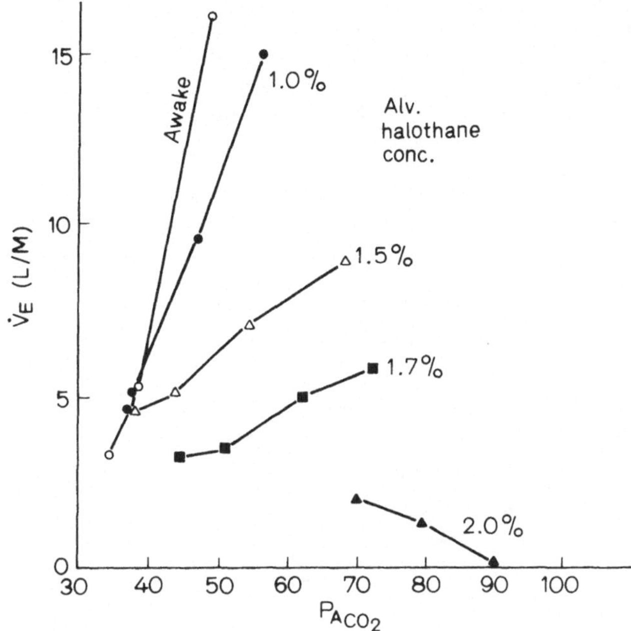

Abb. 8. Respiratorische Antworten auf CO_2-Exposition bei verschiedenen Narkosetiefen unter Halothan. Das Minutenvolumen ist gegen die alveolare CO_2-Konzentration aufgetragen (nach BRANDSTATER et al. (3))

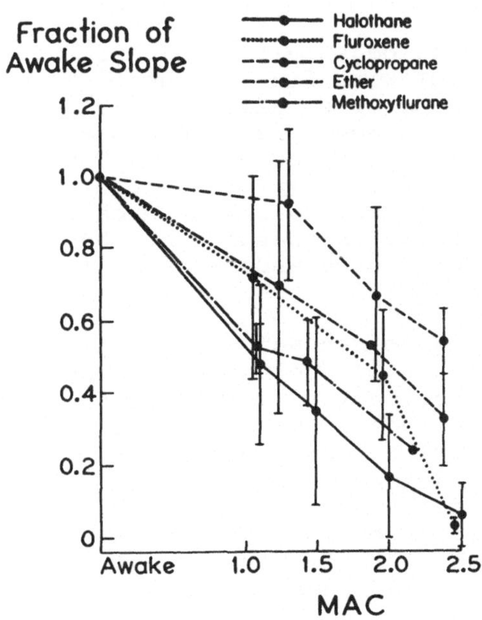

Abb. 9. Mittlere Abnahme der CO_2-Antwortkurve bei 43 Patienten unter äquivalenten Narkosetiefen (MAC). Auf der Ordinate entspricht der Wert 1 der normalen Reaktion des wachen Patienten auf CO_2-Belastung (nach MUNSON (17))

In Untersuchungen an Hunden fanden WEISKOPF (30), daß Halothan auch die respiratorische Antwort auf Hypoxie abschwächt, und zwar stärker als die auf Hypercarbie. Wie aus Abb. 10 (30) ersichtlich, senkte eine alveolare Halothankonzentration von rund 1 Vol% die Ventilationssteigerung auf Hypoxie um etwa 59% bei konstantem Kohlensäuredruck.

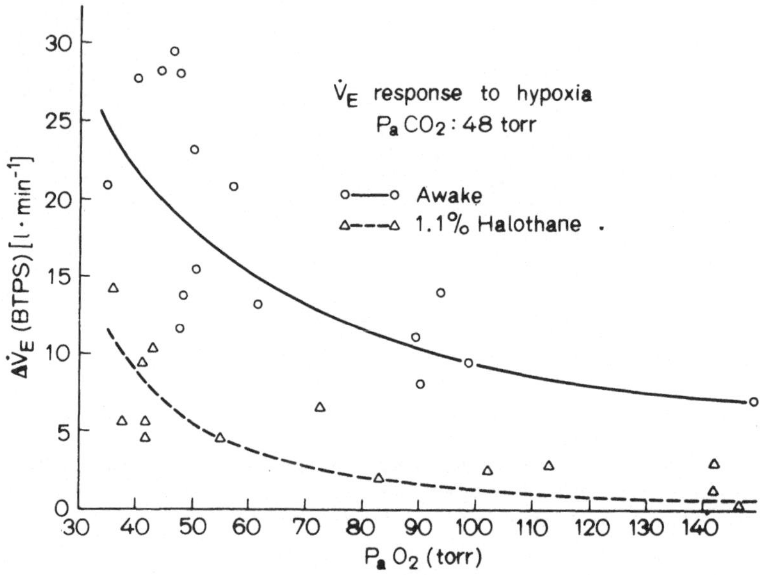

Abb. 10. Wirkung von 1,1 Vol% Halothan auf die O_2-Antwortkurve bei einem konstanten pCO_2 von 44 Torr (WEISKOPF et al. (30))

Hypercarbie und Hypoxie beeinflussen sich gegenseitig bei der Steuerung der Atmung. In der Abb. 11 (30) wird die Steilheit der CO_2-Antwortkurve als eine Funktion des arteriellen pO_2 bei wachen und narkotisierten Tieren wiedergegeben. Die beim wachen Tier starke Zunahme der CO_2-Antwort bei pO_2-Werten unter 74 Torr wird durch Halothan zunehmend gesenkt. Bislang ist noch nicht geklärt, ob die Depression der O_2-Antwort durch Halothan auch auf den Menschen zutrifft. Man kann aber mit Sicherheit annehmen, daß die Atmung unter Halothannarkose durch Sauerstoffmangel nicht stimuliert, eher deprimiert wird (30).

Ob die atemdrepressorische Wirkung des Halothan auf zentralen oder peripheren Mechanismen der Atemregulation beruht, wird unterschiedlich beurteilt. In älteren Arbeiten wird vorwiegend von der direkten depressiven Wirkung auf das Atemzentrum (24) und zentralen regulatorischen und integrierenden Mechanismen (18) gesprochen. Aus der Beeinflussung der CO_2-Antwortkurve wird eine verminderte Ansprechbarkeit des Atemzentrums (27) und spezifischer CO_2-sensibler Neurone in der Formatio reticularis auf externe Reize gefolgert (9). Für die Wirkung auf die O_2-Antwort sind nach WEISKOPF et al. (30) nur zum Teil

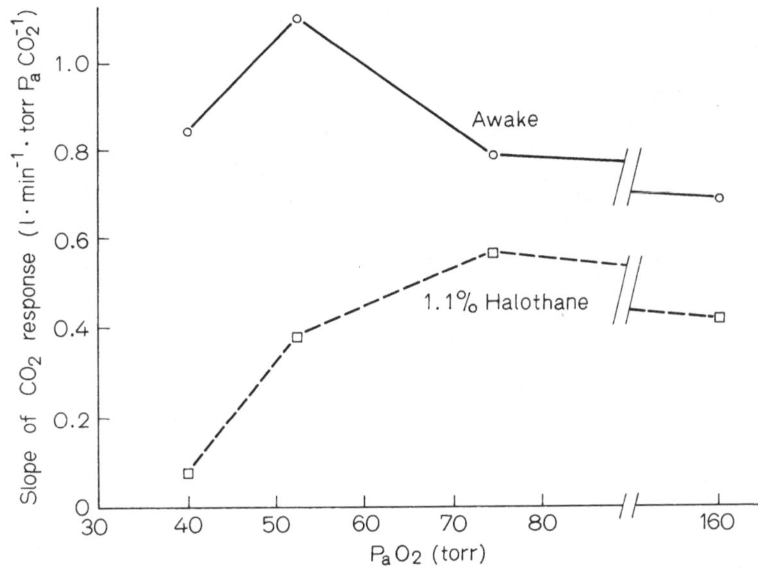

Abb. 11. Wirkung von 1,1 Vol% Halothan auf die Neigung der respiratorischen Antwort auf CO_2 als eine Funktion des PaO_2 (WEISKOPF et al. (30)

Mechanismen, die die Chemoreceptoren im Glomus caroticum mit einbeziehen, verantwortlich. Elektro- und atemphysiologische Untersuchungen von DROH und Mitarbeitern ergaben, daß die atemdepressorische Wirkung des Halothan wohl allein durch periphere Wirkungen, und zwar der Blockierung der synaptischen Erregungsübertragung an den motorischen Neuronen, zu erklären ist (8, 27).

Im folgenden sollen kurz einige weitere lungenphysiologische Größen im Zusammenhang mit einer Halothannarkose erwähnt werden.

Funktionelle Residualkapazität und alveolo-arterielle Sauerstoffdruckdifferenz (FRK, A-aDO_2)

Mit wenigen Ausnahmen (13) wird über eine Abnahme der funktionellen Residualkapazität (FRK) beim spontan atmenden Patienten in Allgemeinnarkose berichtet (7, 13). So fiel zum Beispiel in einer Untersuchung von HICKEY et al. (13) bei einer 1%igen alveolaren Halothankonzentration die FRK nach etwa 1 Std auf 81% im Mittel ab. Eine Progression bei länger dauernden Narkosen wurde nicht beobachtet. Die stärksten Abfälle wurden bei übergewichtigen Patienten (7, 13, 28) und solchen mit einer präoperativ verminderten exspiratorischen Sekundenkapazität gemessen (13). Eine Beziehung zum Alter des Patienten ergab sich nicht (13).

DON et al. (7) fanden, daß die Abnahme der FRK mit einer Zunahme der Blähluft (trapped gas) in der Lunge verbunden war. Dies ist nach ihrer Ansicht in erster Linie auf die unter Halothan veränderte Ventilation, das kleine Atemzugvolumen und die unter Narkose fehlende Seufzeratmung zurückzuführen.

Eine Verminderung der FRK kann eine Störung des pulmonalen Sauerstoffaustauschs unter der Narkose verursachen (7, 13, 16, 22). Die Bestimmung der alveolo-arteriellen Sauerstoff-Spannungsdifferenz ergab eine zunehmende A-aDO_2 bei abnehmender FRK. Abb. 12 zeigt die Relation dieser beiden Größen zueinander 50 - 70 min (13) nach Narkoseeinleitung. Ein weiterer progressiver Anstieg mit der Narkosedauer wurde nicht gemessen (10, 16).

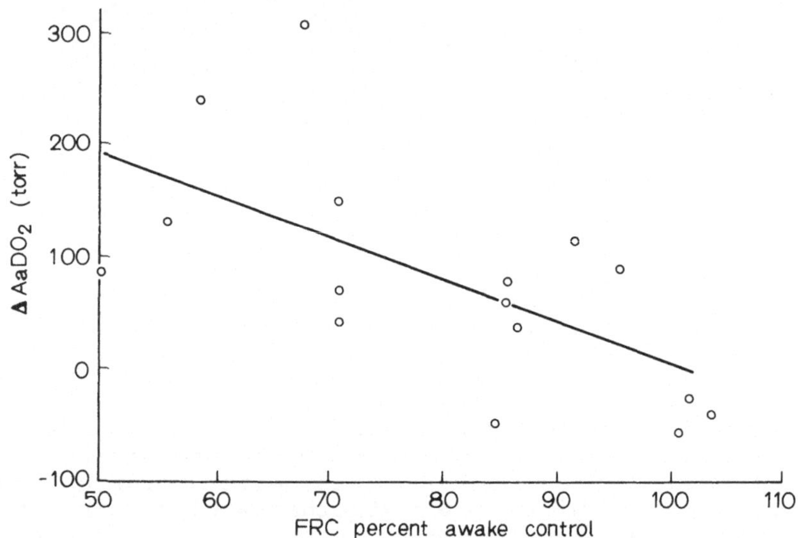

Abb. 12. Beziehung zwischen Δ A-aDO_2 und FRK 50 - 70 min nach Narkoseeinleitung - am Menschen gemessen (HICKEY et al. (13))

Für die Zunahme der A-aDO_2 wurde in erster Linie eine erhöhte venöse Beimischung (13, 16) und weniger eine Änderung des Ventilations-Perfusionsverhältnisses verantwortlich gemacht. Die postoperative Hypoxämie, die auch bei normoventilierenden Patienten nach der Narkose gemessen und oft auf ein abnormes Ventilations/Perfusionsverhältnis zurückgeführt wird, ist nach MARSHALL et al. (16) hauptsächlich als Resteffekt dieser erhöhten venösen Beimischung anzusehen.

Physiologischer Totraum

Der Einfluß von Halothan auf den physiologischen Totraum unterscheidet sich nicht wesentlich von dem anderer Inhalationsnarkotica. Er nimmt bei Spontanatmung wie auch bei Beatmung regelmäßig zu, eine Abhängigkeit von der Narkosedauer und -tiefe ist noch nicht eindeutig erwiesen (10, 15, 17, 19).

Lungendehnbarkeit (Compliance)

Über das Verhalten der Lungendehnbarkeit unter Vollnarkose liegen - wahrscheinlich aus methodischen Gründen (29) - keine einheitlichen Aussagen vor. Beim Erwachsenen wurde in Halothannarkose eine Reduktion oder ein Gleichbleiben der pränarkotischen Werte gemessen.

Bei Säuglingen konnte keine signifikante Änderung der dynamischen Compliance unter Spontanatmung und künstlicher Beatmung festgestellt werden (5, 22, 29).

Bronchialtonus

Zahlreiche Berichte und Beobachtungen auf klinischer Basis zeugen von einer günstigen Wirkung von Halothan auf den Bronchialtonus bei Patienten mit einer spastisch obstruktiven Ventilationsstörung. Diese Ansicht entspricht auch der allgemeinen Lehrmeinung (1, 11, 12, 23). In Tierversuchen und an isolierten Muskelpräparaten konnte die Relaxation der glatten Bronchialmuskulatur durch Halothan nachgewiesen werden (14). Aber auch hier gibt es sich widersprechende Ergebnisse (2, 14).

Am Menschen konnte von BRAKENSIEK und BERGMAN auf den Bronchialtonus des Gesunden keine Beeinflussung nachgewiesen werden (2), bei Patienten mit chronischen pulmonalen Erkrankungen und hohem Atemwiderstand wurde eine geringe Abnahme des Atemwiderstandes gemessen. Der Wirkungsmechanismus ist wohl eher in einer Blokkade der Reflexwege bei dafür empfindlichen Personen als in einer direkten Wirkung auf den Bronchialtonus zu suchen (2). Die Diskrepanz zu den Tierversuchen wird mit Speziesdifferenzen erklärt.

Zum Abschluß sollen die Wirkungen von Halothan auf die Atmung nochmals zusammengefaßt werden:

Regelmäßig wird unter Spontanatmung eine dosisabhängige Reduktion des Atemzugvolumens, eine verminderte alveoläre Ventilation und ein Anstieg des arteriellen Kohlensäuredrucks gefunden. Eine wohl dosisunabhängige Steigerung der Atemfrequenz ist oft zu beobachten.

Die respiratorische Antwort auf Hypercarbie nimmt unter Halothan mit steigender Narkosetiefe ab. Im Vergleich zu anderen Inhalationsnarkotica zeigt Halothan den stärksten Effekt. Der physiologische Totraum nimmt zu, Relationen zur Narkosedauer und -tiefe konnten nicht eindeutig nachgewiesen werden. Die FRK ist vermindert, die A-aDO_2 erhöht, die Compliance wird wohl nicht verändert. Nach der klinischen Erfahrung hat Halothan eine bronchodilatatorische Wirkung, die in Tierversuchen ebenso wie bei Patienten mit asthmatischer Vorerkrankung nachgewiesen werden konnte. Die Beeinträchtigung der Lungenfunktion durch Halothan gibt jedoch weit weniger Anlaß zur Besorgnis als die Störungen, die die Herz- und Kreislauffunktion betreffen (10).

Literatur

1. BARTH, L., MEYER, M.: Moderne Narkose. S. 99. Jena: Fischer 1965.
2. BRAKENSIEK, A. L., BERGMAN, N. A.: The effects of Halothane and Atropine on Total Respiratory Resistance in anesthetized man. Anesthesiology 33, 341-344 (1970).
3. BRANDSTATER, B., EGER, E. I., EDELIST, G.: Effects of Halothane, Ether and Cyclopropane on Respiration. Br. J. Anaesth. 37, 890 (1965).
4. BURNAP, T. K., STEPHEN, J. G., VANDAM, L. D.: Anesthetic circulatory and respiratory effects of Fluothane. Anesthesiology 19, 307-320 (1958).
5. COMROE, J. H., FORSTER, R. E., DUBOIS, A. B., BRISCOE, W. A., CARLSEN, E.: Die Lunge. Stuttgart: Schattauer 1964.
6. DEVINE, J. C., HAMILTON, W. K., PITTINGER, C. B.: Respiratory Studies in Man During Fluothane Anesthesia. Anesthesiology 19, 11-18 (1958).
7. DON, H. F., WAHBA, W. M., CRAIG, D. B.: Airway Closure, Gas Trapping, and the Functional Residual Capacity during Anaesthesia. Anesthesiology 36, 533-539 (1972).
8. DROH, R., SOLLBERG, G., GOTTWALD, A.: Die peripher-atemdepressorische Wirkung des Halothan und Methoxyfluran. Anaesthesist 19, 263-264 (1970).
9. FINK, B. R., NGAI, S. H., HANKS, E. C.: The central regulation of respiration during Halothane anesthesia. Anesthesiology 23, 200-206 (1962).
10. FOEX, P., MELOCHE, R., PRYS-ROBERTS, C.: Studies of Anaesthesia in relation to hypertension III: Pulmonary gas exchange during spontaneous ventilation. Br. J. Anaesth. 43, 644-660 (1971).
11. FREY, R., HÜGIN, W., MAYRHOFER: Lehrbuch der Anaesthesiologie und Wiederbelebung. S. 18. Berlin, Heidelberg, New York: Springer 1971.
12. HERDEN, H.-N., LAWIN, P.: Anästhesie Fibel S. 18. Stuttgart: Thieme 1973.
13. HICKEY, R. F., VISICK, W. D., FAIRLEY, H. B., FOURCADE, H. E.: Effects of Halothane Anesthesia on Functional Residual Capacity and Alveolar-Arterial Oxygen Tension Difference. Anesthesiology 38, 20-24 (1973).
14. KLIDE, A. M., AVIADO, D. M.: Mechanism for the reduction in pulmonary resistance induced by halothane. J. Pharmacol. Exp. Therap. 153, 28-35 (1967).
15. LOH, L., SEED, R. F., SYKES, M. K.: The cardiorespiratory effects of Halothane, Trichlorethylene and nitrous oxide in the dog. Br. J. Anaesth. 45, 125-130 (1973).
16. MARSHALL, B. E., COHEN, P. J., KLINGENMAIER, C. H., AUKBERG, S.: Pulmonary venous admixture before, during and after halothane: oxygen anesthesia in man. J. Appl. Phys. 27, 653-657 (1969).
17. MUNSON, E. S., LARSON, C. P.: Halothane and pulmonary ventilation. In: Halothane. GREENE, N. M. (ed.). p. 140-151. Oxford: Blackwell Science Publications 1968.
18. NGAI, S. H., KATZ, R. L., FARHIE, S. E.: Respiratory effects of Trichlorethylene, Halothane and Methoxyflurane in the cat. J. Pharmacol. Exp. Ther. 148, 123-130 (1965).
19. NUNN, J. F.: Applied Respiratory Physiology. P. 24-37. London: Butterworths (1969).
20. NUNN, J. F., MATTHEWS, R. L.: Gaseous Exchange during Halothane Anesthesia: The steady respiratory state. Br. J. Anaesth. 31, 330-340 (1959).
21. PASKIN, S., SKOVSTED, P., SMITH, T. C.: Failure of Hering-Breuer-Reflex to account for Tachypnoe in Anesthetized Man. Anesthesiology 29, 550-558 (1968).
22. PODLESCH, I., SCHETTLER, D.: Der Einfluß der Narkose auf die Lungenfunktion und den Säure-Basen-Haushalt des Säuglings. Teil I. Compliance und alveolo-arterielle Sauerstoffdruckdifferenz. Anaesthesist 22, 86-93 (1973).

23. PODLESCH, I., SCHETTLER, D.: Der Einfluß der Narkose auf die Lungenfunktion und den Säure-Basen-Haushalt des Säuglings Teil III. Viscöse Atemwiderstände und Atemarbeit. Anaesthesist 22, 100-105 (1973).
24. SADOVE, M. S., WALLACE, V. E.: Halothane p. 38-41. Oxford: Blackwell Sciencetific Publications 1962.
25. SUN, S., INSEL, U.: The action of Halothane on respiration, circulation and oxygen utilization during anesthesia. Anaesthesist 22, 69-71 (1973).
26. SCHETTLER, D., PODLESCH, I.: Der Einfluß der Narkose auf die Lungenfunktion und den Säure-Basen-Haushalt des Säuglings Teil II. Arterielle Blutgase und Säure-Basen-Haushalt. Anaesthesist 22, 94-99 (1973).
27. STEPHEN, C. R., LITTLE, D. M.: Halothane p. 23-29. Balitmore: The Williams & Wilkins Company 1961.
28. VISICK, W. L, FAIRLEY, H. B., HICKEY, R. F.: The Effects of Tidal Volume and End-expiratory Pressure on Pulmonary Gas Exchange during Anesthesia. Anesthesiology 3, 285-290 (1973).
29. WALTEMATH, C. L., BERGMAN, N. A., PREUSS, D. D.: Respiratory Volume-Pressure Relationships during Anaesthesia. Can. Anaesth. Soc. J. 20, 281-289 (1973).
30. WEISKOPF, R. B., RAYMOND, L. W., SEVERINGHAUS, J. W.: Effects of Halothane on Canine Respiratory Responses to Hypoxia with and without Hypercarbia. Anesthesiology 41, 350-360 (1974).

Halothan und Leber

K. H. Weis

Leber und Halothan, - das Thema bringt den Anaesthesisten in eine interessante Situation. Denn, so wie sich die Probleme um Halothan und Leber entwickelten, ist er heute Subjekt und Objekt zugleich. Als Subjekt hat er die Pflicht, möglichst objektiv über Halothan zu urteilen. Mit jeder durch ihn verabreichten Halothan-Narkose wird er jedoch zum Objekt, da er fast zwangsläufig - wenngleich nur in Spuren - Halothan mitinhaliert. Wird er als derart Mitbetroffener objektiv urteilen?

Am Anfang standen alarmierende Berichte im anglo-amerikanischen Schrifttum über eine akute Schädigung der Leber durch Halothan (1, 2, 3, 4). Diese gaben in den USA Anlaß zur inzwischen weltweit bekannten "National Halothane-study".

1969 wurde der Bericht veröffentlicht (5, 6). Zugrunde lagen mehr als 850000 Narkosen, die mit Halothan, Barbiturat, Lachgas, Diaethylaether, Cyclopropan und einer Gruppe anderer Narkotica in 34 verschiedenen Hospitälern durchgeführt worden waren.

Ich zitiere aus der Zusammenfassung: "... der hepato-toxische Effekt des Halothans war nie größer als derjenige der vier anderen Narkosegruppen. Die Unterschiede in den Letalitätszahlen waren zwischen den 34 Hospitälern größer als die diesbezüglichen Unterschiede zwischen den fünf Narkosegruppen.

Die tödliche Lebernekrose nach einer Narkose ist eine seltene, nach einer Halothan eine s e h r seltene Komplikation. Die autoptisch gesicherte, massive Lebernekrose betrug auf alle fünf Narkose-Arten bezogen etwa 1 : 10000, auf Halothan allein jedoch nur 1 : 35000".

Auffallenderweise liegt die Zahl der erklärten Fälle massiver Lebernekrose nach Halothan aus dem gesamten Material mit 19 eindeutig niedriger als die mit 23,7 rechnerisch zu erwartende Zahl.

DYKES (7) weist darauf hin, daß diese Diskrepanz nie befriedigend geklärt wurde. Die an der Halothan-Studie beteiligten sechs Pathologen sahen sich übrigens nicht in der Lage, lichtmikroskopisch ein spezifisches histologisches Bild eines Leberschadens durch Halothan zu geben, das diesen vor allem von demjenigen einer Virushepatitis eindeutig unterscheidet. Daran änderte sich bislang nichts (8). Elektronenmikroskopisch sollen charakteristische Veränderungen an den äußeren Membranen der Mitochondrien nachweisbar sein (9).

Das Halothan schien rehabilitiert; allerdings nur mit kurzer Atempause. LITTLE (10), KLATSKIN (11) sowie TREY und Mitarbeiter (12) hatten bereits 1968 Beobachtungen mitgeteilt, aus denen sie schlossen, daß wiederholte Halothan-Narkosen für die Leber besonders gefährlich seien. Publikationen erschienen pro und contra, z. B. ertrug ein Patient während 4 Jahren 81 Halothan-Narkosen ohne (13), dagegen ertrugen einige Frauen mit Radium-Therapie (14) oder Verbrennungs-Kranke (15) wiederholte Halothan-Narkosen nur mit einem Leberschaden. Die diesbezüglich verläßlicheren Daten stammen wiederum aus der National Halothane-study: 14100 Patienten hatten zwei oder mehr Halothan-Narkosen in kurzen zeitlichen Abständen erhalten. Vier davon, die innerhalb 6 Wochen mehrfach Halothan inhalierten, verstarben an einer massiven Lebernekrose. Halothan in zeitlich enger Wiederholung hat demzufolge mit 1 : 3500 eine größere Häufigkeit an Lebernekrose, jedoch eine deutlich geringere Letalität als andere Narkose-Kombinationen in der Wiederholung.

In der Welt-Literatur gibt es drei eindeutig belegte Fälle, für zwei Anaesthesisten (16, 17) und eine Laborantin (18) scheint die Aussage DYKES' (7) zu gelten "... deren Hepatitis entsteht durch Halothan, wie eine tuberkulöse Meningitis durch Tuberkel-Bazillen verursacht wird". Bei diesen Personen führt jede Inhalation von Halothan schon in niedrigsten Konzentrationen zu einer reversiblen Leberfunktionsstörung.

Damit komme ich auf die bisher bekannten biochemischen Untersuchungen zu sprechen, soweit diese für die Klinik relevant sind. Das vom Organismus aufgenommene Halothan wird bis zu 25% (19, 20) durch das unspezifische, Fremdstoffe und Arzneimittel abbauende Enzymsystem der Leber metabolisiert (21). Obgleich Halothan eine einfache Substanz darstellt, sind bisher nur seine Stoffwechselendprodukte bekannt, neben Chlor und Brom vorwiegend die Trifluoressigsäure (22, 23). Weder Chlor noch Brom noch Trifluoressigsäure wirken in den anfallenden Konzentrationen toxisch (24). COHEN und Mitarbeiter (25) wiesen 1975 im Urin des Menschen nach Gabe von radioaktiv markiertem Halothan außerdem ein Trifluoressigsäure-Aethanolamid-Konjugat und ein Halothan-Cystein-Konjugat nach. Gerade diese beiden Substanzen weisen auf das Vorhandensein von sehr reaktionsfähigen Intermediär-Produkten hin. Aus autoradiographischen Untersuchungen an der Maus war früher schon bekannt geworden, daß nach Halothan oder Chloroform-Exposition eine für Tage anhaltende Speicherung von Metaboliten erfolgt, die nicht extrahierbar an Zellbestandteile gebunden blieben (26, 27, 28).

Wichtig ist es, herauszufinden, unter welchen Bedingungen eine derartige Akkumulation zu- oder abnimmt. Nach VAN DYKE (24) steigert eine durch Phenobarbital ausgelöste Enzyminduktion, die den Stoffwechsel des Halothans erhöht, die Metabolitenspeicherung. Letztere nimmt ebenfalls deutlich zu durch eine Abnahme der Leberdurchblutung. Dieser Befund könnte möglicherweise für die Klinik bedeutsam sein, da das Auftreten einer Leberschädigung mit hypotensiven Phasen korreliert ist. Es muß jedoch zugegeben werden, daß z. Z. über die Bedeutung dieser Metabolitspeicherung nur spekuliert werden kann. Die gesteigerte Metabolisierung eines Pharmakons darf keinesfalls primär als etwas Pathologisches aufgefaßt werden. Dies gilt auch für einen gesteigerten Halothanumsatz. Die hierbei vermehrt anfallenden Metabolite müssen nicht zwangsläufig die Leberzelle schädigen. Die an Zellstrukturen gebundenen und die von der Arbeitsgruppe COHEN (25) im Urin gefundenen Metabolite begründen andererseits den Verdacht, daß unter besonderen Umständen die normale Zellfunktion durch diese Intermediärprodukte des Halothans einschneidend verändert werden kann. Sicher ist jedoch ganz eindeutig, daß z. Z. niemand, trotz der großen Zahl an Untersuchungen, erklären kann, wie ein durch Halothan bedingter Leberschaden entsteht. Von einer Lebertoxizität des Halothans zu sprechen ist sicher falsch, denn toxische Reaktionen einer Substanz lassen sich an verschiedenen Spezies reproduzieren und verlaufen dosisabhängig. Für Halothan gelten diese Bedingungen mit Sicherheit nicht.

Wie steht es nun um den Anaesthesisten als Objekt? Er atmet während vieler Jahre fast täglich Halothan ein, das in seinem Körper den gleichen Weg nimmt wie beim narkotisierten Patienten: Verteilung über die verschiedenen Kompartimente, Aufnahme im Fettgewebe und Metabolisierung in der Leber. Bei den eingeatmeten niedrigen Konzentrationen wird der Anteil, der verstoffwechselt wird, relativ höher liegen als bei einer Halothan-Narkose, denn Halothan in höheren Konzentrationen, 1 Vol% und darüber, blockiert den Halothan-Abbau in der Leber.

Biochemisch können für den Anaesthesisten keine neuen Gesichtspunkte angeführt werden. Dies gilt, obgleich CASCORBI und Mitarbeiter (20) nachwiesen, daß Anaesthesisten im Vergleich zu Pharmazeuten Halothan schneller umsetzen.

Durch sehr sorgfältige Eigenbeobachtungen fügten die Anaesthesisten zu den typischen Symptomen des Halothan-Syndroms, nämlich Ikterus, Fieber, Schüttelfrost, Anorexie neue hinzu: Kopfschmerzen, Migräne, Erbrechen, Diarrhoe, flüchtiges Exanthem, Schnupfen, Gelenkschmerzen, Muskelschmerzen, Bauchschmerzen, Herz-Rhythmusstörungen (26).

Eine Vielzahl von Symptomen also - und dies muß zugestanden werden -, die überaus vieldeutig sind und sich allein bei chronischer Überarbeitung einstellen können.

Wir müssen bekennen, unser Wissen ist überaus lückenhaft, obgleich es uns selbst betrifft. Halothan kann sehr wohl eine Leberschädigung verursachen. Wir kennen jedoch nicht die Voraussetzungen hierfür und wir haben keine Möglichkeit, uns selbst oder einen Patienten pränarkotisch als gefährdet zu erkennen. Die Forderung, einen Halothan-Provokationstest durchzuführen, muß ärztlich abgelehnt werden (29).

Es wäre noch ein Wort zur Diagnosestellung "Halothan-Hepatitis" durch den Kliniker zu sagen.
Meist wird sie schnell per exclusionem gestellt; da Halothan verabreicht wurde, andere Ursachen nicht zu finden sind, eine Virus-Hepatitis auszuschließen sei, spezifische Nachweismethoden

fehlen, ergibt sie sich quasi von selbst. Allein die Zahl stimmt nachdenklich: in den USA erhalten während eines Jahres schätzungsweise 10 Millionen Menschen eine Halothan-Narkose. Da die Inkubationszeit für die Virushepatitis im Mittel 5 Wochen beträgt, müßten annähernd 4000 in der Inkubationszeit eine Halothan-Narkose erhalten (7). Wenngleich diese Zahlen nicht als verbindlich genommen werden dürfen, zeigen sie doch einmal mehr, wie komplex die Fragestellung ist und wie schwer ihre Beantwortung epidemiologisch fällt.

Schließlich ist selbst eine so wichtige Frage wie diejenige, ob Halothan eine vorgeschädigte Leber zusätzlich schädigt, noch offen. Es gibt hierfür bisher keinen einzigen klinischen Beweis.

POPPER sprach sich anläßlich der letzten Lebertagung in Bad Mergentheim für Halothan als Narkosemittel bei der portocavalen Shunt-Operation aus. Wenn eine Indikation gegen Halothan gestellt wird, etwa bei der subakuten, chronischen oder aggressiven Hepatitis, so geschieht dies keineswegs aus begründeter Kenntnis, sondern allein aus Vorsicht. Stimmen wir dieser Vorsicht zu, warum soll dann die gesunde Leber nicht mit gleicher Vorsicht behandelt werden?

Damit taucht aber zwangsläufig die Gretchenfrage nach der Indikationsstellung des Halothans in der heutigen Anaesthesie auf. Festzuhalten ist der statistische Nachweis, daß Halothan für die Leber gefährlich werden kann, wenn es in zeitlich enger Folge ein- und demselben Patienten verabreicht wird; demnach sollte der zeitliche Abstand 2 Monate, besser 3, nicht unterschreiten. Ich sehe eine klare Indikation in der Säuglings- und Kleinkinderanaesthesie. CARNEY und VAN DYKE (29) halten es bei den von ihnen in der Weltliteratur gesammelten elf Kindern für mehr als fraglich, daß Halothan ursächlich an deren Leberschädigung beteiligt sei. Diese Zahlen sind vor dem Hintergrund eines Anteils von 12% Kindern am Gesamtkrankengut einer großen chirurgischen Klinik und einer Halothan-Narkose-Häufigkeit von 91% zu sehen. Und schließlich, warum soll beim heutigen Stand unserer Kenntnisse Halothan dem Erwachsenen vorenthalten werden?

Man kann sich des Eindrucks nicht erwehren, daß wir uns angewöhnten, Halothan vorwiegend unter dem Gesichtspunkt der Leber zu sehen. Die Sicherheit und der Erfolg einer Narkose hängt aber von vielen anderen Wirkungen eines Narkoticums ab. Ein Verdikt über Halothan zu legen, könnte sich nur der Anaesthesist leisten, der über objektivierte Zahlen verfügt, die beweisen, daß Letalität und Morbidität einer Halothan-Inhalations-Narkose h ö h e r liegen als bei allen anderen Narkosearten.

Literatur

1. BURNAP, T. K., GALLA, S. J., VANDAM, L. D.: Anesthetic, circulatory and respiratory effects of fluothane. Anesthesiology 19, 307 (1958).
2. VIRTUE, R. W., PAYNE, K. W.: Postoperative death after fluothane (case report). Anesthesiology 19, 562 (1958).

3. BRODY, G. L., SWEET, R. B.: Halothane anesthesia as a possible cause of massive hepatic necrosis. Anesthesiology 24, 29 (1963).
4. BUNKER, J. P., BLUMENFELD, C. M.: Liever necrosis after halothane anesthesia: Cause or coincidence? N. Engl. J. Med. 268, 531 (1963).
5. BUNKER, J. P., FORREST, W. H., MOSTELLER, F., VANDAM, L. D.: The national halothane study. A study of the possible association between halothane anesthesia and postoperative hepatic necrosis. Washington: U.S. Government Printing Office 1969.
6. Subcommittee on the national halothane study of the committee on anesthesia. National Academy of Sciences - National Research Council. Summary of the National Halothane Study. J. Amer. med. Ass. 197, 775 (1969).
7. DYKES, M. H. M.: Anaesthesia and the liver: history and epidemiology. Canad. Anaesth. Soc. J. 20, 34 (1973).
8. POPPER, H.: Biochemical effects of halothane (Symposium). Acta anaesth. Scand. Suppl. 49 (1972).
9. KLION, F. M., SCHAFFNER, P., POPPER, H.: Hepatitis after exposure to halothane. Amer. J. Med. 71, 467 (1969).
10. LITTLE, D. M.: Effects of halothane on hepatic function. In: Halothane. GREENE, N. M. (ed.). Philadelphia: Vavis 1968.
11. KLATSKIN, G.: Introduction mechanism of toxic and drug-induced hepatic injury. In: Toxicity of anesthetics. FUNK, R. (Hrsg.). Baltimore: Williams & Wilkins 1968.
12. TREY, C., LIPOWRTH, L., CHALMERS, T. C., DAVIDSON, C. S., GOTTLIEB, L. S., OPPPER, H., SAUNDERS, S.: Fulminant hepatic failure. Presumable contribution of halothane. New Engl. J. Med. 279, 798 (1968).
13. ANWAN, J. E.: A record number of anesthetics? A case report. Brit. J. Anaesth. 42, 736 (1970).
14. HUGHES, M., POWELL, L. W.: Recurrent Hepatitis in patients receiving multiple halothane anaesthetics for radium treatment of carcinoma of the cervix uteri. Gastroenterology 58, 790 (1970).
15. GRONERT, G. A., SCHANER, P. I., GUNTHER, R. R. C.: Multiple halothane anaesthesia in the burn patient. J. Amer. med. Ass. 205, 878 (1968).
16. BELFRAGE, S., AHLGREN, I., AXELSON, S.: Halothane hepatitis in anaesthetists. Lancet 1966/II, 1.
17. KLATSKIN, G., KIMBERG, D. V.: Recurrent hepatitis attributable sensitization in an anesthetist. New Engl. J. Med. 280, 515 (1969).
18. JOHNSTON, C. I., MENDELSOHN, F.: Halothane hepatitis in an laboratory technician. N. Z. Med. I., 1, 171 (1971).
19. REHDER, K. J., FORBES, H., ALTER, O., HESSLER, A., STIER: Halothane biotransformation in man: a quantitative study. Anesthesiology 28, 711 (1967).
20. CASCORBI, H. F., BLAKE, D. A., HELRICH, M.: Differences in the biotransformation of halothane in man. Anaesthesiology 32, 119 (1970).
21. REMMER, H.: Drugs as activators of drug enzymes. Proc. 1st. Int. Pharmac. Meeting Stockholm 6, 235. New York: Mac Millan 1972.
22. STIER, A.: Trifluoracetic acid as metabolite of halothane. Biochem. Pharmacol. 13, 1544 (1964).
23. STIER, A., ALTER, H. A., HESSLER, O., REDHNER, K.: Urinary excretion of bromide in halothane anesthesia. Anesth. Analg. Curr. Res. 43, 723 (1964).
24. VAN DYKE, R. A.: Biotransformation of volatile anaesthetics with special emphasis on the role of metabolism in the toxicity of anaesthetics. Canad. Anaesth. Soc. J. 20, 21 (1973).
25. COHEN, E. N., TRUDELL, J. R., EDMUNDS, H. N., WATSON, E.: Urinary metabolites of halothane in man. Anaesthesiology 43, 392 (1975)

26. COHEN, E. N., HOOD, N.: Application of low-temperature autoradiography to studies of the uptake and metabolism of volatile anesthetics in the mouse. I. Chloroform Anesthesiology 30, 306 (1969).
27. COHEN, E. N., HOOD, N.: Application of low-temperature autoradiography to studies of the uptake and metabolism of volatile anesthetics in the mouse. II. Diethylether Anesthesiology 31, 61 (1969).
28. COHEN, E. N., HOOD, N.: Application of low-temperature autoradiography to studies of the uptake and metabolism of volatile anesthetics in the mouse. III. Halothane. Anesthesiology 31, 553 (1969).
29. SCHÖNTUBE, E. M., SCHÖNTUBE: Halothane-Syndrom. Anaesthesist 22, 329 (1973).

Die Beeinflussung der Nierenfunktion durch Halothan

K. Bihler

Allgemeinbetäubungen mit Barbituraten, Propanidid, Äther, Cyclopropan, Halothan, Methoxyfluran sowie die Neuroleptanalgesie führen zu Herabsetzung des Nierenplasmastroms, der glomerulären Filtrationsrate, zu Einschränkungen der Urinausscheidung sowie Veränderungen der renalen Elektrolytexkretion.

Halothan wurde bezüglich seines Einflusses auf die Nierenfunktion erstmals 1960 von BLACKMORE u. Mitarbeitern im Tierexperiment an fünfzehn Hunden untersucht. Eine Stunde vor den Versuchen wurde den Tieren 30 ml/kg Körpergewicht Flüssigkeit über eine Magensonde zugeführt und über die ganze Versuchsdauer hinweg wurden 3 ml/min 5%ige Glukose infundiert, so daß eine ausreichende Hydrierung gewährleistet war. Eine Prämedikation erhielten die Tiere nicht. Lachgas kam nicht zur Verwendung, lediglich ein Sauerstoff-Halothan-Gemisch. Bei einer Halothan-Konzentration von 2 Vol% wurde ein signifikanter Abfall der glomerulären Filtrationsrate und des Nierenplasmastroms bei gleichzeitigem Abfall des Blutdruckes beobachtet. Bei einer Reduzierung der Halothan-Konzentration auf 1,5 Vol% stiegen die beiden Parameter auf Kontrollwerte bei einem gleichzeitigen Anstieg des Blutdruckes. Im Gegensatz zur glomerulären Filtrationsrate und dem Nierenplasmadurchfluß blieb die Urinausscheidung auch bei einer Halothan-Konzentration von 1,5 Vol% noch stark erniedrigt. Bereits 10 min nach Ende der Narkose verstärkte sich die Urinausscheidung und erlangte bald wieder den Kontrollwert. BLACKMORE stellt den Abfall der Clearance-Werte in direkte Relation zum Abfall des Blutdruckes. Neben der Aktivitätshemmung der Nierenfunktion kam es auch zu Veränderungen der renalen Elektrolytexkretion. Unter 2%iger Halothan-Narkose sank die Natrium- und Chlorausscheidung signifikant ab, die Kaliumexkretion nahm zu. Bei 1,5% Halothan stieg die Natrium- und Chlorausscheidung wieder an. Die Kalium-Ausscheidung blieb über die ganze Versuchsdauer hinweg erhöht.

Von MAZZE und Mitarbeiter (1963) wurden Untersuchungen zur Nierenfunktion und renalen Elektrolytexkretion bei sechs nierengesunden Patienten, die sich in Halothan-Sauerstoff-Narkose ohne Lachgas kleineren chirurgischen Eingriffen unterzogen, durchgeführt. Die Clearancebestimmungen erfolgten bei einer sogenannten leichten Anästhesie (Halothan-Konzentration zwischen 0,5 und 1,0 Vol%) und einer sogenannten tiefen Anästhesie (Halothan-Konzentration zwischen 1,2 und 3,0 Vol%). Zur Prämedikation wurde Morphinsulfat und Scopolamin verabreicht, woraus jedoch unsaubere Versuchsbedingungen resultierten. Außerdem bestand seit Mitternacht vor dem Operationstag Nahrungskarenz und während des Eingriffes selbst wurden lediglich geringe Flüssigkeitsmengen zugeführt, so daß wir bei diesen Versuchen von einem schlechten Hydrationszustand ausgehen können. Bei allen Patienten waren sowohl bei niedrigen als auch bei hohen Halothan-Konzentrationen Urinausscheidung, glomeruläre Filtrationsrate, effektiver Nierenplasmastrom und Natriumexkretion herabgesetzt. Die stärksten Veränderungen zeigten die Urinausscheidung und renale Natriumexkretion. Sie fielen beide unter der sogenannten leichten Halothan-Anästhesie auf 43% vom Kontrollwert und bei der sogenannten tiefen Anästhesie auf 36% ab. Die glomeruläre Filtrationsrate mittels Inulin-Clearance bestimmt sank auf 72% bzw. 46%, der effektive Nierenplasmastrom auf 60% bzw. 48%. MAZZE stellt fest, daß durch die kleinen chirurgischen Eingriffe selbst keine zusätzlichen Veränderungen der Nierenfunktion eintraten. Vergleichende Untersuchungen über den Einfluß von Halothan-Sauerstoff-Anästhesie und Halothan-Lachgas-Sauerstoff-Anästhesie auf die Nierenfunktion stellten MILLER und Mitarbeiter (1966) an. Bei einer konstanten Halothan-Konzentration von 2 Vol% während der Clearanceuntersuchungen erhielt die eine Gruppe einen konstanten Flow von 4 l/min Sauerstoff, die andere 1 l Sauerstoff/min und 3 l Lachgas/min. Die glomeruläre Filtrationsrate fiel bei der Halothan-Sauerstoff-Gruppe auf 78%, bei der Halothan-Lachgas-Gruppe auf 69% des präoperativen Kontrollwertes ab. Bei der PAH-Clearance allerdings übte die Halothan-Sauerstoff-Anästhesie eine stärkere Depression aus und fiel auf 81%, wogegen bei der Halothan-Lachgas-Sauerstoff-Gruppe nur ein Abfall auf 92% zu verzeichnen war. Einen erheblichen Unterschied wiesen die beiden Gruppen in der Urinausscheidung auf. Während diese bei Halothan-Sauerstoff auf 81% abfiel, verminderte sie sich unter Halothan-Lachgas-Sauerstoff um nahezu die Hälfte.

Unter dem Einfluß einer Halothan-Konzentration von 1,5 Vol% wurden von DEUTSCH und Mitarbeitern (1967) Veränderungen der Nierenpartialfunktionen, Urinausscheidung und Elektrolytexkretion an dreizehn nierengesunden freiwilligen Versuchspersonen untersucht. Die Probanden waren nicht prämediziert, gut hydriert und ein operativer Eingriff wurde nicht durchgeführt. Zur Erzeugung eines ausreichenden Urinvolumens, welches Voraussetzung für exakte Clearancebestimmungen ist, wurde den Probanden Äthanol intravenös zugeführt, welches als potenter Hemmer des antidiuretischen Hormons gilt. Die PAH-Extraktion wurde vor und unter der Anästhesie bestimmt. Unter diesen günstigen Versuchsbedingungen fiel die glomeruläre Filtrationsrate auf 81% und der effektive Nierenplasmastrom auf 72% des vor der Narkose gewonnenen Kontrollwertes. Ein 28%iger Anstieg der Filtrationsfraktion und eine 41%ige Zunahme des errechneten intrarenalen Gefäßwiderstandes weisen auf eine intrarenale Vasokonstriction hin. Die intravenöse Zufuhr von Äthanol von weniger als 300 ml gewährleistete eine Urinausscheidung von mindestens 2 ml/min und konnte die Halothan-bedingte Antidiurese erheblich reduzieren. Dies spricht für eine direkte Hemmung der ADH-Sekretion und nicht für einen Wirkungsmechanismus über eine Erhöhung des zirkulierenden Blutvolumens.

Die Frage nach dem Einfluß von Halothan auf die Nierenfunktion bei urologischen Eingriffen im Kindesalter haben wir (1969) mit

Clearance-Untersuchungen und Bestimmungen der renalen Elektrolytexkretion zu klären versucht. In einer Serie von fünfzehn Patienten, neun Mädchen und sechs Jungen im Alter zwischen 1 und 11 Jahren bei einem Durchschnittsalter von 6 Jahren, wurde ein Tag vor der Operation als Kontrollwert, unter Operation und Narkose selbst, am Nachmittag des Operationstages sowie am ersten und zweiten postoperativen Tag die glomeruläre Filtrationsrate mit der endogenen Kreatinin-Clearance sowie die renale Natrium-, Chlor- und Kaliumexkretion bestimmt.

Außer bei zwei Kindern fielen die Clearancewerte unter Anästhesie und Operation ab und waren im Durchschnitt mit 81 ml/min um 37% niedriger als der präoperative Kontrollwert von 128 ml/min. Am Nachmittag des Operationstages war die Tendenz ansteigend und erreichte einen Durchschnittswert von 95 ml/min. Am ersten postoperativen Tag war der präoperative Kontrollwert nahezu wieder erreicht und blieb am zweiten postoperativen Tag im Vergleich zum Vortag nahezu konstant. Unter der Halothan-Narkose kam es zu einer Einschränkung der renalen Exkretion von Natrium und Chlor. Eine Verminderung der Kaliumausscheidung unter Anästhesie und Operation konnten wir bei nahezu zwei Drittel unserer Untersuchten nachweisen. Der von den meisten Narkosemitteln bekannte antidiuretische Effekt konnte auch bei unseren kleinen Patienten nachgewiesen werden. Die Urinausscheidung war unter Anästhesie und Operation sowie am Nachmittag des Operationstages stark reduziert und zeigte in den ersten beiden postoperativen Tagen wieder ansteigende Tendenz.

Weitere Clearance-Untersuchungen an Hunden wurden von EIGLER (1968) unter Verwendung einer Nembutal-Einleitung in Halothan-Narkose von 0,5 bzw. 2 Vol% mit volumengesteuerter Beatmung bei konstantem endexspiratorischen CO_2-Gehalt von 4 Vol% durchgeführt. Bei einer Halothan-Konzentration von 0,5% und normalen ateriellen Mitteldrucken zeigten sich im Mittel für die Inulin-Clearance 2,77 ml/min/kg Körpergewicht und für die PAH-Clearance 11,3 ml/min/kg Körpergewicht. Bei Erhöhung der Halothan-Konzentration auf 1,5 bzw. 2 Vol% kam es in allen Fällen zu einem Blutdruckabfall, aber wechselnden Reaktionen von Durchblutung und Filtration. Diese Reaktionen werden vom Autor mit der Beeinträchtigung des Herz-Minutenvolumens bei hohen Halothan-Konzentrationen zu erklären versucht.

Den Einfluß verschiedener Narkosemittel auf die Nierendurchblutung des Hundes mit Hilfe des von BRETSCHNEIDER angegebenen Druckdifferenzverfahrens hat REICHMANN (1966) eingehend untersucht. Bei einem Vergleich von Chloralose-Urethan-, Halothan- und Äthernarkose sah er eine Veränderung der Durchblutung entsprechend der sich ändernden arteriellen Mitteldrucke. So lag bei Halothan-Narkose bei einem arteriellen Mitteldruck von 90 mmHg die Durchblutung bei 250 ml/min/100 g, in Chloralose-Urethan-Narkose bei 150 mmHg um fast 450 ml/min/100 g. Das heißt aber, daß unter Berücksichtigung eines Closing Pressure von 100 mmHg diese Werte praktisch einer linearen Druckdurchflußbeziehung entsprechen und nicht der Charakteristik der Autoregulation. Unabhängig von verschiedenen Narkosearten erreichte man außerdem bei einem Teil der Tiere bei Veränderungen des

Perfusionsdruckes durch schrittweise Entblutung ebenfalls eine lineare Druckdurchflußbeziehung, bei einem anderen Teil mehr ein Verhalten im Sinne der Autoregulation.

Eine Studie von FINSTERER und Mitarbeitern an acht Hunden befaßt sich mit dem Einfluß von Halothan auf die Nierenfunktion und insbesondere auf die renale Natriumexkretion beim volumenexpandierten Hund. Bei einer Halothan-Konzentration von inspiratorisch 1,5 Vol% über 6 Stunden kam es neben einer fortlaufenden Abnahme des Aortenmitteldruckes zu einer Verminderung der glomerulären Filtration von 4,31 ml/kg auf 3,75 ml/kg, die Natriumexkretion war im Mittel nur um 7% vermindert. Beachtenswert ist, daß die Natriumexkretion in der ersten Narkosestunde erhöht war und dann im weiteren Verlauf abfiel.

Inwieweit einer durch Halothan verursachten Minderung der Nierenleistung durch die intravenöse Verabreichung von Mannitol entgegengewirkt werden kann, haben wir in einer tierexperimentellen Studie an 10 Bastard-Hunden zu klären versucht. Mannitol stellt nicht nur ein Osmotherpeutikum dar, sondern führt nach eigenen Beobachtungen und denen anderer Autoren auch zu einer Nierenfunktionsverbesserung. Den Tieren wurde über die gesamte Versuchsdauer hinweg eine konstante Halothan-Konzentration von 1,5 Vol% verabfolgt, auf Prämedikation und andere Narkosemittel zur Einhaltung einwandfreier Versuchsbedingungen wurde absichtlich verzichtet. Gegenüber den Kontrollwerten stieg nach intravenöser Mannitolzufuhr und einem darauffolgenden Zeitraum von 60 min die glomeruläre Filtration, durch die Inulin-Clearance bestimmt, im Mittel um 57%, der Nierenplasmastrom um 45% gegenüber dem Kontrollwert. Die Urinexkretion von Natrium und Kalium nahm unter dem Mannitoleinfluß zu. Die Urinausscheidung wurde um ein Vielfaches gesteigert. Diese tierexperimentellen Versuche zeigen, daß Mannitol offenbar in der Lage ist, die durch Halothan-Narkosen verursachte Depression der Nierenfunktion zu mildern oder gar völlig zu kompensieren.

Wenngleich die vorgetragenen Untersuchungsergebnisse unter den verschiedensten Bedingungen erzielt wurden, so haben sie doch ein gemeinsames Resultat: Einschränkung der Urinausscheidung, der glomerulären Filtration, des effektiven Nierenplasmastroms und der renalen Natriumexkretion unter dem Einfluß von Halothan. Vergleichen wir die quantitativen Aussagen der einzelnen Autoren, so ergeben sich teilweise erhebliche Unterschiede. Es zeigt sich jedoch sehr deutlich, daß das Ausmaß der depressiven Halothanwirkung in Abhängigkeit zur verabreichten Konzentration von Halothan und dem damit verbundenen Blutdruckabfall steht.

Wesentlich für das Ausmaß der Veränderungen der Nierenfunktion unter Halothan-Narkose erscheint auch der Hydrationszustand. Vergleichen wir, soweit dies möglich und mit einer gewissen Einschränkung, die Untersuchungsergebnisse von MAZZE und DEUTSCH, so wird dies sehr deutlich.

Bei den dehydrierten nierengesunden Patienten von MAZZE, die allerdings mit Morphinsulfat prämediziert waren, sank bei einer Halothan-Konzentration von 0,5 bis 1,0 Vol% die Urinausscheidung auf 43%, die glomeruläre Filtrationsrate auf 72% und der effektive Nierenplasmastrom auf 60% des Ausgangswertes.

Obwohl den von DEUTSCH untersuchten gut hydrierten Patienten eine höhere Halothan-Konzentration, nämlich 1,5 Vol% verabreicht wurde, fiel die glomeruläre Filtrationsrate lediglich auf 81% und der effektive Nierenplasmastrom auf 72% des vor der Narkose gewonnenen Kontrollwertes. Die Urinausscheidung läßt sich bei beiden Versuchsgruppen nicht vergleichen, da die Patienten von DEUTSCH Äthanol erhielten, welches den antidiuretischen Effekt von Halothan weitgehend kompensiert.

Für die depressive Wirkung von Halothan auf die Nierenfunktion mit Veränderungen der Elektrolytexkretion gibt es folgende Erklärungsversuche: Die unter Halothan-Anästhesie beobachteten hämodynamischen Veränderungen mit einer Verminderung des Plasmavolumens können einen Versuch der Niere darstellen, die Reduktion des Perfusionsdruckes durch Vasokonstriction der Arteriolen zu kompensieren, um so die glomeruläre Filtration aufrecht zu erhalten. Die verstärkte Freisetzung von ADH stellt einen weiteren Faktor dar, der zum beobachteten antidiuretischen Effekt beiträgt. Veränderungen der Natriumausscheidung können durch eine vorherige Verminderung der glomerulären Filtration erklärt werden, ebenfalls käme eine verstärkte Natriumresorption als Ursache für eine verminderte Exkretion in Frage. Über die Veränderungen der Natriumkonzentration an den Macula densa-Zellen wäre die Beeinflussung des Renin-Angiotensin-Systems denkbar. Neuere elektronenoptische Untersuchungen an Rattennieren, die über Wochen geringen Halothan-Konzentrationen ausgesetzt waren, zeigen chronische degenerative Veränderungen der Tubulusepithelien.

Literatur

1. AUBERGER, H.: Neuroleptanalgesien und Nierenfunktion. Vortrag Anästhesie-Tagung, Zürich 1965.
2. AUBERGER, H., HEINRICH, J.: Methoxyflurane und Nierenfunktion. Anaesthesist 14, 202 (1965).
3. BENNETT, H. S., BASSETT, D. L., BEECHER, H. K.: Influence of anaesthesia (ether, cyclopropane, sodium evipal) on the circulation under normal and shock conditions. J. clin. Invest. 23, 181 (1944).
4. BIHLER, K.: Erfahrungen mit der Neuroleptanalgesie bei urologischen Eingriffen. Urologe 6, 160 (1967).
5. BIHLER, K., GUNDLACH, G., HOPPE-SEYLER, F. G., MAY, P., PLANZ, C.: Einfluß von Propanidid auf die renale Hämodynamik und Elektrolytexkretion. Anaesthesist 18, 43 (1969).
6. BIHLER, K., JAHNECKE, J., SÖKELAND, J.: Klinische und tierexperimentelle Untersuchungen zur Nierenfunktion unter Angiotensin und Mannit. Anästhesiologie und Wiederbelebung, Band 36, Berlin, Heidelberg, New York: Springer 1969.
7. BIHLER, K., MOORMANN, J. G., GUNDLACH, G., KRÄMER, D.: Einfluß von Halothan auf die Nierenfunktion und renale Elektrolytexkretion bei Kindern. Mtschr. Kinderheilkd. 117, 367 (1969).
8. BLACKMORE, W. P., ERWIN, K. W., WIEGAND, O., F., LIPSEY, R.: Renal and cardiovascular effects of halothane. Anaesthesiologie 21, 489 (1960).

9. BURNETT, C. H., BLOOMBERG, E. L., SHORTZ, G., COMPTON, D. W., BEECHER, H. K.: A comparison of the effects of ether and cyclopropane anesthesia on the renal function of man. J. Pharmacol. exp. Ther. 96, 380 (1949).
10. CHAND, L. W., DUDLEY, A. W., LEE, Y. K., KATZ, J.: Ultrastructural Changes in the Kidney Following Chronic Exposure to Low Levels of Halothane. Am. J. Pathol. 78, (1975).
11. DEUTSCH, S., GOLDBERG, M., STEPHEN, G. W., WEN-HSIEN, W. U.: Effects of halothane anesthesia on renal function in normal man. Anesthesiology 28, 547 (1967).
12. DEUTSCH, S., PIERCE, E. C., VANDAM, L. D.: Cyclopropan effects on renal function in normal man. Anesthesiology 28, 547 (1967).
13. EIGLER, F. W.: Pathophysiologie der Niere im Rahmen chirurgischer Erkrankungen. Stuttgart: Enke 1968.
14. FINSTERER, U., BRECHTELSBAUER, H., PRUCKSUNAND, P., FEIST, H., KRAMER, K.: Natrium- und Wasserbilanz beim Hund im Wachzustand und unter verschiedenen Narkosebedingungen. II. Mitteilung: Halothan- und Methoxyflurannarkose (Sodium and Water Balance in the Dog under Halothane and Methoxyflurane Anaesthesia). Anaesthesist 24, 444 (1975).
15. HABIF, D. V., PAPPER, E. M., FITZPATRICK, H. F., LOWRANCE, P., SMYTHE, C. McC., BRADLEY, S. E.: The renal and hepatic blood flow, glomerular filtration rate, and urinary output of electrolytes during cyclopropane, ether and thiopental anaesthesia, operation and the immediate postoperative period. Surgery 30, 241 (1951).
16. MAZZE, I. R., SCHWARTZ, D. F., SLOCUM, H. C.: Renal function during anesthesia and surgery. 1. The effects of halothane anesthesia. Anesthesiology 24, 279 (1963).
17. MILLER, J. R.: A comparison of the effects on renal tubular function of halothane-oxygen and halothane-nitrous oxide-oxygen anesthesia. Anesth. Analg. 45, 41 (1966).
18. MILLER, J. R., TOWNLEY, N., STOELTING, V. K., RHAMY, R. K.: Effect of halothane anesthesia on renal tubular function on man. Anesth. Analg. 44, 236 (1965).
19. REICHMANN, W.: Über die Regulation der Nierendurchblutung. Arch. Kreislauf-Forsch. 49, 133 (1966).

The Use of Fluothane in a Teaching Hospital
A Review over 19 Years

L. Ribarić

The title of this symposium has stimulated us to bring to light some facts about the development of the early techniques of administration of Fluothane in a time when this anaesthetic was very rarely used. A lot has been said and written about Fluothane, but it might be of some use to refresh our memories and go back to the early 1957, when I had the chance to witness some of the first Fluothane anaesthesias given by Dr. JOSÉ ROSALES at the Children's Hospital in Montreal. I was allowed to anaesthetize our young patients from the Dental Surgery Department of the hospital associated to Mc Gill University.

At that time the most widely used anaesthetics were ether, cyclopropane and nitrous oxide. We soon realised the kind of advantage this new drug Fluothane offered. However, the way of using Fluothane seemed to be shocking to some other colleagues. We had no calibrated vaporisers or very few recalibrated BOC Trilene bottles and some even highly technically developed hospitals had none at all. Fluothane had been used in ether vaporisers and we soon discovered that it could be used even in this way with a little common sense, experience and caution. To stick to minimal dosages was a general rule of safety for Fluothane anaesthesia later in the year 1957 even for longer and more sophisticated operations.

It was my lucky chance again and a very difficult task to introduce Fluothane to Yugoslavia, where we encountered a strong opposition to the new anaesthetic, because of its high price, lack of proper anaesthetic machines and mainly lack of properly graduated vaporisers. The subjective reasons were not to be disregarded either. Instead of using the known concentration given by vaporisers to an inspired gas, the only solution was to deliver a known quantity of liquid Fluothane in given volume and time. To achieve a satisfactorily high level of anaesthesia, especially in a closed circuit, we developed and shortly later described the technique consisting in injecting Fluothane into an expiratory tube of the circle system in quantities and resulting concentrations shown on table 1.

With this method, which at the beginning was purely clinical and empirical, we were able to conduct a safe anaesthesia for as long as seven and a half hours. Of course, this primitive method belongs to the past.

Possibly this reason for not having any lethal serious anaesthetic accident although the new anaesthetic was largely accused of being dangerous similar to chloroform, was due to the fact

Table 1. Mean fluothane concentration in a closed **system** using injection method

Dräger "Agrippa"		
Machines:	Mc Kesson Boyle circle Waters "to and fro"	
Injected ml: 0,5	Patient approx. 70 kg	
First Injection		
After	10 sec	0,2%
	30 sec	1,2%
	60 sec	1,0%
	90 sec	1,0%
	240 sec	0,9%
	300 sec	0,7%
	600 sec	0,4%
Second Injection		
After	10 sec	0,4%
	30 sec	1,4%
	60 sec	1,2%
	90 sec	1,0%
	240 sec	0,8%
	300 sec	0,8%
	600 sec	0,7%

that we could never make the most dangerous fault of leaving Fluothane vaporiser open in the closed circuit forgetting about it.

Interferometrical measurements confirmed our clinical experience lately.

The characteristic of Fluothane to give a good relaxation of the masseter muscles are exploited at our Institute to use it as more or less monoanaesthetic for tonsillectomies. We all know tonsillectomies are performed in many places and in many countries. To remind ourselves and those lucky young people that have fortunately never seen it, permit me please to show you a short film.

Endotracheal anaesthesia with Fluothane is so simple and safe that it took us no time to persuade our ENT colleagues to accept it as a routine. In the last eight years we have performed routinely more than 8000 anaesthesias for tonsillectomies on children from 1 - 16 years without any accident and with a minimum of postoperatively developed aspiration pneumonias.

Another field where Fluothane was and is still used at our Institute is controversial and largely discussed. Hypotension caused by Fluothane has been purposely used especially for the short time for the cerebro-vascular aneurysm ligature was performed in 436 neurosurgical operations in the last three years. 21 of them were aneurysms, where deliberate hypotension has only been used temporarily during the very part of the operation in which the cerebro-vascular aneurysm was ligated.

The last interesting moment that we would like to call your attention to is the behaviour of the calcium ions under Fluothane anaesthesia and the hypotension in relation to it. Following the values of calcium ions under hypotension caused by Fluothane we have seen that the higher the concentration of Fluothane is the lower the values of ionized calcium are and correspondingly the greater the fall in blood pressure is. Blood pressure fall is reversible with normalisation of the plasma calcium values.

In spite of the fact that non-inhalational anaesthesia has been gaining popularity, there is a lot more to say about Fluothane which enables teachers to teach their students a safe way of inhalational anaesthesia.

References

RIBARIĆ, Lj.: Fluothane, korak bliže "idealnom anestetiku?" Acta Chirurgica Yug. 7, 54 (1960).

RIBARIĆ Lj.: Nasâ iskustva sa tisuću tonsillektomija isvršenih u endotraheal-noy anesteziji kod djece. Medicina 6, 373 (1969).

RIBARIĆ, Lj.: Indikacije za primjenu kalcija u toku anestezije zbornik del simpozija o kalciju: p. 147. Ljubljana 1970.

YASHON: Systemic hypotension in neurosurgery. J. Neurosurgery 43, 579 (1975).

Der Kardiotherapeutische Index zur Quantifizierung der direkten Myokardeffekte verschiedener Inhalationsnarkotica*

K. J. Fischer

Das anaesthesiebedingte Narkoserisiko wird stark durch die kardiohämodynamischen Eigeneffekte der verschiedenen Narkotica bzw. deren Kombinationen geprägt. Die narkoticainduzierte Beeinflussung der Hämodynamik ist jedoch stets ein additiver Effekt sich überlagernder zentralvenöser und kardialer Eigenwirkungen, wobei gleichzeitig die reflektorischen und die humoral vermittelten Autoregulationsmechanismen unterschiedlich beeinflußt, i.e. je nach Substanz gedämpft bzw. stimuliert werden. Die kardioaktiven Eigenschaften neuerer Narkotica lassen sich nur im Vergleich zu bekannten und bereits in die Klinik eingeführten Substanzen richtig beurteilen, sofern die narkotische Äquieffektivität berücksichtigt wird.

Die Objektivierung und Quantifizierung der direkten Myokardeffekte kann tierexperimentell durch geeignete Versuchsanordnungen, i. e. am isolierten Herz, bestimmt werden. In der vorliegenden Studie sollen daher die direkten Myokardeffekte verschiedener Inhalationsnarkotica am isolierten schlagenden Herz untersucht werden.

Ziel der Untersuchungen ist, den Einfluß der verschiedenen Inhalationsnarkotica auf die Hämodynamik, die Herzinotropie und die myokardiale Belastbarkeit unter einer kontrollierten, narkoticainduzierten Myokarddepression zu vergleichen. Besondere Bedeutung kommt der therapeutischen Breite dieser Substanzen, nämlich der Relation zwischen der narkotischen und einer definierten, kontraktilitätsmindernden Konzentration zu.

Methodik

Die Kardioaktivität der Inhalationsnarkotica Diäthyläther, Halothan, Methoxyfluran sowie Enfluran (Abb. 1) wurde am modifizierten Herz-Lungen-Präparat nach Starling (Abb. 2) untersucht (7, 8, 9). Die Experimente wurden an 52 Katzen beiderlei Geschlechts (mittleres Körpergewicht 2,85 ± 0,19 kg) in einer flachen Chloralosebasisnarkose (α-D(+)-gluco-Chloralose, 50 mg/kg KG i.p.) durchgeführt (9). Das zirkulierende Blutvolumen betrug 250 ml, die Bluttemperatur wurde auf 37° C konstant gehalten. Die Inhalationsnarkotica wurden bei Normoventilation über eine Starling-Atempumpe zugeführt. Die Dosierung erfolgte über kalibrierte Vaporen bei einem Frischgasdurchfluß von 4 l/min Carbogen 10% im

*Die Untersuchungen wurden mit Unterstützung der Deutschen Forschungsgemeinschaft durchgeführt

```
    H  H     H  H
    |  |     |  |
H — C — C — O — C — C — H        Diäthyläther
    |  |     |  |
    H  H     H  H
```

```
    Cl F     H
    |  |     |
H — C — C — O — C — H            Methoxyfluran
    |  |     |
    Cl F     H
```

```
    Cl F     F
    |  |     |
H — C — C — O — C — H            Enfluran
    |  |     |
    F  F     F
```

```
    Cl F
    |  |
H — C — C — F                    Halothan
    |  |
    Br F
```

Abb. 1. Strukturformeln der Inhalationsnarkotica

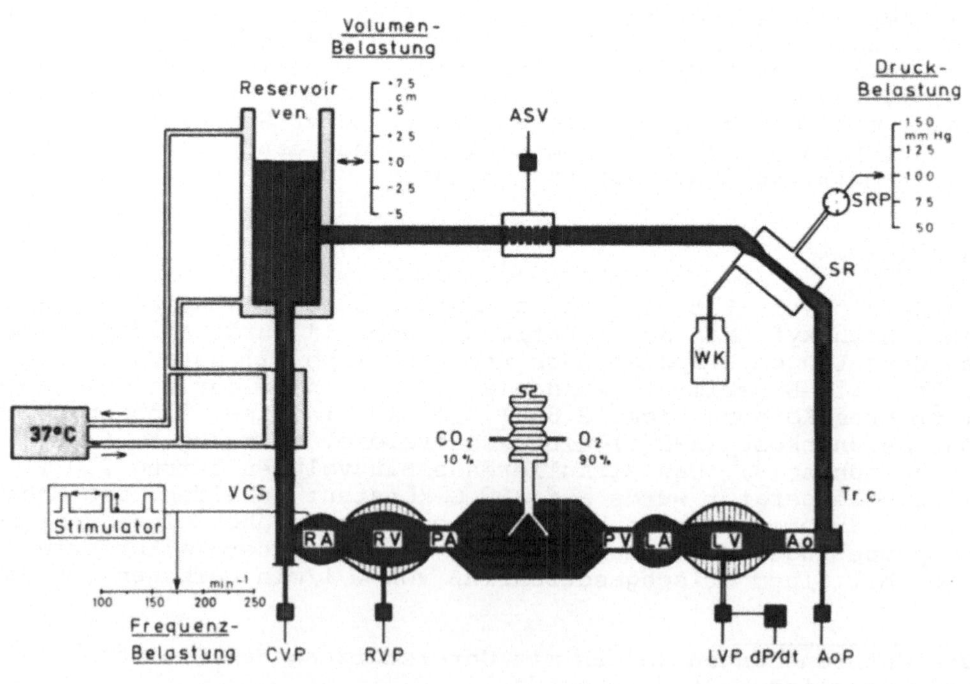

Abb. 2. Herz-Lungen-Präparat: Methodik

halboffenen System. Folgende Meßgrößen wurden auf zwei 4-Kanal-Schreibern (HE 18, Hellige) registriert: EKG, Herzzeitvolumen als aortales Stromvolumen (elektromagnetisches Flußmeßgerät, Liepelt), rechtsventriculärer, rechtsatrialer Aortendruck (Statham P 23 Db) sowie linksventriculärer Druck (Mikrokatheter-Tipmanometer, Millar). Über ein RC-Glied wurde die linksventriculäre Druckanstiegsgeschwindigkeit (dP/dt) differenziert.

Bei diesem methodischen Vorgehen lassen sich die bei der Quantifizierung einer pharmakologisch induzierten Änderung der myokardialen Kontraktilität störenden Einflußgrößen, nämlich Kontraktionsfrequenz, Preload und Afterload konstant halten bzw. kontrollieren (8, 9, 15). Zur Gewährleistung vergleichbarer Ausgangsbedingungen wurde die Kontraktionsfrequenz (Vorhofstimulation: 5 Schläge/min oberhalb der spontanen Ausgangsherzfrequenz) über den Versuchszeitraum nicht geändert. Die kardiale Vor- bzw. Nachbelastung ließ sich durch konstante hydrostatische Drucke vor dem rechten Herz und die venöse Zuflußrate aus dem Reservoir sowie durch einen regelbaren, aortalen Windkesseldruck kontrollieren. An diesem intakten und in situ schlagenden Herz lassen sich nicht zuletzt die auch teilweise narkoticabedingten, nerval bzw. humoral vermittelten autoregulativen Beeinflussungen der Myokardfunktion ausschließen oder differenzieren.

Zunächst wurden für die vier Inhalationsnarkotica kumulative Konzentrations-Wirkungs-Beziehungen aufgestellt. Die Messungen erfolgten hier jeweils 15 min nach einer Konzentrationsänderung. Jene Konzentrationen, die die Meßparameter um 25% bzw. um 50% reduzieren, werden im folgenden als ED_{25} bzw. ED_{50} bezeichnet.

Eine vergleichende Studie der Myokardeffekte verschiedener Narkotica ist nur unter äquinarkotischen Konzentrationen sinnvoll (8, 27). Für die vier untersuchten Inhalationsanaesthetica wurden die von BROWN & CROUT (4) nach der Methode von EGER et al. (5, 6) ermittelten, minimalen alveolären Konzentrationen (MAC) zugrunde gelegt (Tabelle 1).

Tabelle 1. MAC-Werte der Inhalationsnarkotica (nach BROWN and CROUT, 1972)

Methoxyfluran	0,23 ± 0,02 Vol%
Halothan	0,82 ± 0,1 Vol%
Enfluran	1,20 ± 0,1 Vol%
Diäthyläther	2,10 ± 0,1 Vol%

Bei der Katze beträgt der MAC-Wert für Methoxyfluran 0,23 ± 0,02 Vol%, für Halothan 0,82 ± 0,1 Vol%, für Enfluran 1,2 ± 0,1 Vol% und für Diäthyläther 2,1 ± 0,1 Vol%. Unter Konzentrationen von 1 bzw. 2 MAC wurden narkoticainduzierte Änderungen des kontraktilen Status anhand der linksventriculären maximalen Druckanstiegsgeschwindigkeit (dP/dt_{max}), des Kontraktilitätsindex $\frac{dP/dt_{max}}{IP}$ (14), des Herz- sowie des Schlagvolumen-Index untersucht. Die Registrierung erfolgte hier jeweils nach einer 45-min Äquilibrierung, da man auf Grund der Aufnahmegeschwindigkeiten in die Kompartimente sowie auf Grund der Verteilungskoeffizienten am isolierten Herz erwarten darf, daß sich nach diesem Zeitraum ein narkotisches Gleichgewicht eingestellt hat. Die Verkürzungsgeschwindigkeit der kontraktilen Elemente wurde mit Hilfe der Kraft-Geschwindigkeits-Beziehungen erfaßt. Mit Hilfe dieses Verfahrens läßt sich der kontraktile Status ohne wesentliche Interferenzen mit dem Frank-Starling-Mechanismus quantifizieren (22, 24, 25, 26). Hierbei wird das von HILL (12) für den Skeletmuskel entwickelte Konzept auf den Kontraktionsmechanismus des in situ schlagenden isolierten Herzens übertragen (13, 16, 18, 22, 24). Aus dem isovolumetrischen Anteil der linksventriculären Druckkurve läßt sich die Verkürzungsgeschwindigkeit der kontraktilen Elemente (V_{CE}) durch den Quotienten $\frac{dP/dt}{32 \cdot IP}$ kalkulieren, wobei der Faktor 32 einer am isolierten Papillarmuskel gewonnenen Konstanten für die Dehnbarkeit der serienelastischen Elemente entspricht (16). Die maximal meßbare Verkürzungsgeschwindigkeit der kontraktilen Elemente ($V_{CE_{max}}$) entspricht dem Gipfelpunkt der Kraft-Geschwindigkeits-Kurven. Wegen des frühen Einsetzens der isotonischen Verkürzung kann die Verkürzungsgeschwindigkeit der kontraktilen Elemente am schlagenden Herz sein Maximum nicht erreichen. Die V_{max} läßt sich jedoch durch Rückextrapolation des linear abfallenden Kurvenschenkels auf die Ordinate, nämlich auf die hypothetische Last "Null", approximativ erfassen (13, 16, 17, 24, 25).

Der Einfluß des Frank-Starling-Mechanismus auf die myokardiale Kontraktionsdynamik läßt sich dagegen durch die Ventrikelfunktionskurven bestimmen (8, 11, 20). Die mit zunehmenden atrialen Füllungsdrucken steigende Herzauswurfleistung zeigt eine kurvenlineare Abhängigkeit des Herzzeitvolumens vom Füllungsdruck, wobei negativ inotrope Effekte eine Kurvenverschiebung nach unten, i. e. zu niedrigeren Auswurfvolumina, bzw. nach rechts, i. e. zu erhöhten Füllungsdrucken bewirken.

Ergebnisse

Die Konzentrations-Wirkungs-Beziehungen (Abb. 3) zeigen bei kumulativer Narkoticaapplikation einen, wenn auch qualitativ und quantitativ unterschiedlichen, dosisabhängigen negativ chronotropen Effekt. Im Dosierungsbereich zwischen 1 und 2 MAC bleibt allein beim Äther eine Frequenzabnahme aus. Oberhalb von 2 MAC kommt es jedoch zu einem sehr starken Frequenzabfall. Bei Konzentrationen von 2 MAC beträgt der Frequenzabfall unter Äther 1,7 ± 1,6%, unter Methoxyfluran 21,3 ± 4,5%, unter Enfluran 25,4 ± 1,7% und unter Halothan 33,3 ± 4,4% ($\bar{x} \pm s_{\bar{x}}$).

Auf Grund dieser unterschiedlichen narkoticainduzierten Frequenzabnahmen wurden die folgenden Untersuchungen zur Quantifizierung der Inotropie-Beeinflussung unter frequenzkonstanter Vorhofstimulation durchgeführt. (Die Reizfrequenz lag 5 - 10 Schläge/min oberhalb der spontanen Ausgangsherzfrequenz, die Reizimpulse hatten eine Breite von 0,5 ms und eine Amplitude von 10 - 15 Volt).

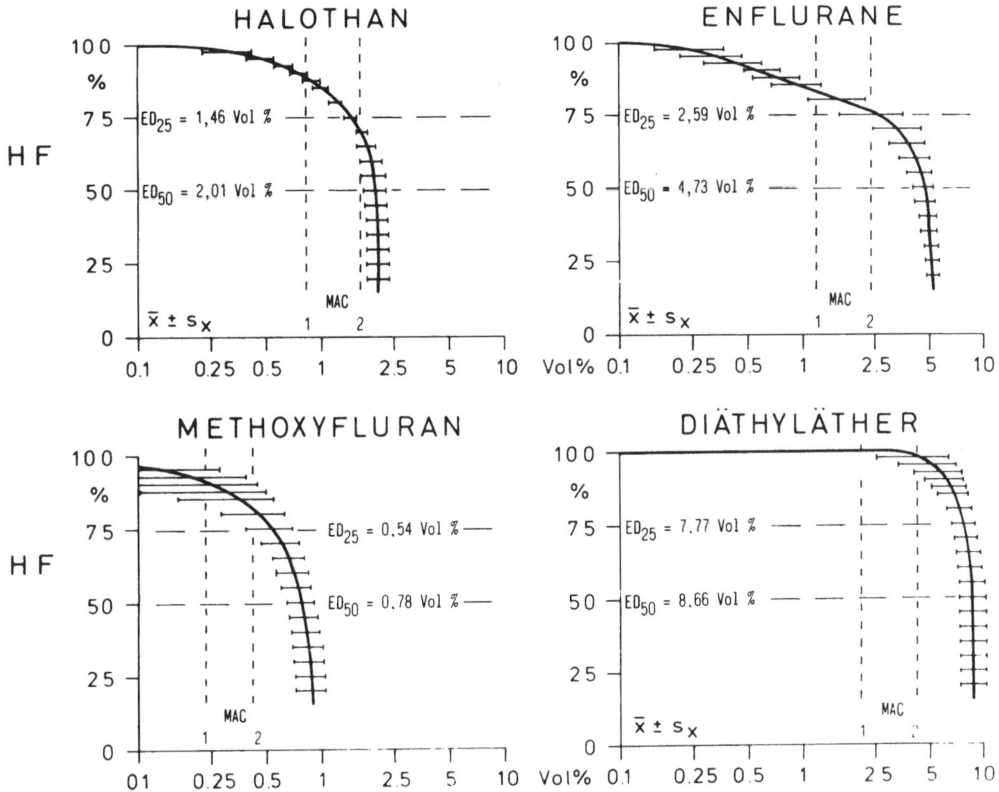

Abb. 3. Konzentrations-Wirkungs-Beziehungen zur Bestimmung der chronotropen Eigeneffekte der Inhalationsnarkotica: prozentuale Änderung der spontanen Kontraktionsfrequenz in Abhängigkeit von einer kumulativen Erhöhung der Narkoticakonzentration

Bezüglich der Beeinflussung der Kontraktionskraft zeigen die Konzentrations-Wirkungs-Beziehungen für alle vier untersuchten Substanzen gleichfalls ein qualitativ gleichartiges Verhalten, nämlich einen konzentrationsabhängig negativ inotropen Effekt (Abb. 4). Jene Narkoticakonzentrationen, die zu einer 25%igen bzw. 50%igen Abnahme der maximalen linksventriculären Druckanstiegsgeschwindigkeit führen, werden im folgenden als ED_{25} bzw. ED_{50} benannt. Eine dP/dt_{max}-Abnahme um 25% erfolgt durch 0,87 ± 0,071 Vol% Halothan, 0,4 ± 0,048 Vol% Methoxyfluran, 2,84 ± 0,212 Vol% Enfluran bzw. durch 4,77 ± 0,463 Vol% Diäthyläther. Die ED_{50}, also eine Abnahme der Kontraktionskraft um 50%, erfolgt durch 1,39 ± 0,091 Vol% Halothan, 0,55 ± 0,072 Vol% Methoxyfluran, 3,85 ± 0,244 Vol% Enfluran sowie durch 6,97 ± 0,496 Vol% Diäthyläther (Tabelle 2).

Aus dem Quotienten der am isolierten Herz bestimmten ED_{25} und dem am Ganztier entwickelten MAC-Wert errechnet sich der "Kardiotherapeutische Index" (Tabelle 3), aus dem sich - bezogen auf die negativ inotropen Eigenschaften der Inhalationsnarkotica - deren therapeutische Breite quantifizieren läßt. Diese neue Meßzahl

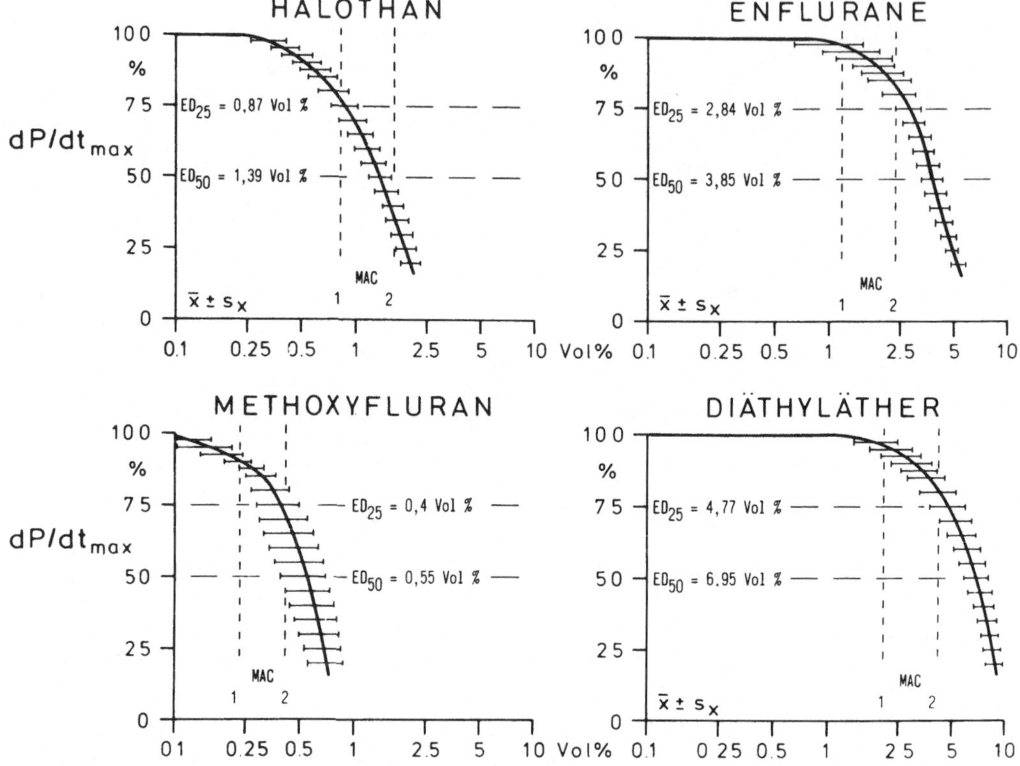

Abb. 4. Konzentrations-Wirkungs-Beziehungen zur Erfassung der direkt inotropen Eigeneffekte der Inhalationsnarkotica: prozentuale Änderungen des dP/dt_{max} in Abhängigkeit von einer kumulativen Erhöhung der Narkoticakonzentration

Tabelle 2. Narkoticakonzentrationen, die zu einer definierten Myokarddepression führen (ED_{25} bzw. ED_{50})

Narkoticum	dP/dt_{max} ED_{25}	dP/dt_{max} ED_{50}
Halothan	0,87 ± 0,071 Vol%	1,39 ± 0,091 Vol%
Methoxyfluran	0,40 ± 0,048 Vol%	0,55 ± 0,072 Vol%
Diäthyläther	4,77 ± 0,463 Vol%	6,97 ± 0,496 Vol%
Enfluran	2,84 ± 0,212 Vol%	3,85 ± 0,244 Vol%

kennzeichnet die therapeutische Breite der entsprechenden Inhalationsnarkotica, denn sie gibt an, bei welchem Vielfachen des MAC-Wertes die Kontraktionskraft um 25% gesenkt wird. Am Katzenherz wird eine derart definierte 25%ige Kontraktilitätseinbuße durch 1,06 MAC Halothan, 1,74 MAC Methoxyfluran, 2,27 MAC Diäthyläther sowie durch 2,37 MAC Enfluran erzielt. Der Kardio-

Tabelle 3. Der Kardiotherapeutische Index der Inhalationsnarkotica. Quantifizierung der therapeutischen Breite mit Hilfe des Quotienten aus der am isolierten Herz bestimmten ED_{25} und des am Ganztier ermittelten MAC-Wertes

1 MAC	dP/dt_{max} ED_{25}	Narkoticum	Kardiotherapeutischer Index $\frac{ED_{25}}{1\ MAC}$
0,82 ± 0,1 Vol%	0,87 ± 0,071 Vol%	Halothan	1,06 ± 0,086
0,23 ± 0,02 Vol%	0,40 ± 0,048 Vol%	Methoxyfluran	1,74 ± 0,209
2,10 ± 0,1 Vol%	4,77 ± 0,463 Vol%	Diäthyläther	2,27 ± 0,220
1,20 ± 0,1 Vol%	2,84 ± 0,212 Vol%	Enfluran	2,37 ± 0,177

therapeutische Index ist für Enfluran und Diäthyläther deutlich höher als für Methoxyfluran und Halothan und drückt aus, daß zur gleichen Senkung der Kontraktionskraft (ED_{25}) der Dosierungsspielraum für Enfluran und Äther deutlich größer ist.

Diese unterschiedliche Kardioaktivität der Inhalationsnarkotica läßt sich bereits an Änderungen des dP/dt_{max} erkennen (Abb. 5).

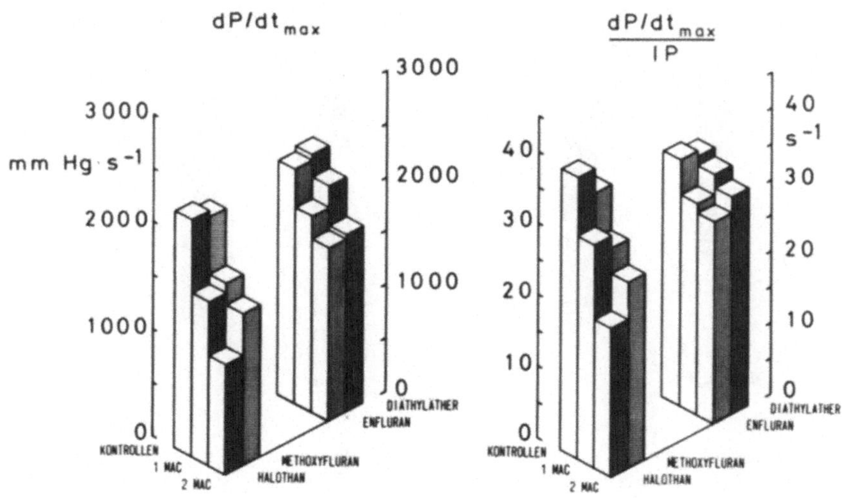

Abb. 5. Narkoticainduzierte Änderungen von dP/dt_{max} und $\frac{dP/dt_{max}}{IP}$ unter äquinarkotischen Konzentrationen von 1 bzw. 2 MAC

Bei einem Ausgangswert von durchschnittlich 2,186 ± 71 mmHg · s^{-1} nimmt die maximale linksventriculäre Druckanstiegsgeschwindigkeit unter jeweils 2 MAC bei Diäthyläther auf 1,652 ± 76, bei Enfluran auf 1,612 ± 142, bei Methoxyfluran auf 1,414 ± 97 und bei Halothan auf 1,022 ± 71 mmHg · s^{-1} ab. Die gleiche Relation findet sich für den Kontraktilitätsparameter $\frac{dP/dt_{max}}{IP}$ (Abb. 5). Die Minderung gegenüber dem Kontrollwert (36,2 ± 1,1 s^{-1}) ist unter 2 MAC wiederum für Äther (30,5 ± 2,2 s^{-1}) und Enfluran (28,2 ± 2,3 s^{-1}) weniger stark ausgeprägt als für Methoxyfluran (25,9 ± 1,5 s^{-1}) sowie Halothan (20,7 ± 1,7 s^{-1}).

Unter kontrollierten Ausgangsbedingungen stellt die Herzauswurfleistung ein gutes Maß für den myokardialen Suffizienzgrad dar (Abb. 6). Der Herzindex nimmt unter 2 MAC von 29,8 ± 0,7 ml/kg KG · min unter Diäthyläther auf 19,1 ± 1,8, unter Enfluran auf 19,7 ± 2,7, unter Methoxyfluran auf 14,5 ± 2,2 und unter Halothan auf 12,3 ± 1,4 ml/kg KG · min ab. Der Schlagvolumenindex reduziert sich unter der gleichen Narkoticakonzentration von 0,179 ± 0,05 ml/kg KG unter Diäthyläther auf 0,11 ± 0,013, unter Enfluran auf 0,11 ± 0,018, unter Methoxyfluran auf 0,089 ± 0,014 und unter Halothan auf 0,072 ± 0,001 ml/kg KG.

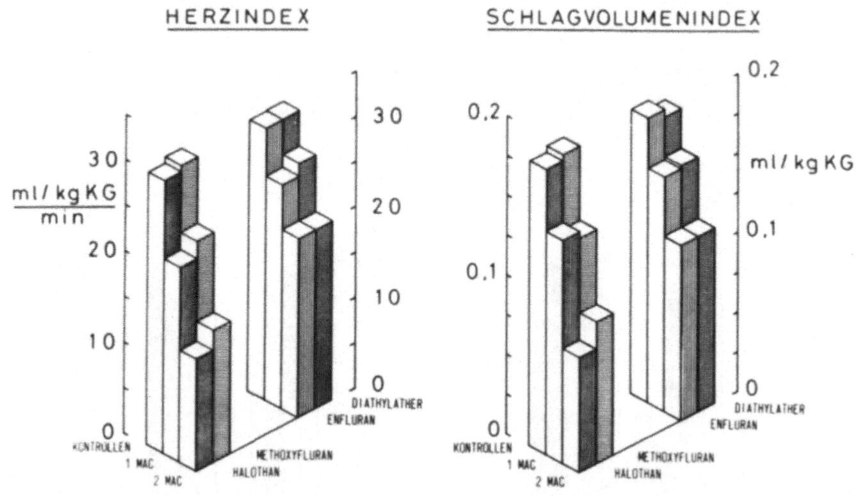

Abb. 6. Narkoticainduzierte Änderungen der Herzauswurfleistung durch äquinarkotische Konzentrationen von 1 bzw. 2 MAC

Die Kraft-Geschwindigkeits-Diagramme zeigen sowohl für die maximal kalkulierbare als auch für die theoretisch maximal mögliche Verkürzungsgeschwindigkeit der kontraktilen Elemente deutliche Unterschiede zwischen den Inhalationsnarkotica. V_{max} bzw. $V_{CE_{max}}$ reduzieren sich von 2,64 bzw. 1,95 ML/s durch Enfluran auf 2,2 bzw. 1,38 ML/s, durch Diäthyläther auf 2,28 bzw. 1,16 ML/s, durch Methoxyfluran auf 1,98 bzw. 0,86 ML/s und durch Halothan auf 0,96 bzw. 0,53 ML/s (Abb. 7).

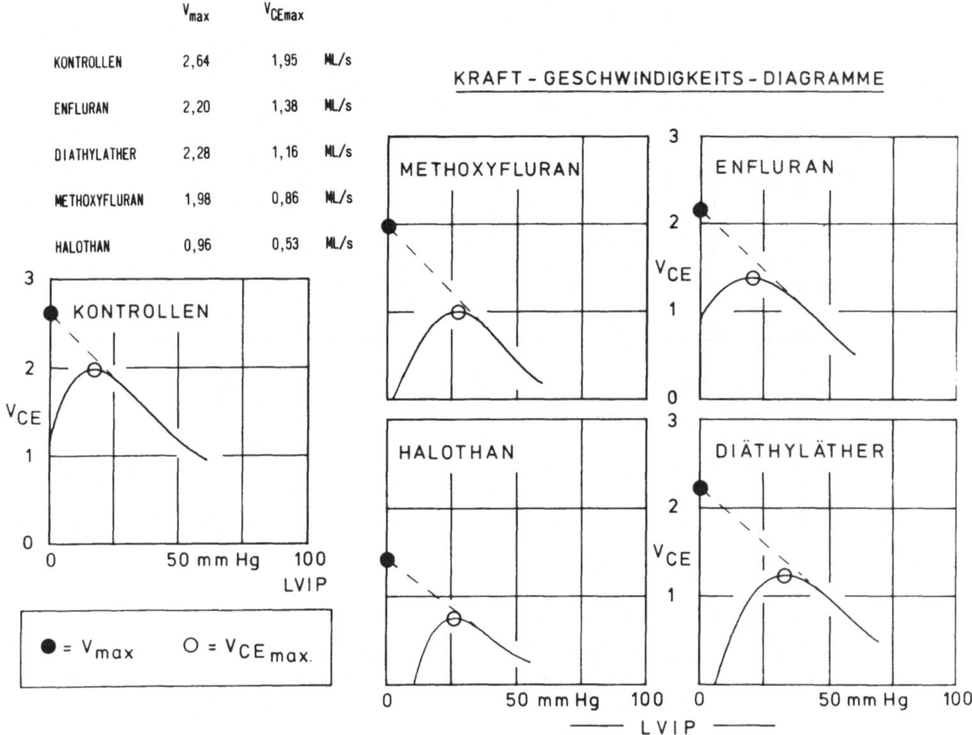

Abb. 7. Kraft-Geschwindigkeits-Diagramme unter äquinarkotischen Konzentrationen von 2 MAC: Änderung der Verkürzungsgeschwindigkeit der kontraktilen Elemente (V_{CE}) bei unterschiedlichen instanten linksventriculären Ventrikeldrucken während der isovolumetrischen Kontraktionsphase (• = V_{max}; o = V_{CEmax})

Unter definierten Narkoticakonzentrationen von 1 bzw. 2 MAC läßt sich die unterschiedliche myokardiale Leistungsbreite durch eine kontrollierte Volumenbelastung erkennen (8, 9). Die Ventrikelfunktionskurven sind Ausdruck der Änderungen des Herzzeitvolumens in Abhängigkeit von einer kontrollierten Steigerung des atrialen Füllungsdruckes (Abb. 8). Diese myokardiale Adaptationsbreite an steigende Vorbelastungen ist unter Methoxyfluran am stärksten eingeschränkt. Die Unterschiede werden bei Narkoticakonzentrationen von 2 MAC am deutlichsten. In der Kontrollgruppe wird bei einem rechtsatrialen Füllungsdruck von 10 cm H_2O eine maximale Auswurfleistung von 34 ml/kg KG · min erreicht. Unter Diäthyläther und Enfluran reduziert sich der Herzindex auf 19 bzw. 18 ml/kg KG · min, unter Halothan auf 8,5 und unter Methoxyfluran auf 2,5 ml/kg KG · min. In diesem Konzentrationsbereich wird die maximale Auswurfleistung unter Diäthyläther bei einem Füllungsdruck von 15, unter Enfluran von 14, bei Halothan und Methoxyfluran dagegen erst bei rechtsatrialen Füllungsdrucken von ca. 30 cm H_2O erreicht.

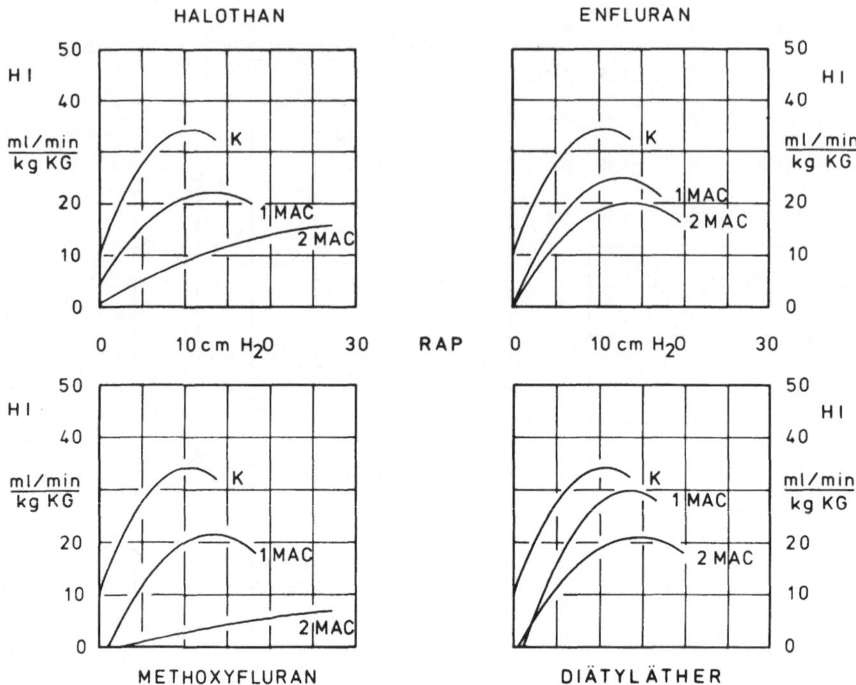

Abb. 8. Ventrikelfunktionskurven zur qualitativen und quantitativen Erfassung der myokardialen Adaptationsbreite an unterschiedliche Vorbelastungen. Abhängigkeit des Herzindex von kontrollierten Steigerungen des rechtsatrialen Füllungsdruckes

Diskussion

Halothan, Methoxyfluran und Enfluran sind fluorhaltige Kohlenwasserstoffe, die auf Grund einer unterschiedlichen chemischen Verwandtschaft auch differente pharmakologische Effekte erwarten lassen.

In der klinischen Anaesthesiologie interessiert aus Gründen der therapeutischen Sicherheit insbesondere die Beeinflussung der Kardiohämodynamik durch diese Inhalationsnarkotica. In Untersuchungen am intakten Tier lassen sich die herzspezifischen Eigenwirkungen dieser Substanzen nicht beurteilen, da der direkte organspezifische Effekt durch nervale und humorale sowie extrakardiale Einflüsse überlagert wird. Die Kardioaktivität läßt sich nur am isolierten Herz exakt bestimmen. Beim Herz-Lungen-Präparat handelt es sich um ein methodisches Vorgehen, bei dem das in situ schlagende Herz keinen extrakardialen autoregulativen Kompensationsmechanismen unterliegt. Somit lassen sich auch die direkten Myokardeffekte der Inhalationsnarkotica quantitativ exakt erfassen. Infolge Fehlens hepatischer Metabolismus- bzw. renaler Eliminationsprozesse kann während des gesamten Versuchsablaufes unter konstanten Narkoticakonzentrationen gearbeitet werden. Die Einstellung des narkotischen Gleichgewichtes in den verschiedenen Kompartimenten geschieht schneller als am intakten Tier. Die für die Beurteilung der myokardialen Kontraktilität maßgeblichen Einflußgrößen wie Kontraktionsfrequenz, sowie Vor- und Nachbelastung können weitgehend konstant gehalten bzw. kontrolliert werden. Somit können die Kontraktilitätsmeßgrößen dP/dt_{max}, $\frac{dP/dt_{max}}{IP}$, V_{CEmax} bzw. V_{max} als ein verläßliches Maß für die Verkürzungsgeschwindigkeit der kontraktilen Elemente und somit für den eigentlichen inotropen Zustand angesehen werden (8, 9). Darüber hinaus gestattet das Herz-Lungen-Präparat kontrollierte Druck-, Volumen- bzw. Frequenzbelastungen zur Objektivierung der myokardialen Leistungsbreite unter einer definierten, narkoticainduzierten Myokarddepression.

Gemessen an derartigen Kontraktilitätsparametern läßt sich erkennen, daß Enfluran und Diäthyläther geringere direkt negativ inotrope Eigeneffekte besitzen als Methoxyfluran und Halothan. Die quantitative Erfassung der Inotropie-Änderungen mit Hilfe der Kraft-Geschwindigkeits-Beziehungen kann unabhängig von Einflüssen des Frank-Starling-Mechanismus geschehen. Auch hierbei zeigt sich sowohl anhand der experimentell gemessenen maximalen Verkürzungsgeschwindigkeit der kontraktilen Elemente (V_{CEmax}) als auch anhand der lastfreien Muskelverkürzung (V_{max}), daß unter äquinarkotischen Konzentrationen die Kontraktilitätseinbuße unter Halothan am ausgeprägtesten, unter Diäthyläther sowie Enfluran am geringsten ist.

In Anbetracht der klinischen Relevanz sind insbesondere die Unterschiede zwischen Halothan und Enfluran bedeutsam. Hier werden frühere Ergebnisse von SHIMOSATO et al. (21) am isolierten Papillarmuskel der Katze bestätigt. BROWN und CROUT (4) fanden dagegen am gleichen Präparat und ebenfalls bei der Katze unter isometrischen Bedingungen folgende myokard-depressive Potenz: Enfluran > Halothan > Methoxyfluran > Äther >. Die von Van ACKERN und PETER (1) am Herz-Lungen-Präparat des Hundes durchgeführten vergleichenden Untersuchungen über die Beeinflussung der myokardialen Kontraktilität durch Halothan und Enfluran ergaben keine statistisch signifikanten Unterschiede für beide Substanzen (1). Auf Grund des methodischen Vorgehens ergeben sich jedoch gewisse Interpretationsschwierigkeiten, da wegen der relativ kurzen Applikationszeiten die unterschiedlichen An- und Abflutungen der beiden Anaesthetica zu keiner äquinarkotischen Gewebskonzentration führen können. Auf MAC-Basis ist Halothan niedriger dosiert. Zudem werden Kontraktionsfrequenz und Aortenimpedanz nicht konstant gehalten, so daß auch aus diesem Grund die beschriebenen dP/dt_{max}-Änderungen nicht einheitlich zu bewerten sind. Auch sind im Vergleich zur vorliegenden Studie Speziesunterschiede nicht auszuschließen.

In klinischen Untersuchungen sowie in Experimenten am Ganztier ließen sich zwischen Halothan und Enfluran keine oder nur geringe Unterschiede zwischen beiden Substanzen objektivieren (3, 19, 27). Es ist in erster Linie zu vermuten, daß das Ausmaß der extrakardialen Beeinflussung autoregulativer Kompensationsmechanismen die unterschiedliche direkte Kardioaktivität dieser beiden Substanzen überlagert. Bekanntermaßen ist der Blutdruckabfall während einer Halothannarkose vorwiegend Folge der direkt negativ inotropen Eigenwirkung. Die im Vergleich zu Enfluran und Diäthyläther in der vorliegenden Untersuchungsreihe beobachtete deutliche stärkere myokard-depressive Eigenwirkung von Methoxyfluran und Halothan wird am intakten Organismus möglicherweise durch eine im Vergleich zum Enfluran weniger starke Beeinflussung der Baroreceptoren oder zentraler Kreislaufzentren überlagert. In diese Richtung zeigen auch die Untersuchungen von ARNDT et al. (2), die bei der Katze nachweisen konnten, daß Halothan und Enfluran zu einer Verschiebung der Baroreceptoren-Kennlinien des Aortenbogens führen. Auf MAC-Basis ist diese Linksverschiebung der Kennlinien unter Enfluran etwas stärker als unter Halothan; dies bedeutet, daß die aortalen Baroreceptoren durch Enfluran etwas stärker sensibilisiert werden. Ihre Erregungsschwelle ist deutlich erniedrigt und somit signalisieren sie einen höheren Druck (2). Auch ist für Enfluran eine dosisproportionale Minderung der efferenten Sympathicusaktivität gegenüber depressorischen Reizen nachgewiesen (23). Zudem sind am intakten Organismus während einer Enflurannarkose durchweg stärkere Erniedrigungen der Aortenimpedanz beschrieben worden (3, 19, 27) - Veränderungen der Nachbelastung also, die sich zwangsläufig auf die Meßgröße dP/dt_{max} auswirken.

Am Herz-Lungen-Präparat läßt sich anhand kumulativer Konzentrations-Wirkungs-Beziehungen eine qualitativ gleichartige Kardioaktivität der vier untersuchten Substanzen feststellen. Hierbei ist interessant, daß allein dem Äther bis zu Konzentrationen von 2 MAC ein negativ chronotroper Effekt fehlt. Narkoticakonzentrationen, die die Kontraktionskraft um 25% senken, führen bei Äther lediglich zu einer Abnahme der Kontraktionsfrequenz um 4,4 ± 2,8%, bei Halothan reduziert sich die Spontanfrequenz um 11,6 ± 0,9%, unter Methoxyfluran um 17,7 ± 4,4% und unter Enfluran gar um 29,4 ± 2,4%. Bei einem vergleichbar starken negativ inotropen Effekt ist die korrespondierende negativ chronotrope Wirkung unter Enfluran am ausgeprägtesten. Auch bei der kontraktilen ED_{50} (dP/dt_{max}-Abnahme um 50%) ist der gleichzeitige Frequenzabfall unter Äther mit 15 ± 5,2% am geringsten, unter Halothan beträgt er 24,9 ± 1,7%, unter Methoxyfluran 25,5 ± 6,9% und unter Enfluran ist er wieder am ausgeprägtesten mit 37 ± 4,6%. Diese Befunde lassen erkennen, daß vergleichende Untersuchungen zur Quantifizierung der negativ inotropen Wirksamkeit dieser Narkotica nur unter konstanter Kontraktionsfrequenz durchgeführt werden sollten.

Für die Beeinflussung des inotropen Status zeigen die Konzentrations-Wirkungs-Beziehungen wiederum für alle Substanzen einen dosisabhängigen negativ inotropen Effekt. Erst die Relation zur minimalen narkotischen Dosis (MAC-Wert) ergibt deutliche quantitative Unterschiede. Hiernach findet sich folgende myokarddepressive Potenz: Diäthyläther < Enfluran < Methoxyfluran < Halothan.

Diese kardioaktive Reihenfolge findet sich auch bei einer Verdoppelung der Narkoticakonzentration. Mit Hilfe anderer Kontraktilitätsparameter läßt sich erkennen, daß unter äquinarkotischen Konzentrationen von 1 bzw. 2 MAC (Tabelle 4 und 5) die kardiale

Tabelle 4. Synopsis der myokarddepressiven Potenz der Inhalationsnarkotica unter Konzentration von 1 MAC

	Halothan	Methoxyfluran	Enfluran	Diäthyläther
dP/dt_{max}	69,0%	75,1%	83,6%	90,7%
$\frac{dP/dt_{max}}{LVIP}$	79,1%	82,0%	85,5%	96,4%
HI	71,6%	76,1%	82,3%	86,7%
SVI	78,2%	74,3%	82,1%	85,6%

Tabelle 5. Synopsis der negativ inotropen Potenz der Inhalationsnarkotica unter Konzentration von 2 MAC

	Halothan	Methoxyfluran	Enfluran	Diäthyläther
dP/dt_{max}	46,2%	65,8%	73,8%	73,9%
$\frac{dP/dt_{max}}{LVIP}$	52,6%	72,2%	82,0%	90,8%
HI	41,1%	47,4%	65,9%	65,7%
SVI	40,2%	48,6%	61,5%	63,2%
V_{max}	36,4%	75,0%	83,3%	86,4%
$V_{CE_{max}}$	27,2%	44,1%	70,8%	59,5%

Leistungsbreite durch Diäthyläther und Enfluran weniger stark als durch Methoxyfluran und Halothan eingeschränkt wird.

Als kritischer Grenzwert für einen durch Narkoticaapplikation induzierten Kontraktilitätsabfall sollte eine dP/dt_{max}-Abnahme um maximal 25% festgesetzt werden. Aus den Konzentrations-Wirkungs-Beziehungen läßt sich der Abstand zwischen dem MAC-Wert und der ED_{25} für jedes Narkoticum bestimmen. Betrachtet man nun die Relation zwischen der am isolierten Herz bestimmten ED_{25} und dem am Ganztier ermittelten MAC-Wert, so läßt sich der Kardiotherapeutische Index errechnen. Dieser Quotient sagt aus, bei wieviel MAC bereits die ED_{25}, also jene kritische Kontraktilitätseinbuße um 25% erreicht wird. Somit läßt sich - bezogen allein auf die myokarddepressive Aktivität - die therapeutische Breite der einzelnen Inhalationsnarkotica bestimmen. Durch Halothan wird jene kritische myokarddepressive Schwelle bereits durch die minimale narkotische Konzentration, nämlich durch 1,1 MAC erreicht. Der gleiche Effekt wird durch 1,7 MAC Methoxyfluran, 2,3 MAC Diäthyläther bzw. 2,4 MAC Enfluran erzielt. Je höher der Kardiotherapeutische Index, umso größer die therapeutische Breite der entsprechenden Substanz! Zur gleichstarken Senkung der Kontraktionskraft ist also der Dosierungsspielraum von Enfluran und Äther etwa doppelt so groß wie für Halothan, sofern dem Herz - wie bei dem beschriebenen methodischen Vorgehen - jegliche extrakardialen autoregulativen Kompensationsmechanismen fehlen.

Unter negativ inotropen Einflüssen kann das Herz zur Erzeugung höherer Drucke seine Kontraktionskraft mit Hilfe des Frank-Starling-Mechanismus steigern. Insofern ist die Untersuchung der myokardialen Adaptationsbreite an unterschiedliche Vorbelastungen und definierten Narkoticakonzentrationen entscheidend wichtig. Ein qualitatives und quantitatives Verständnis der myokardialen Kontraktionsdynamik unter Inanspruchnahme des Frank-Starling-Mechanismus erlauben die Ventrikelfunktionskurven: Die myokardiale Pumpfunktion wird durch die kurvilineare Abhängigkeit des Herzzeitvolumens von steigenden atrialen Füllungsdrukken gekennzeichnet. Hierbei bewirken negativ inotrope Effekte eine Verschiebung der Ventrikelfunktionskurven gegen niedrigere Auswurfvolumina bzw. gegen höhere Füllungsdrucke. Gegenüber den Kontrollen ist die kardiale Adaptationsbreite an unterschiedliche Vorbelastungen unter 1 MAC Diäthyläther nur unwesentlich eingeschränkt. Zwischen Enfluran, Halothan und Methoxyfluran finden sich nur geringe Unterschiede. Unter äquinarkotischen Konzentrationen von 2 MAC werden die Auswurfvolumenmaxima unter Diäthyläther und Enfluran nicht nur reduziert, sondern auch erst bei einer höheren Vordehnung erreicht. Unter Halothan werden auch bei extrem hohen rechtsatrialen Drucken nur ungenügende Auswurfvolumina gefördert, während unter Methoxyfluran dieser Adaptationsmechanismus praktisch versagt.

Diese Befunde gewinnen an Bedeutung, wenn man sich vergegenwärtigt, daß im Rahmen der klinischen Anaesthesiologie zunehmend auch medikamentöse Blockaden des autonomen Nervensystems durchgeführt werden und somit die nerval-humoralen Kompensationsmechanismen pharmakologisch beeinträchtigt werden. Denn neben der differenten Kontraktilitätssenkung durch äquinarkotische Anaestheticakonzentrationen muß der Vergleich der vorliegenden Ergebnisse mit Untersuchungen am intakten Organismus den Verdacht nahelegen, daß auch die autoregulative Kompensationsbreite extrakardialer Mechanismen durch die Narkotica selbst unterschiedlich stark beeinflußt wird.

Zusammenfassung

Am Herz-Lungen-Präparat der Katze wurden unter standardisierten Bedingungen die direkten Myokardeffekte äquinarkotischer Konzentrationen von Halothan, Methoxyfluran, Enfluran und Diäthyläther untersucht. Unter Konzentrationen von 1 und 2 MAC zeigen Halothan, Methoxyfluran und Enfluran einen ausgeprägt negativ chronotropen Effekt, lediglich unter Äther kommt es zu keinem meßbaren Abfall der spontanen Kontraktionsfrequenz.

Bezüglich der Änderung des myokardialen Kontraktionsstatus zeigen die Konzentrations-Wirkungs-Beziehungen für alle untersuchten Inhalationsnarkotica einen dosisabhängigen negativ inotropen Effekt, der mit Hilfe verschiedener Kontraktilitätsparameter bestätigt werden konnte. Mit Hilfe des Kardiotherapeutischen Index ist eine neue Meßzahl in die Kontraktilitätsbestimmung eingeführt worden. Die Relation zwischen der am isolierten Herz bestimmten kontraktilen ED_{25} und dem am Ganztier ermittelten MAC-Wert kennzeichnet die therapeutische Breite der verschiedenen

Inhalationsnarkotica: So wird eine kritische 25%ige Kontraktilitätseinbuße durch 1,1 MAC Halothan, 1,7 MAC Methoxyfluran, 2,3 MAC Diäthyläther bzw. 2,4 MAC Enfluran erzielt. Auch zeigt sich, daß die Adaptationsbreite der kardialen Pumpfunktion an eine kontrollierte Volumenbelastung unter äquinarkotischen Konzentrationen, insbesondere von 2 MAC, eine unterschiedlich starke Beeinträchtigung erfährt. Die Inanspruchnahme des Frank-Starling-Mechanismus zur Steigerung der Kontraktionskraft ist unter 2 MAC Methoxyfluran gänzlich unzureichend.

Diese Untersuchungen und der Vergleich mit Experimenten am intakten Organismus legen den Verdacht nahe, daß neben einer unterschiedlich starken Kardioaktivität der untersuchten Inhalationsnarkotica auch die extrakardialen Autoregulationsmechanismen durch die Narkotica selbst beeinflußt werden.

Literatur

1. ACKERN, K. v., PETER, K.: Wirkungen von Ethrane auf das kardio-vasculäre System. In: Ethrane. Neue Ergebnisse in Forschung und Klinik. KREUSCHER, H. (ed.) S. 31. Stuttgart, New York: Schattauer 1975.
2. ARNDT, O., KRZOSSA, M., MÜLLER, A.: Der Einfluß von Ethrane und Halothan auf die Aktivität der Baroreceptoren des Aortenbogens von Katzen. In: Ethrane. LAWIN, P., BEER, R. (eds.). Anaesthesiologie und Wiederbelebung 84 p. 115. Berlin, Heidelberg, New York: Springer 1974.
3. BEER, D., BEER, R., WOLFF, A. v., DUFFNER, H.: Die Einwirkung des neuen Inhalationsnarkotismus Ethrane auf die Myokardkontraktilität und Hämodynamik im Vergleich zu Halothane. Anaesthesist 22, 192 (1973).
4. BROWN, B. R. Jr., CROUT, J. R.: A comparative study of the effects of five general anesthetics on myocardial contractility. I. Isometric conditions. Anesthesiology 34, 236-245 (1971).
5. EGER, E. I., II., SAIDMAN, L. J., BRANSTATER, B.: Minimum alveolar anesthetic concentration: a standard of anesthetic potency. Anesthesiology 26, 756 (1965).
6. EGER, E. I., II., BRANSTATER, B., SAIDMAN, L. J., REGAN, M. J., SEVERINGHAUS, J. W., MUNSON, E. S.: Equipotent alveolar concentration of methoxyflurane, halothane, diethyl ether, fluroxene, cyclopropane, xenon and nitrous oxide in the dog. Anesthesiology 26, 771 (1965).
7. FISCHER, K.: Vergleichende tierexperimentelle Untersuchungen zum Einfluß verschiedener Narkotika auf das Herz. In: Ketamin. Neue Ergebnisse in Forschung und Klinik. Anaesthesiologie und Wiederbelebung 69. GEMPERLE, M., KREUSCHER, H., LANGREHR, D. (eds.). p 11. Berlin, Heidelberg, New York: Springer 1973.
8. FISCHER, K.-J.: Eine vergleichende Studie zwischen Enflurane und anderen Inhalationsnarkotica. Experimentelle Untersuchungen am Herz-Lungen-Präparat der Katze zur Beeinflussung der direkt narkoticabedingten Myokarddepression. In: Kongreßbericht: Jahrestagung der Dtsch. Ges. Anaesthesiologie und Wiederbelebung, Erlangen 1974. RÜGHEIMER, E. (ed.). p. 1987. Erlangen: Perimed. Dr. Straube 1975.
9. FISCHER, K.-J.: Einfluß der limitierten isovolämischen Hämodilution (LIHD) auf die Kontraktilität des isolierten Warmblüterherzens. Anesthesist 25 (1976).
10. GUYTON, A. C.: Regulation of cardiac output. Anaesthesiology 29, 314 (1968).

11. GUYTON, A. C.: Textbook of medical physiology, 4th Ed. p. 148. Philadelphia: Saunders 1971.
12. HILL, A. V.: The beat of shortening and the dynamic constanc of muscle. Proc. R. Soc. Biol., London 126, 136 (1938).
13. HUGENHOLTZ, P. G., ELLISON, R. C., URSCHEL, C. W., MIRSKY, I., SONNENBLICK, E. H.: Myocardial force-velocity relationships in clinical heart disease. Circulation 41, 191 (1970).
14. KRAYENBÜHL, H. P.: Die Dynamik und Kontraktilität des linken Ventrikels. Basel-New York: Karger 1969.
15. MASON, D. T.: The autonomic nervous system and regulation of cardiovascular performance. Anesthesiology 29, 670 (1968).
16. MASON, D. T., SPANN, Jr., J. F., ZELIS, R.: Myocardial contractile state in hypertrophy and congestive failure in conscious man: Determination by the maximum velocity of contractile element shortening (Abstract). Circulation 40, Suppl. 3, 141 (1969).
17. MASON, D. T., ZELIS, R., AMSTERDAM, E. A.: Bewertung der Kontraktilität des menschlichen Herzens. Triangel 9, 273 (1971).
18. MIRSKY, I., PARMLEY, W. W.: Force-velocity studies in isolated and intact heart muscle. In: Cardiac mechanics: Physiological, Clinical, and Mathematical Considerations. MIRSKY, I., GHISTA, D. N., SANDLER, H. (eds.). p. 87. New York, London, Sydney-Toronto: Wiley & Sons 1974.
19. PETER, K., Van ACKERN, K., ALTSTAEDT, F., DIETMANN, K., KELLER, P., LUTZ, H., SPOHNER, G.: Kreislaufanalyse von Ethrane-Untersuchungen am wachen Tier. In: Anaesthesiologie und Wiederbelebung 93: Respiration, Zirkulation, Herzchirurgie. BERGMANN, H., BLAUHUT, B. (eds.). p. 119. Berlin, Heidelberg, New York: Springer 1975.
20. SARNOFF, S. J., MITCHELL, J. H.: The control of the function of the heart. In: Hdb. Physiology, Sect. 2, Circulation, Vol. I. HAMILTON, W. F., DOW, P. (eds.). p. 489. Washington, D. C.: Amer. Physiol. Soc. 1962.
21. SHIMOSATO, S., SUGAI, N., IWATSUKI, N., ETSTEN, B. E.: The effect of Ethrane on cardiac muscle mechanics. Anesthesiology 30, 513 (1969).
22. SHIMOSATO, S.: Isovolemic intraventricular pressure change: An index of myocardial contractility during anesthesia. Anesthesiology 31, 327 (1969).
23. SKOVSTED, P., PRICE, H. L.: The effect of Ethrane on arterial pressure, preganglionic sympathetic activity and barostatic reflexes. Anesthesiology 36, 257 (1972).
24. SONNENBLICK, E. H.: Implications of muscle mechanics in the heart. Fed. Proc. 21, 975 (1962).
25. SONNENBLICK, E. H.: Force-velocity relations in mammalian heart muscle. Am. J. Physiol. 202, 931 (1962).
26. STRAUER, B. E.: Kriterien zur Beurteilung der Myokardkontraktilität am normalen Herzmuskel. Klin. Wschr. 51, 259 (1973).
27. TARNOW, J., GETHMANN, J. W., HESS, W., PATSCHKE, D., WEYMAR, A., BRÜCKNER, J. B.: Der Einfluß von Ethrane auf die Hämodynamik und die Sauerstoffversorgung des Myokards im Vergleich zu Halothan. Anaesthesist 23, 281 (1974).

Vergleichende Untersuchungen über die Herz-Kreislaufwirkung von Halothan bei Eingriffen in der Herzchirurgie

G. Karliczek, G. Hempelmann und S. Piepenbrock

Patienten mit erworbenen Klappenvitien befinden sich häufig in einem Zustand der chronischen Herzinsuffizienz.

Halothannarkosen lassen bei ihnen eine weitere Einschränkung der Herzfunktion erwarten. Obwohl Halothan häufig zur Anaesthesie bei Herzoperationen verwendet wird, gibt es nur wenige Untersuchungen über die Kreislaufveränderungen durch Halothan bei herzchirurgischen Patienten.

Wir haben deshalb die Kreislaufwirkungen von Halothan bei insgesamt 13 Patienten (meist Schweregrad III NYHAC) während offener Herzoperationen untersucht, wobei es sich vorwiegend um Klappenersatzoperationen handelte.

Alle Untersuchungen wurden in Basis-Neuroleptanaesthesie und Beatmung mit Lachgas/Sauerstoff im Verhältnis 1 : 1 im offenen System durchgeführt. Halothan wurde mittels eines geeichten Halothan-Vapors zugeführt. Innerhalb 30 min vor der Messung wurden keine Medikamente verabreicht.

Die linksventriculären Messungen wurden nach Sternotomie und Eröffnung des Perikards während einer 10-min Anflutung von 0,75% Halothan vorgenommen.

Wie auf der Originalregistrierung zu erkennen ist (Abb. 1), wurde simultan neben dem EKG und dem arteriellen Blutdruck der linksventriculäre Druck mittels Punktionskanüle und direkt aufgesetztem Microstatham SP-37 sowie die linksventriculäre Druckanstiegsgeschwindigkeit dp/dt und der linksventriculäre enddiastolische Druck für 10 min fortlaufend registriert.

Innerhalb von 10 min sank der arterielle Druck von 120/70 mmHg im Mittel auf ca. 80/45 mmHg, die Herzfrequenz stieg leicht an (Abb. 2).

Der linksventriculäre Druck sank kontinuierlich von 145 mmHg auf Werte um durchschnittlich 115 mmHg ab. Der enddiastolische Druck betrug initial 12 mmHg und sank geringfügig während der Untersuchung. Die Druckanstiegsgeschwindigkeit in der linken Kammer war von rund 2000 mmHg/sec auf Werte unter 1600 mmHg/sec abgefallen.

In einer zweiten Gruppe von sieben Patienten wurden u. a. Bestimmungen des Herzzeitvolumens nach Verschluß des Thorax durchgeführt. 10 min lang wurde 0,75% Halothan zugeführt; auch in den anschließenden 10 min nach Unterbrechung der Halothanzufuhr setzten wir unsere Messungen fort.

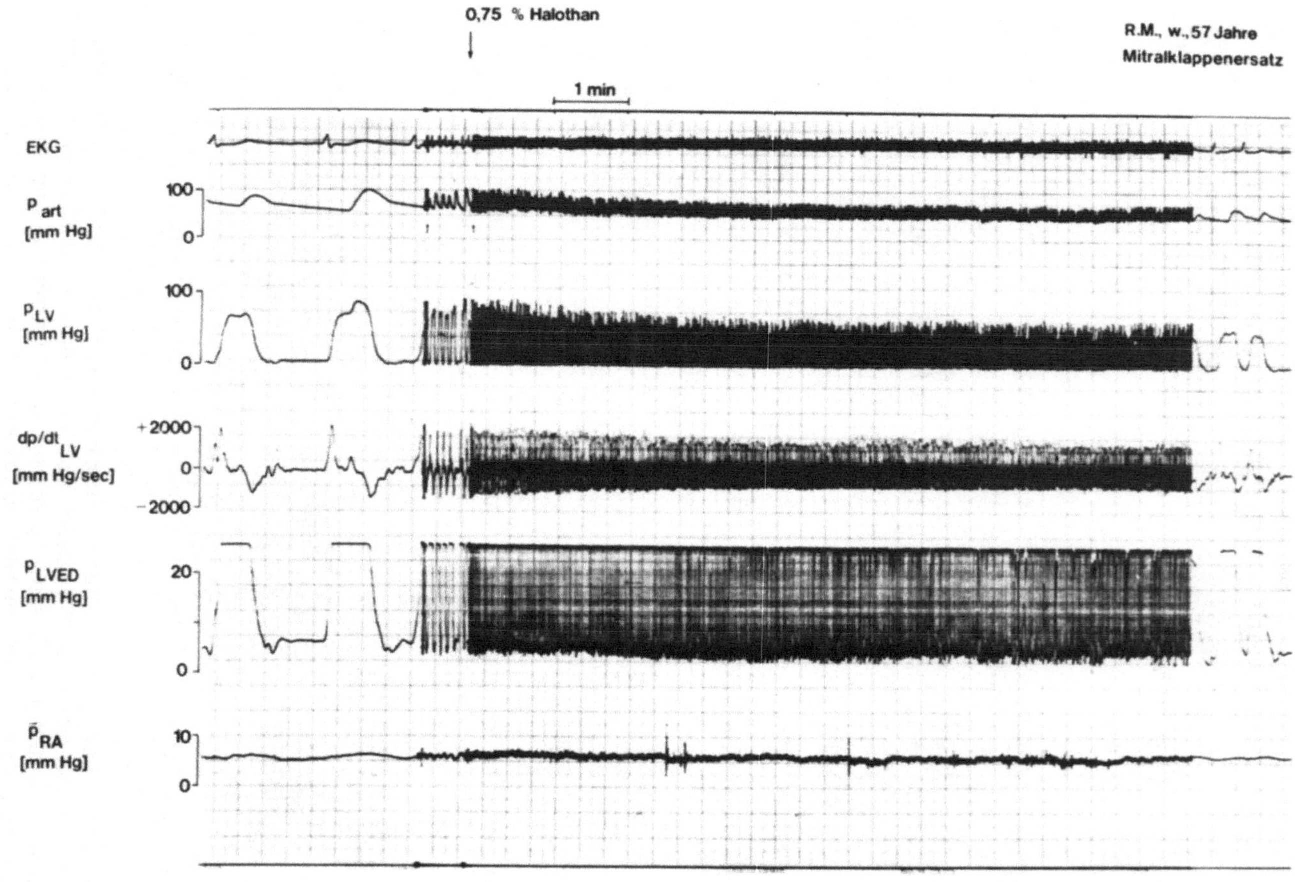

Abb. 1. Originalregistrierung von EKG, Blutdruck (p_{art}), linksventriculärem Druck (p_{LV}), Druckanstiegsgeschwindigkeit (dp/dt_{LV}), enddiastolischem Druck im linken Ventrikel (P_{LVED}) und zentralem Venendruck ($\bar{p}_{RA}$) während der Anflutung von 0,75% Halothan in Basis-Neuroleptanalgesie

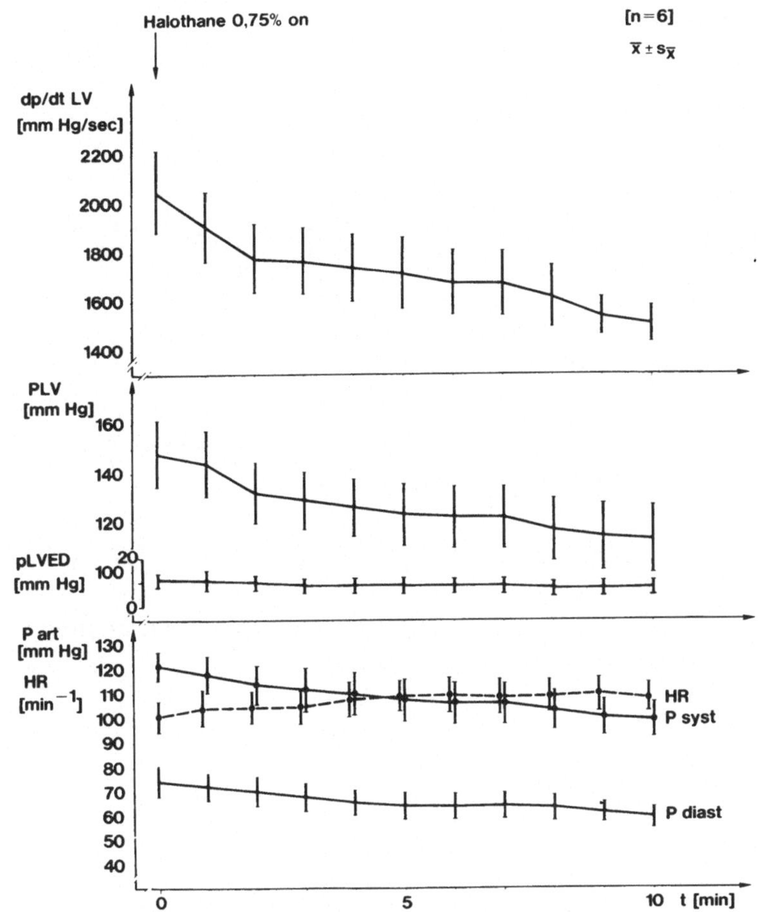

Abb. 2. Linksventriculäre hämodynamische Veränderungen unter 10-min Halothan-Anflutung mit 0,75%

Blutdruck und Herzfrequenz verhielten sich wie in der ersten Serie (Abb. 3); bemerkenswert ist, daß 10 min nach Absetzen des Halothans der systolische arterielle Druck den Ausgangswert nicht wieder erreicht hat.

Der Herzindex und Schlagindex verhielten sich gleichsinnig, wie in Abb. 4 dargestellt. Der Schlagindex betrug initial 29 ml/m^2; der Herzindex 2,7 $l/min \cdot m^2$. Halothan führte zu einer Senkung des Schlagindex auf 24 ml/m^2 und des Herzindex auf im Mittel 2,2 $l/min \cdot m^2$.

Der errechnete periphere Gesamtwiderstand fiel von ca. 1500 $dyn \cdot sec \cdot cm^{-5}$ auf Werte unter 1200 $dyn \cdot sec \cdot cm^{-5}$ (Abb. 5). Die Drucke im rechten und im linken Vorhof veränderten sich nicht wesentlich (Abb. 6).

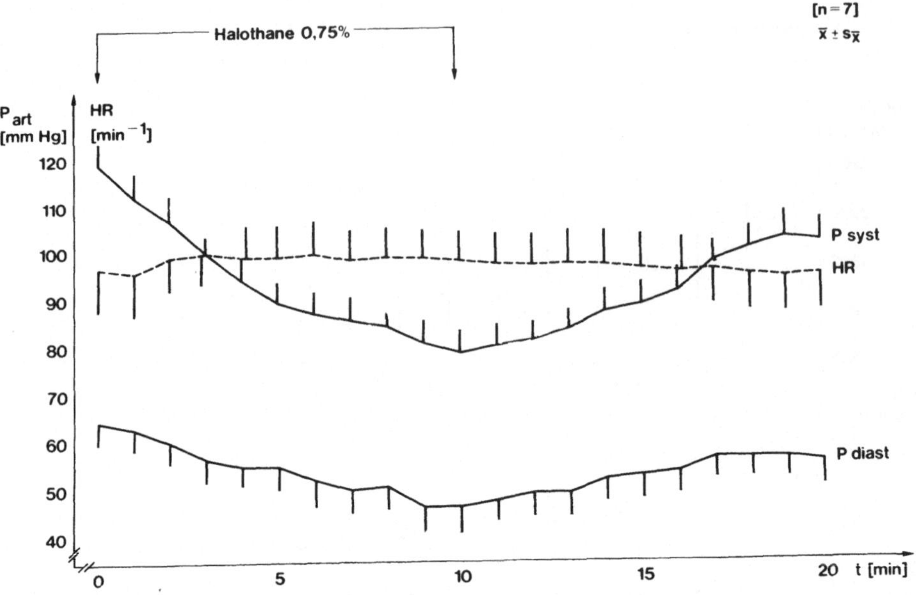

Abb. 3. Veränderungen des Blutdrucks (p_{art}) und der Herzfrequenz (HR) während und nach Gabe von Halothan 0,75%

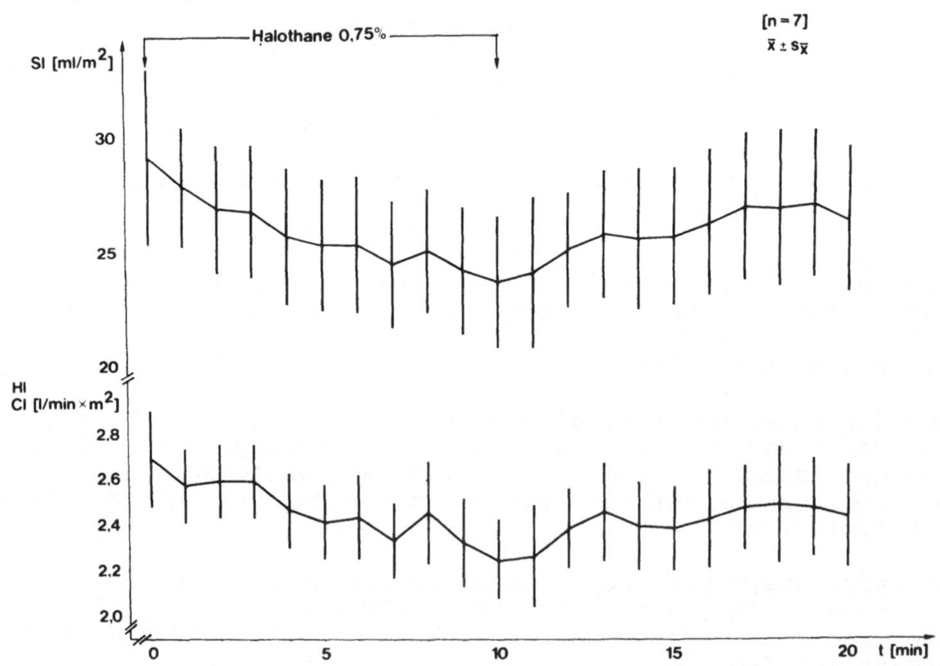

Abb. 4. Veränderungen des Schlagindex (SI) und des Herzindex (HI) durch 0,75% Halothan

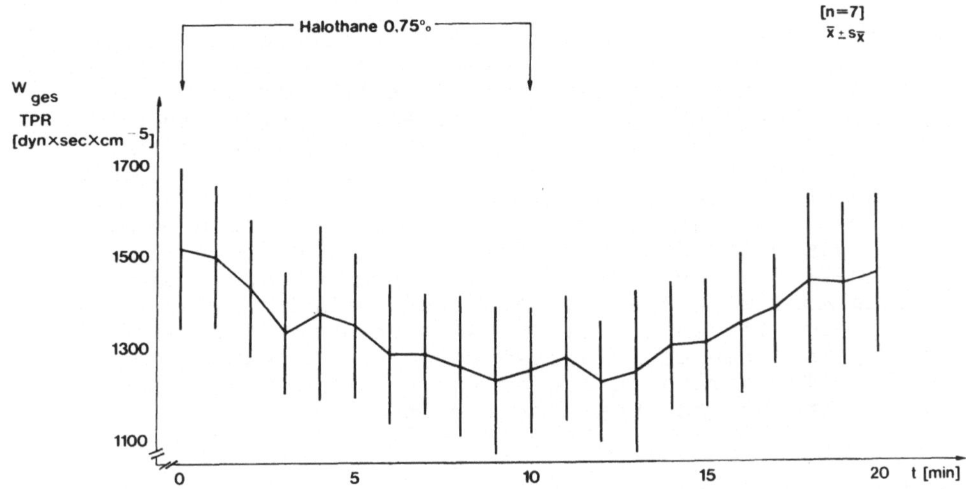

Abb. 5. Veränderungen des peripheren Gesamtwiderstandes (W_{ges}) durch 0,75% Halothan

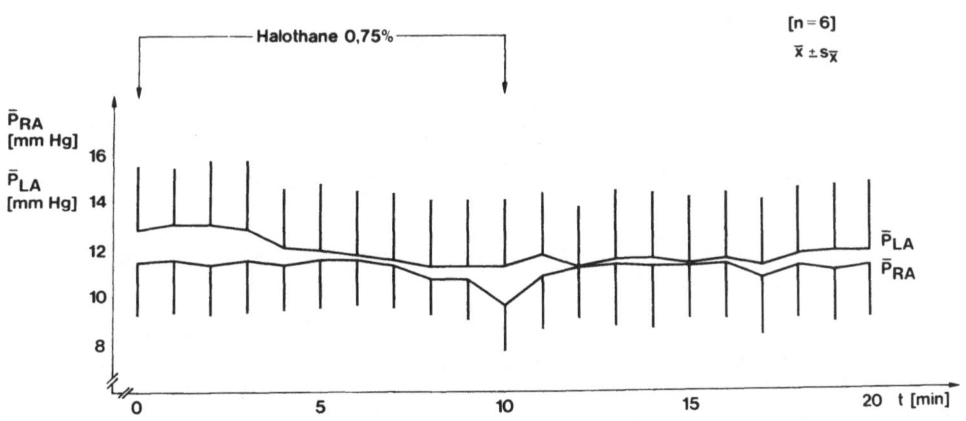

Abb. 6. Veränderungen des rechts- ($\bar{p}_{RA}$) und linksatrialen ($\bar{p}_{LA}$) Mitteldrucks durch 0,75% Halothan

Diskussion

0,75% Halothan führte innerhalb von 10 min zu einer ausgeprägten Hypotension. Der periphere Widerstand war deutlich vermindert, ebenso das Schlagvolumen und das Herzzeitvolumen dp/dt_{max} als Maß für die Myokardinotropie sank um mehr als 25%. Der negativ inotrope Effekt von Halothan scheint offensichtlich, jedoch waren weder die Vorhofdrucke noch der enddiastolische linksventriculäre

Druck angestiegen; im Gegenteil, es deutete sich eine Abnahme an, was auf einen verminderten venösen Rückstrom zurückgeführt werden könnte. Mit der gleichen Methodik haben wir auch die hämodynamischen Veränderungen von Enfluran, Fluroxen und Methoxyfluran messen können (Tabelle 1). Um vergleichbare Konzentrationen zu untersuchen, haben wir uns an den von SAIDMANN und GION und ihren Mitarbeitern angegebenen MAC-Werten orientiert. Inspiratorisch wurden somit äqui-anaesthetische Konzentrationen eingestellt; die durch die unterschiedlichen Blut/Gas-Verteilungskoeffizienten bedingte verschiedene Geschwindigkeit der Anflutung konnten wir aus methodischen Gründen nicht berücksichtigen, jedoch liegen die Blut/Gas-Verteilungskoeffizienten von Halothan, Enfluran und Fluroxen recht eng beisammen. Nur die wesentlich langsamere Anflutung von Methoxyfluran muß bei den folgenden Ergebnissen beachtet werden.

Tabelle 1. Applizierte inspiratorische Konzentrationen, MAC-Werte und Blut/Gas-Verteilungskoeffizienten verschiedener Inhalationsanaesthetica

	Inspiratorische Konzentration	MAC	Blut/Gas-Verteilungskoeffizient
Fluroxen	3,40%	3,40%	1,37
Enfluran	1,50%	1,68%	1,91
Halothan	0,75%	0,77%	2,30
Methoxyfluran	0,18%	0,18%	13,00

Die Abb. 7 soll einen Überblick über die wichtigsten hämodynamischen Parameter ermöglichen. Die durchschnittlichen prozentualen Veränderungen wurden als Pfeile dargestellt.

Der arterielle Druck war am stärksten durch Enfluran und Halothan, am wenigsten durch Fluroxen beeinträchtigt.

Ein Absinken der Herzfrequenz konnte nur nach Enfluran gesehen werden. Die Herzindex-Veränderungen ebenso wie das Verhalten des Schlagindex waren bei Enfluran und Halothan ähnlich und stärker als bei Methoxyfluran und Fluroxen. Der periphere Widerstand sank bei Halothan, Enfluran und Methoxyfluran um fast den gleichen Betrag. Fluroxen hatte keine Widerstandminderung zur Folge, was wohl daran liegt, daß es wie Äther eine Katecholaminfreisetzung bewirkt. Auch im Verhalten des Inotropieparameters dp/dt_{max} war kein wesentlicher Unterschied zwischen Enfluran und Halothan festzustellen. Nach Methoxyfluran und Fluroxen waren die Veränderungen von dp/dt_{max} wesentlich geringer als nach Halothan und Enfluran.

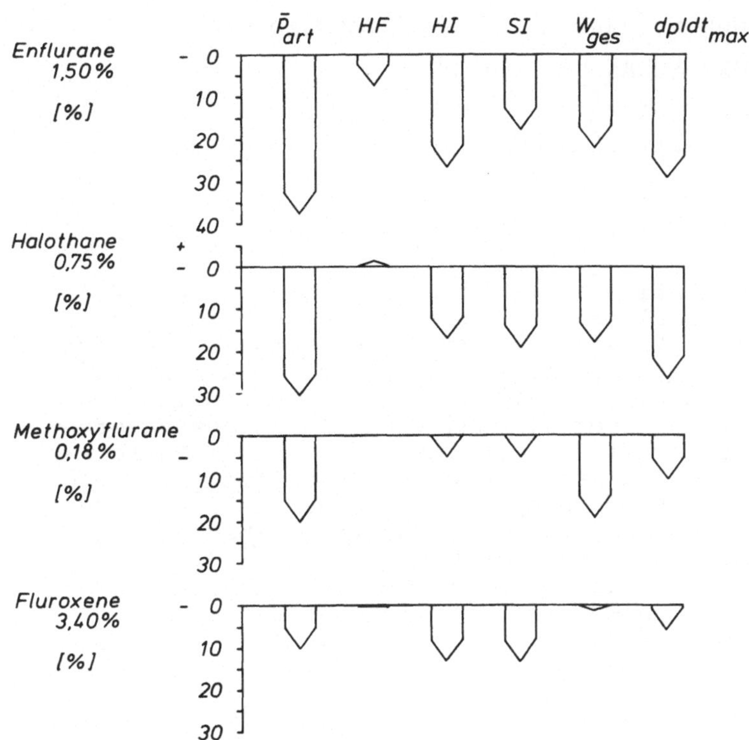

Abb. 7. Vergleich der prozentualen Veränderungen hämodynamischer Parameter durch verschiedene Inhalationsanaesthetica

Abschließend kann gesagt werden, daß Halothan auch aus hämodynamischer Sicht zu den stark wirksamen Anaesthetica gehört und deshalb ebenso wie Enfluran für herzinsuffiziente Patienten weniger geeignet erscheint.

Koronardurchblutung und myokardialer Sauerstoffverbrauch unter Halothan, Methoxyfluran und Enfluran

J. Tarnow, G. Oser, D. Patschke, E. Schweichel, J. Wilde und H. J. Eberlein

Die Verwendung von Inhalationsanaesthetica erscheint auch für die Allgemeinnarkose bei älteren und kardial vorgeschädigten Patienten trotz der in letzter Zeit zunehmend propagierten hochdosierten Opiat-Anaesthesie keineswegs überholt. Zu den wesentlichen Voraussetzungen einer möglichst risikoarmen Inhalationsnarkose gehört die Kenntnis der Wirkung von Inhalationsanaesthetica auf den Koronarkreislauf und die den myokardialen Energiebedarf bestimmenden hämodynamischen Größen. Zur Differenzierung nicht nur qualitativer sondern auch quantitativer Unterschiede der Coronarwirkungen von Inhalationsanaesthetica haben wir an insgesamt 26 Bastardhunden (mittleres Gewicht 30 kg) Halothan, Methoxyfluran und Enfluran auf der Basis der von EGER (2) angegebenen äquianaesthetischen - d. h. alveolären - Konzentrationen (Tabelle 1) untersucht.

Tabelle 1. Äquipotente Anaesthetica-Konzentrationen (MAC 1,0) beim Hund (nach EGER (2))

Halothan	0,87 Vol%
Methoxyfluran	0,23 Vol%
Enfluran	2,20 Vol%

Zunächst möchte ich auf die Beeinflussung der wichtigsten hämodynamischen Determinanten des myokardialen Sauerstoffbedarfs, den arteriellen Druck, die Herzfrequenz und das dp/dt_{max} im linken Ventrikel, eingehen (Abb. 1). Die Kontrollwerte in einer flachen Piritramid/Lachgas-Basisanaesthesie sind jeweils in absoluten Zahlen angegeben. Die unter 0,5 und 1,0 MAC Halothan (H), Methoxyfluran (M) und Enfluran (E) + 67% N_2O beobachteten Kreislaufwirkungen sind in Prozent-Änderungen vom Ausgangswert aufgetragen. Die Meßwerte wurden nach jeweils 45 min, d. h. unter steady-state-Bedingungen, und bei maschineller Normoventilation erhoben. Unter allen drei geprüften Inhalationsanaesthetika fiel der arterielle Mitteldruck dosisabhängig um bis zu 50% ab, wobei der Blutdruck unter 1,0 MAC Enfluran signifikant stärker abnahm als unter äquianaesthetischen Konzentrationen von Halothan und Methoxyfluran. Die Herzfrequenz blieb bei niedriger Dosierung unverändert und stieg - vermutlich reflektorisch - unter MAC 1,0 bei allen 3 Anaesthetica an. Halothan, Methoxyfluran und Enfluran führten zu einer etwa gleich starken Senkung des dp/dt_{max} (Kathetertipmanometer) im linken Ventrikel (Abb. 2), die bei klinischer Dosierung (d. h. 0,5 MAC + N_2O) etwa 20% und unter 1,0 MAC zwischen 50% und 65% ausmachte. Trotz dieser

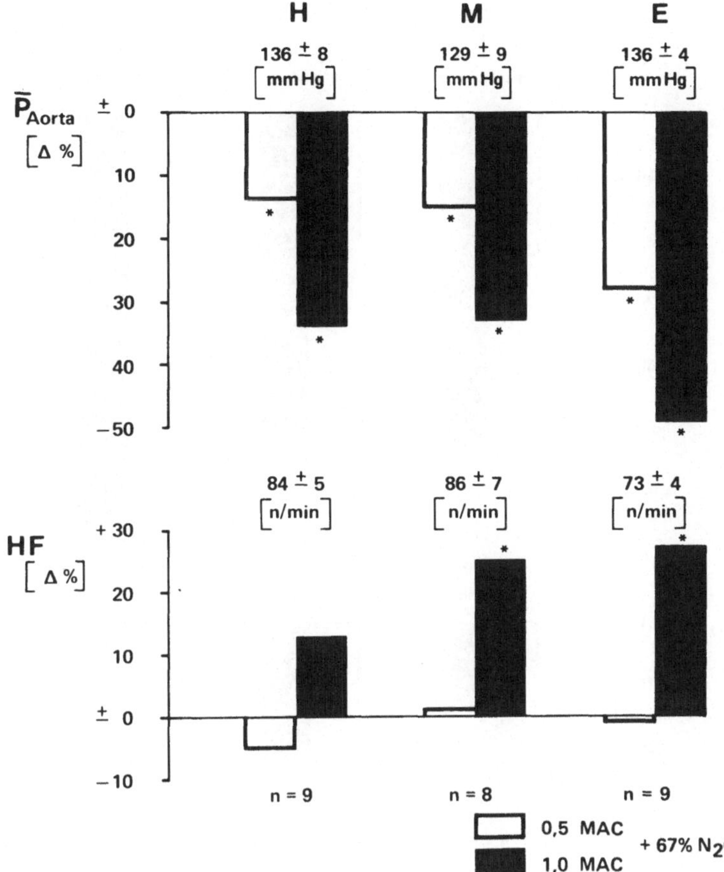

Abb. 1. Verhalten von Aortenmitteldruck und Herzfrequenz unter äquianaesthetischen Konzentrationen von Halothan (H), Methoxyfluran (M) und Enfluran (E). Die Ausgangswerte sind jeweils in Absolutzahlen ($\bar{x} \pm s_{\bar{x}}$) angegeben. Signifikante Unterschiede gegenüber den Kontrollwerten sind mit einem Stern gekennzeichnet (WILCOXON-Test für Paardifferenzen)

offensichtlichen Beeinträchtigung der Kontraktilität des linken Ventrikels wurde unter allen drei geprüften Anaesthetica statt des zu erwartenden Anstiegs eine Abnahme der linksventriculären enddiastolischen Drucke beobachtet, dem ein gleichgerichtetes Verhalten der enddiastolischen Volumina entsprach (6). Daraus kann nur der Schluß gezogen werden, daß unter dem Einfluß der hier geprüften Inhalationsanaesthetica die Füllung des linken Ventrikels aufgrund einer Volumenverteilung von intrathorakal in die Gefäßperipherie vermindert ist.

Das Herzzeitvolumen (Thermodilutionsmethode (5)) nahm trotz des Anstiegs der Herzfrequenz bei MAC 1,0 deutlich ab (Abb. 3). Signifikante Unterschiede zwischen Halothan, Methoxyfluran und Enfluran ließen sich nicht nachweisen. Der periphere Gefäßwider-

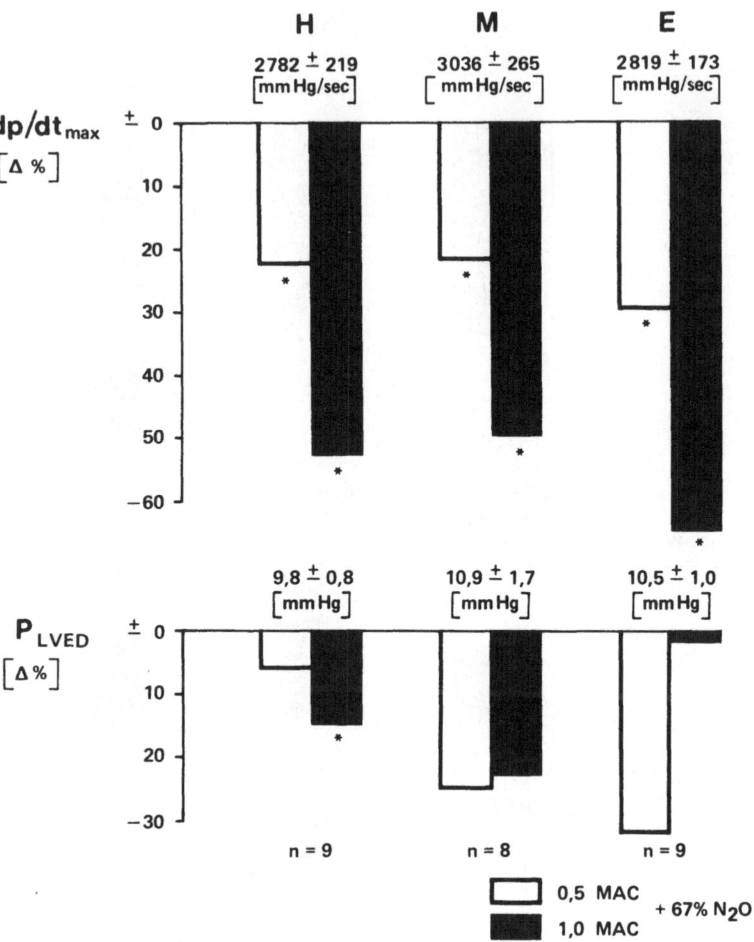

Abb. 2. Verhalten von dp/dt_{max} und enddiastolischem Druck im linken Ventrikel unter äquianaesthetischen Konzentrationen von Halothan, Methoxyfluran und Enfluran. Symbole wie in Abb. 2

stand blieb unter Halothan und Methoxyfluran im wesentlichen unbeeinflußt und nahm nur unter der höheren Enfluran-Konzentration ab.

Die Coronardurchblutung (Abb. 4), gemessen als Durchfluß im sinus coronarius mit dem von BRETSCHNEIDER und HENSEL (1, 4) angegebenen Druckdifferenzkatheter (umgerechnet auf 100 g linker Ventrikel unter Berücksichtigung, daß der Sinusdurchfluß 75% der Durchblutung des linken Ventrikels repräsentiert (3), nahm unter allen geprüften Inhalationsanaesthetica ab. Der errechnete Coronarwiderstand blieb bei klinischer Dosierung (MAC 0,5) unverändert. Die unter den höheren Konzentrationen gefundene Abnahme des coronaren Gefäßwiderstandes ließ sich nur für Enfluran statistisch sichern. Die arteriovenöse Sauerstoffgehaltsdifferenz des Myokards (Abb. 5) änderte sich ebenfalls nicht

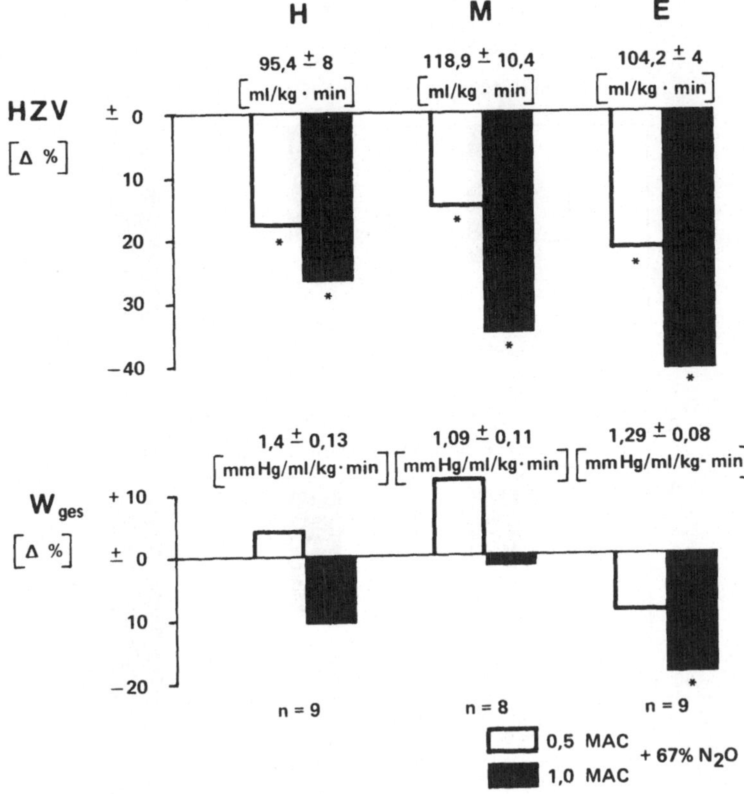

Abb. 3. Verhalten von Herzzeitvolumen und peripherem Gefäßwiderstand unter äquianaesthetischen Konzentrationen von Halothan, Methoxyfluran und Enfluran. Symbole wie in Abb. 2

wesentlich und lag im physiologischen Bereich. Wie nach dem Verhalten der für den Energiebedarf des Herzens entscheidenden hämodynamischen Größen zu erwarten, fand sich unter allen drei geprüften Inhalationsanaesthetica eine Abnahme des myokardialen Sauerstoffverbrauchs um etwa 20 - 30% gegenüber dem Ausgangswert. Setzt man den myokardialen Sauerstoffverbrauch in Beziehung zur geleisteten Verdrängungsarbeit des Herzens, die über das kalorische Energieäquivalent in ml O_2/min · 100 g umgerechnet wurde, so ergibt sich der Wirkungsgrad für den linken Ventrikel (Abb. 6), der unter physiologischen Bedingungen etwa 20% beträgt, ein Wert, der unter der flachen und weitgehend kreislaufindifferenten Basisanaesthesie mit Piritramid auch erreicht wurde. Unter höheren Konzentrationen von Halothan, Methoxyfluran und Enfluran nahm der Wirkungsgrad des Herzens deutlich ab.

Wie aus Abb. 7 hervorgeht, wird jedoch die Sauerstoffbilanz des Herzens - intakte Coronararterien vorausgesetzt - durch diese Inhalationsanaesthetica nicht negativ beeinflußt; da das Sauerstoffangebot und der O_2-Bedarf in etwa gleichem Maße abnahmen, blieb die coronarvenöse Sauerstoffsättigung, die ja represen-

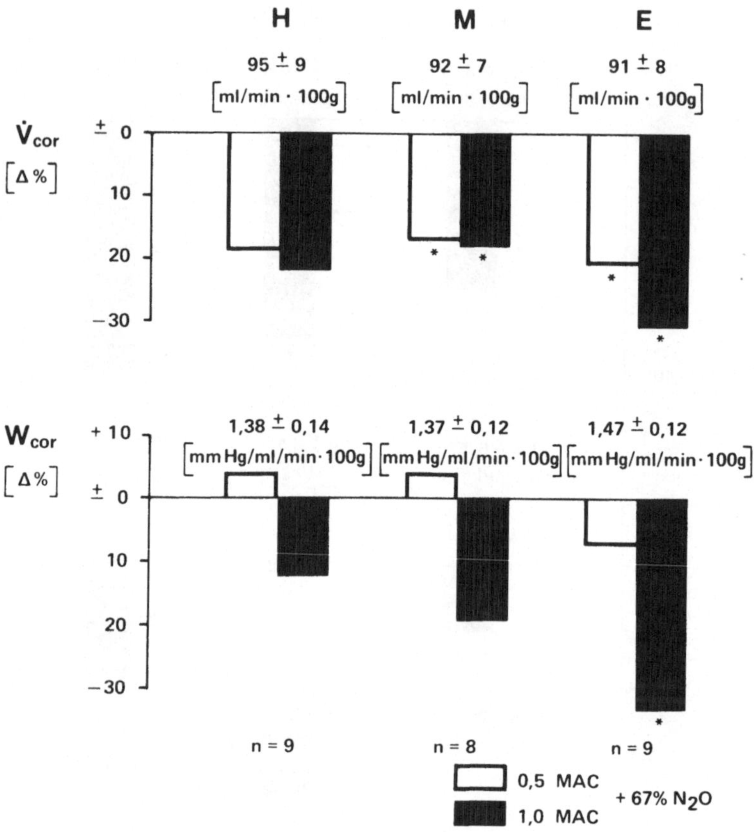

Abb. 4. Verhalten von Coronardurchblutung und coronarem Gefäßwiderstand unter äquianaesthetischen Konzentrationen von Halothan, Methoxyfluran und Enfluran. Symbole wie in Abb. 2

tativ ist für die mittlere O_2-Sättigung im Gewebe, nahezu unverändert im physiologischen Bereich.

Für die Klinik lassen sich aus diesen Ergebnissen folgende Schlußfolgerungen ableiten: Bei kardial vorgeschädigten Patienten, insbesondere solchen mit coronarer Herzerkrankung, ist die mit der Druckentlastung einhergehende Senkung des myokardialen Sauerstoffbedarfs bei Verwendung klinikühlicher Anaesthetica-Konzentrationen ein Vorteil, solange zu brüske Senkungen des coronaren Perfusionsdruckes und ein Anstieg der Herzfrequenz vermieden werden. Welches Ausmaß an Drucksenkung ohne die Gefahr einer Ischämie toleriert werden kann, läßt sich allerdings weder im Tierexperiment noch im klinischen Einzelfall mit den derzeit üblichen Meß- und Überwachungsmethoden vorhersagen.

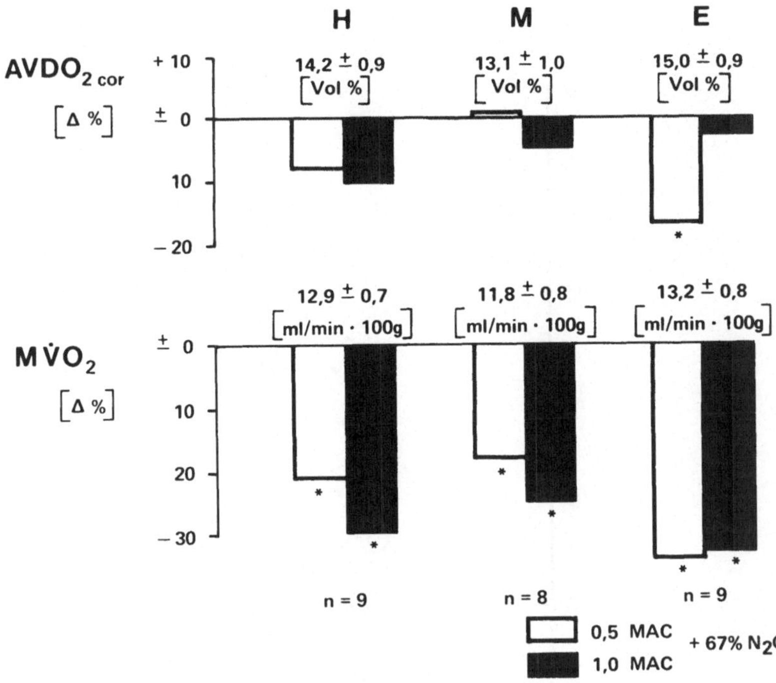

Abb. 5. Verhalten von arterio-coronarvenöser O_2-Gehaltsdifferenz und myokardialem Sauerstoffverbrauch unter äquianaesthetischen Konzentrationen von Halothan, Methoxyfluran und Enfluran. Symbole wie in Abb. 2

Zusammenfassung

An 26 intakten normoventilierten Hunden wurde der Einfluß äquianaesthetischer Konzentrationen (0,5 MAC und 1,0 MAC + 67% N_2O) von Halothan, Methoxyfluran und Enfluran auf die Coronardurchblutung, den myokardialen Energiebedarf und den Systemkreislauf geprüft. Alle drei untersuchten Inhalationsanaesthetica führten zu einer deutlichen etwa gleichstark ausgeprägten Beeinträchtigung der Pumpfunktion und der Inotropie des Herzens. Da unter Enfluran zusätzlich der periphere Gefäßwiderstand abnahm, fiel der arterielle Mitteldruck unter Enfluran signifikant stärker ab als unter äquianaesthetischen Konzentrationen von Halothan und Methoxyfluran. Die Herzfrequenz änderte sich bei MAC 0,5 nicht, stieg aber unter der höheren Methoxyfluran- und Halothandosierung an. Coronardurchblutung und myokardialer Sauerstoffverbrauch nahmen unter allen drei geprüften Inhalationsanaesthetica signifikant ab. Der coronare Gefäßwiderstand wurde von Halothan und Methoxyfluran kaum beeinflußt, Enfluran führte dagegen zu einer Senkung des Coronarwiderstandes. Trotz der erheblichen Hypotension und der Abnahme des Coronarflusses war die Sauerstoffversorgung des Myokards nicht gefährdet: die arterio-coronarvenöse O_2-Gehaltsdifferenz sowie die Sauerstoffsättigung im sinus coronarius lagen im physiologischen Bereich. Die Bedeutung der Befunde für die klinische Praxis wird diskutiert.

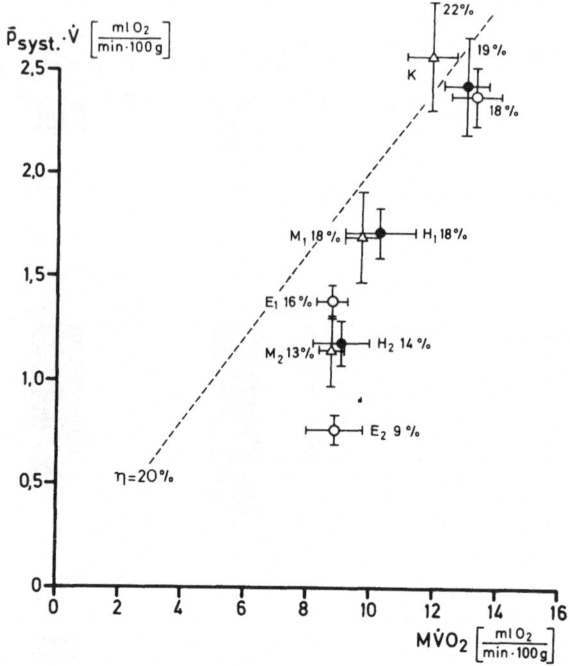

Abb. 6. Konventioneller Wirkungsgrad (η) des linken Ventrikels unter Kontrollbedingungen (K) sowie unter äquianaesthetischen Konzentrationen von Halothan, Methoxyfluran und Enfluran (H_1, M_1, E_1 = 0,5 MAC; H_2, M_2, E_2 = 1,0 MAC). Die gestrichelte Linie gibt einen angenommenen physiologischen Wirkungsgrad von 20% wieder

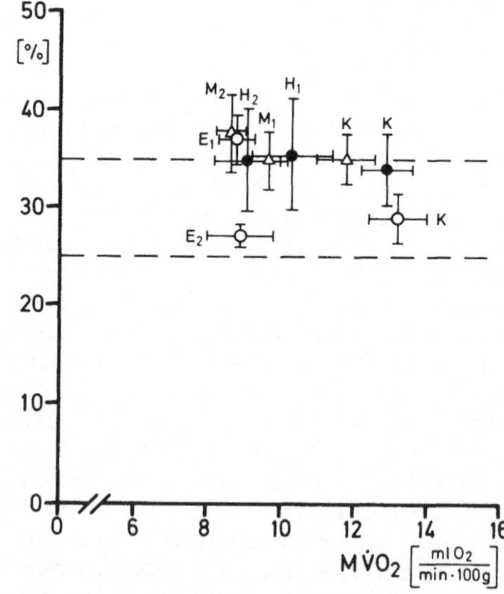

Abb. 7. Bilanz von Sauerstoffverbrauch (Abszisse) und Sauerstoffangebot nach dem Verhalten der coronarvenösen O_2-Sättigung (Ordinate) unter Kontrollbedingungen und äquianaesthetischen Konzentrationen von Halothan, Methoxyfluran und Enfluran. Die gestrichelten Linien kennzeichnen den physiologischen Bereich der coronarvenösen Sauerstoffsättigung. Übrige Abkürzungen wie Abb. 7

Summary

The influence of equianaesthetic concentrations (MAC 0.5 and MAC 1.0 + 67% N_2O) of halothane, methoxyflurane and enflurane on coronary blood flow, myocardial oxygen consumption and systemic circulation was studied in a total of 26 normoventilated closed-chest dogs. Each anaesthetic reduced parameters reflecting cardiac function (cardiac output, left ventricular peak dp/dt). As enflurane anaesthesia was additionally associated with a fall in total peripheral resistance, this agent decreased mean arterial pressure significantly more than equianaesthetic concentrations of halothane and methoxyflurane. Heart rate remained constant with low anaesthetic concentrations (MAC 0.5) but increased during methoxyflurane and enflurane at MAC 1.0.

Myocardial blood flow and myocardial oxygen consumption were significantly reduced by each of the three agents. Coronary vascular resistance was hardly affected by halothane and methoxyflurane but decreased in the presence of enflurane anaesthesia. In spite of the marked hypotension and the reduction in coronary blood flow myocardial oxygen availability was always found to be adequate: arterial-coronary venous oxygen differences and coronary sinus O_2-saturations remained within the normal ranges. The clinical implications of our findings are discussed.

Literatur

1. BRETSCHNEIDER, H. J.: Methoden zur Messung der Durchblutung mit einem hohen zeitlichen Auflösungsvermögen. Kreislaufmessungen 3, 157. München: Banaschewski 1962.
2. EGER, E. I.: Anesthetic uptake and action. Baltimore: Williams & Wilkins, 1974.
3. HEISS, H. W., HENSEL, I., KETTLER, D., TAUCHERT, M., BRETSCHNEIDER, H. J.: Über den Anteil des Coronarsinus-Ausflusses an der Myokarddurchblutung des linken Ventrikels. Z. Kardiol. 62, 593 (1973).
4. HENSEL, I., BRETSCHNEIDER, H. J.: Pitot-Rohr-Katheter für die fortlaufende Messung der Koronar- und Nierendurchblutung im Tierexperiment. Arch. Kreislaufforsch. 62, 249 (1970).
5. SLAMA, H., PIIPER, J.: Direktanzeigendes Rechengerät zur Bestimmung des Herzzeitvolumens mit der Thermo-Injektionsmethode. Z. Kreisl. Forsch. 53, 322 (1964).
6. TARNOW, J., BRÜCKNER, J. B., EBERLEIN, H. J., GETHMANN, W., HESS, W., PATSCHKE, D.: Hämodynamik, Myokardkontraktilität und Sauerstoffverbrauch des linken Ventrikels unter Ethrane, Halothan und Forane. In: Ethrane. BRÜCKNER, J. B. (Hrsg.).

Untersuchungen zu Hämodynamik, Sauerstoffversorgung und Energieumsatz des Herzens unter Halothan*

J. Radke, U. Wolfram-Donath, W. Hillebrand und H. Sonntag

Die kardiovasculären Wirkungen von Halothan sind seit langem bekannt. Entgegen älteren Ansichten wird heute die Hauptursache für die halothaninduzierte Kreislaufdepression in der Verminderung der Myokardinotropie gesehen (9, 10, 16, 18). Über deren Ausmaß existieren allerdings recht unterschiedliche Angaben, z. T. bedingt durch kaum vergleichbare Untersuchungsanordnungen (10).

Methodik

Bei neun herz- und kreislaufgesunden Patienten (neuro- bzw. gefäßchirurgische Operationsindikationen) mit einem durchschnittlichen Alter von 36 Jahren und Gewicht von 73,8 kg wurde nach Ermittlung der Kontrollwerte eine Halothannarkose mit verschiedenen in- bzw. endexspiratorischen Konzentrationen durchgeführt (im Mittel 0,9 und 1,9 Vol%; Ultrarot-Absorptionsspektrometer "Narkometer", Fa. Hartmann & Braun). Die Messungen erfolgten jeweils nach einem steady state von etwa 20 min. Die unter Röntgenkontrolle plazierten verschiedenen Katheter ermöglichten folgende Registrierungen: arterielle Drucke, linksventriculärer enddiastolischer Druck und Pulmonalarteriendruck. Der Ventrikeldruck und die Druckanstiegsgeschwindigkeit wurden mittels eines Kathetertipmanometers (Typ PC 350), das Herzzeitvolumen mit der Kälteverdünnungsmethode gemessen (Fa. Edwards Laboratories, Modell 9510). Zur Messung der Coronardurchblutung wurde ein Katheter in den sinus coronarius eingeführt, dessen korrekte Lage röntgenologisch und während der Untersuchung oximetrisch kontrolliert wurde. Die Bestimmung der Coronardurchblutung erfolgte mit der von BRETSCHNEIDER et al. (5) entwickelten Argon-Fremdgasmethode. Ihre theoretischen Voraussetzungen und der Analysenablauf sind an anderer Stelle (19) ausführlich beschrieben.

Der periphere Gefäßwiderstand wurde aus dem Quotienten mittlerer Aortendruck und HZV/kg berechnet; ebenso der coronare Gefäßwiderstand aus dem Quotienten mittlerer diastolischer Aortendruck und Coronardurchblutung. Alle Drucke, eine Standard-EKG-Ableitung sowie der exspiratorische CO_2-Gehalt (Uras MT) wurden fortlaufend auf einem 6-fach UV-Schreiber (C. H. F. Müller/Philips) aufgezeichnet.

---

*Mit Unterstützung der Deutschen Forschungsgemeinschaft im Rahmen des SFB 89 - Kardiologie Göttingen

Parallel zu den Durchblutungsmessungen wurden arterielle und coronarvenöse Blutproben zur Analyse der Sauerstoffsättigung und des Hämoglobingehaltes (CO-Oximeter 182, IL-Lexington) entnommen. Als myokardialer Sauerstoffverbrauch wurde das Produkt aus Coronardurchfluß und arteriocoronarvenöser Differenz des O_2-Gehaltes errechnet. PO_2, pCO_2, pH, Standardbicarbonat und Base-Excess wurden nach ASTRUP (Radiometer, Kopenhagen) und dem Nomogramm nach SIGGAARD-ANDERSEN bestimmt. Die Substratkonzentrationen von Glukose, Lactat und Pyruvat im Vollblut wurden im enzymatisch-optischen Test nach WARBURG ermittelt (Arbeitsvorschrift nach BERGMEYER (3)). Die freien Fettsäuren im Plasma wurden nach der Methode von DUNCOMBE (7) bestimmt und auf Vollblut umgerechnet.

Von allen Meß- und Rechengrößen wurde der Mittelwert $\bar{x}$ und der mittlere Fehler des Mittelwertes $s_{\bar{x}}$ berechnet. Als statistisches Prüfverfahren diente der Rangfolgentest nach KRUSKAL-WALLIS, eine parameterfreie Varianzanalyse.

Dabei galt $p < 0{,}01$ als signifikant. Alle Patienten waren über die in Aussicht genommenen zusätzlichen Untersuchungen informiert und waren damit einverstanden.

Ergebnisse

Die Ergebnisse sind in der Tabelle 1 zusammengefaßt. Die Ausgangswerte lagen durchweg im Normbereich. Bei den durch Halothan veränderten Meßwerten war eine z. T. deutliche Dosisabhängigkeit erkennbar (vgl. hierzu die Abb. 1 und 2).

Während sich die Herzfrequenz nur geringfügig verlangsamte, erniedrigte sich der Herzindex von 3,98 auf 3,48 und bei höherer Dosierung auf 2,86 l/min · m^2 (i. e. 87 bzw. 72% des Kontrollwertes). Der Schlagvolumenindex sank von 50,1 auf 44,6 und 38,5 ml/m^2 (i. e. 89 bzw. 77%). Bei nahezu unverändertem Coronarwiderstand nahm die Coronardurchblutung von 90 auf 79 und 66 ml/min · 100 g (i. e. 86 bzw. 73%) signifikant ab. Die arteriocoronarvenöse Sauerstoffdifferenz sank von 12,1 auf 10,8 und 9,9 Vol% (i. e. 89 bzw. 82%), und dementsprechend verringerte sich der myokardiale Sauerstoffverbrauch signifikant von 11,1 auf 8,7 und 6,4 ml/min · 100 g (i. e. 72 bzw. 58%). Die coronarvenöse Sauerstoffsättigung stieg dagegen von 34,9 auf 40,0 und 44,0% (i. e. 114 bzw. 126%) signifikant an.

In der zweiten Gruppe der Tabelle ist zu sehen, daß der mittlere Druck in der Pulmonalarterie von 24 auf 25 und 29 mmHg (i. e. 105 bzw. 120%) anstieg, die anderen gemessenen Drucke dagegen signifikant abnahmen. Die Druckanstiegsgeschwindigkeit dp/dt_{max} sank von 1440 auf 1200 und 1000 mmHg/sec (i. e. 83 bzw. 69%) ebenfalls siginikant ab. Für den von einigen Autoren (23) als "optimalen Kontraktilitätsindex" angesehenen Quotienten $dp/dt_{max}/IP$ errechnete sich eine Abnahme von 20,7 auf 17,7 und 15,0 pro sec (i. e. 86 bzw. 72%). Der linksventriculäre enddiastolische Druck stieg von 11 auf 12 und 14 mmHg signifikant an (i. e. 110 bzw. 131%). Der periphere Gefäßwiderstand

Tabelle 1. Zusammenfassung der Ergebnisse. Die Kontrollwerte liegen durchweg im Normbereich. Bei den unter dem Einfluß von Halothan veränderten Meßwerten ist eine z. T. deutliche Dosisabhängigkeit erkennbar

n = 9		Kontrollwert		endexspirator. Halothan-Konz. [Vol%] 0,9 ∓ 0,1		1,8 ∓ 0,2		
		$\bar{x}$	$S\bar{x}$	$\bar{x}$	$S\bar{x}$	$\bar{x}$	$S\bar{x}$	
HF	[n/min]	78	3	76	4	73	3	
HI	[$l/min \cdot m^2$]	3,98	0,34	3,48	0,37	2,86	0,27	
SVI	[ml/m^2]	5o,1	4,7	44,6	3,5	38,5	2,5	
$\dot{V}$ cor	[ml/min · 1oo g]	9o,2	3,9	78,7	4,2	66,1	4,7	**
W cor	[$\frac{mmHg \cdot min \cdot 100g}{ml}$]	0,9o	0,04	0,86	0,06	0,93	0,09	
$AVDO_2$ cor	[Vol%]	12,1	0,5	1o,8	0,5	9,9	0,7	
$M\dot{V}O_2$	[ml/min · 1oo g]	11,1	0,5	8,7	0,5	6,4	0,5	***
O_2-Sättigung cor. venös	[%]	34,9	1,6	4o,o	1,6	44,o	1,2	**
$\bar{p}$ pulm.	[mmHg]	24	2	25	4	29	4	
p syst.	[mmHg]	123	4	1o1	8	88	6	**
p diast.	[mmHg]	78	2	68	4	59	4	*
$\bar{p}$ Aorta	[mmHg]	94	3	8o	5	69	5	*
$\bar{p}$ diast.	[mmHg]	85	2	73	5	64	4	*
dp/dt max	[mmHg/sec]	144o	5o	12oo	11o	1ooo	4o	***
LVEDP	[mmHg]	11	0,3	12	0,5	14	0,8	**
W ges.	[$\frac{mmHg \cdot min \cdot kg}{ml}$]	0,97	0,07	0,96	0,08	0,94	0,09	
Herzarbeit ($\bar{p}_{syst} \cdot HZV/kg$)	[$\frac{mmHg}{min} \frac{ml}{kg}$]	11757	27o8	8152	3o91	5524	2356	**
Hb	[g%]	14,6	0,5	14,2	0,6	14,o	0,6	
O_2-Sättigung arteriell	[%]	96,5	0,8	96,9	0,7	96,6	0,9	
pO_2 arteriell	[mmHg]	93	3	1o5	8	122	23	
pCO_2 arteriell	[mmHg]	38	1	36	1	37	2	
pH		7,4o	0,02	7,4o	0,02	7,41	0,02	
St.Bikarbonat	[mval/l]	22,2	0,3	22,6	0,5	22,6	0,4	
BE	[mval/l]	- 2,2	0,2	- 1,7	0,5	- 1,9	0,3	

* $p < 0{,}01$

** $p < 0{,}005$

*** $p < 0{,}0025$

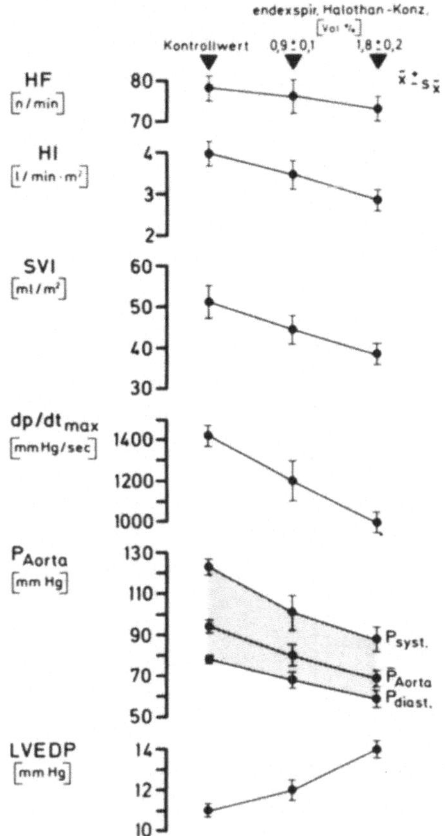

Abb. 1. Wirkung von Halothan auf Herzfrequenz (HF), Herzindex (HI), Schlagvolumenindex (SVI), Druckanstiegsgeschwindigkeit im linken Ventrikel (dp/dt_{max}), arterielle Drucke und linksventriculären enddiastolischen Druck (LVEDP) beim Menschen

wurde kaum beeinflußt. Die Herzarbeit ($\bar{p}_{syst}$ · HZV/kg) verringerte sich von 11.757 auf 8.152 und 5.524 mmHg · ml/min · kg (i. e. 69 bzw. 46%) signifikant ($P < 0,005$).

In der dritten Gruppe der von uns untersuchten Parameter traten keine nennenswerten Veränderungen auf. Lediglich der arterielle pO_2 nahm zu, was auf die wegen der Hypotension notwenige erhöhte O_2-Applikation zurückzuführen ist. Auf die ebenfalls ermittelten Daten für Glukose, Lactat, Pyruvat und freie Fettsäuren soll hier nicht näher eingegangen werden. Es seien nur die ansteigende Tendenz der Glukose und die kaum veränderten Werte für Pyruvat und freie Fettsäuren erwähnt. Eine negative Lactatbilanz fand sich bei keinem der Patienten.

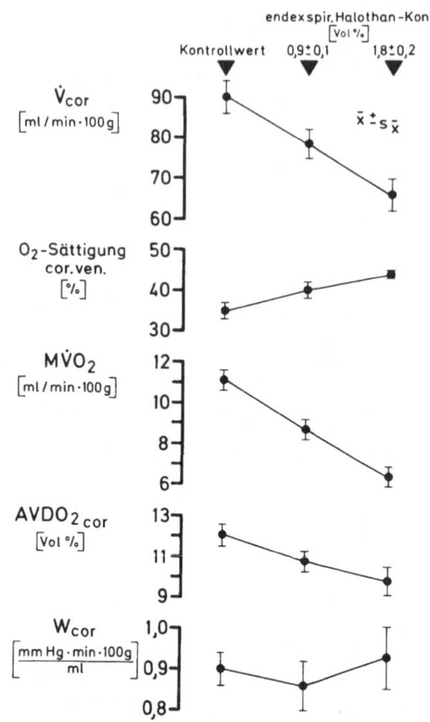

Abb. 2. Wirkung von Halothan auf Coronardurchblutung ($\dot{V}cor$), coronarvenöse O_2-Sättigung, myokardialen O_2-Verbrauch ($M\dot{V}O_2$), arteriocoronarvenöse Sauerstoffdifferenz ($AVDO_2cor$) und Coronarwiderstand (Wcor) beim Menschen

Diskussion

Die wesentliche Voraussetzung zur idealen Erfassung direkter oder indirekter intraventriculärer Kontraktilitätsgrößen ist die Verwendung eines Kathetertipmanometers zur frequenzgetreuen Druckmessung sowie Registerierung der Druckgrößen auf einem Schreiber mit hoher zeitlicher Auflösung (z. B. UV-Schreiber). Weil diese Untersuchungsbedingungen insbesondere in älteren Untersuchungen oft nicht gegeben waren, erschien uns in diesen Fällen nur ein größenordnungsmäßiger Vergleich sinnvoll (25, 26).

In unseren Untersuchungen verringerte sich der periphere Widerstand auch bei höherer Halothandosierung (1,8 Vol% endexspiratorisch) nur um 3%. Die signifikante Abnahme des arteriellen Blutdruckes scheint daher hauptsächlich auf einer negativen Beeinflussung der Myokardfunktion zu beruhen, wenn auch Halothan ebenso wie verschiedene andere Anaesthetica (z. B. Barbiturat, Dipiritramide, Methoxyfluran) den Gesamtsauerstoffverbrauch auf einen niedrigeren Bereich innerhalb der normalen Variationsbreite des Ruhewertes einengt (4a). Dabei sind die Abnahme des Herz- und des Schlagvolumenindex jedoch nur als Hinweis zu werten, denn diese hämodynamischen Größen sind zwar zur Beurteilung der Pumpfunktion des Herzens wertvoll, ermöglichen aber nur näherungsweise eine Quantifizierung der Myokardkontraktilität (23, 25). Auch die gebräuchlichen Kontraktilitätsparameter sind nur begrenzt aussagefähig, da sie wiederum in verschiedenem Maß von Faktoren wie Herzfrequenz, linksventriculärem enddiastolischem Volumen bzw. Druck und Aortendruck abhängen. Außerdem geht, wie WALLACE et al. zeigen konnten (28), am intakten Organismus die Veränderung einer dieser Meßgrößen mit simultanen Veränderungen der anderen einher.

Von den als Kontraktilitätsindices zur Auswahl stehenden Geschwindigkeitsgrößen der isovolumetrischen Phase haben wir unter Berücksichtigung der o. g. Abhängigkeiten die maximale Druckanstiegsgeschwindigkeit im linken Ventrikel zum Vergleich herangezogen (13). Die meisten Autoren haben diesen Parameter als Meßgröße angegeben. Dabei stimmen unsere Ergebnisse (Abnahme um 17 bzw. 31%) mit denen der Literatur gut überein:
GOLDBERG und ULLRIK (9): 13% bei 1,0 Vol% Halothan,
BLOODWELL et al. (4): 27% bei 1,8 - 2,3 Vol% Halothan,
SOGA et al. (22): 31% bei 2,0 Vol% Halothan und
LUNDBORG et al. (16): 37% bei 1,0 - 1,5 Vol% Halothan.

Selbst in Anbetracht der geringfügig abnehmenden Herzfrequenz und des signifikant verringerten Aortendruckes ist die Abnahme von dp/dt_{max} um 17 bzw. 31% immer noch als Inotropieverlust im engeren Sinne zu sehen.

TARNOW et al. (27) haben am intakten Hund bei 0,9 Vol% Halothan einen wesentlich stärkeren Abfall (um 53%) der Druckanstiegsgeschwindigkeit gemessen. Bei Untersuchungen nahm außerdem der linksventriculäre enddiastolische Druck ab, was mit einem verminderten venösen Rückstrom erklärt wird. Diese Abnahme steht im Gegensatz zu dem von uns beobachteten signifikanten Anstieg des LVEDP um 10 bzw. 31%. LUNDBORG et al. (16), fanden ebenfalls einen Anstieg um 32% und eben darin den Versuch einer Kompensation über den Frank-Starling-Mechanismus. PRYS-ROBERTS et al. (18) betrachten den von ihnen beobachteten Anstieg des LVEDP als Beweis, daß an der akuten Kreislaufdepression unter Halothan ein verminderter venöser Rückstrom als Folge einer peripheren Vasodilatation nicht beteiligt ist. Ihrer Feststellung, daß es unter Halothan zu einer Verschlechterung der Ventrikelentleerung und nicht zu einer Verschlechterung der Ventrikelfüllung kommt, möchten wir uns aufgrund unserer Ergebnisse anschließen (17).

In Zusammenhang mit der Verminderung der Pumpfunktion und der Kontraktilität sind der unter Halothan ansteigende linksventriculäre enddiastolische Druck und das Ansteigen des Pulmonalarteriendruckes als weitere Zeichen einer passageren und offensichtlich reversiblen Herzinsuffizienz zu werten.

Obwohl es in unserer Untersuchung bei nahezu unverändertem Coronarwiderstand zu einer signifikanten Senkung der Coronardurchblutung kam, war die myokardiale Sauerstoffversorgung zu keinem Zeitpunkt der Hypotension gefährdet. Denn mit der verminderten Coronardurchblutung ging ein ebenfalls reduzierter Sauerstoffverbrauch einher. Der gleichzeitige Anstieg der coronarvenösen Sauerstoffsättigung deutete sogar auf eine gewisse Überflußperfusion hin, was an der Abnahme der arteriocoronarvenösen Sauerstoffdifferenz sichtbar wurde.

Versucht man, diese Einzelwerte und ihre Veränderungen unter Halothan in einem übersichtlichen Zusammenhang zu sehen, so bietet sich hierzu der von BRETSCHNEIDER et al. im Tierexperiment entwickelte komplexe hämodynamische Parameter zur Bestimmung des myokardialen Sauerstoffverbrauchs an (6). Die Abb. 3 zeigt die einzelnen additiven Parameterglieder.

Übersicht über den komplexen hämodynamischen Parameter zur Bestimmung des myokardialen Sauerstoffverbrauchs

$E_g = E_o + E_1 + E_2 + E_3 + E_4$ [ml O_2/ min·1oo g]

$E_o = k_o \quad (k_o = 0{,}7)$

$E_1 = t_{syst} \cdot \frac{n}{2} \cdot k_1 \quad (k_1 = 0{,}3 \cdot 10^{-1})$

$E_2 = p_{syst} \sqrt[3]{ESV/100\ g} \cdot t_{ausw} \cdot n \cdot k_2 \quad (k_2 = 2{,}0 \cdot 10^{-4})$

$E_3 = dp/dt\ max \cdot n \cdot k_3 \quad (k_3 = 1{,}2 \cdot 10^{-5})$

$E_4 = d^2p/dt^2\ max \cdot n \cdot k_4 \quad (k_4 = 0{,}1 \cdot 10^{-7})$

E_g = Gesamtsauerstoffverbrauch des linken Ventrikels
E_o = Ruhe-O_2-Verbrauch in Normothermie
E_1 = Sauerstoffverbrauch der elektrophysiologischen Vorgänge
E_2 = Sauerstoffverbrauch der Haltebetätigung während der Auswurfphase
E_3 = Sauerstoffverbrauch der Spannungsentwicklung während der isometrischen Anspannungsphase
E_4 = Sauerstoffverbrauch für die Inaktivierung des kontraktilen Systems während der Erschlaffungsphase

Abb. 3. Die hämodynamischen Determinanten des O_2-Bedarfes des Herzmuskels. Nach BRETSCHNEIDER (6). n = Herzfrequenz; t_{syst} = Systolendauer; t_{ausw} = Auswurfzeit; p_{syst} = maximaler systolischer Druck; ESV/100 g = endsystolisches Volumen pro 100 g linker Ventrikel; dp/dt_{max} = maximale Druckanstiegsgeschwindigkeit; $d^2p/dt^2{}_{max}$ = maximale Druckanstiegsbeschleunigung; k_o-k_4 = tierexperimentell bestimmte Konstanten

Bei normaler kardialer Belastung hat der Ruhesauerstoffverbrauch (E_O) mit 10% eine ebenso geringe Bedeutung für den myokardialen Sauerstoffbedarf wie die elektrophysiologischen Vorgänge an der Zellmembran (E_1) mit 8% oder die Inaktivierung des kontraktilen Systems (E_4) mit nur 1%. Für uns sind die Glieder E_2 und E_3 interessant. Denn der Energiebedarf der systolischen Wandspannung (E_2) und der Spannungsentwicklung während der isometrischen Anspannungsphase (E_3) macht zusammen etwa 75 - 80% des Gesamtenergiebedarfes aus. Dazu kommt noch die multiplikativ in die Glieder E_1 bis E_4 eingehende Herzfrequenz.

Aus dem oberen Teil der Abb. 4 geht der Einfluß der verschiedenen hämodynamischen Größen auf die Parameterglieder E_2 und E_3 hervor. Das endsystolische Volumen und der maximale systolische

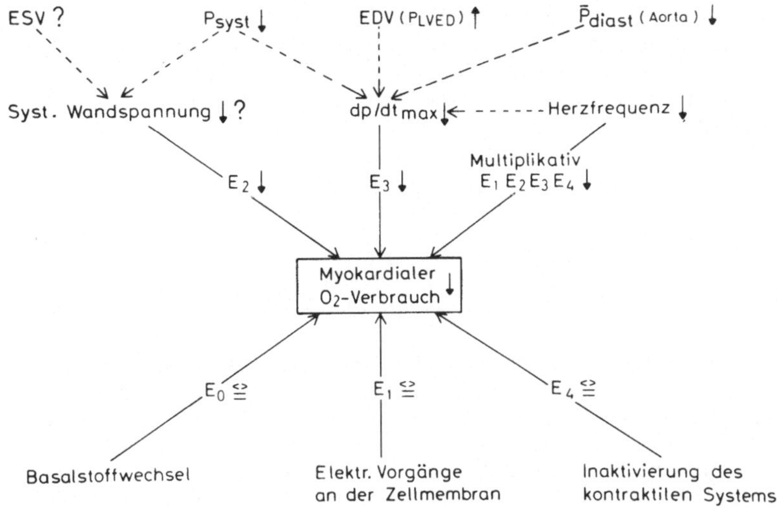

Abb. 4. Schematische Darstellung der aus dem hämodynamischen Parameter abgeleiteten Faktoren, die den myokardialen O_2-Verbrauch beeinflussen. Untere Reihe: Faktoren mit geringem Einfluß. Zweite Reihe von oben: Faktoren mit starkem Einfluß. Gestrichelte Linien: Einfluß verschiedener hämodynamischer Größen auf die Parameterglieder E_2 und E_3 (nach KETTLER (15)). Die Veränderungen der hämodynamischen Größen unter dem Einfluß von Halothan sind dargestellt

Druck bestimmen die systolische Wandspannung und damit deren Energiebedarf. In den Faktor dp/dt_{max} gehen neben dem inotropen Zustand des Myokards die Ausgangsfaserlänge, das enddiastolische Volumen, bzw. der entsprechende Druck als "preload" und der Aortendruck als "afterload" ein, weiterhin auch die Herzfrequenz im Sinne einer Frequenzinotropie (15).

Unter dem Einfluß von Halothan verändern sich die Parameterglieder E_o, E_1 und E_4 wahrscheinlich nicht oder nur sehr geringfügig. Über Veränderungen des ESV und damit der systolischen Wandspannung können wir keine gesicherte Aussage machen. Nach unseren Ergebnissen werden jedoch, mit Ausnahme des ansteigenden linksventriculären enddiastolischen Volumens, alle anderen genannten Größen durch Halothan negativ beeinflußt. Insbesondere führt die Senkung der Spannungsentwicklungsgeschwindigkeit, bedingt durch die Verminderung der kontraktilen Funktion des Myokards, zu einer Abnahme des myokardialen Sauerstoffverbrauchs.

Eine genaue Berechnung des Wirkungsgrades ist zwar nicht möglich, da aus verständlichen Gründen das Herzgewicht nicht ermittelt werden konnte. Man kann aber näherungsweise die Abnahme der Herzarbeit (auf 69 bzw. 47% des Kontrollwertes) zur Abnahme des myokardialen Sauerstoffverbrauches (auf 72 bzw. 58%) in Beziehung setzen.

Daraus ergibt sich, daß unter dem Einfluß von 0,9 Vol% Halothan eine fast proportionale Reduzierung der beiden Meßgrößen erfolgte, und somit die Ökonomie der Herztätigkeit weitgehend gewahrt blieb. Bei höherer Dosierung allerdings ist bereits eine gewisse Verschlechterung erkennbar.

Literatur

1. BAHLMANN, S. H., EGER, E. J., HALSEY, M. J., STEVENS, W. C., SHAKESPEARE, T. F., SMITH, N. T., CROMWELL, T. H., FOURCADE, H.: The cardiovascular effects of halothane in man during spontaneous ventilation. Anaesthesiology 36, 494-502 (1972).
2. BEER, D., BEER, R., WOLFF, A. v., DUFFNER, H.: Die Einwirkung des neuen Inhalationsnarkotikums Ethrane auf Myokardkontraktilität und Hämodynamik im Vergleich zu Halothan. Anaesthesist 22, 192-197 (1973).
3. BERGMEYER, H. U.: Methoden der enzymatischen Analyse. Weinheim: 1971.
4. BLOODWELL, R. D., BROWN, R. C., CHRISTENSON, G. R., GOLDBERG, L. J., MORROW, A. G.: The effects of fluothane on myocardial contractile force in man. Anesth. Analg. Curr. Res. 40, 352-361 (1961).

4a. BRAUN, U., GETHMANN, J. W., HENSEL, I., KETTLER, D., KNOLL, D., LOHR, B.: Der Gesamtsauerstoffverbrauch des Hundes in Neuroleptanalgesie im Vergleich zu anderen Narkoseverfahren. In: Neuroleptanalgesie. HENSCHEL, W. F. (Hrsg.). Stuttgart, New York: Schattauer 1972.

5. BRETSCHNEIDER, J. J., COTT, L., HILGERT, G., PROBST, R., RAU, G.: Gaschromatographische Trennung und Analyse von Argon als Basis einer neuen Fremdgasmethode zur Durchblutungsmessung von Organen. Verh. dtsch. Ges. Kreisl.-Forsch. 32, 267-273 (1966).
6. BRETSCHNEIDER, H. J.: Die hämodynamischen Determinanten des O_2-Bedarfes des Herzmuskels. Arzneim.-Forsch. (Drug Res.) 21, 1515-1517 (1971).
7. DUNCOMBE, W. G.: The colorimetric micro-determination of non-esterified fatty acids in plasma. Clin. chim. Acta 9, 122-134 (1964).
8. EGER II, E. I., SMITH, N. T., STOELTING, R. K., CULLEN, D. J., KADIS, L. B., WHITCHER, C. E.: Cardiovascular effects of halothane in man. Anaesthesiology 32, 396-409 (1970).
9. GOLDBERG, A. H., ULLRIK, W. C.: Effects of halothane on isometric concentrations of isolated heart muscle. Anaesthesiology 28, 838-845 (1967).
10. GOLDBERG, A. H.: Cardiovascular function and halothane. In: Halothane p. 24-60. GREENE, N. M. (ed.). Oxford: Blackwell 1968.
11. HEISS, H. W., HENSEL, J., KETTLER, D., TAUCHERT, M., BRETSCHNEIDER, H. J.: Über den Anteil des Koronarsinus-Ausflusses an der Myocarddurchblutung des linken Ventrikels. Z. Kardiol. 62, 593-606 (1973).
12. HUGHES, R.: The haemodynamic effects of halothane in dogs. Brit. J. Anaesth. 45, 416-421 (1973).
13. JACOB, R., GÜLCH, R.: Kritische Bemerkungen zur Aussagekraft der "Kontraktilitätsindices". Verh. dtsch. Ges. Kreisl.-Forsch. 38, 241-246 (1972).
14. JOHNSTONE, M.: Halothane and nitroprusside hypotension. Brit. J. Anaesth. 47, 739-740 (1975).
15. KETTLER, D.: Sauerstoffbedarf und Sauerstoffversorgung des Herzens in Narkose. Anaesthesiologie und Wiederbelebung, Bd. 67. Berlin - Heidelberg-New York: Springer 1973.
16. LUNDBORG, R. O., RAHIMTOOLA, S. H., SWAN, H. J. C.: Halothane administration and left ventricular function in man. Anaesth. Analg. Curr. Res. 46, 377-384 (1967).

17. PRYS-ROBERTS, C., GERSH, B. J., BAKER. A. B., REUBEN, S. R.: The effects of halothane on the interactions between myocardial contractility, aortic impedance and left ventricular performance. I.: Theoretical considerations and results. Brit. J. Anaesth. 44, 634-649 (1972).
18. PRYS-ROBERTS, C., LLOYD, J. W., FISHER, A., HERR, J. H., PATTERSON, T. J. S.: Deliberate profound hypotension induced with halothane: studies of haemodynamics and pulmonary gas exchange. Brit. J. Anaesth. 46, 105-116 (1974).
19. RAU, G.: Messung der Koronardurchblutung mit der Argon-Fremdgasmethode. Arch. Kreisl.-Forsch. 58, 322-398 (1969).
20. SMITH, G., McMILLAN, J. C., VANCE, J. P., BROWN, D. M.: The effects of halothane on myocardial blood flow and oxygen consumption. Brit. J. Anaesth. 45, 924 - 925 (1973).
21. SMITH, N. T., SMITH, P.: Circulatory effects of modern inhalation anesthetic agents. In: Modern Inhalation Anesthetics. Handbuch der experimentellen Pharmakologie, Bd. 30. CHENOWETH, M. B. (ed.). Berlin, Heidelberg, New York: Springer 1972.
22. SOGA, D., BRECHTELSBAUER, H., BEER, R.: Wirkung von Propanidid, Methohexital und Halothan auf die isometrische Kontraktion des isolierten Herzmuskels. Prakt. Anaesth. 6, 226-240 (1970).
23. SOGA, D., BEER, R.: Myokardkontraktilität und Narkose. Anaesthesist 21, 165-171 (1972).
24. SONNENBLICK, E. H., PARMLEY, W. W., URSCHEL, C. W., BRUTSAERT, D. L.: Ventricular function: evaluation of myocardial contractility in health and disease. Progr. Cardiovasc. Dis. 12, 449-466 (1970).
25. STRAUER, B. E.: Kriterien zur Beurteilung der Myokardcontractilität am normalen Herzmusekl. Klin. Wschr. 51, 295-321 (1973).
26. STRAUER, B. E.: Dynamik, Koronardurchblutung und Sauerstoffverbrauch des normalen und des kranken Herzens. Basel 1975.
27. TARNOW, J., GETHMANN, J. W., HESS, W., PATSCHKE, D., WEYMAR, A., BRÜCKNER, J. B.: Der Einfluß von Ethrane auf die Hämodynamik und die Sauerstoffversorgung des Myokards im Vergleich zu Halothan. Anaesthesist 23, 281-290 (1974).
28. WALLACE, A. G., SKINNER, N. S., MITCHELL, J. H.: Hemodynamic determinants of the maximal rate of rise of left ventricular pressure. Am. J. Physiol. 205, 30-36 (1963).
29. WOLFF, G., CLAUDI, B., CASADEI, F., WARDAK, R., NIEDERER, W., GRÄDEL, E.: Coronarregulation unter Halothan. Anaesthesiologie und Wiederbelebung 80, 215-223 (1974).

Der Einfluss von volatilen Anaesthetica und Adrenalin auf die ventriculäre elektrische Flimmerschwelle des isolierten Meerschweinchenherzens

A. Fournell

Anaesthetica allein und die in Zusammenhang mit der Anaesthesie verwendeten adrenergen Substanzen führen zu einer Veränderung des elektrischen Erregungsablaufes an der Membran der Herzmuskelzelle. Dies drückt sich klinisch als eine erhöhte Arrhythmiebereitschaft aus. Eine solche sensibilisierende Wirkung wurde zunächst für Chloroform und Cyclopropan (1, 2, 3) beschrieben. Auch das 1956 von RAVENTÓS eingeführte Halothan zeigt diese unerwünschte Nebenwirkung (4). Günstigere Eigenschaften in diesem Zusammenhang werden dem Methoxyfluran zugeschrieben (5, 6). Die Wirkung des halogenierten Äther Enfluran wird in der Literatur unterschiedlich beurteilt (7 - 12). In der vorliegenden Arbeit wird die Arrhythmiebereitschaft des Herzens unter dem Einfluß der kombinierten Gabe von Adrenalin und halogenierten Kohlenwasserstoffen (Halothan, Enfluran, Methoxyfluran) geprüft. Als Parameter wurde die ventriculäre elektrische Flimmerschwelle des isolierten Meerschweinchenherzens bestimmt.

Methodik

Die Untersuchungen wurden an isolierten perfundierten Herzen (Langendorff-Präparation) von Meerschweinchen durchgeführt (Abb. 1). Als Perfusionslösung diente eine modifizierte Tyrode-Lösung, die vor Versuchsbeginn mit 95% Sauerstoff und 5% CO_2 äquilibriert wurde. In den Untersuchungsphasen mit einem Anaestheticum wurde dieses Gas durch entsprechend kalibrierte Verdampfer geleitet. Adrenalin wurde in physiologischer Kochsalzlösung verdünnt mit einem Perfusor in die Aortenkanüle gegeben. Die elektrische Aktivität wurde zwischen Vorder- und Hinterwand des Herzens mittels intramural eingestochener Silberdrahtelektroden abgeleitet, sie konnte kontinuierlich auf einem Oscilloskop verfolgt und mit einem Offner-Dynographen aufgezeichnet werden. Die Flimmerschwellenbestimmung erfolgte durch elektrische Reizung des Myokards. Die Reizelektroden lagen ringförmig um die Herzspitze bzw. in der Perfusionskanüle. R-Zacken gesteuert wurde mit einer Verzögerung von 20 msec ein Wechselstromreiz mit 50 Hz über 200 msec appliziert.

Eine elektrische Torschaltung diente zur Vermeidung von Reizeinbrüchen. Über einen integrierten Verstärker konnte die Reizspannung stufenlos geregelt werden. Als Flimmerschwelle wurde die Spannung definiert, die in der Lage war, eine Flimmersalve von mindestens 3 sec Dauer auszulösen. Es wurden in drei Serien Untersuchungen an 35 Meerschweinchenherzen durchgeführt. Nach Bestimmung der Ausgangsflimmerschwelle (Kontrolle) wurde die Flimmerschwelle unter dem Einfluß von 1 µg/min Adrenalin gemessen. Die Adrenalininfusion wurde gestoppt und gewartet, bis die

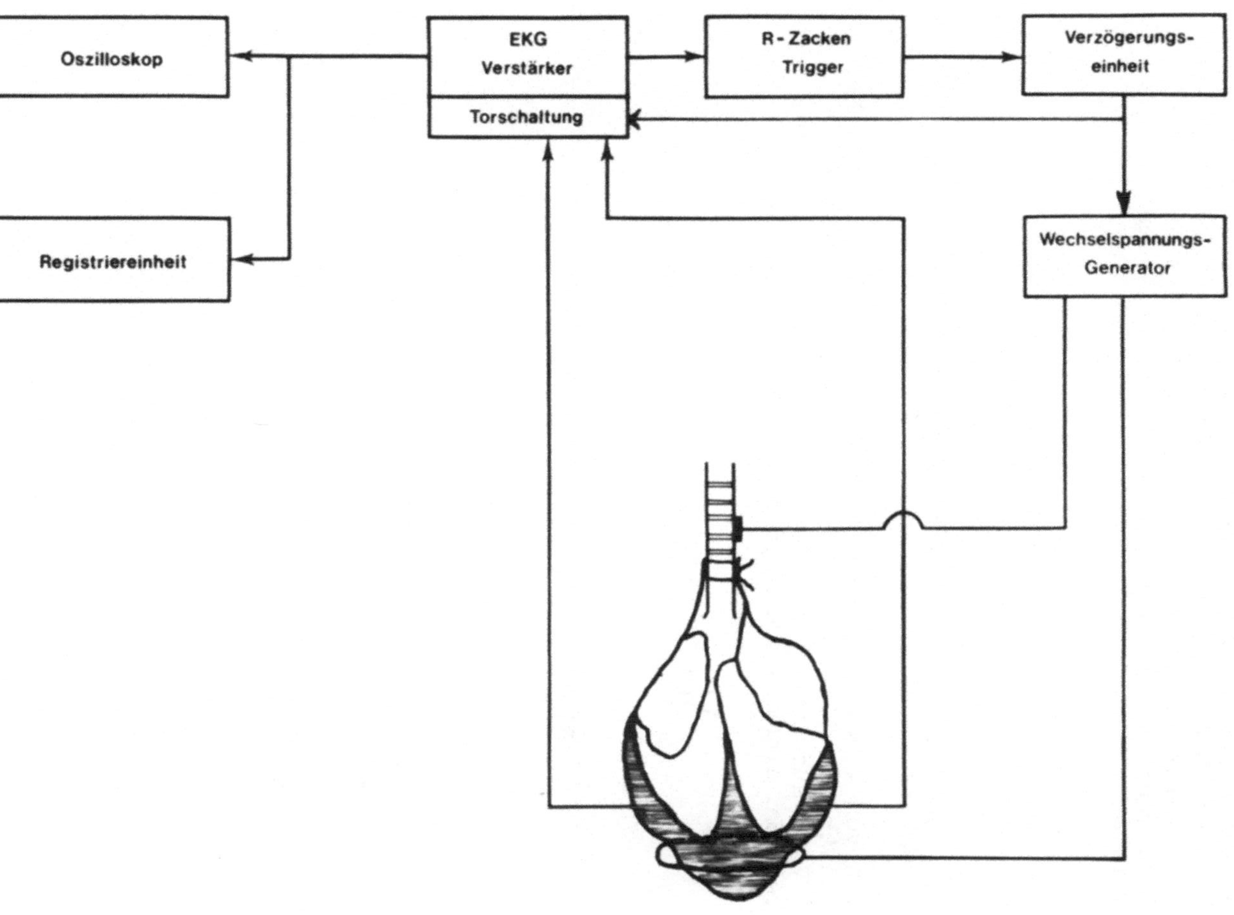

Abb. 1. Blockschaltbild des Versuchsaufbaus, Erläuterungen s. Text

Herzen wieder die Ausgangswerte für die Frequenz und die Flimmerschwelle erreichten. In der zweiten Phase der Versuche wurde die Flimmerschwelle zunächst unter dem Einfluß des Anaestheticums und dann während der kombinierten Gabe von Anaestheticum und Adrenalin bestimmt.

Ergebnisse

1. Die Beeinflussung der elektrischen Flimmerschwelle des isolierten Herzens durch Adrenalin

Die Infusion von 1 µg/min Adrenalin senkte die Flimmerschwelle um durchschnittlich 24,4% gegenüber dem Ausgangswert von 26,5 ± 3,1 V_{eff} auf 20,0 ± 2,4 V_{eff} (n = 35) (Abb. 2). Diese Änderung ist mit einem $p < 0{,}0025$ statistisch signifikant.

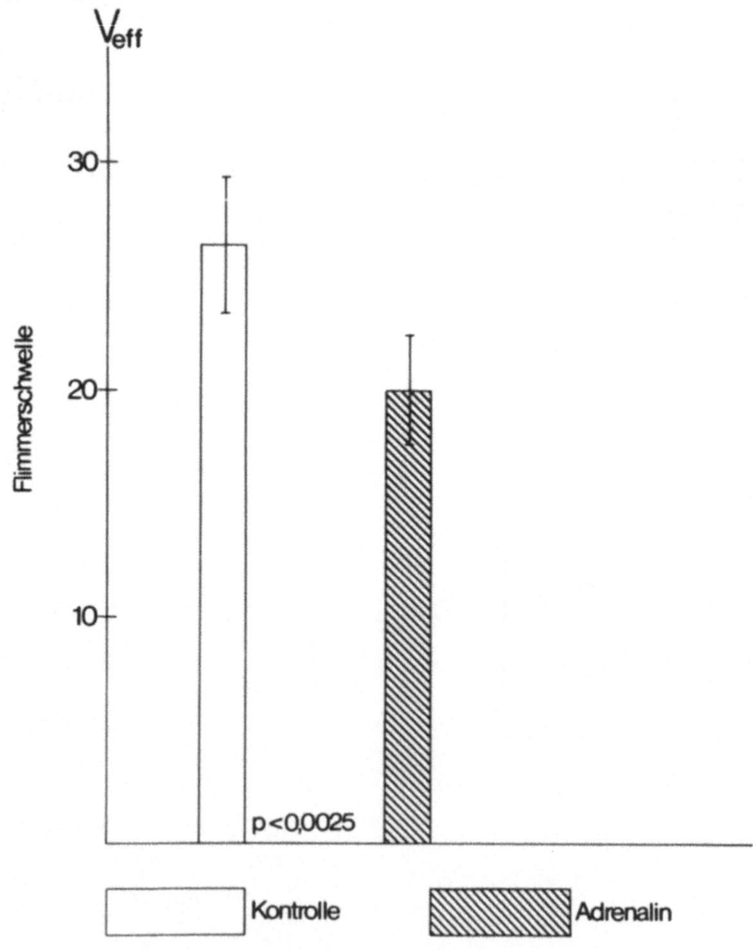

Abb. 2. Die Beeinflussung der elektrischen Flimmerschwelle des isolierten Herzens durch Adrenalin

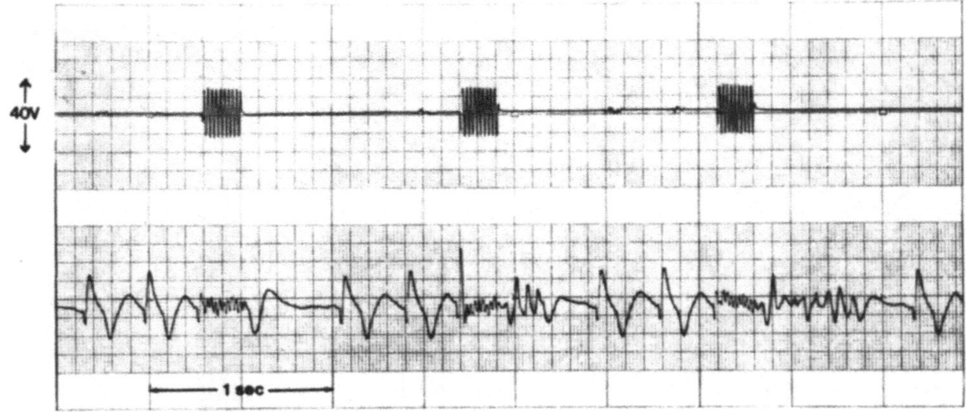

Abb. 3. Ventriculäre Extrasystolen und Kammerflimmern unter Adrenalineinwirkung; obere Registrierung: Wechselstromreiz; untere Registrierung: elektrische Aktivität des isolierten Herzens

Abb. 3 zeigt in der oberen Registrierung den sinusförmigen Wechselstromreiz und in der unteren Registrierung die elektrische Aktivität des isolierten Herzens. Es ist zu sehen, wie es mit steigenden Reizspannungen über die Ausbildung einzelner ventriculärer Extrasystolen und multipler Extrasystolen schließlich zu Kammerflimmern und zur spontanen Defibrillation kommt.

2. Der Einfluß von Halothan, Enfluran und Methoxyfluran auf die Flimmerschwelle des Herzens

Abb. 4 zeigt die Veränderungen der Arrhythmiebereitschaft des Herzens durch Halothan bzw. Enfluran. Halothan 1 Vol% senkt die Flimmerschwelle um 37,8% von 38,6 $\pm$ 7,4 V_{eff} auf 20,4 $\pm$ 5,4 V_{eff} (n = 11), (p < 0,0005), unter Enfluran 2 Vol% ergeben sich Veränderungen der Flimmerschwelle um 27,5% (n = 13) von 26,2 $\pm$ 3,3 V_{eff} auf 19,0 $\pm$ 2,2 V_{eff} (p < 0,0025). Im Gegensatz zu Halothan und Enfluran führt die Perfusion des isolierten Herzens mit sauerstoffgesättigter Lösung unter dem Zusatz von 0,6 Vol% Methoxyfluran nicht zu einer Zunahme der Arrhythmiebereitschaft. Es ist trotz Erhöhung der Reizspannung auf das Zwei- bis Dreifache des Ausgangswertes nur in zwei von elf Fällen möglich, Kammerflimmern auszulösen. In neun Fällen kommt es nur zum Auftreten einzelner Flatterwellen. Ein typisches Beispiel zeigt Abb. 5.

3. Die Wirkung der kombinierten Gabe von Adrenalin und Halothan, Enfluran oder Methoxyfluran auf die Flimmerschwelle des Herzens

Die Perfusion des Meerschweinchenherzens mit Halothan 1 Vol% und 1 µg/min Adrenalin senkte die Flimmerschwelle um 51,6% gegenüber dem Ausgangswert von 38,6 $\pm$ 7,4 V_{eff} auf 18,7 $\pm$ 4,5 V_{eff}

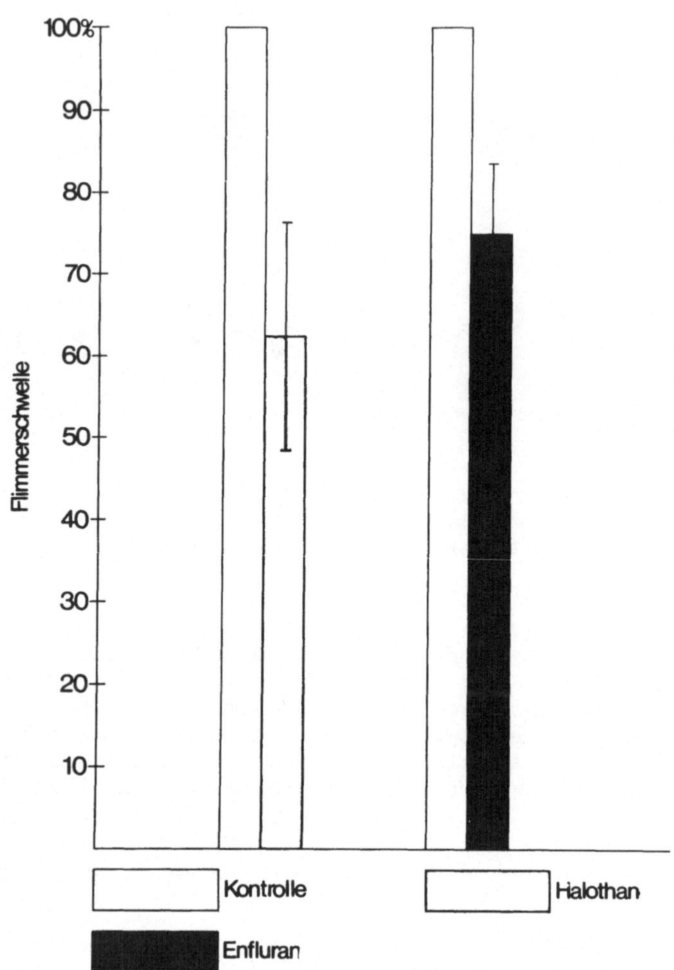

Abb. 4. Der Einfluß von Halothan und Enfluran auf die Flimmerschwelle des isolierten Herzens

(n = 11), unter Enfluran 2 Vol% nimmt die Flimmerschwelle bei gleichzeitiger Gabe von Adrenalin um 29,8% von 26,2 ± 3,3 V_{eff} auf 18,4 ± 2,1 V_{eff} (n = 13) ab (Abb. 6). Die kombinierte Gabe von Anaestheticum und Adrenalin führt in der Halothanserie in sieben von elf Fällen zu Kammerflimmern, ohne daß das Herz spontan defibrilliert, bei Enfluran und Adrenalin kommt es nur bei einem von dreizehn Herzen zu Dauerflimmern.

Methoxyfluran 0,6 Vol% und 1 µg/min Adrenalin führen bei der Bestimmung der Flimmerschwelle nur in zwei von elf Untersuchungen zu Kammerflimmern. Bei neun Herzen kommt es zu Kammerflattern. In allen Fällen liegt sowohl die Flimmer- als auch die Flatterschwelle über der Ausgangsflimmerschwelle.

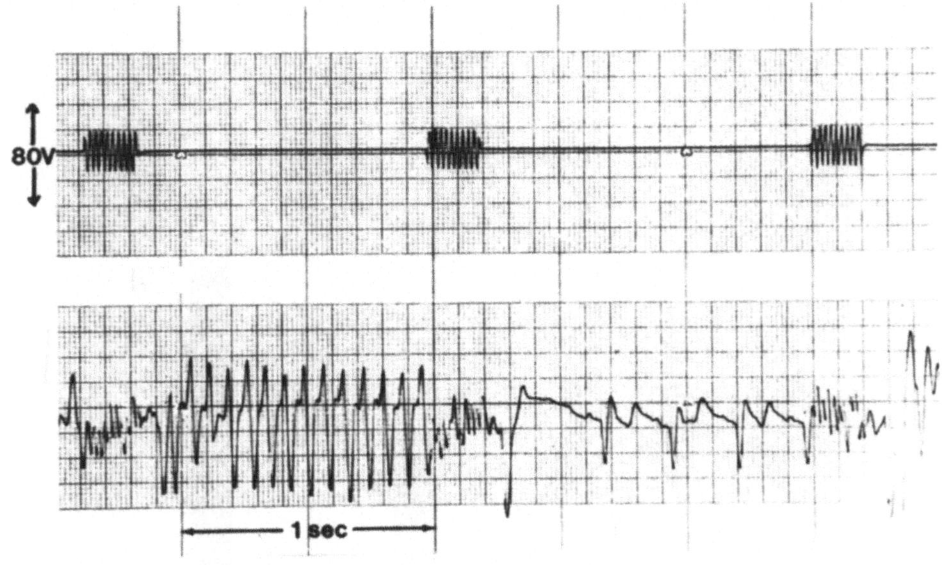

Abb. 5. Kammerflattern unter Methoxyfluran

Diskussion

Durch die Bestimmung der elektrischen Flimmerschwelle ist es möglich, Veränderungen der Arrhythmiebereitschaft des Herzens zu erfassen. Die Kenntnis der Flimmerschwelle erlaubt es, Aussagen darüber zu treffen, in welchem Maße das Herz gegebenenfalls auf exogene Reize eine Arrhythmie entwickelt. Je niedriger die Stromspannung ist, die zum Kammerflimmern führt, desto größer ist die Arrhythmiebereitschaft und umgekehrt.

Die arrhythmogene Wirkung von Adrenalin konnte in den vorliegenden Untersuchungen am isolierten Meerschweinchenherzen gezeigt werden. Durch Infusion von 1 µg/min Adrenalin kam es zu einer durchschnittlichen Abnahme der Flimmerschwelle um 24,4% gegenüber dem Ausgangswert. Als Wirkungsmechanismus muß dabei die durch Adrenalin bedingte Zunahme der ektopischen Schrittmacheraktivität, eine Verkürzung der Refraktärperiode und eine elektrische Inhomogenität aufgrund einer breiteren zeitlichen Streuung der Refraktärperioden diskutiert werden (13, 14). Letztlich dürften die Veränderungen der elektrischen Aktivität durch Adrenalin auf einer Stimulierung der β-Rezeptoren der Herzmuskelzelle mit Aktivierung der Adenylcyklase und konsekutivem Anstieg des cyklischen Adenosinmonophosphates beruhen (13).

Der Einfluß der untersuchten Anaesthetica auf die elektrische Flimmerschwelle ist unterschiedlich. Halothan und Enfluran führen zu einer quantitativ vergleichbaren Abnahme der Flimmerschwelle, während die Stromspannungen, die unter Methoxyfluran Kammerflattern auslösen, teilweise um ein Vielfaches über den Ausgangswerten liegen. Die Veränderungen der elektrophysiologischen Parameter der Herzmuskelzelle durch Halothan

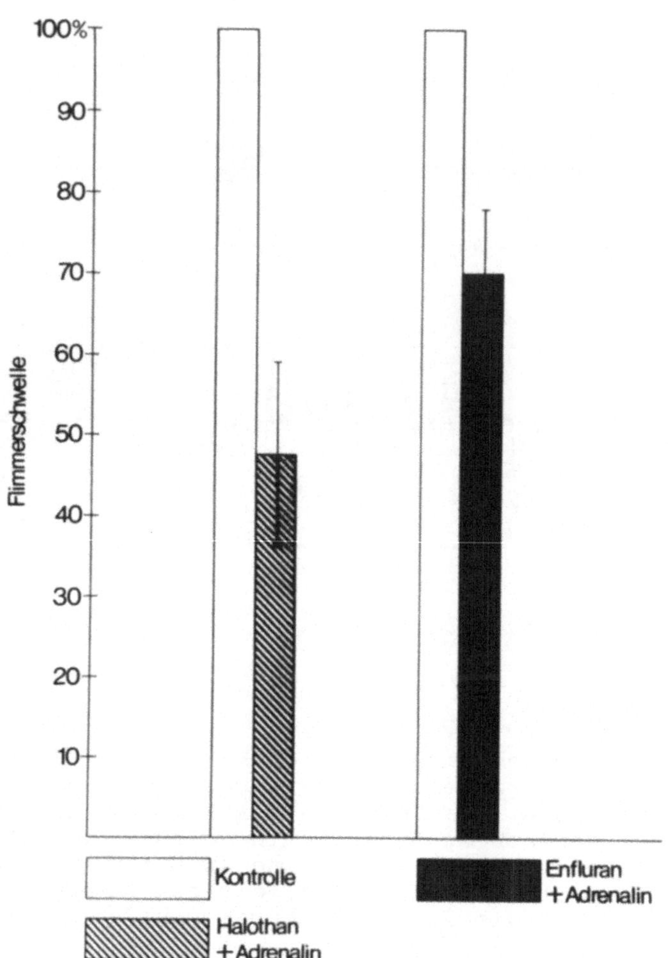

Abb. 6. Die Wirkung der kombinierten Gabe von Adrenalin und Halothan oder Enfluran auf die Flimmerschwelle des Herzens

sind von HAUSWIRTH (15, 16, 17) untersucht worden. Die Zunahme der Arrhythmiebereitschaft unter Halothan läßt sich aufgrund seiner Befunde durch eine verminderte Erregungsleitungsgeschwindigkeit, eine starke Verkürzung der Refraktärperiode und eine deutlich ausgeprägte zeitliche Disparität in den Refraktärperioden von Purkinje- und Ventrikelfasern erklären. Inhomogenitäten der Repolarisation und verminderte Erregungsleitungsgeschwindigkeit sind jedoch nach der Wiedereintrittshypothese Faktoren, die die Entstehung von ektopischen Erregungen begünstigen (18). Inwieweit die Zunahme der Arrhythmiebereitschaft unter Enfluran auf ähnlichen Veränderungen des Erregungsablaufes an der Membran der Herzmuskelzelle beruht, läßt sich zur Zeit nicht beantworten. Methoxyfluran führt nicht zu einer Abnahme der Flimmerschwelle.

In Anlehnung an die grundlegenden Untersuchungen von MEEK et al. (3) wird als Maß für die Sensibilisierung des Herzmuskels gegen Katecholamine durch Anaesthetica die Differenz der Adrenalinmengen definiert, die ohne bzw. unter Anaestheticumeinfluß ventriculäre Extrasystolen auslöst. Überträgt man diesen Maßstab auf den von uns untersuchten Parameter elektrische Flimmerschwelle, so muß man unter Sensibilisierung die Abnahme der elektrischen Flimmerschwelle unter dem Einfluß der kombinierten Gabe von Anaestheticum und Adrenalin gegenüber der Flimmerschwelle unter Adrenalin allein verstehen. Abb. 7 zeigt, daß die elektrische Flimmerschwelle bei Halothan und Adrenalin um 32,4% gegenüber der Flimmerschwelle unter Adrenalin allein abnimmt.

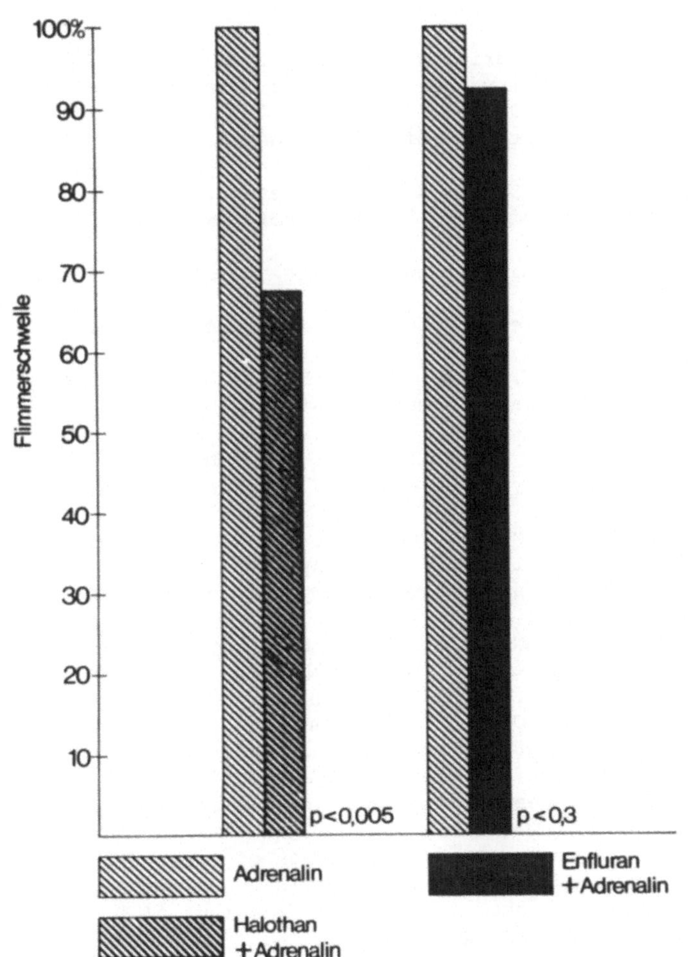

Abb. 7. Die Sensibilisierung des Herzens gegen Adrenalin durch Halothan und Enfluran

Diese Veränderung ist mit einem $p < 0{,}005$ statistisch signifikant. Enfluran führt in Zusammenhang mit Adrenalin zu einer statistisch nicht signifikanten Abnahme von 6,6% gegenüber der Flimmerschwelle unter Adrenalin. Daraus muß geschlossen werden, daß Halothan das Herz gegen Adrenalin sensibilisiert, während Enfluran die Adrenalinwirkung auf die Herzmuskelzelle nicht nennenswert potenziert.

Methoxyfluran führt nicht zu einer Sensibilisierung des Herzens gegen Katecholamine, da sowohl die Flimmer- als auch die Flatterschwelle bei Methoxyfluran und Adrenalin bei allen Herzen über der Flimmerschwelle bei Adrenalin liegen. Methoxyfluran schützt das Herz dementsprechend sogar gegen katecholamininduzierte Arrhythmien.

Literatur

1. LEVY, A. G., LEWIS, T.: Heart irregularities resulting from the inhalation of low percentages of chloroform vapour, and their relationship to ventricular fibrillation. Heart 3, 99 (1911-12).
2. LEVY, A. G.: Sudden death under light chloroform anesthesia. J. Physiol. 43, 3 (1911).
3. MEEK, W. J., HATHAWAY, H. R., ORTH, O. S.: Effects of ether, chloroform and caclopropane on ventricular automacity. J. Pharmacol. Exp. Ther. 61, 240 (1937).
4. RAVENTOS, J.: The action of fluothane - a new volatile anaesthetic. Brit. J. Pharmacol. 11, 394 (1956).
5. Van POZNAK, A., Artusio, J. F.: Series of fluorinated ethers. Fed. Prod. 19, 273 (1960).
6. ARTUSIO, J. F., Van POZNAK, A., HUNT, R. E., TIERS, F. M., ALEXANDER, M.: A clinical evaluation of methoxyflurane in man. Anesthesiology 21, 513 (1960).
7. KRANTZ, J. C., Jr., CARR, C. J., LU, G., BELL, F. K.: Anesthesia XL: the anesthetic action of trifluorethylvinyl ether. J. Pharmacol. Exp. Ther. 108, 488 (1971).
8. VIRTUE, R. W., LUND, L. O., PHELPS, M. K., VOGEL, J. H., BECKWITT, H., HERON, M.: Difluoromethyl 1,1,2-trifluoro 2-chlorethyl ether as an anesthetic agent: results with dogs and a preliminary note on observations with man. Can. Anaesth. Soc. J. 13, 233 (1966).
9. McDOWELL, S. A., HALL, K. D., STEPHAN, C. R.: Difluoro-methyl 1,1,2-trifluoro-2 chlorethylether; Experiments on dogs with a new inhalation anaesthetic agent. Brit. J. Anaesth. 40, 511 (1968).
10. ZAHED, B., MILETICH, J . J., IVANKORICH, A. D., ALBRECHT, R. F., TOYOOKA, E., MASSAU, B.: Comparision of the arrhythmic doses of epinephrine and dopamine during enflurane, fluroxene, halothane and methoxyflurane anaesthesia. American Society of Anesthesiologists, Annual meeting October 12-16, 1974, Washington D. C.
11. JOHNSTON, R. R., EGER, E. I.: A comparative interaction of epinephrine with halothane, enflurane and isoflurane in man. American Society of Anesthesiologist, Annual meeting October 12-16, 1974, Washington, D.C.
12. CASTRANEDO-CASADO, J., AGUADO-MATORRAS, A., PEREZ-CARVAJAL, A.: Vergleichende Untersuchung der Herzmuskelsensibilisierung unter Ethrane- und Halothananaesthesie gegenüber Norepinephrin. Ethrane, Proceedings of the first European Symposion on modern anaesthetic agents, S. 123. Berlin, Heidelberg, New York: Springer 1974.

13. PAPP, J. Gy., SZEKERES, L.: Adrenergic mechanisms in the genesis of cardiac arrhythmias. In: Herzrhythmusstörungen, S. 35. ANTONI, H., EFFERT, S. (Hrsg.). Stuttgart, New York: Schattauer 1974.
14. HAN, J., GARCIA de JALON, P., MOE, G. K.: Adrenergic effects on circulation 14, 516 (1969).
15. HAUSWIRTH, O., SCHAER, H.: Effects of halothane on the sinoatrial node. J. Pharmacol. Exp. Ther. 158, 39 (1967).
16. HAUSWIRTH, O.: Effects of halothane on single atrial, ventricular and Purkinje fibers. Circ. Res. 24, 745 (1969).
17. HAUSWIRTH, O.: The influence of halothane on the electrical properties of cardiac Purkinje fibers. J. Physiol. 201, 42 (1969).
18. WALLACE, A. G., MIGNONE, R. J.: Physiologic evidence concerning the re-entry hypothesis for ectopic beats. Amer. Heart J. 72, 60 (1966).

Versehentliche Halothan-Intoxikation

E. Hartung und H. Dehnen

Bei einer 49-jährigen, 70 kg schweren Patientin sollte ein Mitralvitium durch offene Kommissurotomie therapiert werden. Es war geplant, die Operation in Neuroleptanalgesie durchzuführen. Sowohl operativ als auch anästhesiologisch ergaben sich bis zu Bypassbeginn keine Probleme. Danach konnte ein ausreichender Perfusionsdruck, trotz maximalen Flows, nur durch wiederholte Gaben von 1 ml Norfenefrin (Novadral) in einer Verdünnung von 1 : 10 gehalten werden.

Nach 37 Minuten Bypass hätte von der Herz-Lungen-Maschine (HLM) abgegangen werden sollen. Trotz Gabe von Dopamin 250 γ/min, Glucagon 4 mg und Strophanthin (Kombetin) 1/4 mg stieg der linke Vorhofdruck bei gleichzeitig bis auf 65/40 mmHg fallendem arteriellen Druck bis auf 20 mmHg. Dabei fühlte sich das Herz extrem schlaff an, so daß der Kreislauf nur mit einem Unterstützungsbypass aufrecht erhalten werden konnte (Abb. 1).

Die Suche nach möglichen Ursachen der Kardiodepression ergab, daß seit Bypassbeginn der Halothanverdampfer (Fluotec) an der HLM versehentlich maximal aufgedreht und von 4,5 l/min Sauerstoff (bestimmt für den bubble oxygenator Marke Optiflo) durchströmt war. Sein gesamter Inhalt, das sind 70 ml Halothan, wurde verdampft. Eine Bestimmung der Bluthalothankonzentration war nicht möglich.

Wenn auch die Pathomechanismen weitgehend ungeklärt sind, so ist bekannt, daß Halothan eine dosisabhängige Kardiodepression bewirkt. Auf die hämodynamischen und Stoffwechsel-Veränderungen wurde von meinen Vorrednern eingegangen.

Bei einer wie zuvor beschriebenen Halothanüberdosierung ist nach Ausschaltung weiterer Halothanzufuhr die Therapie der Wahl in der Sicherung der vitalen Funktionen und einer raschen Halothanelimination zu sehen. Beides geschieht am besten durch einen partiellen Unterstützungsbypass. Wo die Anwendung der HLM nicht möglich oder nicht indiziert ist, stehen dafür - da es kein spezifisches Antidot für Halothan gibt - Calcium, Katecholamine, Herzglykoside und Glucagon zur Verfügung.

Calcium

Die ATP-asen werden durch Calciumionen indirekt aktiviert und bewirken das Ineinandergreifen der Aktomyosinfasern am Herzen. Wahrscheinlich greift Halothan in diesen Mechanismus durch Einschränkung des Nutzeffektes von Ca^{++} auf die kontraktilen

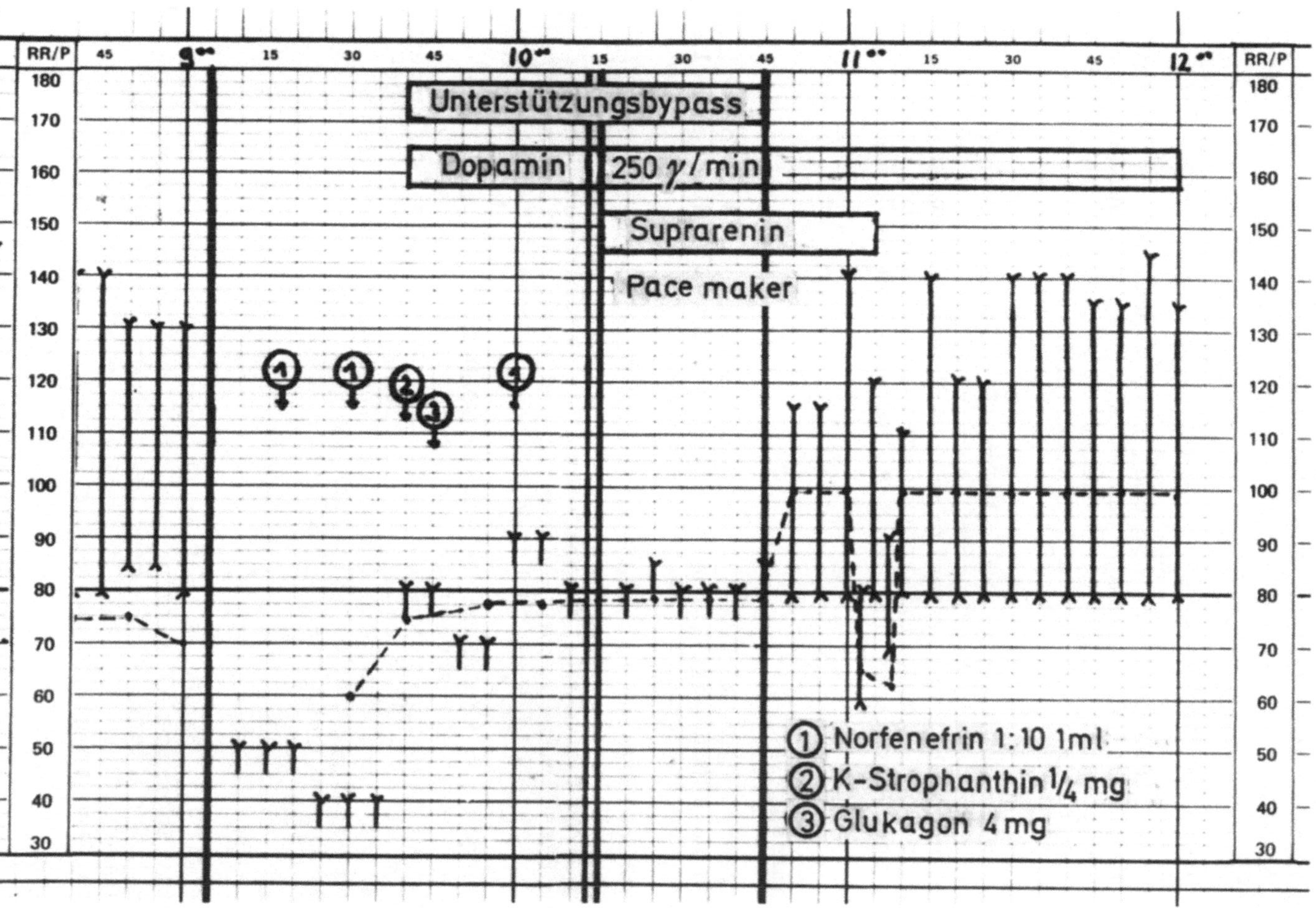

Abb. 1. Narkose-Protokoll-Ausschnitt: Blutdruck, Pulsfrequenz und therapeutische Maßnahmen sind eingezeichnet. Die durchgehenden, senkrechten Linien zeigen Bypassbeginn und -ende an

Proteine oder durch Inhibition der Reaktion zwischen Ca^{++} und diesen Proteinen ein. PRICE (6) hat am isolierten Papillarmuskel eine Verminderung der Ca^{++}-Wirkung durch 0,5% Halothan um 68% gesehen.

Untersuchungen am Menschen von DENLINGER et al. (2) haben gezeigt, daß eine Calciumchloridgabe (7 mg/kg) während einer Halothannarkose einen positiv inotropen Effekt hat. Der Herzindex stieg um 10%, wobei das Maximum nach 7 min erreicht wurde. Herzfrequenz und totaler peripherer Widerstand sanken gering, während arterieller Mitteldruck und zentralvenöser Druck unverändert blieben.

Langsame Gaben von ionisiertem Calcium (5 - 10 ml) haben sich unserer Erfahrung nach bei Myocarddepression bewährt, sind jedoch nicht ungefährlich, da es zu Sinusbradycardie, AV-Block und besonders bei digitalisiertem Herzen zu verstärkter Irritabilität des Ventrikels und damit zu Kammerflimmern kommen kann.

Katecholamine

Die Arbeitsgruppe um ROIZEN (7) hat nachgewiesen, daß es beim Tier durch Halothanapplikation zu einer mit dem Blutdruckabfall korrelierenden Abnahme der Serumkatecholamine kommt.

Bei der Behandlung der Halothan-bedingten Kardiodepression nehmen die Katecholamine eine zentrale Stelle ein. Von den uns zur Verfügung stehenden Sympathicomimetika ist Dopamin der Vorzug zu geben. Dies deshalb, weil Adrenalin und Noradrenalin in Gegenwart von Halothan eher zu Herzrhythmusstörungen führen.

Untersuchungen von MacCANNEL (4) sowie GOLDBERG et al. (3) bewiesen, daß Dopamin insbesondere im experimentellen kardiogenen Schock und beim low-output-Syndrom günstigere Kreislaufwirkungen hat. TARNOW et al. (8) haben tierexperimentell gezeigt, daß Dopamingaben zu einer Steigerung des Herzzeitvolumens, Schlagvolumens und dp/dt_{max} führen. Klinisch empfiehlt sich eine kontinuierliche Dopamingabe bis zu 500 γ/min.

Herzglykoside

BENTHE et al. (1) haben am isolierten System nachgewiesen, daß die negativ inotrope Wirkung von Halothan teilweise durch Herzglykoside kompensiert werden kann. Bei einer Verminderung der Kontraktionskraft um 73% wird diese durch einmalige Acetyl-Strophanthidingabe um 1/4 verbessert, wobei bereits nach einer Minute eine deutliche Wirkung zu sehen ist. Das Maximum der positiv inotropen Wirkung wird nach drei min erreicht, um dann nach 25 min auf den ursprünglichen Wert abzufallen. Wegen des sofortigen Wirkungseintrittes ist Strophanthin (Kombetin) bei akut auftretender Myokarddepression während der Narkose indiziert.

Zur Prophylaxe empfiehlt sich hingegen eine Vordigitalisierung mit β-Acetyldigoxin (Novodigal), da der positiv inotrope Effekt stärker ausgeprägt und die Arrhythmiegefahr bedeutend geringer ist.

Glucagon

Der Wirkungsmechanismus von Glucagon ist noch nicht geklärt. Eine von den Katecholaminen unabhängige Aktivierung des Adenylcyclase-Systems wird diskutiert.

MURTAGH et al. (5) empfehlen besonders beim low-cardiac-output-Syndrom Einzeldosen von 2 - 5 mg. Dabei wird besonders ein Anstieg der Myokardkontraktilität und des Schlagvolumens bei gleichzeitiger Senkung des Pulmonalarteriendruckes und des totalen peripheren Widerstandes beobachtet. Die Wirkung tritt ein nach 30 sec, erreicht nach 5 min ein Maximum und dauert 30 min an. Wegen der gleichzeitigen Herzfrequenzsteigerung und dem damit verbundenen erhöhten Sauerstoffverbrauch ist besonders bei eingeschränkter Coronarreserve bei einer zweiten Injektion Vorsicht geboten.

In dem eingangs geschilderten Fall hat sich das Myokard erst nach zwei partiellen Unterstützungsperfusionen von insgesamt 63 min Dauer, Schrittmacherstimulation und Gabe von Dopamin (250 γ/min) und Suprarenin, zuerst 4 - dann 2 γ/min, soweit erholt, daß es den Kreislauf ausreichend aufrecht erhalten konnte.

Literatur

1. BENTHE, H. F., GÖTHERT, M., KLINGGRÄFF, G. v.: Zur negativ inotropen Wirkung von Inhalationsnarkotica und zur Kompensation dieses Effektes durch Herzglykoside. Anaesthesist 22, 62 - 68 (1973).
2. DENLINGER, J. K., KAPLAN, J. A., LECKY, J. H., WOLLMAN, H.: Cardiovascular Responses to Calcium Administered Intravenously to Man during Halothan Anesthesia. Anesthesiology 42, 390 - 397 (1975).
3. GOLDBERG, L. I., MacCANNELL, K. L., MacNAY, J. L., MEYER, M. B.: The use of dopamine in the treatment of hypotension and shock after myocardial infarction or cardiac surgery. Amer. Heart H. 72, 568 (1966).
4. MacCANNELL, K. L.: Hemodynamic responses to dopamine and to isoproterenol following acute myocardial injury. Canad. J. Physiol. Pharmacol. 47, 25 (1969).
5. MURTAGH, J. G., BINNION, P. F., HUTCHISON, K. J., FLETCHER, E.: Hemodynamic Effects of Glucagon. Brit.Heart J. 32, 307 (1970).
6. PRICE, H. L.: Calcium Reverses Myocardial Depression Caused by Halothane. Anesthesiology 41, 576-580 (1974).
7. ROIZEN, M. F., MOSS, J., HENRY, D. P., KOPIN, I. J.: Effects of Halothane on Plasma Catecholamines. Anesthesiology 41, 432-439 (1974).
8. TARNOW, J., BRÜCKNER, J. B., EBERLEIN, H. J., PATSCHKE, D., REINECKE, A., SCHMICKE, P.: Experimentelle Untersuchungen zur Beeinflussung der Hämodynamik in tiefer Halothannarkose durch Dopamin, Glucagon, Effortil, Noradrenalin und Dextran. Anaesthesist 22, 8-15 (1973).

Zur Anwendung von Halothan in der Anaesthesie für Herzkatheterismus und Angiokardiographie in den ersten Lebensjahren

L. F. Comelli, M. G. Pignatelli, G. Pinto, P. Böhmig und G. Varassi

Die Fortschritte, die auf dem Gebiet der chirurgischen Behandlung der angeborenen Herzfehler gemacht worden sind, sind hauptsächlich der Möglichkeit zu verdanken, daß mit Hilfe des Herzkatheterismus vor der Operation eine exakte Diagnose der beim Patienten vorhandenen Mißbildung gestellt werden kann. Von besonderer Bedeutung ist dabei die Wahl der Narkosemethode, die für diese diagnostischen Untersuchungen am geeignetsten ist (1).

Die Allgemeinanästhesie oder die Gabe von Beruhigungsmitteln während des Herzkatheterismus müssen eine minimale Veränderung der Herz-Kreislauf-Dynamik, eine minimale Störung des alveolären Gasaustausches und die Beibehaltung einer normalen Erregbarkeit des Myokards gewährleisten (2). Diese Forderungen waren Anlaß für zahlreiche wissenschaftliche Untersuchungen, um die für derartige Verfahren geeignetste anästhesiologische Methode herauszufinden.

Die verschiedenen Pharmaka, die für eine ausreichende Beruhigung des Säuglings oder Kleinkindes während des Herzkatheterismus vorgeschlagen worden sind, haben jedoch zu keinem vollkommen zufriedenstellenden Ergebnis geführt.

Tribromäthanol und Barbiturate - rectal oder intramusculär verabreicht - führen zu bedeutenden Schwankungen des Sauerstoffgehaltes des Blutes, das aus ein und demselben Abschnitt des Herzens oder der großen Gefäße entnommen wird (3), und verstärken außerdem die dem Säugling und dem Kleinkind eigene Herz-Kreislauf- und Atmungslabilität (4).

Die Verabreichung von Morphin in der Dosis von 1 mg/5 kg KG intramusculär kann eine beträchtliche Änderung des Schlagvolumens und der Herzfrequenz der Patienten mit angeborenen cyanotischen Herzfehlern mit sich bringen (5, 6, 7, 8).

Die Neuroleptanalgesie, die zwar eine ausgezeichnete Beruhigung hervorruft, verringert den Druck in der Pulmonalarterie und kann auch ab und zu zu erheblichen diagnostischen Fehlern führen (9).

Auch Diazepam in der Dosis von 1 mg/kg KG i. v. (10) ruft zwar eine für die Ausführung des Herzkatheterismus geeignete Beruhigung hervor, verringert aber die alveoläre Ventilation mit darauffolgender Hypoxämie und Hyperkapnie (11).

Die gleichen Wirkungen sind nach der "Torontomischung" (12), bestehend aus einer Verbindung von Meperidin (25 mg), Chlorpromazin (6,25 mg) und Promethazin (6,25 mg), verabreicht in der Dosis von 0,5 ml/9 kg, zu verzeichnen.

Die aufgezählten Nebenwirkungen der verschiedenen Arten von Prämedikationen scheinen eine Bevorzugung der Allgemeinanästhesie zu rechtfertigen, da diese es ermöglicht, den Patienten in einen regungslosen, ruhigen Zustand zu versetzen, in dem er den Herzkatheterismus gut vertragen kann.

Verschiedene Anästhetica sind dazu verwendet worden (13, 14, 15, 16, 17, 18, 19, 20, 21, 22), was zur Überzeugung geführt hat, daß Halothan eines der geeignetsten Narkosemittel für solche diagnostischen Untersuchungen der angeborenen Herzfehler ist (2, 23, 24, 25, 26, 27).

Zweck der vorliegenden Untersuchung ist es, Druckveränderungen im Lungen- und im Systemkreislauf, die dieses Anästheticum während des Herzkatheterismus bei Kindern im ersten Lebensjahr hervorruft, zu analysieren.

Methodik und Kasuistik

Die hämodynamischen Wirkungen der Halothan-Narkose wurden bei zehn Kindern im Alter von 4 - 12 Monaten mit verschiedenartigen angeborenen Herzfehlern ausgewertet (siehe Tabelle 1).

In Lokalanästhesie mit 1%igem Lidocain ohne Adrenalin (3 mg/kg), wurde die Arteria brachialis percutan kanüliert und die rechte oder linke Vena saphena chirurgisch freigelegt. In diese wurde ein Cournand-Katheter eingeführt und unter radioskopischer Kontrolle bis zum rechten Herzen vorgeschoben.

Nach Aufzeichnung des Druckes im rechten Ventrikel und in der Arteria brachialis mit Hilfe von Elektromanometern vom Typ Statham P 23 G für den Systemdruck und vom Typ Statham P 23 AA für den Druck im rechten Herzen, an einen Ote-Galileo-Polygraph mit 8 Kanälen angeschlossen, wurde die Narkose mit einer Mischung aus rasch bis zu 2% ansteigenden Halothankonzentrationen und 100% Sauerstoff begonnen. Nach endotrachealer Intubation unter Muskelerschlaffung durch Suxamethonium (1 mg/kg) wurde die Anästhesie sodann mit 0,5 - 0,75 Vol% Halothan und Sauerstoff im halboffenen Ayre-System fortgesetzt. Bevor mit den verschiedenen Phasen des Herzkatheterismus (Oxymetrie, Einspritzen von Kontrastmitteln, radioaktiven Substanzen usw.) begonnen wurde, haben wir nochmals den Druck im rechten Ventrikel und der Arteria brachialis kontrolliert.

Die elektrische Aktivität des Herzens wurde während der ganzen diagnostischen Untersuchung fortlaufend kontrolliert. Bestimmungen des pH, des PO_2 und des PCO_2 wurden mit einem Micro-Astrup-Apparat und der Technik nach Siggaard-Andersen durchgeführt (28).

Ergebnisse

Systolischer und diastolischer Druck im rechten Ventrikel sowie systolischer, diastolischer und Mitteldruck in der Arteria

Tabelle 1. Unter Ausgangsbedingungen und während Halothan-Anästhesie gemessene Druckwerte

Fall Nr.	Alter (Monate)	Typ des Herzfehlers	Druck im rechten Ventrikel Ausgangswert	in Anästhesie	Arterieller Systemdruck Ausgangswert	in Anästhesie
1	10	VSD	100/1	94/2	115/75 (88)	105/60 (75)
2	6	ODAB	30/0	30/0	110/75 (77)	95/55 (68)
3	10	VSD	52/0	40/0	110/60 (76)	85/45 (58)
4	8	FT	50/0	43/0	95/50 (62)	62/35 (44)
5	11	FT	100/4	84/4	-	-
6	7	FT	88/0	74/0	85/50 (62)	85/50 (62)
7	9	FT	96/4	78/6	80/40 (53)	80/35 (47)
8	6	VSD	50/0	40/0	115/80 (92)	85/60 (68)
9	5	FT	98/0	88/0	100/70 (73)	90/50 (63)
10	12	CA + ODAB + F	64/4	64/4	80/60 (67)	70/30 (43)

VSD = Ventrikelseptumdefekt; ODAB = offener Ductus arteriosus Botalli; FT = Fallotsche Tetralogie; CA = Coarctatio aortae; F = Fibroelastose; () = arterieller Mitteldruck

brachialis beim wachen und beim mit Halothan anästhesierten Patienten sind in Tabelle 1 wiedergegeben.

Tabelle 2 gibt Auskunft über die Veränderungen dieser Drucke während der Anästhesie, ausgedrückt in Prozenten der Ausgangswerte.

Was die Veränderungen des Herzrhythmus anbetrifft, so sind bei vier Patienten während der Passage des Katheters durch die Tricuspidalklappe und als die Katheterspitze das Septum interventriculare berührte, ventriculäre Extrasystolen aufgetreten. Bei drei Patienten kam es zu einem Nodalrhythmus, der jedoch offensichtlich unabhängig von den spezifischen Manövern während der diagnostischen Untersuchung war.

Bei keinem Patienten waren bedeutsame Veränderungen der Spontanatmung und des Säure-Basengleichgewichts, verglichen mit den Ausgangswerten, zu beobachten. Am Ende der Untersuchung erwachten die Patienten sofort, bei drei Fällen stellte sich Erbrechen und bei fünf Fällen starker anhaltender Schüttelfrost ein.

Diskussion und Schlußfolgerungen

Wie aus unseren Untersuchungen hervorgeht, ruft Halothan eine deutliche Verringerung des arteriellen Systemdruckes, teilweise mit vagolytischen Pharmaka korrigierbar, hervor. Dieser Druckabfall scheint durch Ausschalten der sympathischen Ganglien, Verringerung des Gefäßtonus, direkte depressive Wirkung auf die Gefäßmuskulatur, direkte Depression des Myokards und eine zentrale vasomotorische Dämpfung bedingt zu sein.

Weniger bekannt ist die Wirkung des Pharmakons auf die Drucke des Lungenkreislaufes. Eine diesbezügliche Untersuchung schien aus zweierlei Gründen angebracht zu sein:

1. Zur genauen Bewertung eines bestimmten Druckwertes, der während der Halothan-Anästhesie im rechten Ventrikel gemessen worden ist, ist es notwendig, zu wissen, ob derselbe dem Normalzustand entspricht oder ob er durch die Anästhesie verändert worden ist. In letzterem Falle ist es notwendig zu wissen, ob die gleichzeitigen Veränderungen des arteriellen Systemdruckes als kompensatorische Korrekturfaktoren zur Wiederherstellung des Ausgangsdruckes im rechten Ventrikel angesehen werden können.

2. Um den Shunt gasanalytisch exakt beurteilen zu können, muß man wissen, ob die im rechten und linken Herzen hervorgerufenen Druckänderungen sich größen- und richtungsmäßig entsprechen und demnach den Shunt wenig zu verändern imstande sind oder ob durch Überwiegen der Druckänderungen einer Seite die Größe und Richtung des Shunts verändert worden sein könnte.

Die Mittelwerte der Veränderungen des systolischen Druckes im rechten Ventrikel bzw. Druckes im Systemkreislauf sind sich nun sehr ähnlich (-14,5 bzw. -14,6%). Diese Tatsache könnte dazu verleiten, die Wirkung der Anästhesie auf den Shunt als belang-

Tabelle 2. Prozentuale Druckveränderungen während Halothan-Anästhesie

Fall Nr.	Systolischer Druck im rechten Ventrikel	arterieller Systemdruck systolisch	diastolisch	mittel
1	- 6	- 9	-20	-15
2	0	-14	- 9	-12
3	-24	-23	-25	-25
4	-14	-35	-30	-30
5	-16	---	---	---
6	-16	0	0	0
7	-19	0	-13	-12
8	-20	-27	-25	-27
9	-10	-10	-17	-14
10	-20	-13	-50	-36
Mittelwert ($\bar{x}$)	-14,5	-14,6	-21,0	-19,0
Standardabweichung (s_x)	± 7,3	± 11,9	± 14,2	± 11,2

los anzusehen und die Änderungen des Systemdruckes als nützlichen Korrekturfaktor für den Druck im rechten Ventrikel zu halten. Die Analyse der Einzelergebnisse schränkt jedoch die Gültigkeit dieser Annahme ein. Der arterielle Systemdruck nimmt nämlich in vier Fällen (1, 2, 4, 8) prozentual mehr ab als der Druck im rechten Ventrikel, während sich in drei Fällen (6, 7, 10) gerade das Gegenteil ereignet. In zwei Fällen (3, 9) waren die Veränderungen in beiden Bereichen gleich.

Während der Halothan-Narkose wird der Druck im rechten und im linken Bereich des Herzens in vier Fällen (2, 4, 6, 7) sehr unterschiedlich beeinflußt, der Unterschied der prozentualen Veränderungen lag dabei über 10%.

Außerdem hat es den Anschein, als ob die Halothan-Anästhesie in Verbindung mit dem Katheter in den Herzkammern häufig für das Auftreten ventriculärer Extrasystolen und von Nodalrhythmen verantwortlich gemacht werden kann. Zudem sensibilisiert das Anästheticum das Myokard gegenüber Katecholaminen, die, während der Anästhesie i. v. verabreicht, Extrasystolen, ventriculäre Tachykardien und Kammerflimmern hervorrufen können. Die gleichen Störungen können auch auftreten, wenn bei der Angiokardiographie Acetylcholin verabreicht wird, um dadurch eine kurze asystolische Periode zu erhalten. Unter diesen Bedingungen können nämlich große Mengen endogener Kathecholamine freigesetzt werden.

In den letzten Jahren haben wir zahlreiche Halothan-Anästhesien bei Herzkatheterismus an Kindern im Alter zwischen 2 Monaten und 2 Jahren durchgeführt. Wir möchten daher an dieser Stelle auch auf die zahlreichen positiven Eigenschaften dieses Inhalationsnarkoticums hinweisen, die sich im Fehlen von Explosivität in einer raschen und angenehmen Narkoseeinleitung, einer Verringerung der Sekretion mit Erleichterung der Atmung, einer guten Handhabung mit konstanter oberflächlicher Anästhesiemöglichkeit sowie einem schnellen und ruhigen Erwachen bemerkbar machen.

Neben diesen positiven Eigenschaften ruft aber Halothan, wie wir beobachten konnten, auch deutliche Veränderungen der hämodynamischen und gasanalytischen Parameter hervor, weshalb dieses Anästheticum u. E. nicht zu denjenigen gezählt werden kann, die für diese Art diagnostischer Untersuchungen geeignet sind.

Literatur

1. MUNROE, J. P., DODDS, W. A., GRAVES, H. B.: Anesthesia for cardiac catheterization and angiocardiography in children. Canad. Anaesth. Soc. J. 12, 67 (1965).
2. MANNERS, J. M., CODMAN, V. A.: General anaesthesia for cardiac catheterization in children. Anaesthesia 24, 541 (1969).
3. NORRIS, W.: Basal narcosis or sedation for cardiac catheterization. Brit. J. Anaesth. 35, 358 (1963).
4. MULLINS, G.: Core temperature in infants undergoing cardiac catheterization. Pediatrics 36, 89 (1965).

5. PAPPER, E. M., BRADLEY, S. E.: Hemodynamic effects of intravenous morphine and pentothal sodium. J. Pharmacol. Exp. Ther. 74, 319 (1942).
6. MOYER, J. H., MORRIS, G. C., PONTIUS, R. G.: The effect of morphine and N-allylnormophrine on cerebral oxygen metabolism as compared to similar observations on chlorpromazine when administered to man. Med. Res. (Houston) 50, 62 (1956).
7. THOMAS, M., MALMCRONA, R., FILLMORE, S., SHILLINGFORD, J.: Haemodynamic effects of morphine in patients with acute myocardial infarction. Brit. Heart J. 27, 863 (1965).
8. LOWENSTEIN, E., HALLOWELL, P., LEVINE, F. H., DAGETT, W. M., AUSTEN, W. G., LAVER, M. B.: Cardiovascular response to large doses of intravenous morphine in man. New Engl. J. Med. 281, 1389 (1969).
9. MacDONALD, H. R., BRAID, D. P., STEAD, B. R., CRAWFORD, I. C., TAYLOR, S. H.: Clinical and circulatory effects of neuroleptanalgesia with dehydrobenzperidol and phenoperidine. Brit. Heart J. 28, 654 (1966).
10. FUNICIELLO, A. M., INVERNIZZI, G., GATTI, G.: Anestesia basale diazepinica nel cateterismo cardiaco dei bambini nel primo anno di vita. Giorn. Ital. Mal. Tor. 22, 449 (1968).
11. DALEN, J. E., EVANS, G. L., BANAS, J. S., BROOKS, H. L., PARASKOS, J. A., DEXTER, L.: The hemodynamic and respiratory effects of diazepam (Valium). Anesthesiology 30, 259 (1969).
12. SMITH, C., ROWE, R. D., VLAD, P.: Sedation of children for cardiac catheterization with an ataractic mixture. Canad. Anaesth. Soc. J. 5, 35 (1958).
13. SMITH, J. A.: Anaesthesia for cardiac catheterization in children. Brit. Med. J. 1, 705 (1950).
14. CARNEGIE, D. M.: Discussion on anaesthesia in cardiac disease. Proc. Roy. Soc. Med. 46, 421 (1953).
15. GIBSON, J. B.: Anaesthesia for cardiac catheterization and angiography. Anaesthesia 8, 269 (1953).
16. KEATS, A. S., TELFORD, J., KUROSU, Y., LATSON, J. R.: Providing a steady state for cardiac catheterization under anesthesia. J. A. M. A. 166, 215 (1955).
17. KEPES, E. V., LIVINGSTON, M., ESCHER, D. J. W.: Management of children during cardiac catheterization with inhalation anesthesia. Curr. Res. Anesth. 34, 299 (1955).
18. TAYLOR, C., STOELTING, V. K.: The anesthetic management of small children undergoing cardiac catheterization and angiography. Anest. Analg. Curr. Res. 38, 441 (1959).
19. EGGERS, G. W. N., STOECKLE, H. G. E., ALLEN, C. R.: General anesthesia for cardiac catheterization. Anesthesiology 20, 817 (1959).
20. ADAMS, A. K., PARKHOUSE, J.: Anaesthesia for cardiac catheterization for children. Brit. J. Anaesth. 32, 69 (1960).
21. COLEMAN, J. F., ZIEGLER, R., GREEN, E.: Pediatric cardiac catheterization; analgesia or anesthesia. Henry Ford Hosp. Med. Bull. 8, 306 (1960).
22. AKDIKMEN, S. A., ROSENTHAL, R., LANDMESSER, C. M.: Diphenhydramine hydrochloride in premedication for cardiac catheterization. Anesth. Analg. Curr. Res. 45, 293 (1966).
23. NORTON, M. L., KUBOTA, Y.: Experiences with cardiac catheterization using halothane-compressed air anesthesia. Anesthesiology 21, 374 (1960).
24. MOFFITT, E. A., DAWSON, B., O'NEILL, N. C.: Anesthesia for pediatric cardiac catheterization and angiocardiography. Anesth. Analg. Curr. Res. 40, 483 (1961).

25. LUNDBORG, R. O., SESSLER, A. D., MOFFITT, E. A.: Anesthesia in a clinical cardiovascular laboratory. Surg. Clin. North Am. 45, 863 (1965).
26. VINCE, D. J.: Cardiac catheterization in the first year of life. Can. Med. Ass. J. 98, 386 (1968).
27. NICHOLSON, J. R., GRAHAM, G. R.: Management of infants under six months of age undergoing cardiac investigation. Brit. J. Anaesth. 41, 417 (1969).
28. SIGGAARD-ANDERSEN, O., ENGEL, K.: A new acid-base nomogram. An improved method for the calculation of the relevant blood acid-base data. Scand. J. Clin. Lab. Invest. 12, 177 (1960).

Anaesthesieprobleme bei transvenöser Schrittmacherimplantation

U. Blaum, H. Schmidt und H. Pflüger

Nachdem es ZOLL 1952 gelungen war, beim Menschen eine Asystolie durch elektrische Impulse zu beheben, hat die Pacemaker-Therapie die Lebenserwartung bei Patienten mit extremen Bradykardien und Adam-Stokes'schen Anfällen deutlich erhöht (HAGER und SELING). Jede Schrittmacherimplantation ist mit einer Reihe alters- und situationsbedingter Risiken belastet. Einerseits leiden die meist hochbetagten Patienten oft an narkose-komplizierenden Begleiterkrankungen, andererseits droht ihnen der totale AV-Block mit Adam-Stokes'schem Anfall. Bei extremer Bradykardie besteht ein Schlagvolumenhochdruck, der eine verminderte Anpassungsfähigkeit an Blutdruckschwankungen mit sich bringt. Eine leicht steuerbare Narkose und eine permanente Überwachung der wichtigsten Kreislaufparameter inclusive EKG sind conditio sine qua non (VOGEL).

Vom 1.1.1965 bis 17.12.1975 haben wir insgesamt 801 Narkosen für transvenöse Schrittmacherimplantationen bzw. -revisionen ausgeführt (Tabelle 1). Davon waren für 408 Pacemakerimplantationen und für 393 Revisionen die Indikationen nach Tabelle 2 gegeben.

Tabelle 1. Narkosen bei Schrittmacherpatienten vom 1.1.1965 bis 17.12.1975

408 Erstimplantationen
393 Revisionen (incl. Batteriewechsel)
801 Narkosen

Tabelle 2. Indikationen für Pacemakererstimplantationen

Zahl der Patienten	Indikation
318	AV-Blockierungen
61	Absolute Bradyarrhythmien
20	Sinusarrhythmien
9	Bifasciculärer Block
408	

Indikationen für Pacemakerrevisionen

Zahl der Eingriffe	Indikation
187	Batterieermüdung, Infekt
206	Sondenrevision, Neuimplantation
393	

Die Altersverteilung unserer Patienten zeigt, daß etwa 50% über 70 Jahre alt und 10% sogar über 80 Jahre alt waren (Abb. 1).

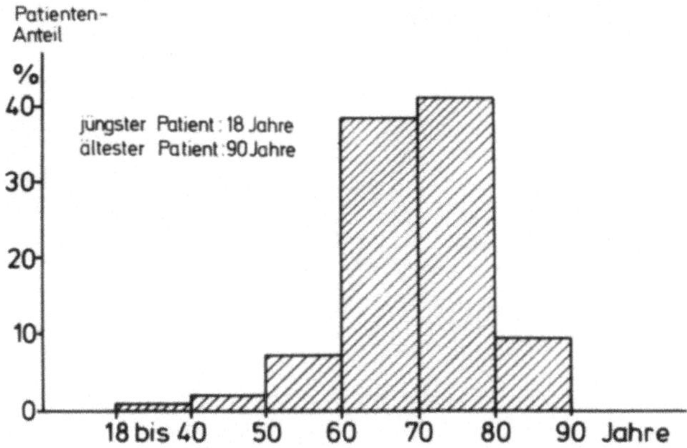

Abb. 1. Altersverteilung

Bei diesem Patientenkollektiv mit hohem Durchschnittsalter hat sich uns eine oberflächliche Halothan-Lachgas-Narkose (PFLÜGER) bewährt (Tabelle 3).

Tabelle 3. Schema für Halothan-Lachgas-Narkose bei Schrittmacherimplantationen und -revisionen

Prämedikation	:	0,25 mg Atropin i.v.
Einleitung	:	per inhalationem mit N_2O : O_2 = 4 l/min : 4 l/min und Halothan 2 bis 4 Vol% 50 mg Succinyl i.v., Intubation
Aufrechterhaltung	:	N_2O : O_2 = 1,5 l/min : 1,5 l/min Halothan 0,3 bis 0,8 Vol% 0,2% Succinyldrip bei Bedarf kontrollierte Beatmung
Ausleitung	:	Beendigung des Succinyldrips und der Narkosegaszufuhr Beatmung mit 100% O_2 Extubation

Es sei auf einige Punkte besonders verwiesen: Die Prämedikation nahmen wir ausschließlich mit Atropin vor; die Narkoseeinleitung per inhalationem, wobei 50% des Gasgemisches aus reinem Sauerstoff bestanden; intraoperative Relaxation bei Bedarf mit 0,2%igem Succinylcholintropf.

Diese oberflächliche und sehr flache Narkose haben wir bei 637 Fällen angewandt. Dabei traten folgende Komplikationen auf (Tabelle 4): Exitus letalis bei vier Patienten, Kammerflimmern

Tabelle 4. Komplikationen bei 637 Halothan-Lachgas-Narkosen bei Schrittmacherimplantationen

Komplikation	Gesamt	davon während der Einleitung	davon während der Aufrechterhaltung
Exitus letalis in tabula	4	2	2
Asystolie	12	4	8
Kammerflimmern	8	5	3
RR-Abfall > 25%	23	--(!)	23
Tachykardie > 100/min	15	12	3
Postoperative Beatmung	3		
prolongierte Intubation	2		

oder Asystolie bei acht bzw. zwölf Patienten; Tachykardien bei fünfzehn Patienten und reversibler Blutdruckabfall von mehr als 25% in 23 Fällen.

Der vorwiegend in der Einleitungsphase registrierten Pulsfrequenzbeschleunigung über 100 / min konnte durch vorsichtige Applikation des β-Blockers Practolol wirksam begegnet werden. Intraoperative Blutdrucksenkungen waren nach Reduktion der ohnehin niedrigen Halothan-Dosis meist reversibel.

Während die Quote schwerer Komplikationen (Exitus in tabula, Asystolie, Kammerflimmern) bei dieser nur Atropin-prämedizierten Narkoseform 3,9% betrug, stieg sie dann besonders deutlich an, wenn die Patienten mit 30 mit 50 mg Pethidin i.m. vorbehandelt waren: Wir erlebten in 6,5% der Fälle Asystolien bzw. Kammerflimmern und in 2% der Fälle kam es zum Exitus letalis (Abb. 2). Günstig schien sich die Pethidinprämedikation lediglich auf die Pulsfrequenz auszuwirken: wir beobachteten danach bei diesen Patienten keine Tachykardien. Dafür sahen wir aber bei jedem vierten Patienten einen intraoperativen Blutdruckabfall von mehr als 25%. Diese Prämedikationsmethode haben wir daher bei nur 46 Patienten angewandt und seit 1970 verlassen.

Neben der Einleitung per inhalationem leiteten wir auch einige Narkosen per injectionem mit Propanidid (0,5 mg/kg KG) ein: dabei verloren wir einen Patienten und mußten bei sechs weiteren Reanimationsmaßnahmen ergreifen (Abb. 2), so daß sich dieses bei 65 Patienten angewandte Einleitungsverfahren nicht bewährte und daher in unserem Hause seit 1971 nicht mehr appliziert wird.

Einige Schrittmacherimplantationen wurden auch in Lokalanaesthesie vorgenommen. Unter achtzehn Patienten erlebten wir bei vier Patienten wiederholte Adam-Stokes'sche Anfälle; bei jedem vierten Patienten mußte die Anaesthesie durch eine Vollnarkose komplettiert werden. Ein Anaesthesieverlauf, wie wir ihn mehrfach erlebt haben, sei kurz geschildert (Abb. 3):

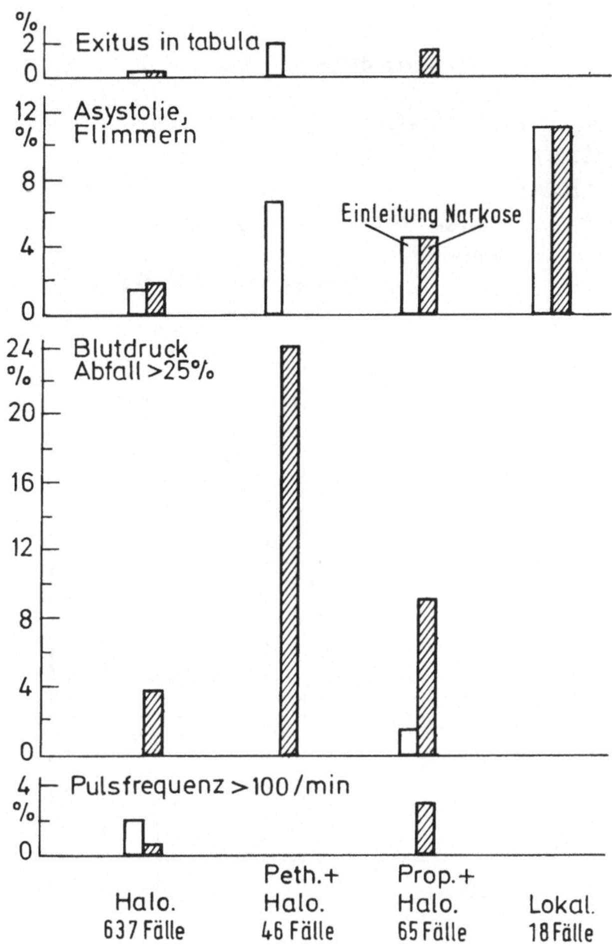

Abb. 2. Komplikationen bei 766 Anaesthesien

Nachdem in L.A. vier Adam-Stokes'sche Anfälle nacheinander aufgetreten waren, erfolgte eine Halothan-N_2O-Narkose, die vorsichtig mit 1 Vol% Halothan per inhalationem eingeleitet wurde. Danach zeigte sich ein komplikationsfreier Anaesthesieverlauf und ein rascher chirurgischer Erfolg am nun schmerzfreien und ruhig liegenden Patienten.

Der Komplikationsübersicht in Abb. 4 entsprechend, ist offenbar die Erstimplantation einer Schrittmachers risikoreicher als eine Revision (Abb. 4).

Unter den postoperativen Komplikationen sahen wir bei fünf von 801 Patienten eine Ateminsuffizienz; zwei dieser Patienten waren von einem Succinylüberhang betroffen und eine dritter war intraoperativ reanimiert worden. Zu erwähnen ist auch, daß wegen

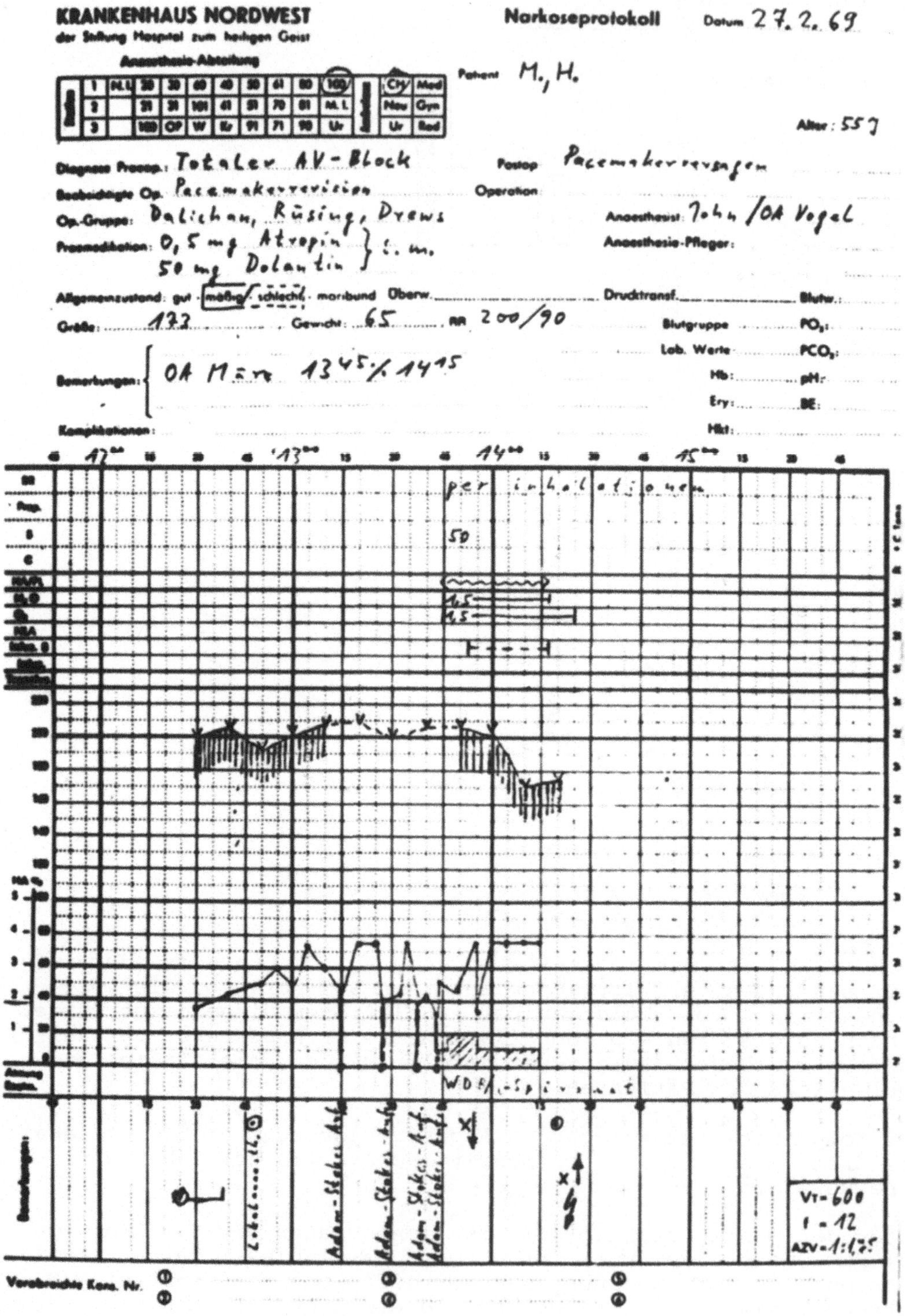

KRANKENHAUS NORDWEST
der Stiftung Hospital zum heiligen Geist
Anaesthesie-Abteilung

Narkoseprotokoll Datum 27.2.69

Patient M., H.

Alter: 55 J

Diagnose Praeop.: Totaler AV-Block
Postop. Pacemakerversagen
Beabsichtigte Op. Pacemakerrevision
Operation
Op.-Gruppe: Dalichau, Rüsing, Drews
Anaesthesist: John / OA Vogel
Praemedikation: 0,5 mg Atropin, 50 mg Dolantin } i.m.
Anaesthesie-Pfleger:

Allgemeinzustand: gut · mäßig / schlecht · moribund
Größe: 173 Gewicht: 65 RR 200/90

Bemerkungen: OA März 13[45] / 14[15]

Komplikationen:

per inhalationem

WDF/-Spiromat

Lokalanaesthesie

Adam-Stokes-Anfall

Adam-Stokes-Anfall

Adam-Stokes-Anfall

Adam-Stokes-Anfall

VT-600
f = 12
AZV = 1:1,75

Verabreichte Kons. Nr.

Abb. 3. Narkoseprotokoll

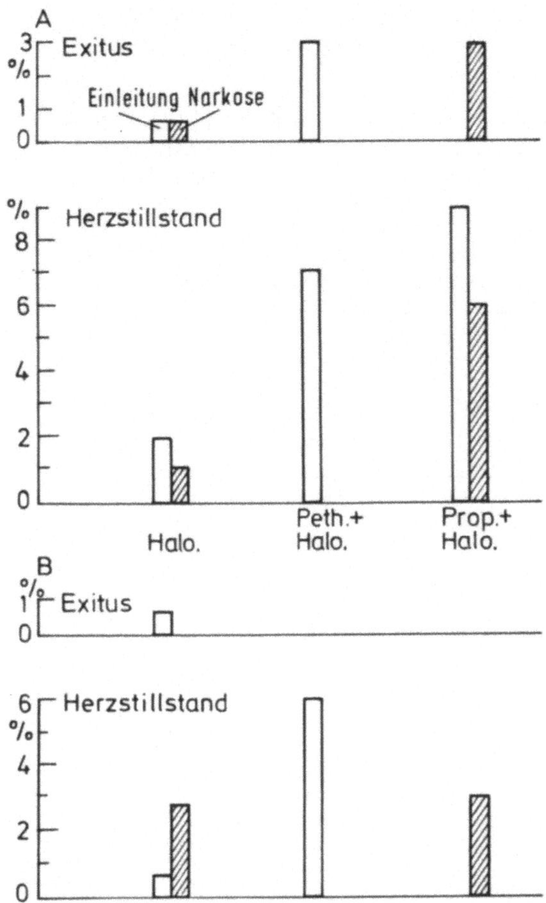

Abb. 4a und 4b.
a) Schwere Komplikationen bei Erstimplantationen (408 Fälle)
b) Schwere Komplikationen bei Revisionen (393 Fälle)

wiederholter Elektrodendislokation einige Patienten innerhalb weniger Wochen mehrere Narkosen mit Halothan erhielten: unklare Fieberzustände oder Ikterus haben wir post operationem nie beobachtet.

Andere Autoren, die die Halothannarkose am mit Pethidin oder Promethazin prämedizierten Patienten mit einem Barbiturat (GATTIKER, PULVER und SCHMITZ, OBINWA, ZINDLER) oder Diazepam (McCLISH et al.) einleiteten, erlebten zwischen 12 und 20% Asystolien oder Kammerflimmern. OBINWA konstatierte bei oberflächlichen Halothannarkosen nur in 4% der Fälle schwere Komplikationen. Obgleich eine zweifellos dosisabhängige, negativ inotrope Wirkung des Halothans (GOLDBERG) existiert, eruierten wir bei dem von uns praktizierten Narkoseverfahren in nur 3,8% der Fälle nennenswerte Blutdruckabfälle. Unsere Beobachtungen lassen vermuten, daß die von anderen Autoren mitgeteilte Kreislauflabilität bei Schrittmacherimplantationen in oberflächlicher Halothannarkose (McCLISH et al., OBINWA, PULVER und SCHMITZ, ZINDLER) weniger eine reine Halothanwirkung als vielmehr die

Folge einer Wechselwirkung zwischen Halothan und Prämedikation bzw. des zur Narkoseeinleitung verwendeten Barbiturates darstellt.

Abschließend sei noch erwähnt, daß sich die oberflächliche Halothannarkose auch bei 91 extremen Risikopatienten bewährt hat (Tabelle 5). Selbst bei Patienten, die am Operationstag präoperativ reanimiert worden waren, erlebten wir nur selten Komplikationen. Bei einigen Hypertonikern kam es jedoch zu Blutdruckabfällen, die aber alle reversibel waren. Schließlich hat sich bei einem Patienten mit progressiver Muskeldystrophie die Narkose mit Halothan auch bei uns als die Methode der Wahl erwiesen.

Tabelle 5. Zusätzliche Risikofaktoren bei Pacemakerimplantationen bzw. -revisionen während einer oberflächlichen Halothan-Narkose

Zusätzlicher Risikofaktor	Zahl der Narkosen	Komplikationen Zahl	Komplikationen Art
Z. n. frischer Reanimation	10	-	
Z. N. frischem kardiogenen Schock	1	-	
Herzinfarkt innerhalb der letzten 3 Monate	7	1	Flimmern bei Narkoseeinleitung
Z. n. 2-fachem Herzinfarkt	1	-	
Kombiniertes Mitralvitium	4	-	
Kardiales Lungenödem	2	1	Exitus letalis nach Intubation
Aortenaneurysma	1	-	
Extreme Hypertonie (>200/100)	33	4	RR-Abfall
Z. n. frischem Apoplex oder Apoplex mit Restschäden	7	-	
Niereninsuffizienz (Harnstoff >120 mg%)	12	1	RR-Abfall
Progressive Muskeldystrophie	3	-	
Frische Bronchopneumonie	2	1	RR-Abfall
Aktive Tbc	1	-	
Schweres Asthma bronchiale	3	1	prolongierte Intubation
Insulinbedürftiger, schlecht eingestellter Diabetes mellitus	5	-	

Narkosen: 91
davon : 1 Exitus
1 Reversibles Kammerflimmern
6 RR-Abfall >25% (vorübergehend)

Zusammenfassend läßt sich sagen, daß sich unter den verschiedenen Anaesthesieverfahren die oberflächliche Halothan-Lachgas-Narkose bei nur mit Atropin prämedizierten Patienten bewährt hat. Sowohl die zusätzliche Prämedikation mit Pethidin als auch die intravenöse Einleitung mit Propanidid als auch die Pacemakerimplantation in Lokalanaesthesie brachten häufiger Komplikationen mit sich.

Literatur

1. FINCK, A. J., FRANK, A. H., ZOLL, P. M.: Current Res. Anesth. Analg. 48, 1043-1051 (1969).
2. GATTIKER, R.: Anaesthesie in der Herzchirurgie. Bern: Huber 1971.
3. GOLDBERG, G. A. H.: Halothan. GREENE, N. M. (Hrsg.). Oxford: Blackwell Scientific Publications 1968.
4. HAGER, W., SELING, A.: Praxis der Schrittmachertherapie. Stuttgart, New York: Schattauer 1974.
5. McCLISH, A., BENAZERA, A., LAPOINTE, P.: Union Med. Can. 103, 853-860 (1974).
6. OBINWA, O.: Anaesthesie in Herz- und Gefäßchirurgie. JUST, O., ZINDLER, M. (Hrsg.). Berlin, Heidelberg, New York: Springer 1967.
7. PFLÜGER, H.: Fortschr. Med. 86, 308-310 (1968).
8. PULVER, K. G., SCHMITZ, M.: Anaesthesist 14, 65-68 (1965).
9. VOGEL, H.: Anaesthesie in Herz- und Gefäßchirurgie. JUST, O., ZINDLER, M. (Hrsg.). Berlin, Heidelberg, New York: Springer 1967.
10. ZINDLER, M.: Anaesthesie in Herz- u. Gefäßchirurgie. JUST, O., ZINDLER, M. (Hrsg.). Berlin, Heidelberg, New York: Springer 1967.
11. ZOLL, P. M.: New Engl. J. Med. 247, 768-771 (1952).

Inhalationsnarkotica und Muskelrelaxantien

R. Frey

Die Inhalationsnarkotica (mit Ausnahme des N_2O und des Xenon) verstärken und verlängern die neuromuskulär blockierende Wirkung der nicht depolarisierenden Muskelrelaxantien vom Curaretyp. Man unterscheidet dabei eine potenzierende Wirkung, z. B. Äther und Curare von einer additiven Wirkung, z. B. Halothan und Curare.

Schon 1% Halothan im inhalierten Gasgemisch erhöht die Intensität und die Dauer der Curarewirkung. Äther und Ethrane steigern jedoch die Curarewirkung auf die Nervenendplatte dreimal mehr als Halothan.

Keine Wirkung auf die Nervenendplatte hat das Lachgas: Seine Kombination mit Halothan und anderen Inhalationsnarkotica führt also nicht zu einer zusätzlichen Verstärkung der Wirkung muskelerschlaffender Mittel.

Scharf trennen müssen wir die Wechselwirkung zwischen Halothan und Relaxantien einerseits von der Wechselwirkung zwischen Antibiotica und Muskelrelaxantien: Die meisten Antibiotica (und auch Cytostatica!) verstärken und verlängern die Wirkung der muskelerschlaffenden Mittel.

Dieser Effekt darf also nicht verwechselt werden mit der Verstärkerwirkung der Inhalationsnarkotica! Gefährlich kann es werden, wenn alle drei Faktoren zusammenkommen und der Anaesthesist vergißt, an diese dreifache Verstärkerwirkung zu denken.

Die Wirkung der depolarisierenden Relaxantien vom Succinyl-Cholin-Typ wird durch Halothan und andere Inhalationsnarkotica nicht wesentlich verstärkt. Jedoch müssen wir auch hier eine weitere Nebenwirkung dieser Relaxantien berücksichtigen, die eine Wechselwirkung zwischen Relaxans und Narkoticum vortäuschen kann! Ich meine die Freisetzung von Kalium bei rascher Injektion von depolarisierenden Relaxantien bei Patienten der septischen Abdominalchirurgie, also beim septischen Schock: Eine Vermeidung dieses fatalen Zwischenfalls sollte durch Verzicht auf depolarisierende Relaxantien beim septischen Schock oder zumindest durch Vorausgabe einer kleinen Menge eines nicht depolarisierenden Relaxans der Curaregruppe, wie sie bei uns von jeher üblich ist, schon um die Muskelschmerzen nach Succinyl-Cholin zu verhüten, angestrebt werden.

Dieselbe Vorsichtsmaßnahme empfehle ich vor der Injektion von Succinyl-Cholin bei Kindern, bei denen Arrhythmien nach depolarisierenden Relaxantien häufig beschrieben sind. Schließlich erwähne ich die maligne Hyperthermie, die bei Kranken mit genetischer Disposition in der Anaesthesie mit Halothan droht, wenn gleichzeitig Succinyl-Cholin angewendet wird. Auf dieses Problem wird im folgenden Vortrag eingegangen werden.

Klinische Schlußfolgerungen

1. Die Dosis der Muskelrelaxantien der Curaregruppe muß verringert werden, wenn unsere Patienten gleichzeitig unter der Wirkung von Inhalationsnarkotica stehen: Beim Halothan benötigen wir nur noch etwa 60% der früher üblichen Dosen, bei Äther nur etwa 30% der Dosierung, die bei Barbiturat-Lachgas-Narkose allein notwendig war.

2. Wir sollten die wechselseitige Verstärkerwirkung der meisten Inhalationsnarkotica und der Relaxantien klinisch ausnutzen: Wenn wir z. B. nach Schluß des Peritoneums das Halothan abstellen, so wird sich bis zum Ende der Hautnaht nicht nur die Narkose abflachen, sondern wird auch die Erschlaffung soweit zurückgehen, daß wir meist auf ein Curareantidot verzichten können!

3. Diese Kombinationsanaesthesie erlaubt es uns heute, die Vorteile der Relaxantien und des Halothans und anderer Inhalationsnarkotica optimal auszunutzen, ohne ihre Nachteile (die bei höherer Dosierung immer drohen) in Kauf nehmen zu müssen: 0,8% Halothan und 20 mg Curarin werden eben nun einmal klinisch besser vertragen als 1,5% Halothan oder 30 mg Curarin für sich allein. Oder, um mit Paracelsus zu sprechen: "Dosis sola facit venenum!"

4. Wir haben also heute Arzneimittelkombinationen in der Hand, die sich der "idealen" Anaesthesie nähern. Was wir nur noch brauchen, ist die Heranbildung des "idealen Anaesthesisten": Dies wird die Aufgabe der Zukunft sein!

Wechselwirkungen zwischen Halothan und Pancuronium

L. Barth

Anhand klinischer Beobachtungen ist nicht zu entscheiden, ob zwischen bestimmten Narkotica und Muskelrelaxantien additive oder überadditive, sog. potenzierende Wechselwirkungen bestehen. Der in Kombination mit Halothan (oder anderen stark wirkenden Narkotica) mehr oder weniger reduzierte Bedarf an depolarisationshemmenden Muskelrelaxantien ist noch kein Beweis für überadditive Wechselwirkungen.

Jeder erwünschte Grad von Muskelerschlaffung ist bekanntlich auch durch zentrale motorische Lähmung erzielbar. Mit der Narkosetiefe zunehmend erreicht diese gegen Ende des Stadiums III-3 ein Ausmaß, das die Durchführung beliebiger Operationen ohne Muskelrelaxans ermöglicht. Das heißt, der Relaxansbedarf ist auf der Ebene III-3 gleich Null (Abb. 1).

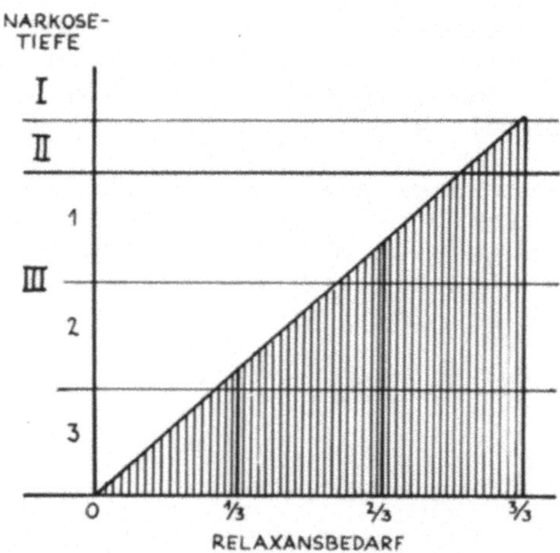

Abb. 1. Additive Pharmakonwirkung: Muskelrelaxansbedarf in Abhängigkeit von der Narkosetiefe

Oberhalb des III. Stadiums, im Stadium I und II, werden zur Erzeugung gleichwertiger Muskelerschlaffung volle Relaxansdosen benötigt. Zwischen diesen beiden Polen liegt das Feld der in Ahängigkeit von der Narkosetiefe reduzierten Relaxansdosen. Narkosetiefe und Relaxansbedarf stehen in enger Korrelation zueinander und ergänzen sich additiv, unabhängig von welchen Mitteln Gebrauch gemacht wird.

Zur Feststellung, ob eine Wirkstoffkombination mehr als additive Effekte besitzt, bedarf es experimenteller Untersuchungen, die wegen beträchtlicher spezies-spezifischer Unterschiede am Menschen vorzunehmen sind.

Dabei kann man, wie ich am Beispiel von Halothan und Pancuronium zeigen möchte, zu sehr unterschiedlichen Ergebnissen kommen.

Die Vorstellung, daß Halothan die Pancuroniumwirkung mehr als additiv verstärke, gründet sich auf myographische Untersuchungen von KATZ (1971). Dieser verabreichte einer Reihe von Patienten als Standarddosis 0,02 mg/kg Pancuronium und verglich die Reduktion der mechanischen Einzelreizantwort des Adductor pollicis von zehn Patienten, die N_2O/O_2 und Halothan (2 - 3 Vol%) erhalten hatten, mit drei Patienten, denen statt Halothan Barbiturat und Pethidin verabreicht worden war.

Das Resultat dieses Vergleichs war eine 33% stärkere Depression der Einzelreizantwort unter Halothan. Ferner fand KATZ bei drei Patienten, die einmal mit, ein andermal ohne Halothan narkotisiert worden waren, eine verstärkte und verlängerte Depression der Einzelreizantwort nach Pancuronium unter Halothan.

Bei kritischer Betrachtung dieser Arbeit fällt folgendes auf:
1. Zehn Halothanfälle sind drei nicht mit Halothan behandelten Patienten gegenübergestellt.
2. Scheint die Beweislast auf dem Überkreuzvergleich dreier einmal mit und einmal ohne Halothan narkotisierter Patienten zu liegen.
3. Als Kraftübertragungsgerät wurde ein Grass FT-03 verwendet, das nach FREUND und MERATI (1973) für Kleintiere ausgelegt ist und nur 1/3 der Kraft aufnehmen kann, die bei der Daumenadduktion eines narkotisierten Erwachsenen entsteht.

Unter diesen Bedingungen kann das Resultat der Arbeit von KATZ nicht recht überzeugen.

Wir haben die Wechselwirkungen zwischen Halothan und Pancuronium, ebenfalls mit myographischer Methodik, bei 27 Patienten beiderlei Geschlechts im Alter von 28 - 79 Jahren untersucht und sind zu anderen Ergebnissen gekommen.

Methodik

Pancuronium wurde in variabler klinischer Dosierung - 0,027 - 0,095 mg/kg KG bzw. 1,07 - 3,51 mg/m^2 KO - angewandt. Zur Drucktransmission diente ein bis 300 Torr linearer Rezeptor (EMT 34, Elema-Schoenander).

20 - 30 min nach Verschwinden des Depolarisationsblocks wurde der N. ulnaris mittels bipolarer Nadelelektroden und eines Gleichstrom-Nervstimulators, Myograph M 12 der Firma Medicor (Budapest), mit supramaximalen Rechteckimpulsen von 0,2 - 0,5 msec im Abstand von 0,3 Hz gereizt und die Einzelreizantwort über ein an anderer Stelle (BARTH 1973) beschriebenes hydro-

mechanisches System und einen elektrischen Druckwandler (EMT 34) auf einen Düsen-Tintenschreiber übertragen.

Als Kriterien zur Beurteilung der Relaxanswirkung dienten:
a) die Dauer des Maximaleffektes (black-out)
b) das Zeitintervall bis zu 50% Erholung
c) die Anstiegsgeschwindigkeit der Erholungskurve.

Die Kontrollwerte wurden am narkotisierten, nicht relaxierten Patienten gemessen und gleich 100% gesetzt.

Die Wechselwirkungen zwischen Halothan und Pancuronium wurden in folgender Weise geprüft:

1. Einzelversuch

Während der Erholung vom Pancuroniumblock wurde nach einer Vorbeobachtungsperiode von 18 min eine 15-min Beobachtungsperiode unter 0,5 - 1 Vol% Halothan eingeschaltet und eine Nachbeobachtungsperiode von 12 min angeschlossen.

2. Doppelversuch

Bei einer im Abstand von 8 Monaten zweimal narkotisierten Patientin wurde die Pancuroniumwirkung unter völlig identischen Bedingungen kontrolliert und einmal der vorstehend geschilderte Halothanzusatz angewandt.

3. Gruppenvergleich

Zwei mit variablen Pancuroniumdosen relaxierte Patientengruppen wurden einem statistischen Vergleich (Student's t-Test) unterworfen. Die eine Gruppe, bestehend aus 16 Patienten, stand unter Hexobarbital-Lachgas-Sauerstoff (-Kontrolle), die andere, bestehend aus 11 Patienten, hatte zusätzlich 0,5 - 2 Vol% Halothan erhalten.

Ergebnisse

1. Einzelversuch (Abb. 2 A)

Die Applikation von 0,5 - 1 Vol% Halothan während der Erholungsphase vom Pancuroniumblock hatte keine Veränderung im Verlauf der Erholungskurve zur Folge. Ein die Pancuroniumwirkung verstärkender Halothaneffekt ist unter den gewählten Versuchsbedingungen nicht nachweisbar.

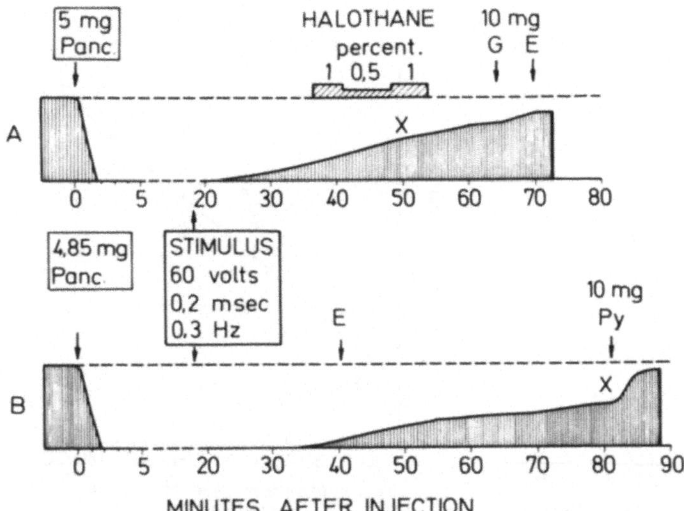

Abb. 2. A (Einzelversuch). Halothanzusatz während der Erholung vom Pancuroniumblock beeinflußte nicht den Verlauf der Erholungskurve. B (Überkreuzvergleich). Gleicher Fall wie A, 8 Monate später, ohne Halothan. Bei gleichen Anästhesie- und Versuchsbedingungen deutlich verlängerter Maximaleffekt und langsamerer Erholungsablauf nach identischer Pancuroniumdosis.
(X = 50% Erholung, E = Operationsende, G = Galanthamin, Py = Pyridostigmin)

2. Doppelversuch (Abb. 2 B)

Die Applikation einer bezüglich Körpergewicht und Körperoberfläche identischen Pancuroniumdosis hatte beim zweiten Mal - 8 Monate nach dem ersten Einsatz - eine deutlich längere Maximalwirkung und eine längere Erholungsphase im Gefolge (B). Die Pancuroniumwirkung war also ohne Halothan stärker als mit Halothanzusatz.

Daraus ist zu schließen, daß Überkreuzvergleiche beim selben Patienten irreführend sein können, weil sich die Reaktion auf einen Stoff auch ohne zusätzliche Medikamentwirkung verändern kann.

3. Gruppenvergleich (Abb. 3 und 4)

Intensität und Dauer der Depression der Einzelreizantwort waren erwartungsgemäß dosisabhängig (Abb. 3). Der in Form einer Regressionsgeraden dargestellten Korrelation zwischen Dosis und Wirkungsdauer (Abb. 3) entsprach ein Korrelationskoeffizient von 0,80 für den Maximaleffekt (linkes Diagramm) und 0,87 für 50% Erholung (rechtes Diagramm). Gemessen an diesen beiden Kriterien, bestand zwischen den mit Halothan behandelten Patienten (volle Kreise) und der Kontrollgruppe (leere Kreise) kein statistisch nachweisbarer Unterschied.

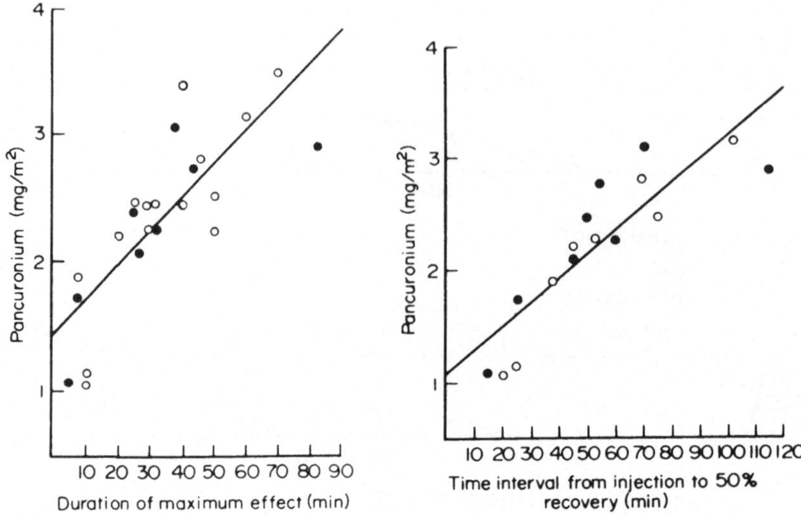

Abb. 3. Dosisabhängigkeit der Pancuroniumwirkung (mit und ohne Halothan). Linkes Diagramm: Korrelation zwischen Pancuronium-Dosis und Dauer der maximalen Einzelreizdepression (r = 0,80). Rechtes Diagramm: Korrelation zwischen Pancuronium-Dosis und 50% Erholung (r = 0,87). Kein statistisch nachweisbarer Unterschied zwischen Halothan - (volle Kreise) und Kontrollgruppe (leere Kreise)

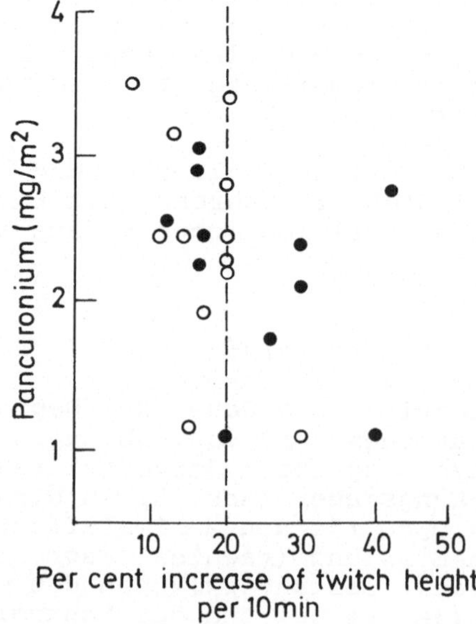

Abb. 4. Erholungsgeschwindigkeit (% Anstieg / 10 min) der Einzelreizantwort nach verschiedenen Pancuroniumdosen. (Unterbrochene Senkrechte = Mittelwert). Signifikant raschere Erholung (P < 0,05) der Halothan- (volle Kreise) als der Kontrollgruppe (leere Kreise)

Dagegen zeigte die Steilheit der Erholungskurve einen mit weniger als 5% Irrtumswahrscheinlichkeit signifikanten Unterschied zwischen der Halothan- und der Kontrollgruppe.

In Abb. 4 ist die prozentuale Erholung der Einzelreizantwort pro 10 min nach verschiedenen Pancuroniumdosen eingetragen. Die mittlere Erholungsgeschwindigkeit (gestrichelte Linie) liegt bei 20% / 10 min. Jede Rechtsverlagerung bedeutet Beschleunigung und Linksverlagerung Verlangsamung der Erholung. Unter Halothanzusatz verlief die Erholung signifikant rascher. Dieser überraschende Befund ist vorerst als paradoxe Wechselwirkung zwischen Halothan und Pancuronium einzuordnen.

Bei einem Vergleich zwischen Foran und Halothan fanden MILLER et al. (1972), daß zur Erzielung eines definierten Grades von Muskelrelaxation unter Halothan 1,5 - 3 mal mehr Pancuronium bzw. d-Tubocurarin benötigt wurde als unter äquivalenten Forankonzentrationen. Auch das spricht - genau wie unsere Befunde - gegen relaxanspotenzierende Halothanwirkungen. Eine mathematische Analyse ergab, daß sich die Teilwirkungen der geprüften Inhalationsnarkotica und Muskelrelaxantien lediglich addierten.

Zusammenfassend kann man heute sagen, daß zwischen Halothan und Pancuronium offenbar nur additive Wechselwirkungen bestehen.

Literatur

1. BARTH, L.: The effect of halothane on the neuromuscular blocking action of pancuronium (Pavulon). Acta anaesth. scand. 16, 99-102 (1972).
2. BARTH, L.: Paradoxical interaction between halothane and pancuronium. Anaesthesia 28, 514-520 (1973).
3. FREUND, F. G., MERATT, J. K.: A source of errors in assessing neuromuscular blockade. Anesthesiology 39, 540-542 (1973).
4. KATZ, R. L.: Modification of the action of pancuronium by succinylcholine and halothane. Anesthesiology 35, 602-606 (1971).
5. KATZ, R. L.: Comparison of electrical and mechanical recording of spontaneous and evoked muscle activity. Anesthesiology 26, 204-211 (1965).
6. MILLER, R. D., WAY, W. L., DOLAN, W. M., STEVENS, W. C., EGER, E. I.: The dependence of pancuronium- and d-tubocurarine-induced neuromuscular blockades on alveolar concentrations of halothane and forane. Anesthesiology 37, 573-581 (1972).

Maligne Hyperthermie, eine gefürchtete Komplikation der Halothannarkose. Morphologische Befunde und pathogenetische Betrachtungen

F. Gullotta, K. Rommelsheim und K. U. Freiberger

In den vergangenen Jahren haben wir die Gelegenheit gehabt, die Muskelbiopsien von neun Fällen von maligner Hyperthermie lichtmikroskopisch, enzymhistochemisch und elektronenoptisch zu untersuchen. Da solche Untersuchungen nur in seltenen Fällen durchgeführt worden sind, schien es uns interessant, in diesem Kreis darüber zu berichten, zumal es sich bei der malignen Hyperthermie um eine Komplikation handelt, die am häufigsten bei Halothan-Narkosen beobachtet wird. Drei dieser Beobachtungen sind schon Gegenstand von Publikationen gewesen (GULLOTTA und HELPAP; MENZEL et al., FABER et al.).

Bekanntlich ist diese Narkose-Komplikation charakterisiert durch die in der Tabelle 1 zusammengefaßten Hauptsymptome.

Tabelle 1. Maligne Hyperthermie und blande Verlaufsform der malignen Hyperthermie DEUTSCHLAND (1963 - 1975)*

Operations-Indikation	
1. 14 Eingriffe im Bereich der Hals-Nasen-Ohren-Heilkunde	
2. 10 Eingriffe im Bereich der Allgemeinchirurgie	
3. 6 Eingriffe im Bereich der Orthopädie	
4. 5 Eingriffe im Bereich der Augenheilkunde	
5. 4 Eingriffe im Bereich der Kieferchirurgie und Gesichtschirurgie	
Die meisten Eingriffe dauerten bis zu einer Stunde	
Diagnostische Sicherung des Hyperthermie-Syndroms	
1. Tachykardie	in 34 Fällen
2. Muskelrigidität	in 28 Fällen
3. Signifikante CPK-Anstiege	in 29 Fällen
4. Intubationsschwierigkeiten	in 14 Fällen
5. Hyperthermie	in 13 Fällen
6. Tachypnoe	in 11 Fällen
7. Zyanose	in 10 Fällen
8. Acidose	in 12 Fällen
9. Herzrhythmusstörungen	in 12 Fällen
10. Transaminasenanstieg (GOT / GPT / LDH)	in 18 Fällen

*Freundlichst überlassen von Dr. BATHE, Mechernich

Inzwischen aber wissen wir, daß bei einigen Patienten einzelne Symptome wie Fieber oder Rigor nur angedeutet auftreten oder sogar fehlen können (MENZEL et al.); das Syndrom tritt also unvollständig auf, wobei die Erhöhung der CPK-Werte immer vorhanden ist (ZINGANELL et al.). Solche Fälle werden am häufigsten im Kindesalter beobachtet, und man kann sie zunächst und unverbindlich als <u>blande Form</u> der malignen Hyperthermie bezeichnen.

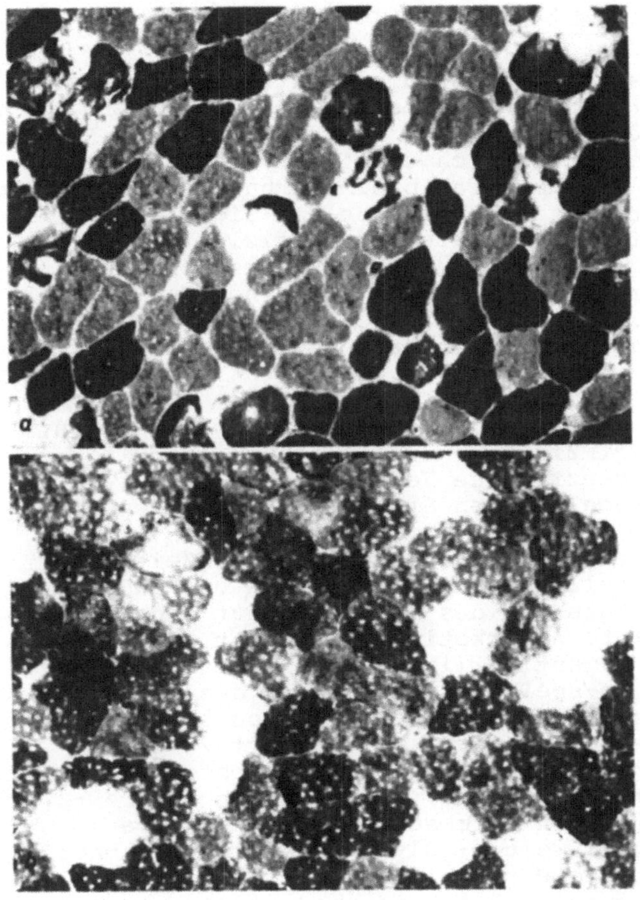

Abb. 1. a) ATPase-Reaktion (pH 9,4). Rhabdomyolytische Veränderungen in beiden Fasertypen. Bei pH 4,6 und 4,2, keine Veränderung des Inversionsmusters
b) Pathologische Phosphorylase-Reaktion (weiß in der Abbildung, hellgelb im Schnitt) in zahlreichen, morphologisch intakt aussehenden Fasern. Kryostatschnitte, 40 : 1 (aus GULLOTTA und HELPAP)

Unsere morphologischen Befunde, die wir hier summarisch wiedergeben (Einzelheiten s. GULLOTTA und HELPAP) können in zwei Gruppen geteilt werden. Die erste Gruppe ist charakterisiert durch akute Veränderungen der Muskelfasern und läßt sich als morphologischen Ausdruck der akuten Stoffwechselentgleisung deuten. Histologisch und enzymhistochemisch findet man (Abb. 1) unregelmäßig verteilte akute Muskelfasernekrosen mit Schwellung und scholligem Zerfall der Fasern. Befallen werden beide Fasertypen (I und II), wie anhand der ATPase-Reaktion festgestellt werden kann (Abb. 1 a). Die pathologische hellgelbe Farbe der Phosphorylase-Reaktion zeigt, daß auch Fasern, die morphologisch intakt erscheinen, biochemisch verändert sind. Es handelt sich hier offenbar um Vorstufen der Nekrose (Abb. 1 b).

An orientierenden Semidünnschnitten für die elektronenmikroskopische Untersuchung erkennt man einerseits nekrotische Fasern, zum zweiten eine feine Vacuolisierung von einzelnen Fasern. Bei den nekrotischen Fasern handelt es sich um Bilder einer kompletten Rhabdomyolyse, nur die Basalmembran bleibt erhalten. In einem Fall haben wir in der Mitte der Nekrose ein eigentümliches Körperchen mit kristalliner Struktur identifiziert, möglicherweise Reste eines degenerierten Mitochondriums. Bei den Vacuolen handelt es sich um die erweiterten Zisternen des sarkoplasmatischen Reticulums. In einem Fall konnten wir meanderförmige Proliferationserscheinungen des Sarkoleums - bei intakter Basalmembran - beobachten (Abb. 2a).

Außer diesen Hauptbefunden wurden regelmäßig sog. Myolinfiguren, Lipidkörper, erweiterte Golgi-Zisternen und geschwollene Mitochondrien festgestellt - unspezifische Veränderungen, die für eine akute Störung des intracellulären Stoffwechsels sprechen.

Die Befunde dieser ersten Gruppe unterstützen die zur Zeit geltende pathogenetische Vorstellung von BRITT, KALOW und anderen kanadischen Autoren: Die Entstehung des Syndroms läßt sich wie folgt zusammenfassen. Inhalationsnarkotica (an erster Stelle Halothan) oder/und Muskelrelaxantien (in erster Linie Succinylcholin) wirken auf defekte Ca-speichernde Membrane des sarkoplasmatischen Reticulums und rufen daher eine Ca-Ausschüttung in das Cytoplasma der Muskelzelle hervor. Dies führt zu einer akuten Beschleunigung des Zellstoffwechsels mit erhöhtem O_2-Verbrauch (klinisch: zunehmende Hypoxie), anhaltenden Kontrakturen und erhöhter Produktion von Milchsäure, CO_2 und Wärme (Hyperpyrexie). Der Kreis geht weiter: Glykogenverarmung, hoher ATP-Verbrauch und daher erhöhte Permeabilität der Zellmembran. Dies hat zur Folge, daß extracelluläre Ca-Ionen wiederum in die Zelle hineinfließen, so daß der Circulus vitiosus wieder anfängt. Andererseits wandern infolge der erhöhten Permeabilität der Zellmembran andere Ionen und Enzyme hinaus; unter diesen sind besonders wichtig Myoglobin und CPK, die laborklinisch bestimmt werden können.

Die Voraussetzung für das Auftreten der malignen Hyperthermie scheint aber eine funktionelle oder morphologische Myopathie zu sein, deren Identifikation das Hauptproblem dieses Syndroms

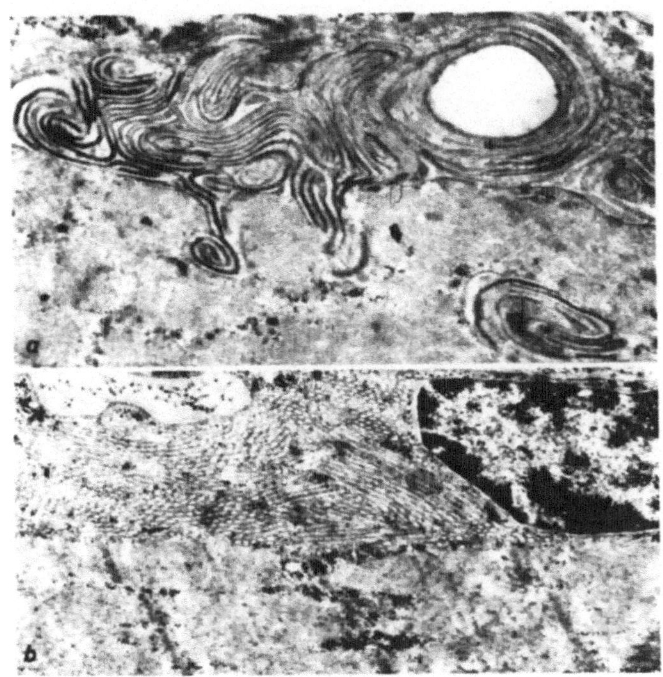

Abb. 2. a) Eigentümliche Einrollung des Sarkolemms bis in das Faserinnere. 20000 : 1 (aus GULLOTTA und HELPAP)
b) "Tubuläre Aggregate" subsarkolemmal resp. paranukleär in der Muskelbiopsie eines chronischen Alkoholikers mit maligner Hyperthermie (GULLOTTA et al.). 6500 : 1

ist. Das Auftreten dieser Narkose-Komplikation bei mehreren Mitgliedern einer Familie unterstreicht die Möglichkeit einer familiären, subklinischen Muskelerkrankung. In unserem Krankengut konnten wir tatsächlich bei sechs Patienten außer den akuten Veränderungen auch Muskelfaseralterationen nachweisen, die für das Vorliegen einer präexistenten "Myopathie" sprachen (Befunde der II. Gruppe).

In der Abb. 3 a sehen wir z. B. Muskelfaserveränderungen, die bei einem "maligne-Hyperthermie-Patienten" festgestellt wurden. Die Befunde lassen sich nicht in ein bestimmtes Syndrom einordnen, sie weisen lediglich daraufhin, daß diese Muskulatur vor der Narkose-Komplikation nicht normal war (die Biopsie wurde unmittelbar nach Diagnose-Stellung entnommen).

In der Literatur wird aber auch erwähnt, daß die präexistente "Myopathie" nicht immer familiär, sondern auch sporadisch und exogen bedingt, d. h. erworben sein kann. Einen solchen Fall haben wir auch beobachtet (GULLOTTA et al.). Die Abbildung 3 b zeigt das elektronenmikroskopische Bild einer Muskelbiopsie eines Patienten mit einer typischen malignen Hyperthermie mit Rigor und Fieberanstieg bis über 42°. Wir haben sog. "tubuläre

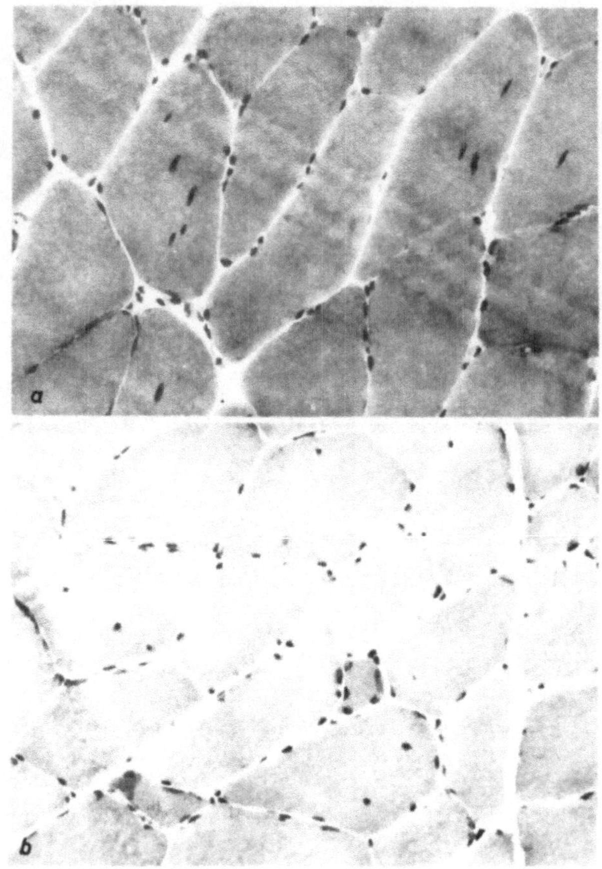

Abb. 3. a) Kaliberschwankungen der Fasern und zentralisierte Kerne weisen auf eine präexistente "Myopathie" hin (Fall 2, MENZEL et al.). 64 : 1
b) Muskelbiopsie eines Risiko-Patienten (FABER et al.). Morphologische Veränderungen im Sinne einer "latenten Myopathie". Serum-CPK erhöht (133 mU), EMG pathologisch. 64 : 1

Aggregate" in der Nähe des Kernes bzw. subsarkolemmal gefunden. Die Natur und die Genese dieser Strukturen ist noch völlig unbekannt (Mitochondrien? T-System?), sie sind aber bis heute meist bei Myopathien gefunden worden, die durch Elektrolytstörungen charakterisiert sind. Bei unserem Patienten handelte es sich um einen chronischen Alkoholiker, ähnliche Befunde sind auch schon bei der Alkoholmyopathie (ohne Hyperthermie-Syndrom) beobachtet worden.

Auch die Untersuchung von Verwandten von "maligne-Hyperthermie-Patienten" erlaubt manchmal die Identifizierung der subklinischen Myopathie und läßt daher diese Probanden als Risiko-Patienten einstufen. Die Abb. 3 b zeigt die Muskelbiopsie des Bruders eines Patienten mit maligner Hyperthermie. Es liegen eindeutige Hinweise für eine Muskelerkrankung vor, bestätigt durch elektromyographische und laborchemische Untersuchungen

(FABER et al.). Weitere klinische und laborchemische Hinweise auf eine Myopathie konnten wir auch bei den Eltern dieser Risiko-Patienten erstellen. Daher wurde dem Patienten und seinem Bruder ein ärztliches Attest ausgestellt, in dem auf das Narkose-Risiko hingewiesen wird. Dadurch konnte sehr wahrscheinlich das Auftreten der Komplikation bei einem jüngeren Familienmitglied vermieden werden (FABER et al.).

Die Häufigkeit der malignen Hyperthermie hat in den letzten Jahren, wie aus der Tabelle 2 ersichtlich, ständig zugenommen und läuft parallel mit der Verbreiterung der Halothan-Narkose. Das Auftreten des vollausgeprägten Syndroms oder von blanden Formen läßt neben einer individuellen Prädisposition bzw. Reaktionsfähigkeit auch an die Möglichkeit denken, daß die Konzentration des Succinylcholins von Bedeutung sein könnte. Die Überprüfung dieser Hypothese anhand eines größeren Krankengutes und die weitere systematische Untersuchung mittels enzymhistochemischer und elektronenoptischer Methode von Muskelbiopsien dieser Patienten wären sehr wünschenswert.

Tabelle 2. Zusammenstellung der publizierten bzw. mitgeteilten Fälle von maligner Hyperthermie oder blander Formen der malignen Hyperthermie*

Jahr	Fälle	CPK Diagnostik	Hyperthermie	Muskelbiopsie	Überlebte Fälle	Tödliche Fälle
1963	1	-	-	-	-	1
1967	1	-	1	-	-	1
1969	1	-	1	-	-	1
1970	2	-	2	1	1	1
1971	3	1	1	1	1	2
1972	4	4	4	1	1	-
1973	6	4	5	1	5	1
1974	10	10	9	3	10	-
1975	12	10	9	9	10	2
	40	29	32	16	31	9

*Freundlichst überlassen von Dr. BATHE, Mechernich

Literatur

1. BRITT, B. A.: Zur Behandlung der malignen Hyperthermie. Anaesthesist 21, 201-205 (1972).
2. BRITT, B. A.: Malignant hyperthermia: a pharmacogenetic disease of skeletal and cardiac muscle. N. Engl. J. Med. 1140-1142, 1974.
3. FABER, P., GULLOTTA, F., KOENEN, F. W.: Klinische und morphologische Befunde bei maligner Hyperthermie. Fallbericht mit Familienuntersuchung. Dtsch. med. Wsch. 100, 1974-1976 (1975).
4. GULLOTTA, F., HELPAP, B.: Histologische, histochemische und elektronenmikroskopische Befunde bei maligner Hyperthermie. Virchows Arch. pathol. Anat. 367, 181-194 (1975).
5. GULLOTTA, F., WIERICH, W., DIECKMANN, J.: Maligne Hyperthermie, chronischer Alkoholismus und tubuläre Aggregate. Im Druck.

6. KALOW, W., BRITT, B. A., TERREAU, M. E., HAIST, C.: Metabolic error of muscle metabolism after recovery from malignant hyperthermia. Lancet 1970 II, 895-898.
7. MENZEL, H., GULLOTTA, F., HELPAP, B., FREIBERGER, K. U.: Bericht über zwei Fälle von maligner Hyperthermie mit unterschiedlichem Verlauf. Prakt. Anästh. 10, 227-235 (1975).
8. ZINGANELL, K., SAJONS, M., HAMMAMI, G.: Abortive Verlaufsform der malignen Hyperpyrexie? oder Abnorme Reaktion auf Succinylcholin? Prakt. Anästh. 10, 222-227 (1975).

Methoden der Elimination von Narkosegasen und -dämpfen

H. Oehmig

Als vor 20 Jahren ERICH KIRCHNER in Heidelberg die ersten 99 Fluothane-Narkosen mit Erfolg durchgeführt hatte, ahnte noch niemand von uns, welche weitgefächerte Problematik damit ihren Anfang nahm.

Oder vielleicht doch? Denn just die 100. Operation in einer Narkose mit dieser damals neuen Substanz wurde von dem Patienten nicht überlebt - aus Gründen, die, wie wir heute wissen, nicht der Substanz angelastet werden konnte. Andererseits war dieses Ergebnis die Veranlassung zu kritischer Überprüfung der Methode, des präoperativen Zustandes der Patienten, der Kreislaufregulation bei erheblichem Blutverlust während Narkosen, der Dosierung von Fluothane, der Möglichkeiten der Konzentrationsmessungen und vieles andere mehr.

Wir haben heute vormittag von Veränderungen gehört, die sich nach Einwirkung von halogenierten Kohlenwasserstoffen in der Leber abspielen können und dabei feststellen müssen, daß dies - wenn man die hierfür erforderlichen, zum Teil geringfügigen Konzentrationen in Betracht zieht - auch für uns alle, die wir mit diesen Substanzen von Berufs wegen umgehen, von Bedeutung sein kann.

So nimmt es nicht wunder, daß von den verschiedensten Seiten Überlegungen angestellt und Untersuchungen durchgeführt werden, um das OP-Personal von der unbeabsichtigten Langzeit-Einwirkung selbst geringer Konzentrationen verdampfbarer Narkosemittel zu schützen.

Man könnte sich natürlich auf den Standpunkt stellen, daß man ja nicht unbedingt Inhalationsnarkosen zu machen brauchte, weil es doch heute "andere Mittel und Möglichkeiten" gäbe. Ich darf aber an dieser Stelle für die Inhalationsnarkose im allgemeinsten Sinne eine Lanze brechen und daran erinnern, welche vorteilhaften Eigenschaften schon von der Physik her vorliegen, die <u>für</u> Inhalationsnarkosen sprechen:

1. Die Aufnahme von inhalierbaren Substanzen hängt ab vom Konzentrationsgefälle zwischen Alveole und Kapillaren der Alveolen sowie der Affinität der Substanz zum Blut.
2. Dieses Konzentrationsgefälle kann - und das ist der entscheidende Punkt - <u>willkürlich</u> hergestellt werden, einschließlich dessen Umkehrung, wodurch eine beabsichtigte Elimination aus dem Blut möglich wird.
3. Angebotene Narkosemittel-Konzentration einerseits und Größe des Atem-Minutenvolumens und damit der alveolären Ventilation

bei Beatmung andererseits sind somit die einmaligen Steuerungsmöglichkeiten der Inhalationsanaesthesie, die sonst bei keinem anderen Anaesthesieverfahren gegeben sind.

Vor allem die Tatsache der gesteuerten Exhalation könnte dazu führen, diese Verfahren vielleicht als "Exhalations-Narkosen" zu bezeichnen.

Aber hierbei taucht wiederum die Frage auf, wohin mit den ausgeatmeten und überschüssigen Gasen?

Es ist das Verdienst von LEHMANN und HENSCHEL, die eine Arbeitstagung (Workshop) im April 1974 organisierten, in welcher das Problem der Schädigung des Anaesthesie-Personals durch Narkosegase und -dämpfe von den unterschiedlichsten Blickwinkeln betrachtet, analysiert und dargestellt wurde.

Hierbei zeigte es sich - um auf mein eigentliches Thema zu kommen -, daß alle überlieferten Vorstellungen über die Verteilung von Narkosegasen in einem Operationssaal nicht länger als gegeben betrachtet werden können. So ist z. B. die Annahme, daß "die schweren Narkosegase" nach unten sinken und sich in einer Schicht auf dem Boden absetzen würden, nicht länger zu halten. Untersuchungen von SPIERDIJK und Mitarbeitern ergaben - im Gegensatz zu ihren eigenen Vermutungen -, daß bei einigen Messungen die höchsten Konzentrationen nicht etwa in unmittelbarer Nachbarschaft des Überdruckventils gemessen werden konnten, sondern in der Ecke rechts hinter und oberhalb des Anaesthesisten! Ein wahrhaftig nicht vorhersehbares Ergebnis.

Wie von den gleichen und anderen Autoren bemerkt wurde, hängt die Verteilung der Narkosegase im OP von den unterschiedlichsten Gegebenheiten ab, so z. B. von der eingebrachten Frischgasmenge in l/min, von deren Konzentration (Volumen-Prozent Fluothan etc.), vom Luftdurchsatz durch den Operationssaal (wieviele Kubikmeter pro Std von der Lüftung oder Klimaanlage zu- und abgeführt werden), von der Art und dem Ort der Luftzu- und -abfuhr, den thermischen Bedingungen im Raum (zusätzliche Heizkörper) und der Anzahl der im Operationssaal befindlichen Personen und deren Bewegungen.

Diese Betrachtungen zeigen jedoch eines klar: Eine Voraussage, wie und wohin sich die Gase und Dämpfe verteilen, ist nicht möglich. Es bleibt also hier wie auch anderswo die Prophylaxe der airpollution im Operationssaal - um diesen modernen Ausdruck zu gebrauchen - die bessere Methode als die wie auch immer geartete Therapie einer bereits eingetretenen Luftverschmutzung.

Das beginnt bereits beim Einfüllen der verdampfbaren Flüssigkeiten in die Verdampfer. Ein Verschütten sollte peinlichst vermieden werden. Dies nicht zuletzt auch aus Gründen der Wirtschaftlichkeit, da bekanntlich die modernen Inhalations-Anaesthetica Preise in DM-Höhe pro ml Flüssigkeit aufweisen. In diesem Zusammenhang sei auf eine Möglichkeit des "geschlossenen Umfüllens" von der Vorratsflasche in den Verdampfer hingewiesen, wie sie bereits seit geraumer Zeit in den Sitzungen der ISO diskutiert werden. Solche kodierten Umfüll-Vorrichtungen sind bekannt unter der Bezeichnung "key-filling-devices".

Sie werden von verschiedenen Firmen als Prototypen gefertigt, besonders vom Hersteller des Fluotec. Der eigentliche Grund für derartige Systeme war jedoch zunächst nicht das verlustfreie Umfüllen, sondern vielmehr die Verhinderung des Einfüllens einer falschen Flüssigkeit in den ungeeigneten Verdampfer (z. B. Fluothane in einen Penthran-Verdampfer mit eventuell tödlichen Folgen infolge unbeabsichtigter Überdosierung!).

Ich könnte mir denken, daß durch diesen zusätzlichen Sicherheits-Effekt eine solche Einrichtung an Bedeutung gewinnen wird.

Doch zurück zum eigentlichen Thema: Narkosegase gelangen, beabsichtigt oder unbeabsichtigt, in die Raumluft. Ersteres ist bei der offenen Tropfmethode, beim AIRE'schen T-Stück, beim KUHN'schen System und beim halboffenen System ohne Rückatmung die Regel. Die Tropfmethode sollte daher nicht zuletzt auch aus diesem Grunde ab sofort und definitiv aus der Liste der Applikationsformen gestrichen werden. Bei den anderen erwähnten Methoden bieten sich die verschiedenen Möglichkeiten der Beseitigung der Abgase an, über die wir gleich noch hören werden.

Bei Narkosen mit (angeblich) dichtschließender Gesichtsmaske besteht unbeabsichtigt, manchmal jedoch auch sehr beabsichtigt, die Möglichkeit des Austritts von Gasen am Gesicht des Patienten (wenn z. B. der Atembeutel zu voll geworden und das Überdruckventil verschlossen ist). Hier ist besondere Vorsicht am Platze, zumal es gegen dieses Gas-Leck keinen Schutz gibt. Dazu kommt noch, daß sich das Gesicht des Anaesthesisten häufig in unmittelbarer Nähe des Kopfes des Patienten befindet.

Bei Narkosen mit Intubation besteht vom Prinzip her eine gasdichte Verbindung zwischen Trachea und Narkosegerät, weshalb diesem Verfahren der Vorzug zu geben ist.

Da hierbei in den meisten Fällen im "halbgeschlossenen System" gearbeitet wird, also mit Kreissystem, CO_2-Absorption und überschüssiger Frischgasmenge, müssen wir daher dem Abgas unsere besondere Aufmerksamkeit zuwenden.

Ich kann mich da kurzfassen, da hierüber bereits zusammenfassend in dem genannten Workshop und schon im Jahr 1972 in den INFORMATIONEN veröffentlicht wurde. Heute deshalb nur folgendes:

1. Der Idealfall wäre das wirklich <u>geschlossene</u> System ohne jedes überschüssige Gas. Wir wissen aber seit langem, daß dieses Verfahren trotz vieler, immer wiederkehrender Versuche eine nicht zu verwirklichende utopische Wunschvorstellung ist, sofern nicht mit aufwendigen Meßanordnungen gearbeitet wird.

2. Aus Gründen der Sicherheit für den Patienten und der Praktikabilität wird daher in den meisten Fällen im "halbgeschlossenen System" mit Intubation, Rückatmung, CO_2-Absorption und Frischgas-

überschuß gearbeitet. Diesen Überschuß gilt es, am Austritt in die OP-Atmosphäre zu hindern, also abzuführen.

3. Die Stelle des Gasaustritts aus dem Gerät (Überdruckventil, Gasauslaß) muß konstruktiv so gestaltet sein, daß ein Abgasschlauch von ca. 20 mm aufgesteckt werden kann (z. B. Abgastülle von CLAUBERG für ältere Überdruckventile) (Abb. 1).

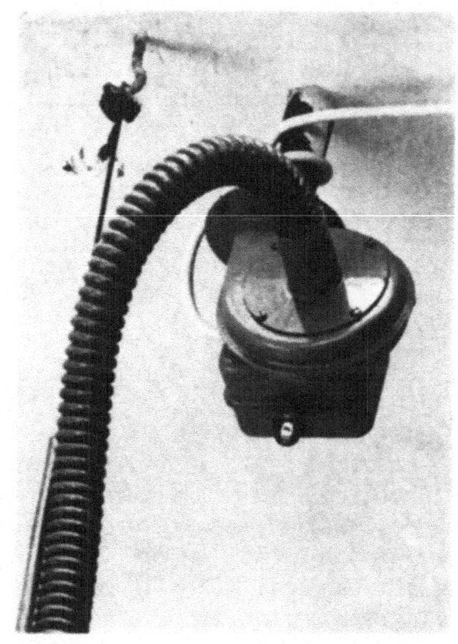

Abb. 1. Stelle des Gasaustrittes aus dem Narkosegerät (siehe Text)

4. Bei Narkosen mit Beatmung kann dann das Überschußgas durch Druck auf den Atembeutel oder durch den Respirator über diese Schlauchleitung nach draußen gedrückt werden.

5. Bei Spontanatmung müßte jedoch der Patient diese zusätzliche Atemarbeit selbst aufbringen, weswegen sich diese Methode verbietet.

6. Eine aktive Absaugung ist deshalb das Mittel der Wahl.

6.1. Absaugvorrichtungen lassen sich auf die unterschiedlichste Art und Weise konstruieren. Am naheliegendsten wäre das "Anzapfen" einer vorhandenen Vakuum-Anlage, in die die unerwünschten Gase hineingesaugt werden könnten. Gegen diese Methode jedoch hat die Berufsgenossenschaft für Gesundheitsdienst und Wohlfahrtspflege aus guten Gründen Einwände (z. B. Ansaugen von explosiblen Gemischen, die, im Keller komprimiert, eine Explosion verursachen könnten). Deshalb dürfen Vakuum-Anlagen nur noch als Zwischenlösung für beschränkte Zeit zu diesem Zweck mißbraucht werden.

6.2. Vakuum kann jedoch auch an Ort und Stelle mittels Druckluft mit einem Injektor (Gasstrahlpumpe) erzeugt werden. Wie Sie wissen, wird ein solches komplettes "Ejektor-System" von DRÄGER angeboten. Der große Vorteil dieses Prinzips liegt in der Tatsache, daß dezentral jede anfallende Abgasmenge individuell abgeführt werden kann (Abb. 2).

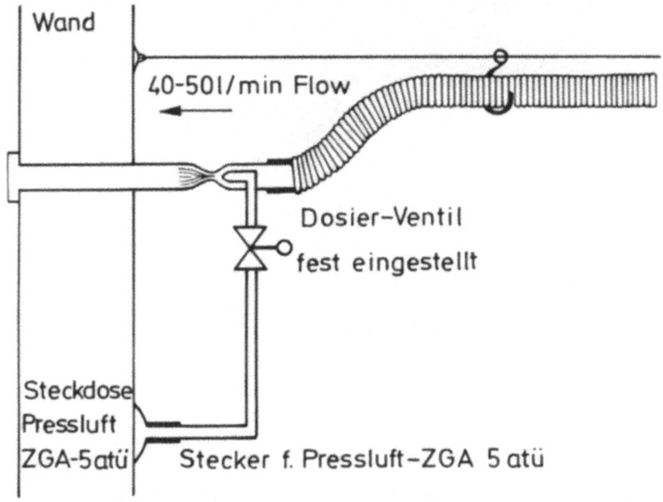

Abb. 2. Vakuum-Erzeugung nach dem Injektor-Prinzip ("Ejektor-System")

6.3. Eine andere Möglichkeit - ebenfalls individuell und dezentral - besteht im Einsatz von kleinen Elektrogebläsen, die geräuschlos mit minimalem Aufwand an Geld und elektrischer Energie die Abgase abführen (Abb. 3).

7. Weiterhin gibt es die bekannten Narkoticafilter, die zwar halogenierte Kohlenwasserstoffe, nicht jedoch Lachgas absorbieren. Auch kann die Gebrauchsdauer ohne genaue "Buchführung" nicht abgeschätzt werden, da man von außen einem solchen Filter den Benutzungsgrad nicht ansehen kann. Darüber hinaus sind noch die nicht ganz niedrigen Folgekosten zu bedenken (Abb. 4).

8. Schließlich bleibt noch die Frage: "Wohin mit den abgesaugten Narkosegasen?" Auch hier bieten sich wieder verschiedene Möglichkeiten an.

8.1. Am besten drückt man die Gase auf kürzestem Weg durch eine Außenwand ins Freie, wo sie keinen Schaden mehr anrichten können.

Abb. 3. Kleines Elektrogebläse zum Abführen von Abgasen

8.2. Eine weitere Möglichkeit besteht im Einleiten der Abgase in den Abluftkanal der Lüftungs- oder Klimaanlage. Hierbei ist jedoch zu beachten, daß beim Ausfall dieses Lüftungssystems das Abgas nun nicht wieder über den Abluftkanal retrograd in den Operationssaal eingebracht wird. Der Punkt der Einleitung in den Abluftkanal muß daher hinter der vorgeschriebenen und sich selbständig schließenden Klappe im Abluftkanal erfolgen (Abb. 5).

9. Bevor man sich zum Einleiten der Abgase in den Abluftkanal entschließt - das gilt besonders bei Altbauten - muß man sich genau informieren, ob die Klima- oder Lüftungsanlage ohne Rezirkulation, also wirklich mit 100% Frischluft gefahren wird. Dies ist zwar neuerdings zwingend vorgeschrieben, bei alten Lüftungsanlagen jedoch nicht immer gewährleistet (Abb. 6).

Abschließend darf ich mir noch die Bemerkung erlauben, daß es sehr erfreulich ist zu beobachten, daß das Problem der Narkosegasbeseitigung von unseren Kollegen rasch erkannt und vielfach schon nach der einen oder anderen Methode in die Praxis umgesetzt worden ist. Daß durch Anwendung derartiger Methoden auch die Probleme des Explosionsschutzes eine Milderung erfahren haben, ist eine angenehme Begleiterscheinung.

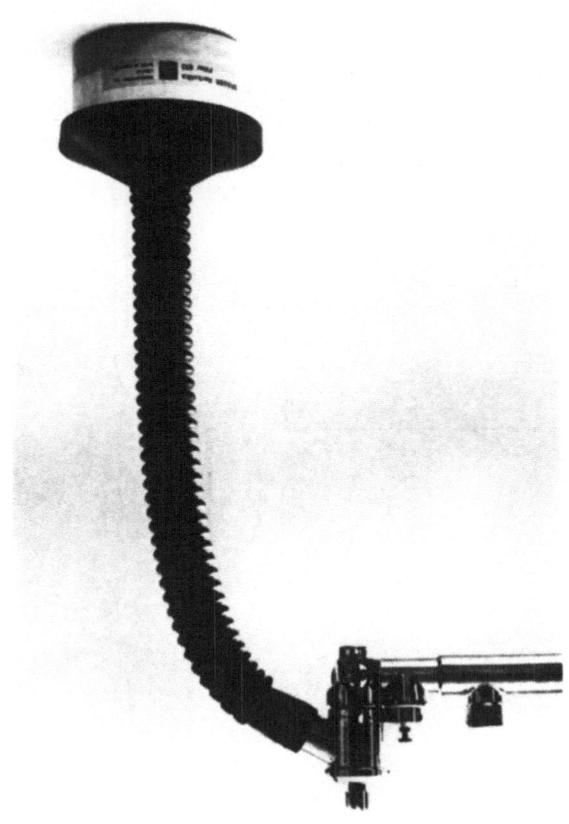

Abb. 4. Narkoticafilter (Absorption halogenierter Kohlenwasserstoffe)

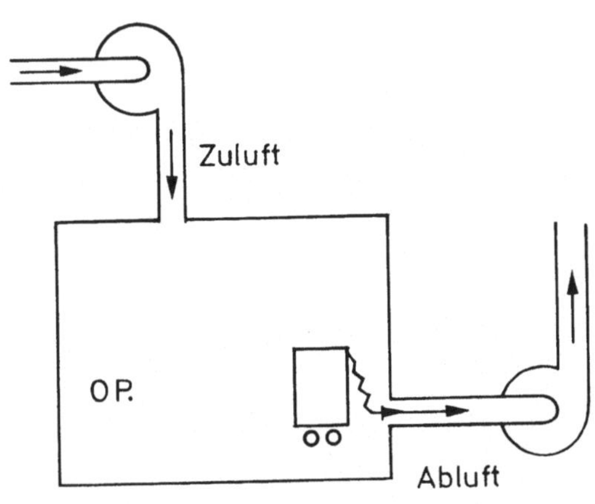

Abb. 5. Entfernen der abgesaugten Narkosegase über den Abluftkanal der Lüftungs- oder Klimaanlage (Einleitung peripher von der selbstschließenden Klappe, siehe Text)

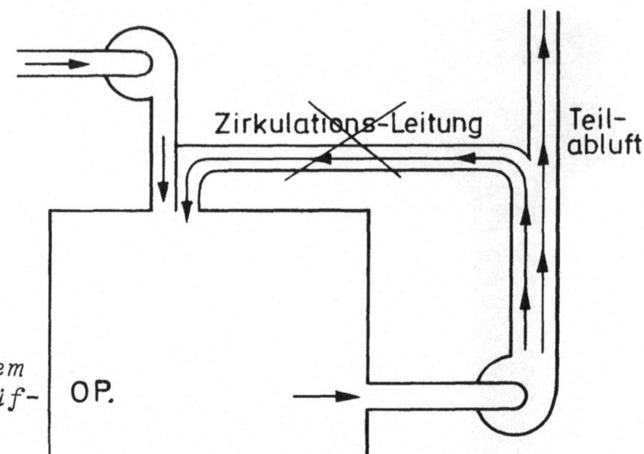

Abb. 6. Rezirkulationssystem verbietet Verwendung der Lüftungs- oder Klimaanlage im Sinne von Abb. 5

Die Effizienz der Narkosegasabsorption durch Filter

J. Mayr und Th. Widmann

Halothan ist ein potentes Anaestheticum seit nunmehr 20 Jahren, an seine Anwendung sind jedoch auch Risiken geknüpft. Früher wurde vorwiegend über Schädigungen berichtet, die Halothan bei Patienten verursacht, heute steht die Schädigung durch chronische Exposition beim Anaesthesie- und Operationssaal-Personal im Vordergrund der Diskussion (1, 5, 6, 8). Das hat den Gesetzgeber auch dazu veranlaßt, Richtlinien für den Einsatz von Personal in Halothan-exponierten Räumen zu erlassen.

Tabelle 1. Halothankonzentration im OP

	OP-Benützungsdauer	Halothankonzentration in ppm
ohne Belüftung	3,45 Std	18
	5,10 Std	26
	5,45 Std	31
mit Belüftung	2,55 Std	1,6
	5,25 Std	4,3
	6,05 Std	4,5
mit Filter		0

Die Messungen nach Tabelle 1 wurden in einem 72 m^3 großen Operationssaal am Arbeitsplatz des Anaesthesisten durchgeführt, wobei die Halothankonzentration durch Gaschromatographie bestimmt wurde. Von HALLEN et al. (4) wurden Konzentrationen bis zu 67 ppm festgestellt. Außer der Tatsache, daß durch Einschaltung einer künstlichen Ventilation die Halothankonzentration um das nahezu 10-fache gesenkt werden kann, zeigte sich, daß durch die Verwendung von Filtern die vollständige Elimination möglich ist. Ein weiteres Ziel unserer Untersuchung war die Überprüfung der Wirksamkeit eines Absorptionsfilters (Abb. 1).

Dieses Filter besteht ähnlich denen der Gasmasken aus Aktivkohle und wird entweder über eine auf das Überdruckventil aufsetzbare Clauberg-Tülle (2) oder über ein für ein neueres Gerät speziell konstruiertes Überdruckventil mit dem austretenden Überschußgas verbunden. Hinsichtlich der praktischen Verwendbarkeit wollten wir für den Routinebetrieb drei Fragen klären:

1. Wie groß ist die absolute Aufnahmefähigkeit des Filters?
2. Mit welcher durchschnittlichen Verwendungsdauer des Filters kann man bei verschiedenen Halothankonzentraten rechnen?

Abb. 1. Dräger Narkoticafilter

3. Welche Rolle spielt eine zeitweise Nichtbenutzung des Filters für seine Aufnahmefähigkeit?

Ein Narkosegerät wurde von uns kontinuierlich mit einem Atemminutenvolumen von 10 l und einem Sauerstofffluß von 4 l betrieben, wobei ein Filter nachgeschaltet war. Der Halothangehalt wurde vor dem Filter als Kontrolle der eingestellten Vaporkonzentration und nach dem Filter in viertelstündigem Abstand bestimmt. Gleichzeitig wurde das Gewicht des Filters bestimmt. Die Halothankonzentrationen wurden gaschromatographisch, also mit der absolut empfindlichsten Nachweismethode, gemessen.

Bei unseren Messungen betrug die äußerste Empfindlichkeit 0,2 ppm, wobei das Gerät F 11 der Firma Perkin Elmer verwandt wurde (7).

Wir kamen zu folgenden Ergebnissen (sieh Abb. 2):

1. Die Gesamtaufnahmefähigkeit des Filters für Halothan beträgt ca. 120 g. Während die unbenutzten Filter durchschnittlich 232,5 g wogen, betrug ihr Gewicht nach vollständiger Beladung im Durchschnitt 353,3 g.

2. Die Dauer der Wirksamkeit hängt vor allem von der eingestellten Vaporkonzentration ab. Bei einer Einstellung von 0,3 Vol% beträgt die Wirksamkeit ca. 16 Std, bei der Einstellung von 2 Vol% werden nur 3 1/2 Std Wirksamkeit erreicht. Für die wohl gebräuchlichste Einstellung von 0,5 Vol% ist eine Wirksamkeit von 8 - 10 Std gewährleistet.

Wichtig ist hierbei, daß diese Zahlen für die kontinuierliche Benutzung gelten. Nachdem von EICHLER et al. (3) angegeben worden war, daß ein angebrauchter Filter die Eigenschaft hat, das

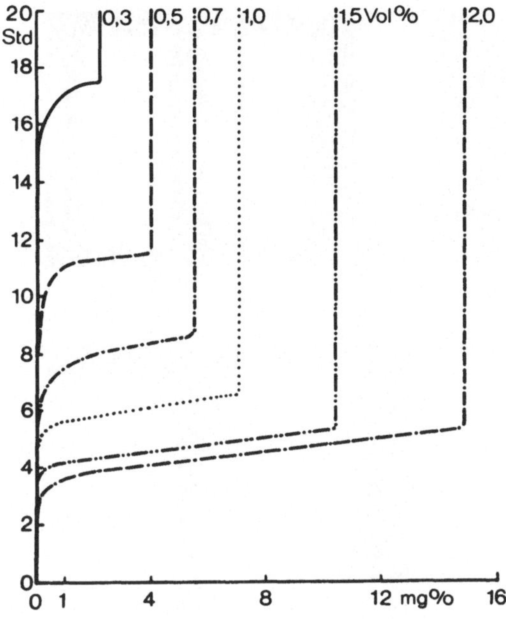

Abb. 2. Abhängigkeit der Wirkungsdauer von der Vaporeinstellung

von ihm absorbierte Narkosegas durch Diffusion so über den Filter zu verteilen, daß nach einer erneuten Belastung die Wirksamkeit viel früher erschöpft ist, als theoretisch zu erwarten, haben wir mehrere Filter jeweils 3 Std lang mit 1 Vol% Halothan beladen.

Nach 0, 12, 24, 48, 72 und 96 Std fertigten wir Röntgenaufnahmen an, auf denen der Grad der Diffusion sehr deutlich zu erkennen war. Parallel zu dieser physikalischen Diffusion verläuft eine Abnahme der Wirksamkeit des Filters. So setzten wir unseren Versuch nach einer jeweiligen Lagerung zwischen 12 und 96 Std mit der erneuten Belastung durch 1 Vol% Halothan fort. Dabei zeigte sich, daß der kontinuierlich beladene Filter nach 6,45 Std erschöpft war. Nach einer Pause von 12 Std wurde diese Zeit bereits nach 6,20 Std erreicht, nach einer 96-stündigen Pause bereits nach 3 Std (Tabelle 2).

Tabelle 2. Abnahme der Filtereffektivität mit zeitlicher Zunahme der Verwendungspausen

Versuchsbedingungen	Dauer der Wirksamkeit
kontinuierlich bei 1 Vol%	6,45 Std
Fortsetzung des Versuchs nach	
12 Std Nichtbenutzung	6,20 Std
24 Std Nichtbenutzung	6,00 Std
48 Std Nichtbenutzung	5,30 Std
72 Std Nichtbenutzung	5,00 Std
96 Std Nichtbenutzung	3,00 Std

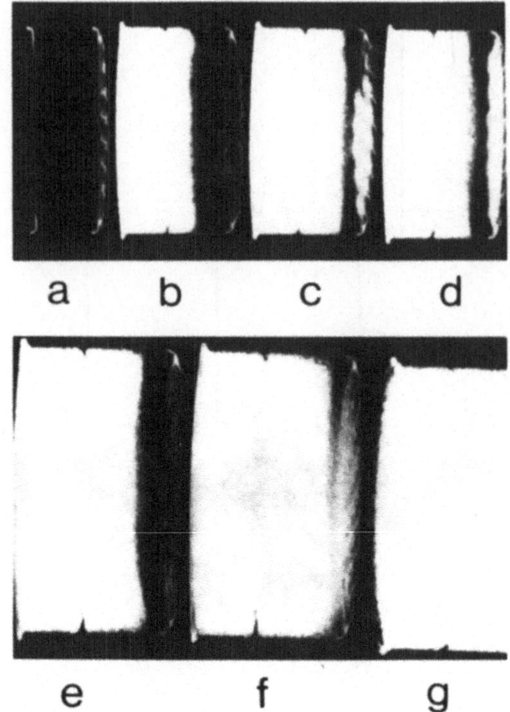

Abb. 3. Röntgenaufnahme von verschiedenen Filtern.
a) unbeladen; b) 3 Std 1 Vol%; c) - g) 12, 24, 36, 72, 96 Std Pause

Aus dieser Tatsache ergibt sich die Forderung, den Filter möglichst kontinuierlich zu benutzen und wenn Pausen da sind, ihn nicht länger als an 2 oder 3 aufeinanderfolgenden Tagen zu verwenden.

Von den eben von OEHMIG (9) aufgezeigten Möglichkeiten der Halothanelimination beinhaltet die durch Filter den Nachteil, daß seine Anwendung vor allem im Routinebetrieb mit gewissen regelmäßigen Kontrollen verbunden sein muß, die sich natürlich auch auf der Kostenseite äußern. Außerdem ist der Filter nur selektiv für Halothan wirksam, so daß andere Bestandteile des Narkosegasgemischs wie z. B. Lachgas ihre möglicherweise bei chronischer Exposition toxischen Einflüsse weiter ausüben können. Dagegen bleibt als Vorteil bestehen, daß die Filterinstallation ohne größere technische Maßnahmen möglich und daß außerdem die Anwendung an jedem Ort denkbar ist.

Zusammengefaßt läßt sich über die Filtereffektivität sagen (3, 40), daß

1. die Gesamtaufnahmefähigkeit 120 g beträgt,
2. die Wirksamkeit von der eingestellten Vaporkonzentration abhängig ist, z. B. bei 0,3 Vol% 16 Std, bei 2 Vol% 3 Std,
3. als Wichtigstes bei zeitweiliger Nichtbenutzung eine Abnahme der Wirksamkeit erfolgt, weshalb die Anwendung des Filters

nach einer längeren Betriebspause von 2 - 3 Tagen nicht mehr sinnvoll ist.

Literatur

1. BUSSARD, D. A., STOELTING, R. K., PETERSON, C., ISHAG, M.: Fetal Changes in Hamsters Anesthetized with Nitrous Oxide and Halothane. Anestesiology 41, 275 (1974).
2. CLAUBERG, G.: Neues Überdruckventil mit Kappe für Dräger-Narkosegeräte. Anaesthesist 15, 252 (1966).
3. EICHLER, J., KUKULINUS, K., NAUMANN, P.: Über das Aufnahmevermögen von Halothanfiltern. Anästh. Inform. 4, 123 (1972).
4. HALLEN, B., EHRNER, H., THOMASON, M.: Measurements of Halothane in the Atmosphere of an Operating Theatre and in Expired Air and Blood of the Personal During Routine Anesthetic Work. Acta anaesthesiol. scand. 14, 17 (1970).
5. INMAN, H. W., MUSHIN, W. W.: Jaundice and Repeated Exposure to Halothane: Analysis of Reports to the Committee on Safety of Medicine. Brit. Med. J. 1, 5 (1974).
6. LUND, J., SHULBERG, A., HELLE, J.: Occupational Hazard of Halothane. Lancet 2, 528 (1974).
7. MAYR, J., WIDMANN, Th.: Die Gaschromatographie als anaesthesiologisches Untersuchungsverfahren. Prakt. Anästh. Wdblg. 7, 290 (1972).
8. Occupational Disease among Operating-Room Personnel: A National Study. Anesthesiology 41, 321 (1974).
9. OEHMIG, H.: Abgasbeseitigung bei Narkosegeräten. Anästh. Inform. 4, 119 (1972).
10. VAUGHAN, R. S., MUSHIN, W. W., MAPLESON, W. W.: Prevention of Pollution of Operating Theatres with Halothane Vapor by Adsorption with Activated Charcoal. Brit. Med. J. 1, 727 (1973)

Konzentration von Narkosegasen in der Luft von Operationssälen vor und nach der Installation von Abführungssystemen

V. Rejger, A. Burm und J. Spierdijk

Durch zahlreiche Untersuchungen und in der Praxis gemachte Erfahrungen haben wir schon sehr viel über die guten und weniger guten Eigenschaften von Halothan in Erfahrung gebracht. Dennoch blieb eine Anzahl Fragen bisher ohne Antwort.

Eine dieser Fragen betrifft den möglicherweise schädlichen Einfluß auf die Belegschaft, die in den Räumen beschäftigt ist, in denen Halothan frei wird und die Luft verunreinigt. Obwohl in vielen Instituten Untersuchungen auf diesem Gebiet gemacht werden, ist in diesem Augenblick über die Folgen der chronischen Exposition noch wenig mit Gewißheit zu sagen. Dennoch halten wir es für ein gesundes Prinzip, gegen die Luftverunreinigung in Räumen, in denen sich Menschen aufhalten, möglichst viel zu tun.

Verschiedene Methoden für OPs und sonstige einschlägige Räume sind schon von OEHMIG und von MAYR und WIDMANN behandelt worden. In diesem Artikel wird der Effekt von Abführungssystemen auf die Konzentration der Narkosegase in der Luft dieser Räume erörtert werden. Da Halothan meistens in Kombination mit Lachgas benutzt wird, ist auch dieses Anaestheticum in die Betrachtung mit aufgenommen worden.

Methodik

Um den Effekt der Gasableitung auf das Ausmaß der Verunreinigung zu bestimmen, wurden die Konzentrationen von Halothan und Lachgas vor und nach dem Einbau von Abführungssystemen gemessen. Der Einfachheit halber wollen wir uns zunächst auf einen Raum und ein Abführungssystem beschränken. Bei der Diskussion gehen wir auf mehrere Systeme ein.

Im Raum, in dem gemessen wurde, befand sich ein mechanisches Lüftungssystem ohne Rezirkulation. Für die Ableitung der freiwerdenden Narkosegase wurde das zentrale Vakuumsystem benutzt. In die Gasabführungsleitung war ein Vorratsgefäß (Fa. Drägerwerk, Lübeck) eingeschaltet (Abb. 1), in das ein Überschuß an Raumluft über mehrere Öffnungen angesogen wird.

Das Abführungssystem wurde an den Auslaß des Narkosespiromaten 650 angeschlossen. Das aus dem Kapnographen strömende Gasgemisch wurde über einen Adapter in das Abführungssystem gebracht, die vom System angesogene Gasmenge betrug 30 l/min.

Hinsichtlich der Anaesthesie soll bemerkt werden, daß die Patienten in einem separaten Raum vorbereitet wurden. Nach der

Abb. 1. Narkotica-Vacuumabsauggerät am Narkosespiromat 650

Vorbereitung wurden sie in den OP transportiert. Alle Patienten waren intubiert und wurden mechanisch beatmet. Die Verabreichung von Sauerstoff und Anaesthetica erfolgte über ein halbgeschlossenes Kreissystem. Die Zufuhr von Sauerstoff betrug 2 l/min, die von Lachgas 4 l/min. In den Fällen, in denen auch Halothan verabreicht wurde, betrug der Gehalt 0,5 bis 0,75%.

Die Konzentrationen von Halothan und Lachgas in der Luft wurden mit Hilfe eines "Miran portable gas analyzer" gemessen. Die Gasproben dazu wurden abwechselnd an fünf verschiedenen, in einer Höhe von 1,50 m über dem Fußboden über den Raum verstreuten Meßpunkten entnommen. An jedem Meßpunkt wurden die Gaskonzentrationen während einer Periode von 5 bis 10 min mehrere Male bestimmt. Besondere Aufmerksamkeit wurde der Umgebung des Anaesthesiegeräts, "der Arbeitszone des Anaesthesisten", geschenkt, weil dort die Verunreinigung am größten war.

Untersuchungsergebnisse

Für jeden Meßpunkt wurden die Konzentrationen aus einem von einem Aufnahmegerät registrierten Meßsignal errechnet. Da im Meßsignal infolge schwankender Konzentrationen oft Fluktuationen gefunden wurden, wurde jedesmal die durchschnittliche Konzentration über eine Periode von 5 bis 10 min bestimmt.

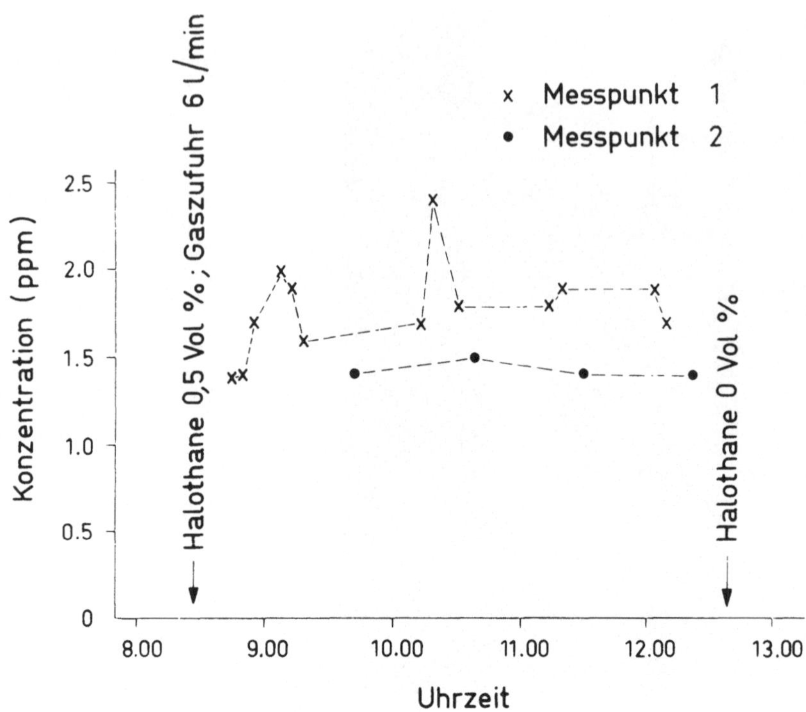

Abb. 2. Konzentrationsverlauf des Halothans an zwei verschiedenen Meßpunkten (ohne Ableitung der Narkosegase). Situierung der Meßpunkte siehe Abb. 3

In Abb. 2 sind die durchschnittlichen Halothankonzentrationen als Funktion der Zeit für einen Punkt in der Umgebung des Geräts und einen etwa zwei Meter davon entfernten Punkt eingetragen. Diese Messungen wurden während einer Operation, bei der keine Ableitung von Narkosegasen stattfand, ausgeführt. Die Konzentrationen sind in "parts per million" (ppm) ausgedrückt; ein ppm entspricht einem zehntausendstel Volumenprozent.

Es ist klar, daß es Unterschiede zwischen den Konzentrationen an verschiedenen Meßpunkten geben wird, wie auch aus Abb. 3 hervorgeht, in der ein Grundriß des OP und die Situierung der fünf Meßpunkte gezeigt wird.

Bei jedem Meßpunkt (einmal ohne und einmal mit Gasableitung) sind zwei Zahlen angegeben, die die während zweier Operationen an diesem Punkt verschiedentlich gemessenen durchschnittlichen Halothankonzentrationen in ppm darstellen.

Die durchschnittlichen Konzentrationen von Halothan variierten vor dem Einbau der Gasableitung von 1,2 bis 2,3 ppm. Nachdem das Abführungssystem in Gebrauch genommen worden war, waren die durchschnittlichen Konzentrationen an allen Punkten kleiner als 0,4 ppm. "Kleiner als" wird hier deshalb angegeben, weil die

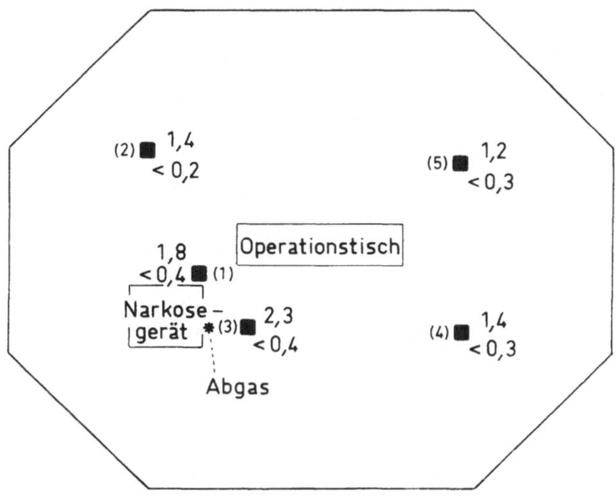

Abb. 3. Grundriß des Operationssaales und Situierung der 5 Meßpunkte: An jeder Meßstelle sind die im Verlaufe je einer (vor und nach dem Einbau des Gasabführungssystems) gemessenen durchschnittlichen Halothankonzentrationen angegeben (Höhe der Meßpunkte: 1,5 m). Zufuhr: O_2 2 l/min, N_2O 4 l/min, Halothan 0,5 Vol%

Konzentrationen ziemlich nahe bei den minimal nachweisbaren Werten lagen, so daß eine genaue Quantifizierung nicht mehr möglich war. Messungen von Halothan während einer Anzahl anderer Operationen zeigten ein ähnliches Bild; die Werte waren nach der Ingebrauchnahme des Abführungssystems immer kleiner als 0,5 ppm.

In Abb. 4 werden die durchschnittlichen Lachgaskonzentrationen gezeigt, die ebenfalls aus den während zweier Operationen (erste Operation ohne Narkosegasableitung, zweite Operation mit Ableitung) gesammelten Daten errechnet worden sind. Ohne Ableitung variierten die Konzentrationen von 150 bis 260 ppm; nach dem Einbau des Abführungssystems betrugen die Konzentrationen 9 bis 25 ppm.

Diskussion

Wenn wir die Möglichkeiten von Abführungssystemen für Narkosegase in Betracht ziehen, gehen wir von gewissen Bedingungen aus: Die Narkosegase müssen völlig abgeleitet werden, das Abführungssystem muß einfach zu bedienen sein, und es darf keinen Einfluß auf das Atmungsmuster des Patienten ausüben und das System darf schließlich auch keinen Einfluß auf die Funktion des Narkosegeräts haben.

Aus unserer Untersuchung geht hervor, daß es nicht möglich ist, die Luft im OP völlig frei von Verunreinigungen mit Narkosegasen zu halten.

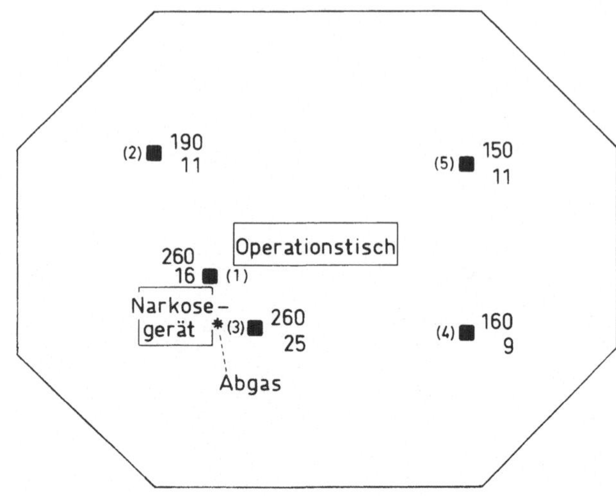

Abb. 4. Grundriß des Operationssaales und Situierung der fünf Meßpunkte: An jeder Meßstelle sind die im Verlaufe je einer Operation (vor und nach dem Einbau des Gasabführungssystems) gemessenen durchschnittlichen Lachgaskonzentrationen angegeben (Höhe der Meßpunkte: 1,5 m)

Die Verminderung des Halothangehaltes in der Luft durch die Gasableitung betrug aber mehr als 80%, die Lachgaskonzentrationen sanken um mehr als 90%. Die gemessenen Werte stimmen sehr gut mit den Angaben von WHITCHER überein. Von ihm wurde unter vergleichbaren Umständen eine Reduktion der Lachgaskonzentration bis auf weniger als 30 ppm und der Halothankonzentration bis auf weniger als 0,5 ppm gefunden. Die übrigbleibende Luftverunreinigung wird vornehmlich von der Anwesenheit von Lecks in der Narkoseapparatur und den Leitungen und von der Lüftung im Raum abhängig sein.

Lecktests des verwendeten Narkosegeräts - mit eingeschaltetem Absorber nach Vorschrift des Herstellers - zeigten, daß bei einem Druck von 40 cm H_2O etwa 0,9 l/min nach außen leckten. Wenn die Narkosegase über eine Maske verabreicht werden, können bekanntlich bedeutende Gasmengen unter der Maske hervor in den Raum entweichen. Die Wahl einer möglichst gut passenden Maske ist daher hier von Bedeutung. In der Umgebung von Undichtigkeiten können sich nämlich noch hohe Narkosegaskonzentrationen in der Luft befinden.

Man soll darauf achten, daß alle ausgeatmeten Gase auch tatsächlich völlig abgeleitet werden. Das für unsere Versuche installierte System war bei der gewählten Versuchsanordnung für eine solche quantitative Gasableitung geeignet.

Bei höheren "Spitzenflows" können jedoch Narkosegase über die Öffnungen des Vorratsgefäßes entweichen. Hohe "Spitzenflows" können beim "Spiromat 650" bei Einstellung eines negativen Ausatmungsdruckes bei hoher Gaszufuhr und bei niedriger Atemfrequenz vorkommen. Wenn die Vakuumanlage eine zu geringe Leistung besitzt, ist die Möglichkeit einer Leckage naturgemäß besonders groß.

Eine Kontraindikation zur Benutzung einer Vakuumanlage zur Gasableitung ergibt sich bei der Verwendung von brennbaren Anaesthetica. Weiterhin steht fest, daß organische Anaesthetica gut fettlöslich sind, was bei Benutzung von Ölpumpen möglicherweise Folgen für deren Wartung haben kann. Diese Bedenken fallen jedoch weg, wenn eine Gasstrahlpumpe (Venturi) mit Preßluftantrieb verwendet wird. Ebenso wie bei der Verwendung einer zentralen Vakuumanlage soll man auch dabei über besonders dazu angebrachte Öffnungen einen Überschuß an Raumluft ansaugen. Da die von Injektoren angesogene Gasmenge 20 - 45 l/min beträgt, ist bei Verwendung des Narkosespiromat 650 ein Vorratsgefäß notwenig (Abb. 5).

Abb. 5. Vorratsbeutel zur Beseitigung der Narkosegase beim Narkosespiromat 650

Eine dritte, ebenfalls von uns untersuchte Möglichkeit zur Minderung der Luftverunreinigung betrifft die Adsorption an aktiver Kohle. Es hat sich gezeigt, daß das Narkoticafilter 633 (Dräger) (Abb. 6) äußerst effektiv funktioniert. Bis zu dem Augenblick, an dem halogenierter Kohlenwasserstoff erstmals

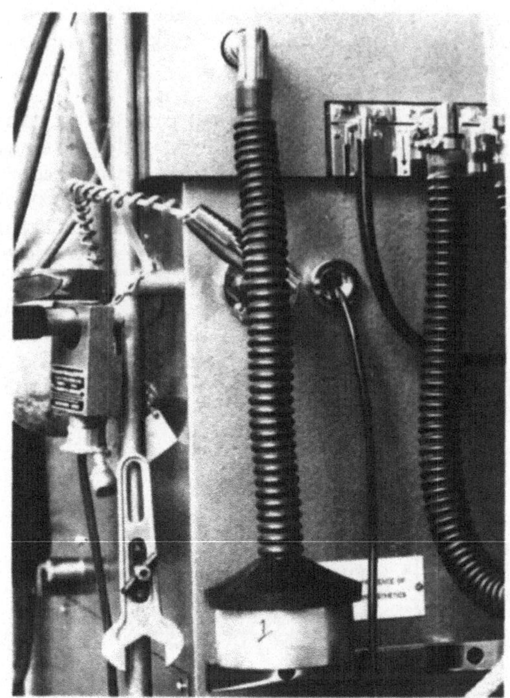

Abb. 6. Narkoticafilter 633 am Narkosespiromat 650

durchgelassen wurden, waren die Halothankonzentrationen in der aus dem Filter strömenden Luft kleiner als 1 ppm. Die Gebrauchsdauer des Filters bis zum Durchtritt einer Konzentration von 100 ppm variierte von 5 Std und 50 min bei einer Gaszufuhr von 6 l/min mit 0,6% Halothan bis zu 1 Std und 40 min bei einer Gaszufuhr von 9 l/min mit 1,5% Halothan. Die von den Filtern aufgenommene Halothanmenge betrug etwa 70 - 110 Gramm. Lachgas wird nicht vom Filter aufgenommen.

Schlußfolgerung

Die von uns getestete Apparatur entsprach bei normalem Gebrauch den an sie gestellten Anforderungen. Dagegen spricht nur, daß sie sowohl im Einbau wie auch im Gebrauch verhältnismäßig kostspielig ist. Wir suchen deshalb nach einem einfacheren Verfahren.

Zusammenfassung

Konzentrationen von Halothan und Lachgas in der Raumluft sind vor und nach dem Einbau von Gasabführungssystemen mit Hilfe eines "Miran portable gas analyzer" gemessen worden. Es zeigte sich, daß die Halothankonzentrationen nach dem Einbau um mehr als 80% niedriger sind als vor dem Einbau, die Reduktion des Lachgasgehaltes betrug mehr als 90%. Verschiedene Methoden zur Verminderung der Verunreinigung der Luft mit Narkosegasen werden behandelt.

Literatur

WHITCHER, C. H.: Scavenging systems used in anesthesia, Vortrag Boerhaave Symposion, Leiden, 1975.

Fluothane-Narkose im Kreissystem - eine neue Technik

J. W. Mostert und W. Schraut

"Die Zahl ist das Wesen aller Dinge" (Pythagoras)

Die heutige wissenschaftliche Ausgestaltung der Inhalationstechnik verdanken wir meines Erachtens nach hauptsächlich EGER, jr., der 1964 den Begriff des Alveolarkonzentrationsminimums "MAC", bei dem sich 50% der Patienten beim Hautschnitt bewegten, einführte. Zum ersten Mal ermöglichte dieses Konzept eine genau berechenbare Dosierung der Inhalationsnarkotica, so wie dies schon lange für toxische Medikamente, zum Beispiel Digitalis, üblich war. Das Alveolarkonzentrationsminimum, wirksam nicht nur bei 50%, sondern bei 95% unserer Patienten, ist, wie wir vor 7 Jahren festgestellt haben, MAC multipliziert mit 1, 3; ein Wert also, der für eine brauchbare chirurgische Anaesthesie die notwendige Fluothane-Initialdosis definiert.

Vor der Narkoseeinleitung atmet der Patient 5 min lang reinen Sauerstoff über eine festanliegende Narkosemaske mittels des Kreissystems, um Stickstoff auszuwaschen und in der Lunge ein Sauerstoff-Depot anzulegen. Die Narkose wird dann mit Thiopental oder Lachgas eingeleitet, mit Lachgas und Fluothane fortgeführt, und gelegentlich mit d-Tubocurarin, Pancuronium oder Succinylcholin als Muskelrelaxans kombiniert. Die Patienten sind meist intubiert und werden durch das geschlossene Kreissystem mit dem "Ventilator Ventimeter" (Air-Shields Inc., Hatboro, Pennsylvania, USA) kontrolliert beatmet. Der Atembeutel wird niemals mehr als Zwei Drittel am Ende der Ausatemphase gefüllt, und aus dem Gas im Ausatemschlauch werden fortlaufend Messungen der Sauerstoffkonzentration mit dem "Bio Marine" oder "Tekmar Oxygen Monitor" (Abb. 1) gemacht. Die Sauerstoffkonzentration wird zwischen 30 und 40% gehalten, die restlichen 60 bis 70% der Gase im geschlossenen System setzen sich aus ca. 50% Lachgas, 6% Wasserdampf und weniger als 10% Stickstoff zusammen.

Berechnung des Fluothane-Dampfbedarfs

Diejenige Fluothanmenge, die gegeben werden muß, um die gewünschte Gehirnkonzentration zu erreichen und aufrechtzuerhalten, errechnet sich leicht aus der erforderlichen Aufnahmegeschwindigkeit $1{,}3 \times MAC \times \lambda \times \dot{Q} \times t^{-0{,}5}$. λ stellt dabei den Blut/Gas-Verteilungskoeffizienten, $\dot{Q}$ (dl) das Herzminutenvolumen (empirisch als 70% des Körpergewichtes in dl angenommen) und t die Zeit, in min, vom Anfang der Narkose an gerechnet, dar.

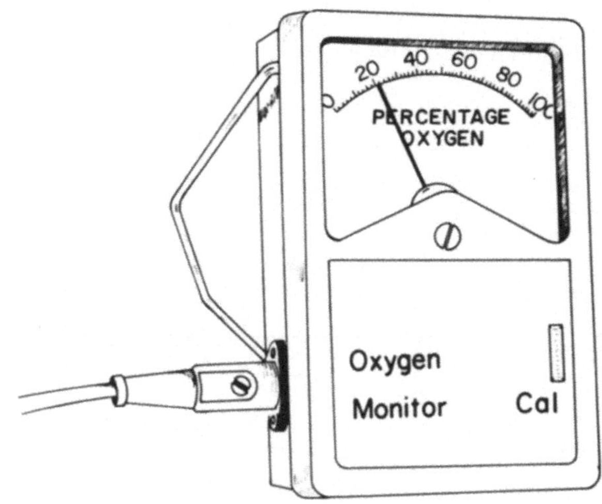

Abb. 1. Lachgasdosierung.: [2 x 1,3 x 101 (MAC) x λ (Blut/Gas-Verteilungskoeffizient) x $\dot{Q}$ (Herzminutenvolumen) x $t^{-0,5}$] {ca. 2 x 1000 $t^{-0,5}$ ml Gas für 65 kg Körpergewicht, halbiert, wenn 0,5% Fluothane gegeben werden.} Ein Sauerstoffmeßgerät wie hier abgebildet ist aber (conditio sine qua non bei Verwendung von Lachgas im geschlossenen Kreissystem)

Für einen 65 kg wiegenden Patienten errechnet sich z. B. die während der ersten min zu verabreichende Initialdosis mit 1,3 x 0,8 x 2,3 x 49 = 103 ml (≈ 100 ml) Fluothanedampf (Abb. 2). Wir nehmen an, daß dieser Fluothanebedarf halbiert wird, wenn man Lachgas beifügt. Wie Abb. 2 zeigt, beträgt die erforderliche Kumulationsdosis immer ein Zweifaches der Aufnahmegeschwindigkeit: $\int t^{-0,5}dt = 2\ t^{+0,5}$ (+ Konstante).

Die Zeitintervalle der ungeraden Zahlen

Wie WIEMERS (1964) berichtete, läßt sich dem Kreissystem flüssiges Fluothane direkt beifügen, indem es mit einer elektrisch betriebenen Präzisionsspritze ständig in den Frischgasstrom, den Absorber oder den Ausatemschlauch injiziert wird. Die Menge, die pro Zeiteinheit gegeben wird, muß stetig geändert werden, um zu jeder Zeit dem oben erwähnten Bedarf an Fluothane zu entsprechen. Für die Regelung des entsprechenden Programms benützen wir eine Kurve, die entweder mit dem Analogrechner zusammenfassend als Summe der einzelnen Organaufnahmen (Abb. 3 und 4) oder nach dem Prinzip, das im Text von Abb. 5 erörtert ist, errechnet wird. Ein für diesen Zweck geeignetes Gerät ist jetzt als "Data-Tràk Syringe Pump" (Research Instruments Inc., Minneapolis, Minnesota, USA) erhältlich.

Wir haben schon 1969 festgestellt, daß die Fluothaneaufnahme für praktische Zwecke durch die Formel 100 $t^{-0,5}$ beschrieben werden kann, ähnlich wie die Aufnahmeformel 1000 $t^{-0,5}$ für Lachgas, die SEVERINGHAUS (1954) durch klinische Messungen bei Probanden

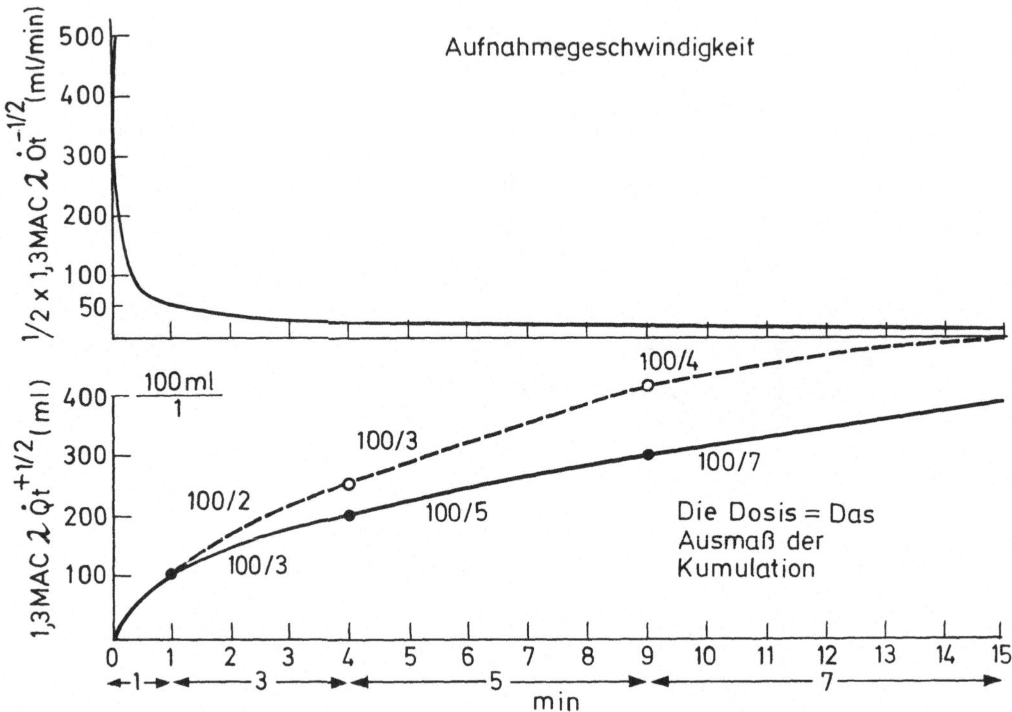

Abb. 2. Obere Kurve: Fluothane-Aufnahmegeschwindigkeit bei Zugabe von 60% Lachgas für 65 kg KG. Diese Kurve ergibt am Ende der ersten min (t = 1) 0,5 x 1,3 x 0,8 (MAC) x λ x $\dot{Q}$ = 50 ml Fluothandampf pro min
Untere Kurven: Die Initialdosis, welche in der ersten min nötig ist, um diesen Bedarf sicherzustellen, beträgt 2 x 50 = 100 ml = Fläche unter der oberen Kurve für die erste min.
Dieses Alveolarkonzentrationsminimum (1,3 x MAC) kann während der folgenden Minuten durch zwei Annäherungsmethoden aufrechterhalten werden:
Gestrichelte Kurve: Nach je 1, 4, 9, 16, 25, ... min (d. h. nach Intervallen von je 3, 5, 7, 9, ... min) wird die Initialdosis durch $t^{-0,5}$, die Quadratwurzel der Zeit in Minuten am Ende des betreffenden Intervalls, dividiert, um die neue Dosis pro min zu bestimmen.
Ausgezogene Kurve: Auch hier werden 1, 4, 9, 16, ... min benutzt; am Ende dieser Zeiten wird die Initialdosis aber durch das wirkliche Intervall (3, 5, 7, 9, 11, ... min) dividiert, um die neue Dosis pro min zu erhalten.
Die sich mit der reziprokalen Quadratwurzel der Zeit schnell vermindernde obere Dosierungsgeschwindigkeitskurve wird in der Praxis bevorzugt

ermittelt hatte. Die automatisch betriebene Präzisionsspritze steht nicht immer zur Verfügung. Deshalb verabreichen wir die wiederholten Dosen, und zwar nach zunehmend sich verlängernden Zeitspannen, die der arithmetischen Reihe der ungeraden Zahlen entsprechen (Abb. 5).

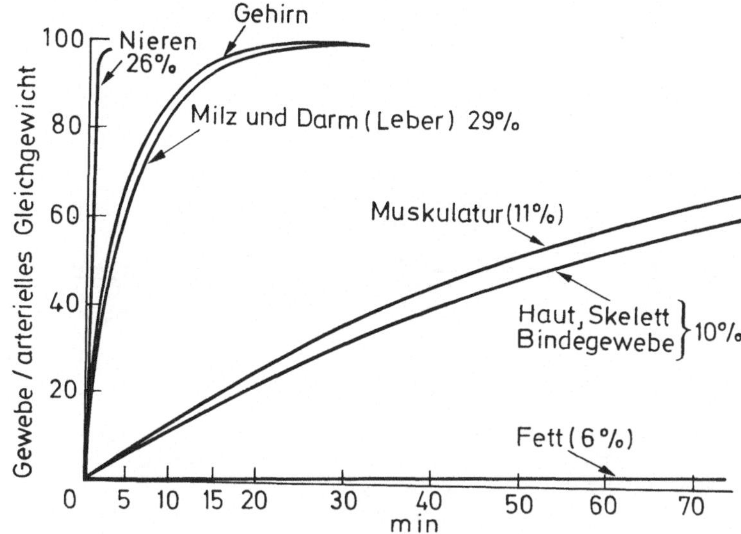

Abb. 3. Zeitlicher Verlauf der Sättigungsgeschwindigkeit (x Geschwindigkeit, mit der das Gewebe / arterielle Gleichgewicht mit 1,3 mal dem Alveolarkonzentrationsminimum von Fluothane erreicht wird).
Die eingetragenen Zahlwerte geben ungefähr die Durchblutung (Prozent des Herzminutenvolumens) in den einzelnen Kreislaufabschnitten an

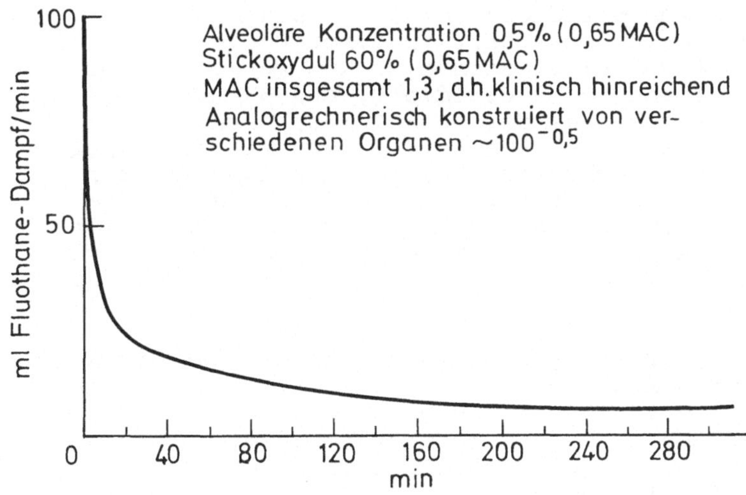

Abb. 4. Fluothane-Aufnahmegeschwindigkeit, analogrechnerisch aus verschiedenen Organaufnahmen konstruiert.
Es ist zu bemerken, daß diese Kurve mit der Kurve 100 $t^{-0,5}$ übereinstimmt

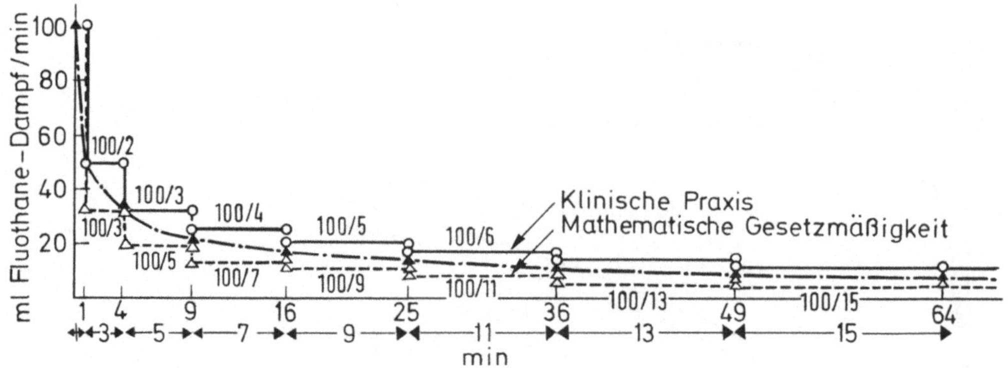

Abb. 5. Fluothan-Aufnahmegeschwindigkeit mit Dosierungsintervallen. Diese Kurve der Fluothandosen kann nur mit einer automatisch betriebenen Präzisionsspritze erreicht werden, sie liegt zwischen den beiden in dieser Abbildung beschriebenen stufenförmigen Kurven.
-.-.-. (= obere Kurve Abb. 2 bzw. Kurve Abb. 4): [ ]
------ (untere stufenförmige Kurve): vgl. die der ausgezogene untere Kumulationskurve der Abb. 2 zugrundeliegenden Berechnungsart (mathematische Gesetzmäßigkeit)
______ (obere stufenförmige Kurve): vgl. die der oberen Kumulationskurve der Abb. 2 zugrunde liegende Berechnungsart (Klinische Praxis)

Einem 65 kg wiegenden Patienten geben wir z. B. während der ersten min eine Initialdosis von 100 ml Fluothanedampf. Am Ende der ersten min müssen wir diese Dosis durch die Quadratwurzel von 4 = 2 dividieren. Das führt zu einer Dosis von 50 ml Dampf pro min bis zum Ende der vierten min. Nun werden 100 ml durch die Quadratwurzel von 9 = 3 dividiert, und 33 ml Dampf pro min 5 min lang, bis zum Ende der neunten min, verabreicht; dann wird die Initialdosis durch 4 geteilt, usw. Mit den immer länger werdenden Zeiten zwischen den Dosisminderungen ergeben sich während der ersten zwei Std nur 12 erforderliche Manipulationen der Verdunstereinstellung (Abb. 6). Diese Methode ist in Abb. 2 und in der oberen stufenförmigen Kurve der Abb. 5 veranschaulicht.

Es ist aber auch möglich, die eigentliche Minutendauer jeder dieser Perioden direkt zur Berechnung zu verwenden. Für die Zeit zwischen den min 1 und 4 kann man z. B. die Initialdosis durch 3 teilen; zwischen 4 und 9 min wird durch 5 geteilt; usw. (untere Kumulationskurve Abb. 2 bzw. untere stufenförmige Kurve Abb. 5). Mit dieser Rechenmethode ist die Narkose aber oft nicht ausreichend tief; die Methode, die in der oberen Kumulationskurve in Abb. 2 in der oberen stufenförmigen Kurve der Abb. 5 veranschaulicht ist, nimmt deshalb eine bevorzugte Stellung in der Praxis ein.

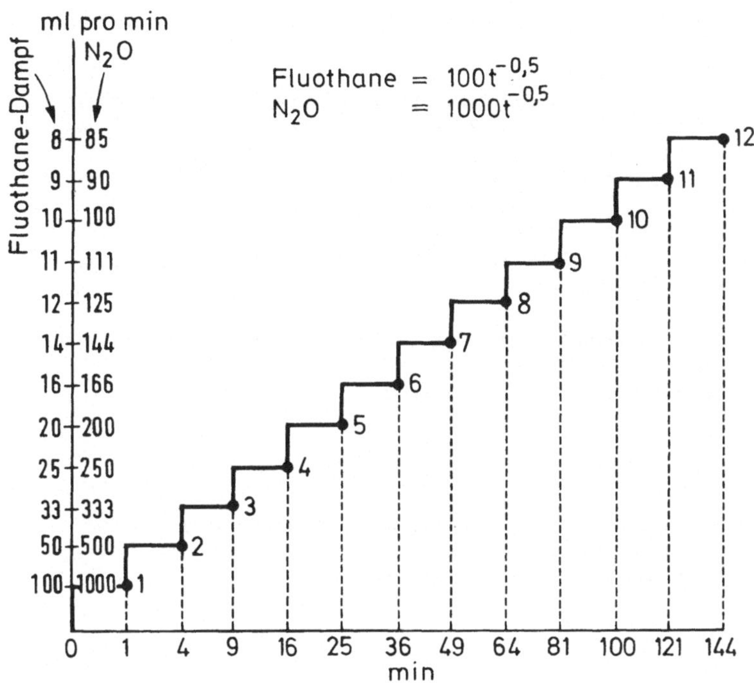

Abb. 6. Fluothan-Verdunstereinstellungen in der Zeit. Der 1000 $t^{-0,5}$ Lachgasformel und der 100 $t^{-0,5}$ Fluothaneformel entsprechend, gibt es 12 Stufen von erforderlichen Verdunstereinstellungen während mehr als zwei Std für einen 65 kg wiegenden Patienten

Technische Hinweise

Wenn man den Verdunster in das Kreissystem einschaltet, fließt ein Teil des Gases wiederholt durch. Diese Anordnung wird daher heute nicht mehr verwendet. Fluothane wird vielmehr mit einem in die Frischgasleitung eingeschalteten Sättigungsverdampfer vom "Kettle"-Typ, in dem 100 ml Sauerstoff 50 ml Fluothanedampf erzeugen, dosiert. Der heute unter der Bezeichnung "pumping"-Effekt bekannte Vorgang führt bei kleinem Gasfluß zu Konzentrationserhöhungen bis zu einem Vielfachen des eingestellten Wertes. Es ist erforderlich, zur Verhinderung dieses "pumping"-Effektes ein Rückschlagventil im Auslaß des "Kettle"-Verdunsters einzubauen. Eine weitere Methode, einen "pumping"-Effekt zu verhindern, ist der Einbau einer Rohrspirale in den "Dräger-Vapor", der trotz der Druckschwankungen, welche durch ein Beatmungsgerät erzeugt werden, bei 0,2 und 0,3 l/min Gasdurchfluß tatsächlich die abgegebenen Fluothankonzentrationen weitgehend mit den eingestellten Werten übereinstimmen läßt (HILL, 1964, und ZINGANELL, 1970).

Der Dräger-"Narkotest" hat sich zur Überwachung der expiratorischen Fluothankonzentration bewährt (LOWE, 1971), und eignet sich besonders dafür, den Anaesthesisten mit dem geschlossenen System vertraut zu machen.

Kleinkinder mit unter 20 kg Körpergewicht bedürfen angesichts ihres höheren Herzminutenvolumens und Grundumsatzes 3 bis 5 ml Fluothanedampf pro kg, während Erwachsene, wie oben erwähnt, nur ca. 1,5 ml Fluothandampf pro kg brauchen.

Die Atmung wurde nicht immer kontrolliert, da ein erfahrener Anaesthesist das geschlossene System häufig mit Gesichtsmaske ohne Intubation anwenden kann.

Nach jedem Auswechseln des Absorbers muß während der ersten min die zweifache Initialdosis verabreicht werden, um die hohe Fluothanlöslichkeit im Absorberkalk auszugleichen.

Untersuchungen zum arteriellen Fluothanegehalt:

Für die arterielle Fluothaneanalyse wurden mit Blut gefüllte Kapillarröhrchen mit Kunststoff versiegelt und mit einem "Flame Ionization Detector" Chromatograph analysiert.

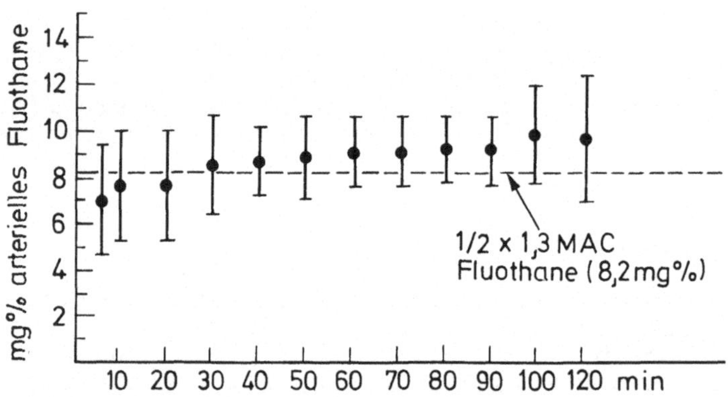

Abb. 7. Mittelwertspunkten der intermittierend gemessenen arteriellen Fluothanekonzentrationen bei Narkosen im geschlossenen System (n = 23; · = Mittelwert; vertikale Strecken = Standardabweichung des Mittelwertes). Die gestrichelte Linie bedeutet das berechnete arterielle Fluothaneniveau bei einer Alveolarkonzentration von 0,5%

In Abb. 7 sieht man, daß mit dieser Technik die berechnete arterielle Konzentration dem gemessenen Fluothanespiegel bei 23 Patienten, die an unserem Institut im geschlossenen System narkotisiert worden sind, gut entspricht.

Sowohl beim offenen als auch beim geschlossenen System ist es nur das Ziel, bei Mitverwendung von Lachgas eine alveoläre Fluothankonzentration von 0,5% aufrechtzuerhalten. Beim geschlossenen System soll der Gaszufluß genau dem absorbierten Volumen entsprechen; vorübergehend kann man ihn aber auch, falls wünschenswert, über das Atemminutenvolumen hinaus vergrößern.

In Ausnahmefällen mußte wegen einer Undichtigkeit im System die Frischgaszufuhr bis zu 500 ml Sauerstoff und 500 ml Lachgas pro min erhöht werden (MOSTERT, 1966 und 1972). Nach Anstreichen des Systems mit Schaum konnte man häufig eine Leckstelle finden, aber ein relativ hoher Frischgasfluß von 1 l/min war gelegentlich wünschenswert, wenn die Aufmerksamkeit des Anaesthesisten anderswohin gelenkt war und eine genaue Kontrolle des Atembeutelvolumens nicht möglich war.

Pharmakokinetik

Die meßtechnisch konstante alveoläre Fluothanekonzentration mit entsprechendem Blutspiegel stellt ein Fließgleichgewicht dar. Die Aufnahme von Fluothane ist mittels einer Reihe mathematischer Modelle mit exponentiell verlaufenden Kurven beschrieben worden (PAPPER und KITZ, 1963). Das Modell von ASHMAN (1971) stützt sich auf einen Analogrechner mit 15 potentiometrischen Abschlüssen. Ich bezweifle, ob man multikompartimentellen Analysen eine praktische Bedeutung zukommen lassen kann; die Komponenten der Aufnahmekurve sind ziemlich gut voraussagbar, aber die Berechnung ihrer Summe wäre nur mittels eines Analogrechners möglich.

Das Gleichgewicht zwischen Kreissystem und Lunge ist ein langsamer exponentieller Vorgang:

$$C = 1 - e^{-\left(\frac{t}{\lambda} \times \frac{\text{Frischgasfluß}}{\text{Volumen}}\right)} \quad \text{oder}$$

$$C = 1 - e^{-t/T}.$$

Es bedeuten dabei C die Fluothanmenge im Atemsystem zur Zeit t, λ den Blutgasverteilungskoeffizienten, T die Zeitkonstante und e die Basis des natürlichen Logarithmus.

Wenn man annimmt, daß der Frischgasfluß 1 l/min, die Kapazität des Kreissystems 8 l und das Lungenvolumen 5 l beträgt, so ist die Zeitkonstante dieser Gleichung nach mit 13 min zu errechnen. Daraus folgert eine Sättigung im Kreissystem von 63% nach 13 min und von 95% nach 39 min (Abb. 8). In dieser Berechnung ist die Fluothanaufnahme im Körper nicht berücksichtigt; sie würde diese Zeit natürlich beträchtlich verlängern. Wenn man also schnelle Wechsel in der Fluothanekonzentration, zum Beispiel bei unerwartetem Herzstillstand, braucht, sind daher hohe Frischgasflüsse unbedingt und sofort nötig.

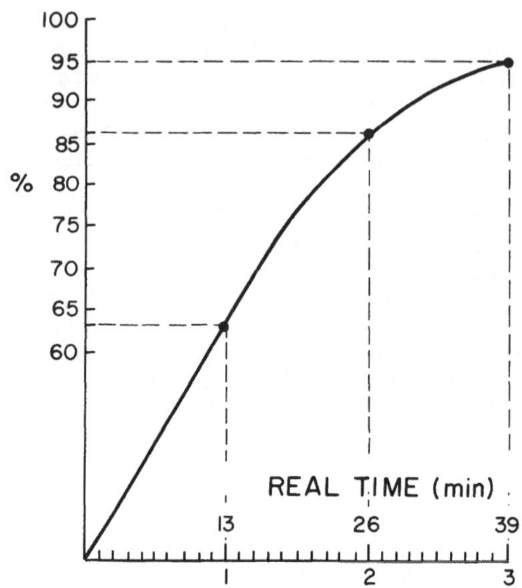

Abb. 8. Fluothanaufnahmekonstante für alleiniges Kreisatmungssystem. Die Zeitkonstante für ein Kreissystem mit 8 l Kapazität, Lungenvolumen von 5 l, und Frischgasfluß von 1 l/min zeigt, daß nach 13 min nur 63% der Gaskonzentration des Frischgasflusses im Kreissystem vorhanden ist; nach 26 min beträgt die Kreissystemkonzentration 86% und nach 39 min 95% derjenigen des Frischgases. Die Fluothanaufnahme im Körper ist hier nicht berücksichtigt

Diskussion

Eine neue Methode der Fluothaneanaesthesie ermöglicht es, die Bedarfsdosis von Fluothane und Lachgas in ml Dampf und Gas von min zu min zu bestimmen, anstatt Konzentrationen ohne Berücksichtigung der Ganzkörperabsorption zu verwenden. Mit der einfachen 1000 $t^{-0,5}$ Lachgasformel und der 100 $t^{-0,5}$ Fluothaneformel, die den genauen Bedarf an Anaestheticum in ml pro min angeben, üben die Atmung und pulmonalen Shunts nur einen unbedeutenden Einfluß auf die Aufnahme des Anaesthesticums aus. Dagegen führt die konventionelle Gabe von Fluothane mittels Kalibrierung der Konzentration allein zur Überdosierung, wenn unbeabsichtigt große Atemvolumina bei der Einleitung der Anaesthesie verwendet werden. Die hier beschriebene Methode ist außerdem zur Verhütung ökologischer Gefahren des Fluothans am besten und ist schließlich auch ökonomisch viel günstiger als der traditionelle hohe Frischgasfluß.

Aufgrund unserer bisher gemachten Erfahrungen entspricht die gemessene arterielle Fluothankonzentration der berechneten Größe nicht nur beim erwachsenen Patienten, sondern auch beim Säugling. Die Konstanterhaltung von mehr als einem Drittel Feuchtigkeitvollsättigung ist schlußendlich zweifellos auch eine wesentliche Voraussetzung für das geringere Vorkommen von Bronchialverschlüssen, Atelektasen und Bronchopneumonien nach der Anaesthesie.

Summary

A new method of closed-circuit anesthesia is described based on quantitative dosage in terms of the MAC of Fluothane, its solubility in the blood, and on body weight. In association with nitrous oxide the combined rates of uptake per min may be used to calculate the clinically effective cumulative dose, i. e., 1000 $t^{0.5}$ ml for nitrous oxide plus 100 $t^{0.5}$ ml for Fluothane vapor. This can be implemented clinically by automatic injection of Fluothane with a computer-operated syringe pump, or by manual administration of Fluothane as a fraction of the first-minute dose divided by the square root of elapsed time. Analog computer printouts were made to clarify some theoretical aspects of closed-circuit anesthesia.

Literatur

1. ASHMAN, M. N., BLESSER, W. B., EPSTEIN, R. M.: A nonlinear model for the uptake and distribution of halothane in man. Anesthesiology 33, 419 (1970).
2. EGER, E. I., SAIDMAN, L. J., BRANDSTATER, B.: Minimum alveolar anesthetic concentration: a standard of anesthetic potency. Anesthesiology 26, 756 (1965).
3. HILL, D. W.: Der Dräger-Verdunster "Vapor". Anaesthesist 13, 11 (1964).
4. LOWE, H. J.: Dose-regulated Penthrane Anesthesia. Chicago: Abbott Laboratories 1972.
5. LOWE, H. J., HAGLER, K. J.: Clinical and laboratory evaluation of an expired gas monitor (Narko-Test). Anesthesiology 34, 378 (1971).
6. MOSTERT, J. W.: Halothan im geschlossenen Kreissystem. Anaesthesist 15, 160 (1966).
7. MOSTERT, J. W.: Closed-circuit protection for anaesthetists. Lancet 2, 758 (1972).
8. PAPPER, E. M., KITZ, R. J. (Eds.): Uptake and distribution of anesthetic agents. New York: McGraw-Hill 1963.
9. SEVERINGHAUS, J. W.: The rate of uptake of N_2O in man. J. Clin. Invest. 33, 1183 (1954).
10. WIEMERS, K.: Die Dosierung flüssiger Inhalationsnarkotica. Anaesthesist 13, 171 (1964).
11. ZINGANELL, K.: Halothan im geschlossenen Kreislauf. Eine sichere wirtschaftliche Routine-Narkose. Anaesthesist 18, 88 (1969).

Halothan-Lachgas-Narkose im geschlossenen System

K. W. Spieß

Die mögliche Toxizität der von uns verwendeten anaesthetischen Gase und Dämpfe, die chronisch in subanaesthetischen Dosen von einigen ppm bis zu einigen hundert ppm eingeatmet werden, hat in den letzten Jahren eine Flut von klinischen und experimentellen Arbeiten ausgelöst (2, 3, 5, 7). Wie auch die persönliche Einschätzung dieses Risikos sein mag, eine Verminderung desselben ist ratsam.

Absauganlagen und Filter sind hierzu in der Lage, aber noch nicht überall vorhanden. Zu der jetzt dringend geforderten Sparsamkeit können sie zudem nichts beitragen.

Solchen ökonomischen Überlegungen käme ebenso wie den toxikologischen die Verwendung eines wirklich geschlossenen Systems (GS) entgegen. Es ist dies zudem die umweltfreundlichste und logisch überzeugendste Lösung des Problems.

Bei der Kombination von Sauerstoff mit Halothan oder einem anderen hochpotenten Inhalationsnarkoticum sind technisch vor allem Probleme der Verdampferpräzision zu meistern. Eine Reihe von Vorschlägen wurde zu dieser Kombination gemacht, die in einer großen Zahl von Veröffentlichungen niedergelegt sind.

Zugabe von 70% Lachgas reduziert die MAC (minimum alveolar concentration) für Halothan um etwa 60%, nämlich von 0,74 auf 0,29% (6). Dies bedeutet neben der gewünschten zusätzlichen Analgesievertiefung geringere Metabolisierungsleistung für die Leber und bessere Steuerbarkeit vor allem bei langdauernden Anaesthesien. Trotzdem sind Versuche mit Lachgaskombinationen im GS bisher nur selten unternommen worden. Die Schwierigkeit liegt hier vor allem in der Sicherstellung der erforderlichen Sauerstoffkonzentration. Die Messung derselben ist jetzt durch elektrochemische Meßzellen - "fuel cells", bei uns als Oxygenanalyzer im Handel - auch im klinischen Alltag möglich. Nach eingehender Prüfung eines solchen Gerätes, worüber an anderer Stelle berichtet wird, haben wir zunächst Neuroleptanalgesien und bald auch Sauerstoff-Lachgas-Halothan-Kombinationsnarkosen im GS durchgeführt.

Nach der Sicherheit wurde von uns vor allem eine einfache, praktische Durchführbarkeit der Methode angestrebt. 480 Narkosen wurden inzwischen im GS ausgeführt. Die benützten Narkosegeräte waren unpräparierte serienmäßige Maschinen der Firma Dräger, die sich bereits bis zu 20 Jahre im klinischen Einsatz befanden. Einzige, allerdings unabdingbare Zusatzausrüstung waren die genannten Sauerstoffmeßgeräte derselben Firma. Diese sind u. E. aus Sicherheitsgründen bei jeder Narkose empfehlenswert.

Das Resumé der Erfahrungen in einem Satz: Die Methode ist bei uns für jeden Mitarbeiter, der die nötigen theoretischen und praktischen Voraussetzungen besitzt, jetzt bereits zur Routine geworden!

Zum praktischen Vorgehen: Ausreichende Stickstoffelimination erfolgt im halbgeschlossenen System (HGS) mit 8 - 10 l/min Sauerstoff oder auch einem N_2O-O_2-Gemisch in 5 - 10 Minuten. Mit einem Stickstoffübertritt aus den Körpergeweben in die Gasphase des Kreissystems muß danach allerdings noch gerechnet werden. Gegenmittel: gelegentliches Auswaschen im HGS.

Die Patienten wurden großteils mit dem Pulmomat beatmet. Die erforderliche Gasmenge wird an der Konstanz des Beatmungsdrukkes, die erforderliche Gaszusammensetzung an der gemessenen inspiratorischen Sauerstoffkonzentration abgelesen.

Als Richtlinien können folgende Zahlen dienen: Der Sauerstoffbedarf schwankt nur gering während der Anaesthesie und lag bei 240 ± 80 ml/min für Erwachsene. Beim Lachgas vermindert sich die Aufnahme kontinuierlich von etwa 800 ml in den ersten Minuten über ungefähr 250 ml nach einer halben Std bis zu etwa 20 ml (und weniger) nach 3 Std. Da diese Änderungen - wie alle Fremdgasaufnahmen - Exponentialfunktionen folgen, die anfangs steiler als später verlaufen, sind zunächst häufigere Verminderungen des Lachgaszuflusses als im späteren Anaesthesieverlauf nötig, um Gasmenge und Sauerstoffgehalt im gewünschten Gleichgewicht zu halten.

Als Beispiel zeigt Abb. 1 den Sauerstoff- und Anaestheticabedarf (Lachgas, Halothan) bei der Operation eines ausgedehnten Cholesteatoms bei einem Zwanzigjährigen. Die Abszisse gibt die Anaesthesiezeit, die Ordinate die ml/min bzw. die Vol% an, auch gemessene inspiratorische Sauerstoffkonzentrationen sind verzeichnet.

Auf einen Blick sind die erheblichen Unterschiede der Lachgas- und Sauerstoffzufuhr zwischen HGS und GS sowie auch die höheren Halothankonzentrationen während des GS zu erkennen. Die zehnminütigen Zwischenschaltungen im HGS erfolgten zur Restdenitrogenisierung und gleichzeitigen Zwischen- bzw. Schlußeichung.

230 min nach Beginn der Lachgas- und Halothan-Applikation wird die Zufuhr von beiden völlig abgestellt, es wird nur noch der Sauerstoffbedarf zugeführt und mit gleichem $\dot{V}$ weiterbeatmet. 83 min später ist die Operation beendet. Der Patient ist in Minutenfrist voll ansprechbar. Die Sauerstoffkonzentration im Kreissystem steigt während dieser Zeit in 70 min nur um 7% an.

Die Erklärung dieses beim ersten Blick überraschenden Verhaltens bringt Abb. 2: In einem Ausschnitt einer von SEVERINGHAUS veröffentlichten komputerberechneten Kurve (8) zeigt die von links nach rechts langsam ansteigende Kurve das Verhältnis des alveolären zum inspiratorischen Lachgaspartialdruck ab der 30. min nach Anaesthesiebeginn. Dies entspricht der Annäherung der arteriellen N_2O-Konzentration an die inspiratorische, bedingt

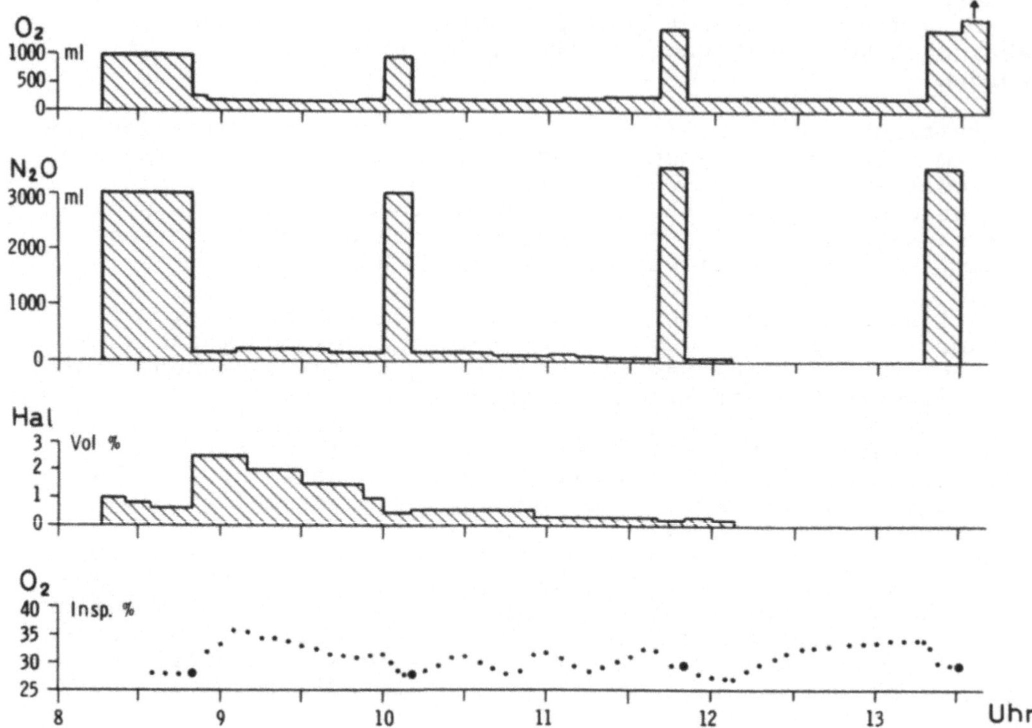

Abb. 1. 20 a ♂, Cholesteatom. Sauerstoff- und Anaestheticaverbrauch im HGS bzw. GS (s. Text) bei einer fünfstündigen Operation. In der untersten Spalte gemessene inspiratorische O_2-Konzentration. Dickere Punkte = Zwischeneichwerte während HGS

durch die zunehmende Lachgassättigung der Körpergewebe. Die hiervon abfallenden Kurven sind in der Annahme eines fortgeführten GS mit ausschließlicher Sauerstoffbedarfsdeckung ab diesem Zeitpunkt berechnet. Unsere eigenen, als Änderung der Sauerstoff-Fraktion gemessenen Werte sind als Kreise eingezeichnet. Ganz rechts die Kurve unseres Cholesteatompatienten aus Abb. 1. Berechnung und Praxis stimmen gut überein.

Die Kurven fallen mit zunehmender Sättigung der Körpergewebe immer weniger ab, da sich das Gleichgewicht zwischen dem Lachgasgehalt der Körpergewebe und der Gasphase des Kreissystems dann schon bei höherem Partialdruck einstellt.

Steiler abfallende Kurven entstehen bei Undichtigkeiten im System. Zwei durch Kreuze markierte Kurven, bei Beatmung mit dem Narkosespiromat 650 aufgezeichnet, spiegeln die größere Undichtigkeit dieses Gerätes wider.

Und nun noch zur Frage der Halothanzufuhr im GS: Daß hierbei höhere Vaporeinstellungen als beim HGS benötigt werden, wurde bereits erwähnt. Bei dem im GS verwendeten sehr geringen Gasvolumina (vgl. Abb. 1) wird verständlich, daß für eine etwa

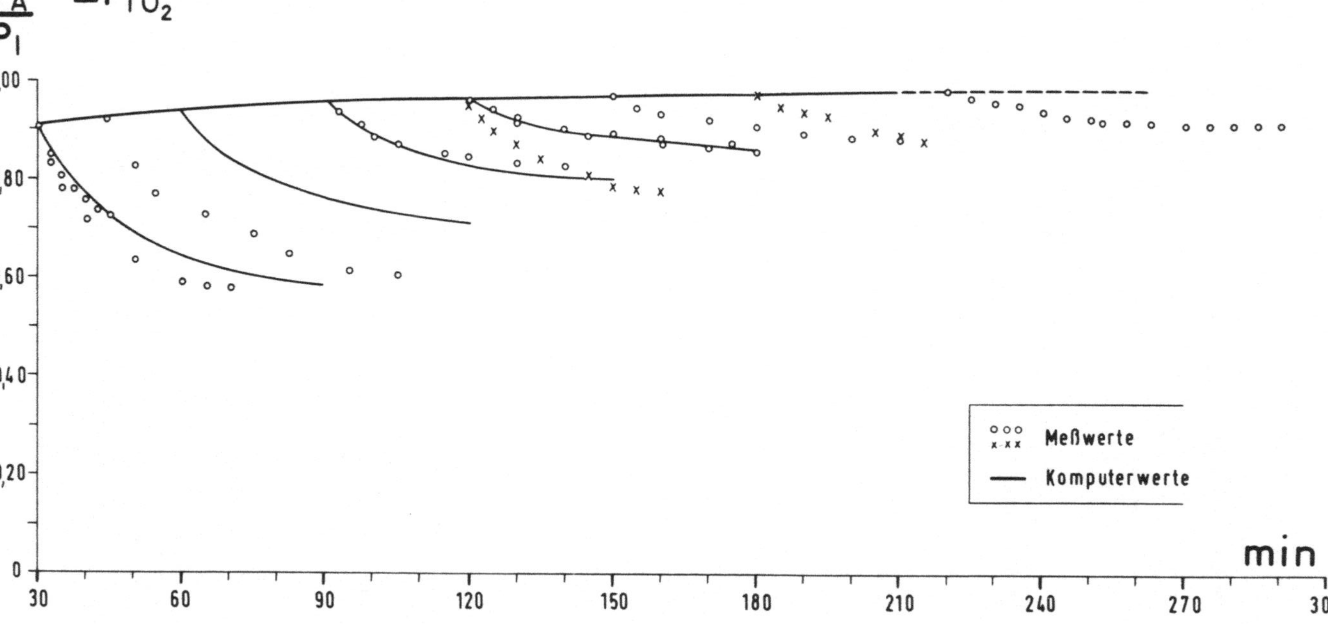

Abb. 2. Alveolär-inspiratorisches Lachgasverhalten im geschlossenen System (vorübergehende Abstellung der N_2O-Zufuhr). Oberste durchgehende Kurve: Lachgasaufnahme als Änderung der P_A/P_I ab der 30. min. Davon abfallende durchgehende Kurven: Ende der Lachgaszufuhr mit Beginn der Kurve, weiter Zufuhr des O_2-Bedarfs im GS (Komputerberechnung von SEVERINGHAUS (8)). Kreise: eigene Meßwerte (als Zunahme der F_IO_2) mit Romulus oder Tiberius und Pulmomat. Kreuze: Meßwerte wie bei den Kreisen, mit Narkosespiromat 650 (s. Text)

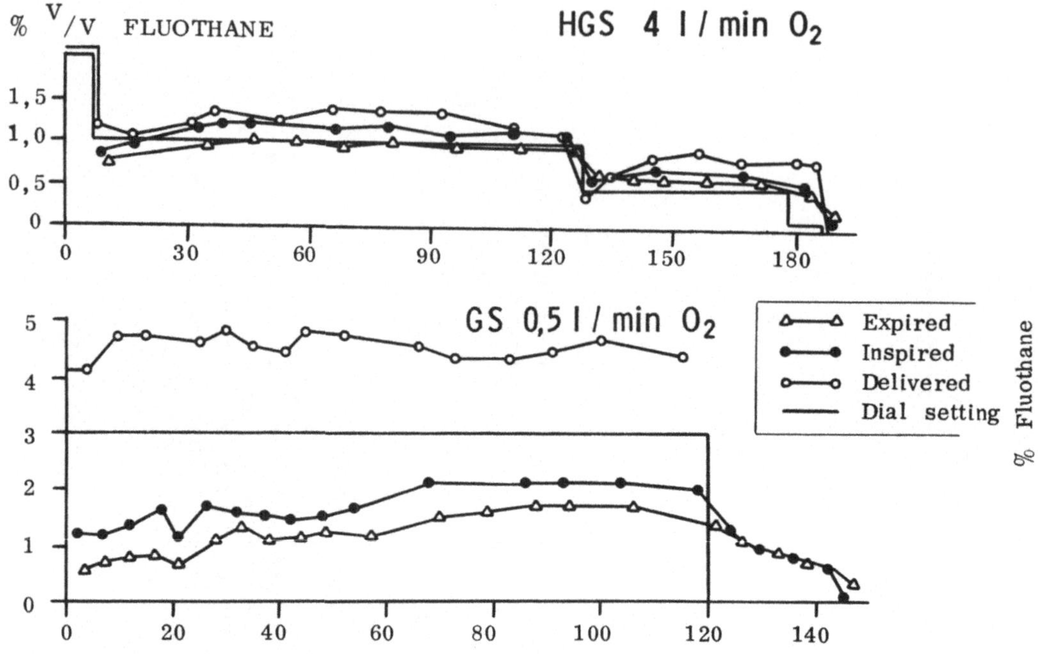

Abb. 3. Benötigte Halothankonzentrationen im Frischgas (Vapor-einstellung) bei HGS bzw. GS zur Erzielung vergleichbarer Konzentrationen (nach HILL und LOWE (4))

gleiche Konzentration im Inspirationsschlauch eine größere Menge Halothandampf pro Einheit Frischgas zugeführt werden muß.

Abb. 3. zeigt hierzu Messungen von HILL und LOWE (4). Daß sich diese auf eine im Schrifttum fast ausschließlich zu findende Fluothan-Sauerstoff-Narkose beziehen, ändert dabei nicht das Prinzip, sondern nur die erforderliche inspiratorische Pegelhöhe.

Aus Abb. 3 geht hervor, daß bei einem HGS mit 4 l/min O_2-Zufluß die Halothankonzentrationen im Frischgas, im Inspirations- und im Exspirationsgas ziemlich dicht beieinanderliegen. Bei einem (fast) GS mit 500 ml O_2-Zufluß ist der Konzentrationsunterschied von Frischgas zu Inspirationsmischung hingegen enorm groß (hier etwa 3 Vol%). Dies wird verständlich, wenn man bedenkt, daß der Frischgasanteil des Beatmungs-Minutenvolumens beim dargestellten GS nur 7%, beim HGS dagegen 55% beträgt.

Bei der Kombination mit Lachgas genügt, wie eingangs erwähnt, gegenüber der alleinigen Verwendung von Sauerstoff als Trägergas etwa die halbe alveoläre Halothan-Konzentration für eine gleiche Anaesthesietiefe. Auf Abb. 3 werden nach etwa 1 1/2 Std exspiratorisch 1,5% überschritten - ein allerdings auch für eine Sauerstoff-Halothan-Narkose sehr hoher Wert.

Auch der langsamere Abfall der Halothankonzentration im GS nach Schließen des Verdampfers ist schließlich beachtenswert. Hier zeigt sich ein durch die sehr verschiedenen physikalischen Eigenschaften von Halothan und Lachgas bedingtes quantitativ unterschiedliches Verhalten der beiden Anaesthetica. Prinzipiell ist der langsamere Konzentrationsabfall aber ähnlich, und wir können ihn, wie unser Beispiel zeigte, mit gutem Erfolg ausnützen. Die Zeit verbietet leider ein näheres Eingehen auf diesen Punkt.

Unsere Jubilarin, die alte Halothan-Lachgas-Narkose, gewinnt jedenfalls durch die beschriebene Technik wieder neuen Reiz auch für den Erfahrenen. Unsere Patienten sind auch nach stundenlangen Narkosen in Minutenfrist voll ansprechbar und dabei doch meist ruhig, wie es bisher nur bei einer gut geführten Neuroleptanalgesie zu erwarten war. Wir selbst aber können, dank der so gut wie völlig fehlenden Kontamination der Umgebungsluft leichter zum Wohle der uns anvertrauten Patienten aufmerksam bleiben. BARTON und NUNN haben bei einer ähnlichen Technik in vorläufigen Untersuchungen nur 0,01 bis maximal 0,03 ppm Halothan in der Umgebungsluft gefunden (1)! Ganz nebenbei haben wir aber für die jetzt von vielen Seiten so gebieterisch geforderte Sparsamkeit auf unserem Sektor damit auch das Mögliche getan!

Literatur

1. BARTON, F., NUNN, J. F.: Totally closed circuit nitrous oxide/oxygen anaesthesia. Brit. J. Anaesth. 47, 350 (1975).
2. CHENOWETH, M. B., LEONG, B. K. J., SPARSCHU, G. L. et al.: Toxicities of methoxyflurane, halothane and diethylether in laboratory animals on repeated inhalation of subanesthetic concentrations. In: Cellular biology and toxicity of anesthetics. FINK, B. R. (ed.). Baltimore: Williams and Wilkins 1972.
3. COHEN, E. N., BROWN, B. W., BRUCE, D. L. et al.: Occupational disease among operating room personal: A national study, Anesthesiology 41, 321 (1974).
4. HILL, D. W., LOWE, M. J.: Comparison of halothane in closed and semiclosed circuits during controlled ventilation. Anesthesiology 23, 291 (1962).
5. KLAN, P. H., HERDEN, H. N., LAWIN, P.: Vergleichende gaschromatographische Untersuchungen der Exspirationsluft von Patienten nach Narkosen mit Enflurane, Halothan und Methoxyfluran. Z. prakt. Anaesth. 10, 356 (1975).
6. SAIDMAN, L. J., EGER, E. J. II: Effect of nitrous oxide and of narcotic premedication on the alveolar concentration of halothane required for anesthesia. Anesthesiology 25, 302 (1964).
7. SCHULZE, H. H., KÄSTNER, D., LANGE, P.: Zur Frage der chronischen Toxicität von Halothan-Konzentrationen in der Operationsluft. Anaesthesist 11, 378 (1969).
8. SEVERINGHAUS, J. W.: In: PAPPER, Em !m, KITZ, R. J.: Uptake and distribution of anesthetic agents. S. 59 ff. New York: Mc Graw-Hill 1963.

ÜBER DIE EINSTELLGENAUIGKEIT ÄLTERER HALOTHAN-VERDAMPFER

V. Ehehalt, K. Lehrberger und J. Mottner

Die genaue Dosierung des Halothans gilt heute als unbedingte Voraussetzung für eine sichere Narkoseführung. Sie wird von verschiedenen Autoren nachdrücklich gefordert (1, 2, 4, 5).

Der klinische Grundsatz, die Tiefensteuerung einer Halothannarkose nicht durch schematische Einstellung der gewünschten Konzentration, sondern streng nach Wirkung vorzunehmen, widerspricht der Forderung nach exakter Dosierbarkeit des Narkosemittels dabei nur scheinbar.

So vergeht eine gewisse Zeit, bis sich die Reaktion eines Patienten auf die eingestellte Narkosekonzentration zeigt. Die Diagnose "Halothanüberdosierung" läßt sich erst stellen, wenn bereits negative Auswirkungen vorhanden sind, z. B. ein Blutdruckabfall durch Herabsetzen der Kontraktilität des Herzens.

Zum anderen werden Narkosen häufig gerade von jüngeren Kollegen durchgeführt, die sich primär auf die Einstellgenauigkeit der Narkosegeräte verlassen müssen, damit zusätzliche Risikofaktoren ausgeschlossen sind.

Bei der in unserer Klinik auch heute noch am häufigsten angewendeten Sauerstoff-Lachgas-Halothan-Narkose ließen Beobachtungen die Vermutung aufkommen, daß vor allem bei älteren und länger im Gebrauch stehenden Geräten diese exakte Dosierung nicht mehr gewährleistet ist. Dies war der Anlaß, alle Narkosegeräte im Bereich der Anaesthesieabteilung auf die Zuverlässigkeit ihrer Einstellwerte zu testen.

Die primäre Fragestellung war: Welche Halothankonzentrationen liefern unsere Verdampfer bei verschiedenen Skaleneinstellungen und variablen Gasflußgrößen.

Material und Methodik

Zur Bestimmung der Halothankonzentration wurde ein Narkometer nach VONDERSCHMIDT (Firma Hartmann & Braun, Frankfurt) mit nachfolgendem 1-Kanal-Schreiber 159 der Firma Perkin-Elmer, Überlingen, verwendet. Das Meßprinzip dieses Gerätes beruht auf einer Infrarotgasanalyse. Die Meßgenauigkeit wird vom Hersteller mit ± 2% angegeben. Eigene Untersuchungen zeigten eine wesentlich genauere Reproduzierbarkeit der Meßwerte, wenn das Gerät ununterbrochen eingeschaltet blieb. Zur Nullpunktbestimmung wurde Stickstoff verwendet, zum Anlegen einer Meßkurve Halothan-Stickstoff-Eichgase mit einer Analysentoleranz von ± 2% (Fa. Messer-Griesheim GmbH, Düsseldorf). Nullpunkt- und Eichkontrollen erfolgten vor und nach jeder Messung eines Halothan-Verdampfers. Jedes Narkosegerät befand sich längere Zeit im Labor, um Temperaturschwankungen möglichst auszuschließen. Die Verdampfer waren etwa zur Hälfte mit Halothan gefüllt.

In "Aus"-Stellung wurde der Verdampfer ca. 1 min bei hohem Sauerstofflow durchspült, um Luft, die heteroatomige Gase, wie CO_2 und H_2O-Dampf enthält und die Messung beeinflussen kann, zu entfernen. Die Querempfindlichkeit durch N_2O wurde durch reinen Sauerstoff als Träger-Gas umgangen. Gemessen wurde in Stellung "Aus", bei eingeschaltetem Verdampfer in Stellung "O", 0,3, 0,5, 1,0, 1,5, 2,0 und 3,0 Vol%. Bei jeder Verdampfereinstellung erfolgten vier Messungen, je zwei in aufsteigender und je zwei in absteigender Konzentration. Die später angegebenen Konzentrationswerte sind die Mittelwerte aus diesen vier Meßergebnissen. Als Flow des Träger-Gases wurden 3 l/min und 6 l/min gewählt.

Wir untersuchten insgesamt 55 Halothanverdampfer, 30 Vaporen (Dräger), 19 Fluotec III und 6 ältere Fluotex I und II. Das Alter der Geräte war unterschiedlich, das jüngste von uns durchgemessene Gerät war zwei Jahre zuvor, das älteste vor mehr als 15 Jahren angeschafft worden.

Leider erfolgte bei keinem der Geräte eine regelmäßige Wartung oder Inspektion. Auch bei den Narkosegeräten der Firma Dräger, die der Wartungsdienst dieser Firma selbst jährlich überprüft, werden die verwendeten Halothanverdampfer nicht oder nur bei Hinweisen des Anaesthesisten über Unregelmäßigkeiten durchgemessen. Das gleiche gilt auch für unsere 17 Respiratoren der Firma Engström.

Ergebnisse

In Abb. 1 sind die Mittelwerte der gemessenen Halothankonzentrationen den eingestellten Verdampferwerten bei Sauerstofflows von 3 l/min bzw. 6 l/min gegenübergestellt. Die Standardabweichung wurde zur besseren Übersicht nicht eingezeichnet. Man erkennt, daß beim Vapor im Mittel eine größere Abweichung nur im obersten Meßbereich von 3 Vol% besteht, hier allerdings deutlich. Die gemessene Halothankonzentration ist bei diesen Geräten nicht flowabhängig. Beim Fluotec III ist die Abweichung weit deutlicher, vor allem auch in den unteren häufig verwendeten Einstellbereichen. So finden wir z. B. statt 0,5 Vol% im Mittel 0,7 Vol%, also eine Abweichung von 40%. Eine wesentliche Flowabhängigkeit besteht hier im Mittel ebenfalls nicht. Wie aus den Kurven für die älteren Fluotecs erkennbar ist, sind diese in ihren Meßwerten zusätzlich noch stark flowabhängig. Bei einer eingestellten Halothankonzentration von z. B. 0,5 Vol% ergibt sich im Mittel bei 3 l/min 0,24 Vol% und bei 6 l/min 0,58 Vol% Halothan.

Wir möchten nochmals betonen, daß es sich bei den bisher gezeigten Messungen um Mittelwerte handelt, die bereits größere Abweichungen vom Sollwert zeigen. Für die Einzelnarkosen sind jedoch die extremen Abweichungen der Einzelwerte an den gerade verwendeten Geräten von entscheidender Bedeutung.

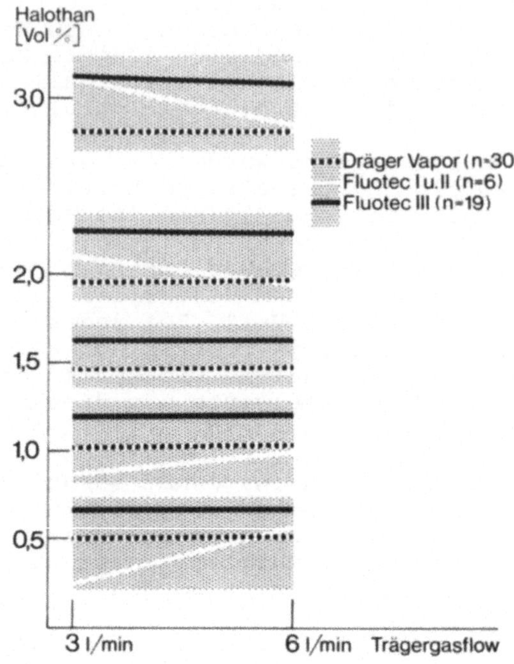

Abb. 1. Mittelwerte der gemessenen Halothankonzentration bei verschiedenen Einstellungen. Gegenüberstellung zu den eingestellten Verdampferwerten

So erkennt man auf Abb. 2 neben den Standardabweichungen auch die extremen Meßwertunterschiede einzelner Geräte vom eingestellten Sollwert bei Dräger-Halothanverdampfern "Vapor". Obwohl die Standardabweichung Variationen in nach unserer Meinung vertretbaren Grenzen aufzeigt, gibt es bei den einzelnen Geräten Abweichungen bis zu 40%.

Abb. 3 zeigt die gleichen Messungen bei den Fluotec-Verdampfern. Wegen des unterschiedlichen Alters und der doch deutlichen Differenz in der Einstellgenauigkeit haben wir die Fluotec III-Verdampfer getrennt von den älteren Typen I und II aufgezeichnet. Wie die Abbildung zeigt, sind unsere älteren Fluotecverdampfer nicht mehr zu verwenden. An Stelle einer eingestellten Konzentration von 0,5 Vol% kann man sowohl 0,1 als auch 0,75 Vol% Halothan im Narkosegas haben. Die Werte unserer Fluotec III-Verdampfer sind etwas günstiger, müssen jedoch ebenfalls unbedingt nachjustiert werden.

Im allgemeinen sind die Abweichungen von den eingestellten Sollwerten bei Fluotecverdampfern wesentlich ungünstiger als beim Dräger-Vapor zu beurteilen. Der Vergleich ist hier statthaft, da beide Verdampfertypen etwa gleich alt sind und bei uns in den letzten Jahren nicht gewartet wurden.

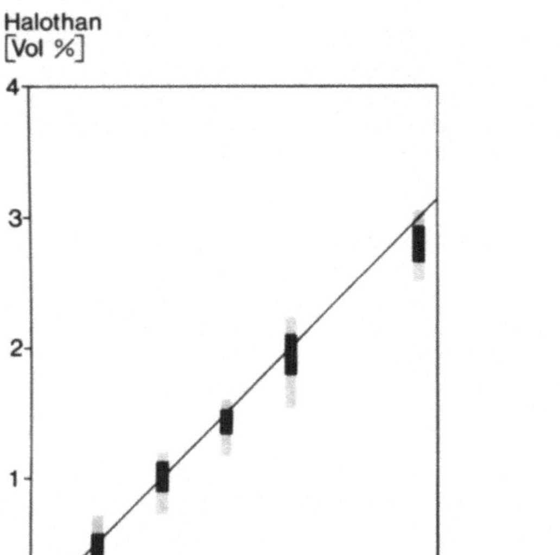

Abb. 2. Mittelwerte, Standardabweichungen und Extremabweichungen der gemessenen Halothankonzentrationen im Vergleich zu den eingestellten Sollwerten (Dräger Vapor, n = 30). ▮ =Standardabweichung; ▧ =extreme Abweichung (range)

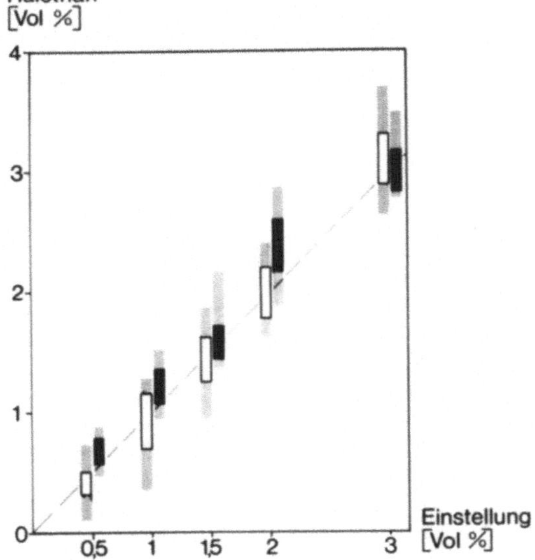

Abb. 3. Mittelwerte, Standardabweichungen und Extremabweichungen der gemessenen Halothankonzentrationen im Vergleich zu den eingestellten Sollwerten (Fluotec III: n = 19, Fluotec I und II: n = 6).
▮ =Standardabweichung Fluotec III; ▯ =Standardabweichung Fluotec I und II;
▧ =extreme Abweichungen (range)

Der niedrigste an der Einstellskala des Fluotec Mark 3 angegebene Wert ist 0,5 Vol%. Da in der Praxis häufig niedrigere Konzentrationen benötigt, und an der Skala auf einem Wert zwischen den Einkerbungen für "Off" und 0,5 Vol% eingestellt werden, haben wir bei weiterer linearer Unterteilung der Skala in diesem Einstellbereich die Konzentrationsleistung von 5 Fluotec III-Verdampfern untersucht.

Aus Tabelle 1 ist erkennbar, daß im Einstellbereich "0,2 Vol%" bei keinem der geprüften Verdampfer eine meßbare Halothankonzentration gefunden werden konnte. Bei dem früher von uns häufig eingestellten Wert "0,3 Vol%" haben wir praktisch immer eine reine Lachgas-Sauerstoff-Narkose durchgeführt. So erscheint mit dem Fluotec III eine Halothannarkose bei einer eingestellten Frischgaskonzentration unter 0,5 Vol% nicht möglich.

Hier ist noch zu bemerken, daß beim eingeschalteten Vapor in Stellung "0" häufig schon 0,1 Vol% Halothan gemessen wurde.

Tabelle 1. Vergleich der eingestellten und gemessenen Halothankonzentration von 5 Fluotec III-Verdampfern bei linearer Unterteilung des Skalenbereichs zwischen "Off" und 0,5 Vol%

Einstellwert	0,1	0,2	0,3	0,4	0,5
Gerät Nr. 1	0,00	0,00	0,04	0,49	0,76
2	0,00	0,00	0,02	0,27	0,68
3	0,00	0,00	0,00	0,06	0,52
4	0,00	0,00	0,00	0,22	0,49
5	0,00	0,00	0,05	0,52	0,81
Mittelwert	0,00	0,00	0,02	0,31	0,65

Diskussion

Die zum Teil schon historische Entwicklung verschiedenster Halothanverdampfer bis zu den relativ sicheren und wenig störanfälligen modernsten Gerätetypen ist noch relativ jung. Es ist daher nicht zu vermeiden, daß vor allem aus Kostengründen häufig noch Narkosegeräte mit älteren Verdampfermodellen verwendet werden, die dem heutigen Stand der Technik wohl nicht mehr genügen.

Eine absolute Sicherheit von seiten der Einstellgenauigkeit scheint jedoch auch bei modernen Narkosegeräten nicht immer gegeben zu sein. So zeigen die von JANDA (3) beschriebenen Narkosezwischenfälle bei einem defekten Halothan-Vapor die Notwendigkeit zu einem gesunden Mißtrauen.

Bei unseren genau durchuntersuchten 55 Narkosegeräten waren in einem Fall "Inlet" und "Outlet" eines Halothanverdampfers vertauscht, wodurch Halothankonzentrationen im Narkosegas gegenüber dem eingestellten Sollwert über den dreifachen Wert anstiegen (z. B. 1,7 statt 0,5 Vol%).

Bei den von uns gefundenen Abweichungen stellt sich zunächst die Frage nach noch tolerablen Differenzen zwischen eingestelltem Sollwert und tatsächlichem Meßwert. Bei der relativ geringen therapeutischen Breite des Halothans erschienen uns Abweichungen vom Sollwert über 25% unbedingt korrekturbedürftig und auch für die Praxis relevant. Allerdings glauben wir, daß an ein modernes technisches Gerät im Operationssaal, wie ein Narkosegerät, primär Anforderungen einer höheren Präzision gestellt werden sollten. Dabei ist eine Abweichung unter 10% vom eingestellten Sollwert, wie sie z. B. von der Firma Dräger für Neugeräte angegeben wird, anzustreben.

Als wesentliche Ursache einer mangelnden Einstellgenauigkeit bei Verdampfern sind in erster Linie Verunreinigungen durch Schmutzpartikel aus dem Narkosegas oder Stabilisatorrückstände zu diskutieren. Sie können Docht und Ventilspindeln verändern und zu einer unter Umständen intermittierenden Verstopfung der Ausflußöffnung der Verdampferkammer führen.

Nach den von SCHREIBER (5) aufgestellten Forderungen für einen modernen Halothanverdampfer sollte dieser "möglichst wartungsfrei und störunanfällig arbeiten". Diese Forderung wird von mehreren unserer Verdampfer, auch von jüngeren Geräten, nicht erfüllt. Es sind also regelmäßige Inspektionen auch der Halothanverdampfer in mindestens jährlichem Abstand notwendig. Dabei ist den Inspektionsfirmen zu empfehlen, ihrem Kundendienst ein kleines tragbares Halothanmeßgerät mitzugeben, um das kostspielige Einschicken der Verdampfer auf Fälle gröberer Abweichungen zu beschränken (z. B. in Form eines Ultrarotabsorptionsschreibers mit Eichgasflasche).

In die Firmenprospekte sollten genaue Angaben über die unbedingt notwendige regelmäßige Inspektion der Einstellgenauigkeit oder Garantien auf gleichbleibende Werte über einen bestimmten Zeitraum aufgenommen werden. Der Verkäufer eines Narkosegerätes sollte sich zu dieser regelmäßigen Inspektion verpflichten.

Im übrigen ist dieses Problem seit längerer Zeit gesetzlich geregelt. Nach § 3 des Gesetzes über technische Arbeitsmittel (GtA vom 24.6.68) "darf der Hersteller oder Einführer von technischen Arbeitsmitteln (Anmerkung: zu denen auch ein Narkosegerät gehört) diese nur in den Verkehr bringen, wenn sie nach den allgemein anerkannten Regeln der Technik so beschaffen sind, daß Benutzer oder Dritte bei ihrer bestimmungsmäßigen Verwendung gegen Gefahren aller Art für Leben und Gesundheit soweit geschützt sind, wie es die Art der bestimmungsmäßigen Verwendung gestattet. Auch müssen Geräte mit einer Gebrauchsanleitung oder Gebrauchsanweisung versehen sein, aus denen erkenntlich ist, ob die Geräte überhaupt einer Wartung bedürfen und wenn ja, in welchen Zeitabständen diese zu erfolgen hat".

Wegen der Kosten der Inspektionen der Halothanverdampfer haben wir uns zunächst damit beholfen, jedem Narkosegerät einen Begleitzettel anzuhängen, der Angaben über die Abweichungen der Verdampferkonzentrationen vom Sollwert angibt (Abb. 4).

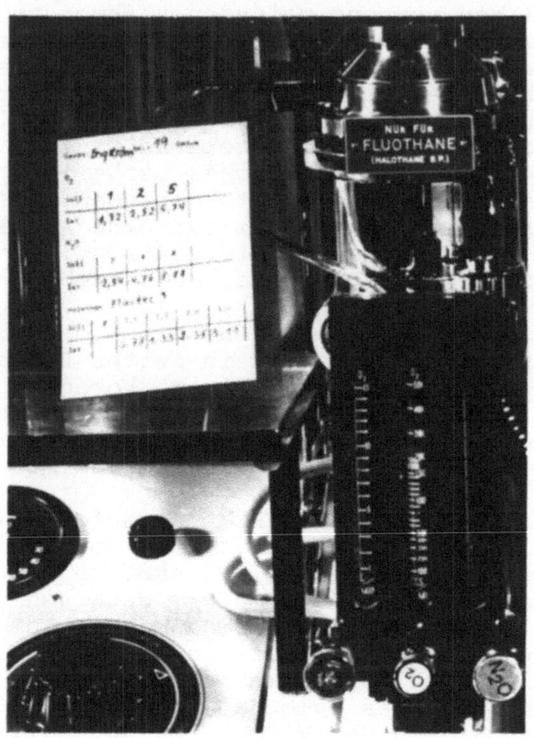

Abb. 4. Begleitzettel für Narkosegeräte mit Angaben über Abweichungen der Verdampferkonzentrationen vom Sollwert

Literatur

1. GORDH, T., HALLEN, B., OKMIAN, L., WAHLIN, A., STERN, B.: The concentration of halothane by the combined use of the Fluotec vaporiser and Engström-respirator. Acta anaesthesiol. scand. 8, 97 (1964).
2. HILL, D. W.: Der Dräger-Verdunster Vapor. Anaesthesist 13 (1964).
3. JANDA, Ä.: Halothanüberdosierung durch defekten Halothan-Verdunster. Prakt. Anaesth. 10, 236 (1975).
4. LANGREHR, D., KLUGE, I., RIECKEN, I.: Über Messungen der inspiratorischen Halothankonzentration mit dem Halothan-Meter. Anaesthesist 19, 340 (1970).
5. SCHREIBER, P.: Der Narkoseapparat. Anaesthesiologie und Wiederbelebung, Bd. 42. Berlin, Heidelberg, New York: Springer 1969.

Die Rolle des Fluothane und der kontrollierten Hypotension bei 652 Hüftgelenksendoprothesen

W. Büttner und J. Knorr

Patienten, denen operativ eine totale Hüftgelenksendoprothese implantiert wird, bilden ein relativ einheitliches Kollektiv. Es handelt sich bis auf seltene Ausnahmen um Selektivoperationen bei Patienten der Altersgruppe um 65 Jahre. Ein derartiges Kollektiv bietet sich an, die Qualität des angewandten Anaesthesie-Verfahrens zu überprüfen. Dies haben wir an 652 Patienten, denen in den Jahren 1974 und 1975 eine Hüftgelenksendoprothese implantiert wurde, getan. Uns interessierten dabei folgende Fragen:

Welchen meßbaren Einfluß hat die kontrollierte Hypotension auf die Notwendigkeit von intra- und postoperativen Transfusionen, auf die intraoperative Beeinflußbarkeit des Kreislaufs durch die Implantation von Methylmethacrylat und welchen auf die postoperative Liegedauer?

Der besseren Übersichtlichkeit wegen haben wir 49 Fälle von Prothesenwechsel oder Kombinationsoperationen in dieser Untersuchung nicht berücksichtigt. Von den verbliebenen 603 Fällen wurden 19 Patienten in Neuroleptanalgesie operiert und ebenfalls in dieser Untersuchung nicht berücksichtigt. Von den restlichen 584 Fällen wurden 129 Eingriffe mit Hilfe der kontrollierten Hypotension vorgenommen. Dabei bestand die Anaesthesietechnik in einer Kombinationsnarkose mit Thalamonal[1] und Fluothane[2] nach relaxantienfreier Intubation mit Propanidid und mäßiger kontrollierter Hyperventilation mit einem Sauerstoff-Lachgas-Verhältnis von 2 : 3. In der anderen Gruppe, die im folgenden als normotensive Gruppe bezeichnet wird, erfolgte die Narkoseeinleitung ebenfalls mit Propanidid oder Evipan[3] und Succinyl[4] zur Intubation. Die Narkose wurde unterhalten mit dem gleichen Lachgas-Sauerstoff-Verhältnis von Fluothane, jedoch in geringerer Dosierung. Das mittlere Alter betrug in der normotensiven Gruppe 63,1 Jahre und das mittlere Gewicht 71,6 kg; die entsprechenden Werte für die hypotensive Gruppe waren 65,3 Jahre und 73,0 kg.

Die durchschnittliche Operationsdauer, die alle chirurgischen Maßnahmen, angefangen vom Waschen des Operationsgebietes bis zum Verband und zum stabilisierenden Unterschenkelgips enthält,

---

[1]Janssen, Düsseldorf
[2]ICI-Pharma, Plankstadt
[3]Bayer-AG, Leverkusen
[4]Asta-Werke AG, Brackwede

betrug in der normotensiven Gruppe 80 min und war in der hypotensiven Gruppe um durchschnittlich 4 min länger.

Ergebnisse

Die höchste eingestellte Fluothane-Konzentration betrug in der normotensiven Gruppe durchschnittlich 1,21 Vol% ± 0,02.

In der Gruppe der kontrollierten Hypotension betrug die maximal eingestellte Fluothanekonzentration 1,45 Vol% (± 0,00). Dieser letzte Wert wurde ausschließlich in der initialen Anaesthesiephase eingestellt und nur in 14,7% der Fälle intraoperativ erreicht oder überschritten. Im Gegensatz dazu war es in der normotensiv geführten Gruppe notwendig, in genau 1/3 aller Fälle die initiale Fluothanekonzentration intraoperativ zu überschreiten.

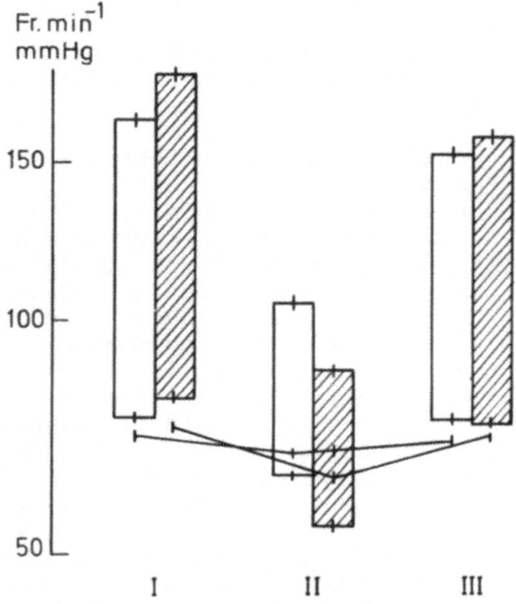

Abb. 1. Blutdruck (Säulen) und Herzfrequenz (——) vor Narkosebeginn (I), zum Zeitpunkt des niedrigsten Mitteldruckes (II) während der Operation und zum Zeitpunkt der Extubation (III). Leere Säulen (n = 455) entsprechen der normotensiven Gruppe, schraffierte der hypotensiven (n = 129). Einzelheiten sind im Text erläutert

In Abb. 1 sind die Kreislaufverhältnisse der normotensiven Gruppe (leere Säulen) und der hypotensiven Gruppe (schraffierte Säulen) dargestellt. Zeitpunkt I zeigt den oszillotonometrisch gemessenen systolischen und diastolischen Blutdruck und die Herzfrequenz unmittelbar vor Narkosebeginn. Punkt II gibt in der normotensiven Gruppe die Durchschnittswerte der niedrigsten gemessenen intraoperativen Blutdruckwerte an. Diese Werte entsprechen also nicht dem angestrebten Ziel der normotensiven Kreislaufführung, sondern waren immer durch chirurgische Manipulationen, wie Abtragen des Trochanter major, Umlagerung und vor allem dem Implantieren des Methylmethacrylats verursacht. Im Gegensatz dazu sind zu diesem Zeitpunkt II die niedrigsten gemessenen und auch angestrebten Blutdruckwerte der hypotensiven Gruppe wiedergegeben. Punkt III enthält die Kreislaufwerte der beiden Gruppen zum Zeitpunkt der Extubation.

Insgesamt erhielten 12,5% aller normotensiv geführten Patienten intraoperativ Erythrozyten transfundiert, während es unter der kontrollierten Hypotension nur 7,7% waren. Bezogen auf die Patienten, die überhaupt intraoperativ Erythrozytenkonzentrate erhielten, errechnete sich eine Menge von 1,34 Einheiten pro Patient in der hypotensiven Gruppe und 1,58 Einheiten pro Patient in der normotensiven Gruppe. Bei den Patienten, die intraoperativ keinerlei Erythrozyten transfundiert bekamen, sank das präoperative Hb der normotensiven Gruppe von 14,2 auf 11,6 und das der hypotensiven Gruppe von 14,0 auf 11,3 g%. Bezogen auf die Patienten, die postoperativ Erythrozyten bekamen, wurden in der normotensiv geführten Gruppe 2,23 Einheiten pro Patient und in der hypotensiv geführten Gruppe 1,60 Einheiten Ery.-Konzentrate pro Patient transfundiert.

In Abb. 2 sind die Verteilungsmuster der Blutdruckalterationen wiedergegeben. Es handelt sich dabei um intraoperativ aufgetretene Blutdruckabfälle oder -anstiege innerhalb von 10 min, die eindeutig auf chirurgische Manipulationen zurückgeführt werden konnten. In der Regel handelt es sich dabei um die Veränderungen der Kreislaufsituation nach Einbringen des Methylmethacrylats, jedoch sind andere Maßnahmen, wie zum Beispiel das Abmeißeln des Trochanters, ebenso daran beteiligt. Bemerkenswert ist, daß in der Gruppe der hypotensiv geführten Patienten bei 74,4% keine wesentlichen Kreislaufveränderungen beobachtbar waren gegenüber nur 27,7% in der normotensiven Gruppe. Genauso auffallend ist, daß in der normotensiven Gruppe die Zahl der Blutdruckalterationen pro Patient deutlich höher lag als während der kontrollierten Hypotension. Dem entspricht auch, daß unter kontrollierter Hypotension die Alterationen des systolischen Blutdruckes 20 mmHg nicht überschritten, während sie in der normotensiven Gruppe sogar Werte von über 40 mmHg erreichen konnten.

Um einen Hinweis dafür zu bekommen, welches Ausmaß an Gefährdung die eben beschriebenen, nicht anaesthesiebedingten Kreislaufveränderungen darstellen können, haben wir die Fälle zusammengestellt, bei denen die Gabe von Atropin, Calcium, Alupent oder gar Suprarenin notwendig war. Diese Medikamente wurden unter dem Begriff "Inotropica" geführt. Abb. 3 zeigt die prozentuale Verteilung dieser "Inotropica"-Gaben in den beiden Gruppen. Es ist dazu zu bemerken, daß Suprarenin überhaupt nur in einem Fall der normotensiven Gruppe erforderlich war und Alupent nur in zwei Fällen aus derselben Gruppe, während in der Gruppe der kontrollierten Hypotension nur einmal Alupent benötigt wurde. Es

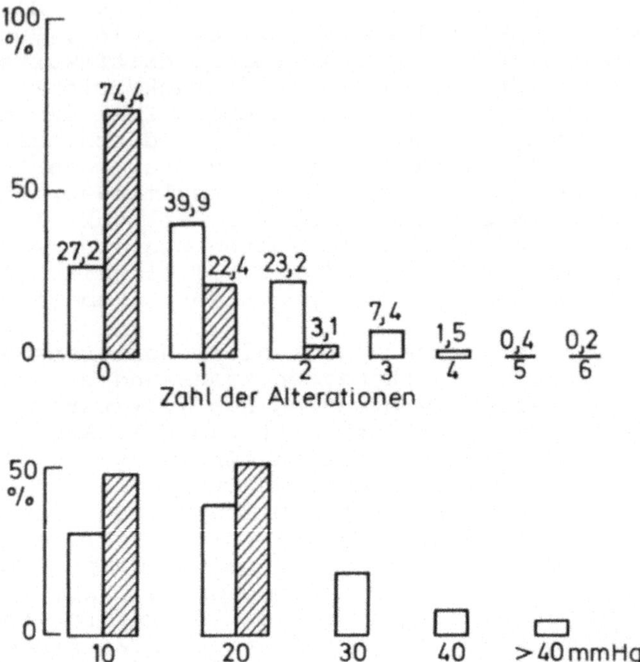

Abb. 2. Prozentuelle Verteilung der Blutdruckalterationen (oben Zahl, unten Ausmaß der Blutdruckabfälle oder -anstiege) während normotensiver (leere Säulen) und hypotensiver (schraffierte Säulen) Anaesthesieführung bei totalen Hüftendoprothesen (n ≠ Siehe Abb. 1)

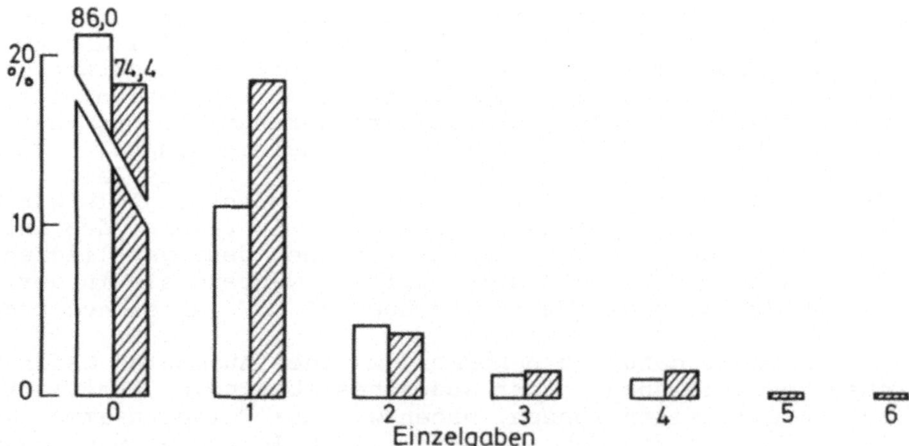

Abb. 3. Prozentuelle Verteilung der intraoperativen Einzelgaben von "Inotropica" während normo- (weiße Säulen) und hypotensiver (schraffierte Säulen) Anaesthesieführung. Einzeilheiten sind im Text erläutert

handelt sich in der Übersicht der Abb. 3 also im wesentlichen um die Gaben von Atropin und Calcium. Dabei ist auffallend, daß in der hypotensiven Gruppe 74,4% der Patienten keine "Inotropica" bekamen gegenüber 86% in der Gruppe der Normotension. Das ist im wesentlichen darauf zurückzuführen, daß die einmalige Gabe von Atropin bei der erwartungsgemäß häufiger auftretenden Bradykardie, gelegentlich kombiniert mit einer av-Dissoziation oder einem Knotenrhythmus in der hypotensiven Gruppe etwa in 50% häufiger notwendig war als in der normotensiven Gruppe. Die postoperative Liegedauer war in der hypotensiven Gruppe mit durchschnittlich 22,1 Tagen um 1,3 Tage kürzer als in der normotensiven Gruppe.

Diskussion

Bei der Wahl des Anaesthesie-Verfahrens mit Fluothane als Basisnarkoticum standen zwei Gesichtspunkte im Vordergrund:
1. das erklärte Ziel, die Blutverluste bei der Implantation von totalen Hüftgelenksendoprothesen so zu verringern, daß im gesamten peroperativen Bereich möglichst keine Transfusionen mehr erforderlich sind und 2. die Frage der Zuverlässigkeit der Methode.

Eine Verringerung des Blutverlustes, der nicht vom operativ-technischen Vorgehen abhängt, ist nur über eine Blutdrucksenkung zu erreichen. Bei dem einzig echt konkurrierenden Anaesthesie-Verfahren, der Neuroleptanalgesie, hätte dies zur Verwendung des Ganglienblockers Trimethaphan oder des Nitroprussidnatriums gezwungen, zumal die Neuroleptanalgesie mit den größten postoperativen Blutverlusten im Vergleich zu anderen Anaesthesieverfahren einhergeht (THORUD et al., 1975). Die ohnehin schon geringere Steuerbarkeit der Neuroleptanalgesie aber wäre durch die Verwendung von Ganglienblockern zusätzlich erschwert, wenn man einerseits berücksichtigt, daß es unter Ganglienblockern zu Tachyphylaxie-Erscheinungen kommen kann und man sich andererseits der einzig brauchbaren Parameter zur Beurteilung der Narkosetiefe (Blutdruck und Herzfrequenz) beraubt und daß schließlich diese Voraussetzungen ungünstig für das Verfahren sind, wenn wegen des hohen Patientendurchgangs auch in Ausbildung begriffene Anaesthesisten beteiligt werden müssen. Dasselbe gilt für die Verwendung des Natriumnitroprussids, wobei zusätzlich noch die bemerkenswerte Häufung von Mitteilungen über letale Ausgänge nach Verwendung dieses Medikamentes beunruhigen muß (MERRIFIELD und BLUNDELL, 1974; McDOWELL et al., 1974; MacRAE und OWEN, 1974; JACK, 1974).

Die Ergebnisse der Einsparung von Erythrozyten-Transfusionen mit Hilfe der kontrollierten Hypotension mit der Kombination Thalamonal und Fluothane muß befriedigen: nur 7,7% der Patienten benötigen unter dieser Methode einen intraoperativen Erythrozytenersatz, der im Ausmaß noch dazu ca. 20% unter der Erythrozytenmenge lag, die bei einer weitgehend normotensiven Anaesthesietechnik gegeben werden mußte. Dieser Trend hat sich auch in der postoperativen Phase gezeigt: auch hier konnte bei den Patienten, die postoperativ überhaupt Erythrozyten erhielten, eine ca. 40%ige Verminderung des Transfusionsvolumens erreicht werden. Diese

Tatsache ist im Zusammenhang mit der transfusionsbedingten Hepatitis bemerkenswert (GÖTZ et al., 1975).

Es findet sich in der Literatur nur ein Hinweis darauf, daß die Narkosetiefe keinen Einfluß auf das Ausmaß der Kreislaufveränderungen bei der Einbringung des Methylmethacrylats hat (MORR-STRATHMANN und LAWIN, 1975). Dieser Mitteilung lagen Beobachtungen während normotensiver Neuroleptanalgesien zugrunde. Wir können diese Beobachtungen nicht bestätigen. Bei einer Vertiefung der Kombinationsnarkose Thalamonal - Fluothane kommt es zu einer wesentlichen Verringerung der Kreislaufreaktionen bei der Einbringung des Methylmethacrylats. Dies betrifft sowohl das Ausmaß als auch die Häufigkeit des Auftretens der Blutdruckabfälle. Der Grund hierfür läßt sich vorläufig nur vermuten: Die Strömungsverlangsamung während der kontrollierten Hypotension führt möglicherweise zu einer weniger akuten Freisetzung gewebsthromboplastischer Produkte, die im wesentlichen für die zirkulatorischen und respiratorischen Phänomene verantwortlich sind (MODIG et al., 1973; MODIG und MALMBERG, 1975, RADEGRAN et al., 1974). Daß dabei zusätzlich die durch Droperidol bedingte Alphablockade und die durch Fluothane bedingte Sympathikusdämpfung eine Rolle spielen kann, ist nicht auszuschließen (FREIBERGER et al., 1975).

Es hat uns überrascht, daß trotz des ungewöhnlich hohen Patientendurchgangs bei totalen Hüftendoprothesen eine verkürzte Liegedauer bei Patienten nach kontrollierter Hypotension nachweisbar ist, da wir davon ausgehen mußten, daß die Verweildauer der einzelnen Patienten bereits auf ein Mindestmaß herabgesetzt war. Deshalb halten wir diesen Effekt für erwähnenswert, zumal sich mehrfach eine Krankenhausverweildauer von 14 Tagen hat verwirklichen lassen.

Nur zur Ergänzung möchten wir erwähnen, daß sich die von uns erhobenen Befunde auch bei Patienten mit Prothesenwechseln, also Operationen von größerer Dauer mit erheblich größerem Blutverlust, bestätigen ließen.

Zusammenfassung

Anhand der Beobachtungen bei 652 Narkosen bei totalen Hüftgelenksendoprothesen kann aufgezeigt werden, daß durch die kontrollierte Hypotension mit Hilfe der Kombinationsnarkose Thalamonal und Fluothane sowohl die Zahl der Patienten, die peroperativ Fremdblutbestandteile bekommen müssen, reduziert werden kann als auch die Gesamtmenge von Fremdblut, daß die intraoperative Gefährdung durch Einschwemmung von gewebsthromboplastischen Produkten nach der Methylmethacrylatimplantation deutlich herabgesetzt wird, und daß die postoperative Erholungsphase abgekürzt wird. Eine Hypertonie, auch vorbehandelt, eine Arteriosklerose oder eine Coronarsklerose als Morbiditätsfaktoren, die in der Altersgruppe über 60 Jahre vermehrt vorhanden sind, sind per se keine Kontraindikationen gegen die kontrollierte Hypotension, sondern bedürfen der individuellen Risikoabschätzung und entsprechender Narkoseführung.

Literatur

1. FREIBERGER, K. U., HACK, G., HAVERS, L.: Verhalten der Harnkatecholamine bei der Kombinationsnarkose mit Halothan - Thalamonal. Anaesthesist 24, 465-470 (1975).
2. GÖTZ, E., THOMAS, H., SCHÄFER, A.: Hepatitis in Abhängigkeit von der transfundierten Konservenzahl. Anaesth. und Wiederbeleb. 90, 346-349 (1975).
3. JACK, R. D.: Toxicity of Sodium Nitroprusside. Brit. J. Anaesth. 46, 952 (1974).
4. McDOWELL, D. G., KEANEY, N. P., TURNER, J. M., LANA, J. R., ODUKA, Y.: Circulatory Effects of Sodium Nitroprusside. Brit. J. Anaesth. 46, 323-324 (1974).
5. McDOWELL, D. G., KEANEY, N. P., TURNER, J. M., LANE, J. R., ODUKA, Y.: The Toxicity of sodium Nitroprusside. Brit. J. Anaesth. 46, 327-332 (1974).
6. McRAE, W. R., OWEN, M.: Severe Metabolic Acidosis following Hypotension induced with Sodium Nitroprusside. Brit. J. Anaesth. 46, 795-797 (1974).
7. MERRIFIELD, A. J., BLUNDELL, M. D.: Toxicity of Sodium Nitroprusside. Brit. J. Anaesth. 46, 324 (1974).
8. MODIG, J., BUSCH, C., OLERUD, S., SALDEEN, T.: Pulmonary Microembolism during intramedullary orthopaedic Trauma. Acta. anaesthesiol. scand. 18, 133-143 (1974).
9. MODIG, J., OLERUD, S., MALMBERG, P.: Sudden pulmonary Disfunction in Prosthetix Hip Replacement Surgery. Acta anaesthesiol. scand. 17, 276-282 (1973).
10. MODIG, J., BUSCH, C., OLERUD, S., SALDEEN, T., WAERNBAUM, G.: Arterial Hypotension and Hypoxeaemia during Total Hip Replacement: The Importance of Thromboplastic Products, Fat Embolism and Acrylic Monomers. Acta anaesthesiol. scand. 19, 28-43 (1975).
11. MODIG, J., MALMBERG, P.: Pulmonary and Circulatory Reactions During Total Hip Repalcement Surgery. Acta anaesthesiol. scand. 19, 219-237 (1975).
12. MORR-STRATHMANN, U., LAWIN, P.: Der Einfluß von Polymethylmethacrylat auf die Hämodynamik des großen und kleinen Kreislaufs. Prakt. Anaesth. 10, 72-76 (1875).
13. MORR-STRATHMANN, U., LAWIN, G., Van de LOO, SEIDEL, H., EGGERT, A.: Kontinuierliche, blutige Druckmessung, EKG-Registrierung und Untersuchungen der arteriellen Blutgase bei Implantation von Hüftgelenksprothesen mit Polymethylmethacrylat. Anaesth. und Wiederbeleb. 94, 386-390 (1975).
14. RADEGRAN, K., DRUGGE, U., OLSSON, P.: Pulmonary Venoconstriction by Induced Platelet Aggregation. Acta anaesthesiol. scand. 18, 243-247 (1974).
15. THORUD, Th., LUND, J., HOLME, J.: The Effect of Anaesthesia on Intraoperative and Postoperative Bleeding during Abdominal Prostatectomie: A Comparison of Neurolept Anesthesia and Epidural Anesthesia. Acta anaesthesiol. scand. Suppl. 57, 83-88 (1975).

Stoffwechselveränderungen bei kontrollierter Blutdrucksenkung mit Fluothane

R. Schlimgen, D. Daub und G. Kalff

Die kontrollierte Hypotension vermag eine Reihe chirurgischer Maßnahmen zu vereinfachen: So wird z. B. bei Eingriffen an parenchymatösen Organen oder in der plastischen Chirurgie der Blutverlust drastisch vermindert, zum anderen kann die Gefahr von intraoperativen Massenblutungen, wie sie in der Neurochirurgie gefürchtet sind, wesentlich herabgesetzt werden.

Kontrollierte Hypotension wird definiert als "Blutdrucksenkung durch Dilatation der Arteriolen und mit Abnahme des venösen Rückflusses und des zirkulierenden Blutvolumens, wobei gleichzeitig die Herzauswurfleistung vermindert ist". Dabei muß eine optimale Gewebsperfusion und Mikrozirkulation aufrechterhalten bleiben. Gelingt dies nicht, so ist mit erheblichen metabolischen Entgleisungen zu rechnen.

Ziel unserer Untersuchungen war es zu prüfen, ob bei der fluothaneindizierten kontrollierten Hypotension der Sauerstoffverbrauch unter den bei der Fluothanenarkose üblichen Wert gesenkt wird und ob dieser verminderte Sauerstoffverbrauch auch einem erniedrigten Sauerstoffbedarf entspricht.

Bleibt dieser nämlich unverändert, so wird eine Sauerstoffschuld eingegangen, die sich im Auftreten eines Excesslactates und Veränderungen des Säure-Basen-Haushaltes manifestiert.

Methodik

Die kontrollierte Hypotension mit Fluothane wurde bei 21 kreislaufgesunden Patienten im Alter von 16 - 75 Jahren, im Mittel 48 Jahre, durchgeführt, die sich abdominalchirurgischen Eingriffen unterziehen mußten. Alle Patienten erhielten am Abend vor der Operation 20 mg Diazepam per os. Die Prämedikation bestand aus 0,5 mg Atropin und 2 ml Thalamonal i.v. Die Narkoseeinleitung erfolgte mit 3,5 mg/kg KG Hexobarbital. Nach Relaxation mit Succinylcholin wurde intubiert und die Narkose mit einem Lachgas-Sauerstoffgemisch im Verhältnis 7 : 3 und 0,3 Vol% Fluothane aufrechterhalten. Die weitere Relaxation wurde mit 0,2 mg/kg KG Diallyl-nor-toxiferin durchgeführt. Beatmet wurde mit einem Engström-Respirator Typ 200. 30 min nach Erreichen des steady-state (Austausch von N_2 durch N_2O) wurde mit der kontrollierten Blutdrucksenkung begonnen. Es wurden 3 - 4 Vol% Fluothane zugefügt, bis das gewünschte Blutdruckniveau - in unseren Fällen im Mittel 70 mmHg - erreicht war.

Untersucht wurden: Blutdruck und Herzfrequenz, Cardiac-Index, Sauerstoffverbrauch, Blutgas- und Säure-Basen-Haushalt, Lactat und Pyruvat sowie Excesslactat.

Der Blutdruck wurde oscillotonometrisch gemessen, die Herzfrequenz aus dem EKG abgeleitet. Der Sauerstoffverbrauch wurde mit einem EHN-Spirometer gemäß der von ENGSTRÖM et al. beschriebenen Methode ermittelt. Blutgas- und Säure-Basen-Analysen erfolgten nach der Mikromethode von Astrup aus der Arteria radialis. Lactat und Pyruvat wurden nach der enzymatischen Methode von HOHORST und BÜCHER aus dem arteriellen Blut bestimmt, Excesslactat nach der HUCKEBEE'schen Formel berechnet, der Cardiac-Index nach der Methode von FICK ermittelt.

Die Messungen bzw. Blutentnahmen erfolgten:

1. Bei Normotension
2. 30 min nach Narkosebeginn nach Erreichen eines normalen PCO_2
3. 30 min nach Erreichen der kontrollierten Hypotension
4. 30 min nach Wiedererreichen des normalen Blutdruckspiegels.

Es wurden jeweils Dreifachbestimmungen durchgeführt, die gemittelt wurden.

Ergebnisse

Die Anaesthesien dauerten durchschnittlich 6, die kontrollierte Hypotension etwa 2 Std. Der systolische Blutdruck fiel von 140 mm auf 70 mmHg während der kontrollierten Hypotension und stieg nach deren Beendigung auf 130 mmHg an. Die Herzfrequenz änderte sich nicht signifikant (Abb. 1). Der Sauerstoffverbrauch fiel während der kontrollierten Hypotension auf 90% des Grundumsatzes, wobei der an Hand von Tabellen ermittelte Grundumsatz als 100% gesetzt wurde. Die Ergebnisse der arteriellen Blutgas- und Säure-Basen-Analysen sowie des Lactates, Pyruvates und Excess-Lactates sind in der Abb. 2 und Tabelle 1 wiedergegeben. Hierbei fand sich eine erwähnenswerte Abnahme des base-excess, jedoch innerhalb der Normgrenzen, und einen signifikanten Anstieg des Gesamtkörper-Excess-Lactates von 0 auf 0,5 mmol/l. In Abb. 2 ist das Verhalten des Cardiac-Index angegeben, der um über 50% während der kontrollierten Blutdrucksenkung und um weitere 25% nach Beendigung der kontrollierten Hypotension abfiel (Tabelle 2).

Diskussion

Eine Abnahme des Sauerstoffverbrauchs unter Allgemeinnarkose, wie er von SEVERINGHAUS und CULLEN u. a. mitgeteilt wurde, konnten wir für unsere Patienten vor der Blutdrucksenkung nicht feststellen. Als Ursachen hierfür dürfte die wesentlich niedrigere Barbituratdosis zur Narkoseeinleitung angenommen werden. Erst bei Erreichen der kontrollierten Hypotension mit Werten von 70 mmHg systolisch kann im Gesamtkollektiv eine Verminderung des Sauerstoffverbrauchs unter den Grundumsatz festgestellt werden. Verhielten sich vor und während der kontrollierten Blutdruck-

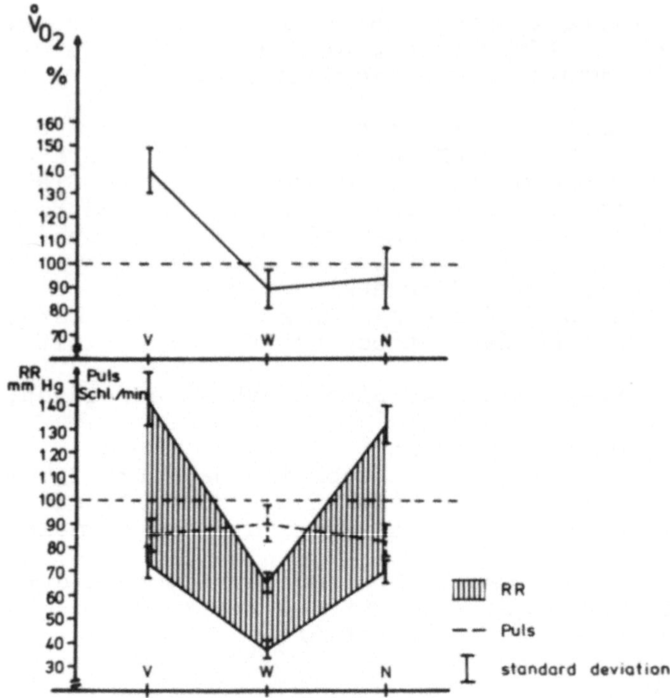

Abb. 1. Sauerstoffverbrauch, Blutdruck zur Pulsfrequenz vor (V), während (W) und nach (N) kontrollierter Hypotension

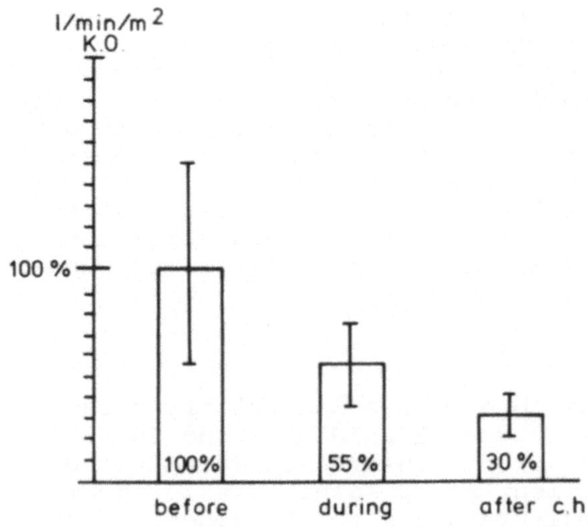

Abb. 2. Cardiac Index vor, während und nach kontrollierter Hypotension (K.H.) (Mittelwerte und Standardabweichungen)

Tabelle 1. Blutgase und Säure-Basen-Haushalt vor, während und nach kontrollierter Hypotension (K.H.) (Mittelwerte und Standardabweichungen)

	Vor K.H.	Während K.H.	Nach K.H.
pH_{art}	7.452 7.42 - 7.485	7.419 7.39 - 7.448	7.383 7.351 - 7.414
pCO_{2art}	41.4 34.1 - 48.6	42.1 36.4 - 47.9	39.6 32.0 - 47.2
Standard-Bikarbonat$_{art}$ m val/l	28.6 24.6 - 32.7	26.3 23.6 - 28.9	23.0 20.2 - 25.7
BE_{art} m val/l	4.7 0.3 - 9.1	2.3 - 0.6 - 5.2	- 1.9 - 5.3 - 1.4
Pufferbase$_{art}$ m val/l	52.0 47.5 - 56.6	48.8 45.8 - 51.9	44.7 41.4 - 48.0

Tabelle 2. Lactat, Pyruvat und Excesslactat vor, während und nach kontrollierter Hypotension (K.H.) (Mittelwerte und Standardabweichungen)

	Vor K.H.	Während K.H.	Nach K.H.
Lactat$_{art}$	0.8 0.67 - 0.94	1.26 1.0 - 1.52	1.09 0.88 - 1.31
Pyruvat$_{art}$	0.053 0.041 - 0.065	0.049 0.035 - 0.063	0.036 0.03 - 0.041
XL_{art}	- 0.006 0.022 - 0.01	0.50 0.09 - 0.91	0.53 0.28 - 0.79

senkung der systolische Blutdruck und der Sauerstoffverbrauch gleichsinnig, so zeigte sich dies nicht nach aufgehobener Blutdrucksenkung. Während die systolischen Blutdruckwerte bereits wieder im Normbereich lagen, war der Sauerstoffverbrauch immer noch vermindert, er hinkte sozusagen, möglicherweise bedingt durch das aus den Fettdepots abflutende Fluothane, hinter dem Blutdruckanstieg her. Andererseits kann diese verminderte Sauerstoffaufnahme bei Wiedererreichen normaler Blutdruckwerte durch die Zunahme intrapulmonaler Rechts-Links-Shunts bedingt sein Meßprinzip nach FICK!).

Die Parameter des Säure-Basen-Haushaltes zeigen vor der Blutdrucksenkung eine Erhöhung im Sinne einer metabolischen Alkalose, während der Blutdrucksenkung sinkt der base-excess ab und erreicht seine niedrigsten Werte nach der Blutdrucksenkung. Allerdings liegen diese Werte im Normbereich und werden auch für üblicherweise durchgeführte Anaesthesien in ähnlicher Weise gefunden.

Den signifikanten Anstieg des Gesamtkörper-Excess-Lactates führen wir mit WINKLER und STÖCKL auf die Operation zurück. Die einem Anstieg des Gesamtkörper-Excess-Lactates um 0,5 mmol/l entsprechende Sauerstoffschuld liegt außerdem weit unterhalb der kritischen Grenzen von 120 ml/kg KG, bei der nach FLEISCHER und ZIMMERMANN mit irreversiblen Schäden zu rechnen ist.

Der Cardiac-Index sinkt während der Blutdrucksenkung auf etwa 50% des Ausgangswertes, was sicherlich der negativ-inotropen Wirkung des Fluothane zuzuschreiben ist. Allerdings muß auch eine Anpassung der Herzleistung an die verminderte Herzarbeit in Betracht gezogen werden, wie gestern hier mehrfach diskutiert wurde! Aus Sicherheitsgründen empfehlen wir jedoch, die kontrollierte Hypotension nicht mit Fluothane allein, sondern in Kombination mit weniger kardiodepressiv wirkenden Ganglienblockern zu erzielen.

Auffallend ist das weitere Absinken des Cardiac-Index nach Aufheben der kontrollierten Hypotension. Möglicherweise muß hierfür eine Zunahme des intrapulmonalen Rechts-Links-Shunts verantwortlich gemacht werden (Meßmethode nach FICK!).

Zusammenfassung

Während der kontrollierten Blutdrucksenkung mit Fluothane kam es zu einer Herabsetzung des Cardiac-Index um 50% und einer Verminderung des Sauerstoffverbrauchs auf 90% des kalkulierten Grundumsatzes. Blutgas- und Säure-Basen-Werte änderten sich nur unbedeutend innerhalb der Normgrenzen. Das Auftreten eines geringen Gesamtkörperexcess-Lactates wird auf den operativen Eingriff zurückgeführt. Wir schließen daraus, daß bei der kontrollierten Hypotension mit Fluothane die Senkung des Sauerstoffverbrauchs mit einem verminderten Sauerstoffbedarf einhergeht, wie die fehlenden Zeichen einer Gewebshypoxidose beweisen.

Literatur

1. ENGSTRÖM, C.-G., HERZOG, P., NORLANDER, O.: A method for the continuous measurement of oxygen consumption in the presence of inert gases during controlled ventilation. Acta anaesthesiol. Scand. 5, 115-128 (1961).
2. FLEISCHER, W. R., ZIMMERMANN, W. E.: Milchsäure-Acidose und Excess-Lactat als Maßstäbe einer irreversiblen Gewebsschädigung. Verh. Dtsch. Ges. Pathol., 49. Tag. S. 287. Stuttgart: Fischer 1965.
3. FREIFENSTEIN, F. E.: Excess lactate during halothane-oxygen and halothane-nitrous oxide-oxygen anesthesia. Anesth. Analg. 45, 362 (1966).
4. HOECH, G. P. Jr., MATTEO, R. S., FINK, B. R.: Effects of halothane on oxygen consumption of rat brain, liver and heart and anaerobic glycolysis of rat brain. Anesthesiology 27, 770 (1966).
5. HOHORST, H. J.: In: Methoden der enzymatischen Analyse. BERGMEIER, H. N. (Hrsg.). Weinheim: Verlag Chemie 1962.
6. HUCKABEE, W. E.: Relationships of pyruvate and lactat during anaerobic metabolism. J. clin. Invest. 37, 244 (1938).

7. SEVERINGHAUS, J. W., CULLEN, S. C.: Depression of myocardium and body oxygen consumption with fluothane. Anesthesiology 19, 165 (1958).
8. WINKLER, H., STÖCKL, S.: Excess-Lactat-Bestimmung bei Routine-Narkosen mit Halothan-Stickoxydul und Barbiturat-Stickoxydul-Relaxans. Anaesthesist 18, 403 (1969).

Verlaufsstudie über Leberenzymmuster nach Halothannarkosen, Neuroleptanalgesien und Periduralanaesthesien

G. Garstka, H. Schlebusch, H. Baur und H. Ruprecht

In umfangreichen Studien ebenso wie in Einzelbeobachtungen ist im Anschluß an Halothannarkosen über Leberschäden berichtet worden. Die Frage, ob diese Schäden toxischer oder allergischer Natur sind oder ob ihnen eine Stoffwechselanomalie seitens des betroffenen Patienten zugrunde liegt, ist bisher nicht beantwortet. In prospektiven Studien ist versucht worden, die generelle Belastung des Leberstoffwechsels durch Halothannarkosen zu bestimmen (STARK und CLAUDÉ, 1963 und 1964; LORENTZ und HENNEBERG, 1964; OTTO und BRÜCKNER, 1971; FINTELMANN, 1973). Obwohl diese Arbeiten wichtige Hinweise bringen, so haften ihnen doch Mängel an: Eingriffe im Leber-Gallengangsbereich sind z. B. für solche Untersuchungen nicht geeignet, der Überprüfungszeitraum war oft zu kurz, es wurden nur einzelne Leberenzyme und diese nicht mit optimaler Methodik bestimmt. Auch wurden jeweils nur Veränderungen im Leberenzymmuster nach Halothannarkosen kontrolliert, ohne parallele Untersuchungen für andere Narkoseverfahren zu machen.

Nachdem wir in Einzelfällen nach Halothaninhalationsnarkosen excessive Transaminasenanstiege bis zu 500 U/l beobachtet hatten, für die es klinisch keine Erklärung gab, war es das Ziel unserer Untersuchungen, aufzuzeigen, wie häufig und in welchem Maße postoperative Änderungen im Leberenzymmuster auftreten und inwieweit sie einem bestimmten Narkoseverfahren anzulasten sind. Handelt es sich um unspezifische Reaktionen auf verschiedene Noxen wie z. B. Operationsstreß, Narkose, postoperative unterkalorische Ernährung oder sind es spezifische Reaktionen des Leberparenchyms auf ein bestimmtes Narkoticum?

Methodik

Wir untersuchten insgesamt 90 Patientinnen, die sich einem vaginalen oder abdominellen gynäkologischen Eingriff unterzogen (Uterusexstirpation mit und ohne Adnexe bzw. mit und ohne Scheidendammplastik), der wahlweise in Halothannarkose, Neuroleptanalgesie oder Periduralanaesthesie durchgeführt wurde. Es wurden je nach Anaesthesieart drei Kollektive (Halothan, Neuroleptanalgesie/NLA, Periduralanaesthesie/PDA) zu je 30 Patientinnen gebildet, die im Hinblick auf Verteilung von Alters- und Gewichtsklassen (Tabelle 1), Schwere des operativen Eingriffs, Operationsdauer und Volumensubstitution (Tabelle 2) annähernd identisch waren. Die Zuordnung der Patientinnen zu einem der drei Kollektive erfolgte nach statistischen Gesichtspunkten nicht rein zufällig, jedoch ergab sich nach klinischen Gesichtspunkten eine weitgehende Übereinstimmung der drei Gruppen. Es wurden nur Patientinnen ausgewählt, die hinsichtlich Erkrankungen im

Tabelle 1. Verteilung von Alters- und Gewichtsklassen in drei Kollektive (Halothan, Neuroleptanalgesie und Periduralanaesthesie)

Altersklassen in Jahren						
	20-29	30-39	40-49	50-59	60-69	70-80
Halothan N = 30	4	5	12	5	2	2
NLA N = 30	1	4	12	5	6	2
PDA N = 30	-	8	10	4	5	3

Gewichtsklassen in kg						
	40-49	50-59	60-69	70-79	80-89	90-100 und mehr
Halothan N = 30	-	9	8	9	-	4
NLA N = 30	1	11	8	10	-	-
PDA N = 30	3	5	14	5	3	-

Leber-Gallengangsbereich eine leere Anamnese hatten oder deren Belastung (Hepatitis, Cholecystitis, Cholelithiasis, Cholecystektomie) mindestens drei Jahre zurücklag. Nachdem wir auch Patientinnen mit präoperativ erhöhten GPT-Werten als vorbelastet ausgeschieden hatten, kamen schließlich Gruppen mit je 25 Patientinnen in die eigentliche Auswertung.

Im Halothankollektiv wurde bei ITN-Narkose im halbgeschlossenen System bei kontrollierter Beatmung 0,3 bis max, 2,5 Vol% Halothan angeboten. Die Einleitung erfolgte mit Thiopental oder Methohexital. Die Patientinnen des NLA-Kollektivs wurden ebenfalls zur Abkürzung der Einschlafphase mit Methohexital eingeleitet. Beide Gruppen bekamen als Trägergas Lachgas-Sauerstoff im Verhältnis 3 : 1,5 l/min. Das PDA-Kollektiv erhielt über Nasensonde 2 l O_2/min. Als Lokalanaestheticum wurde für die Single-Shot Methode Carbostesin 0,5% in einer Dosierung von 65 - 100 mg verwandt. Die intraoperative Sedierung erfolgte mit durchschnittlich 3 ml Thalamonal.

Bei der Flüssigkeitszufuhr wurde der Grundumsatz, 500 ml an kristalloider Lösung pro Stunde zu verabreichen, beachtet - unabhängig vom Angebot an Plasmaexpandern zur Volumensubstitution. Nur in vereinzelten Fällen wurden Vollblutkonserven gegeben.

Zur Bestimmung der biochemischen Parameter nach der optimierten Standardmethode der Deutschen Gesellschaft für Klinische Chemie wurde bei allen Patientinnen Blut nach der Prämedikation (1 - 2 ml Thalamonal und 0,5 mg Atropin) und vor Einleitung der Narko-

Tabelle 2. Vergleichende Angaben zu den untersuchten Kollektiven (Halothan, Neuroleptanalgesie und Periduralanaesthesie)

Kollektiv	durchschnittl. Operationsdauer	Anzahl der Pat., die Bluttransfusionen erhielten	Anzahl der Pat., die Plasma Expander erhielten	Verhältnis Neoplasmen: gutartige Erkrankungen	Verhältnis abdominelle:vaginale Eingriffe
Halothan N = 30	1 Std 50 min	3	24	1 : 29	20 : 10
NLA N = 30	1 Std 42 min	2	19	6 : 24	25 : 5
PDA N = 30	1 Std 24 min	0	30	3 : 27	11 : 19

se entnommen. Die postoperativen Kontrollen erfolgten am 1., 3., 6., 9., 12., und 15. postoperativen Tag.

Bestimmt wurden die GPT = Glutamat-Pyruvat-Transaminase, die GLDH = Glutamat-Dehydrogenase, die GOT = Glutamat-Oxalacetat-Transaminase, die LDH = Lactat-Dehydrogenase, die AP = alkalische Phosphatase, die LAP = Leucinarylamidase, die gamma-GT = gamma-Glutamyl-Transpeptidase, die CHE = Cholinesterase, das Bilirubin und das Gesamt-Eiweiß.

Die statistischen Berechnungen erfolgten nach dem Kruskal-Wallis-Test.

Ergebnisse

Das Gesamt-Eiweiß im Serum (Abb. 1) zeigt bei den drei Gruppen ein gleiches Verhalten: Infolge des intra- und postoperativen Verdünnungseffektes durch kristalloide Lösungen und Plasmaexpander kommt es zu einem Abfall der Werte um 15 - 20%. Ein Wiederanstieg ist bereits am 6. postoperativen Tag deutlich zu sehen. Am 15. postoperativen Tag werden dann Werte erreicht, die etwas über den Ausgangswerten liegen, was sich als überschießende Reaktion durch Neusynthese deuten läßt.

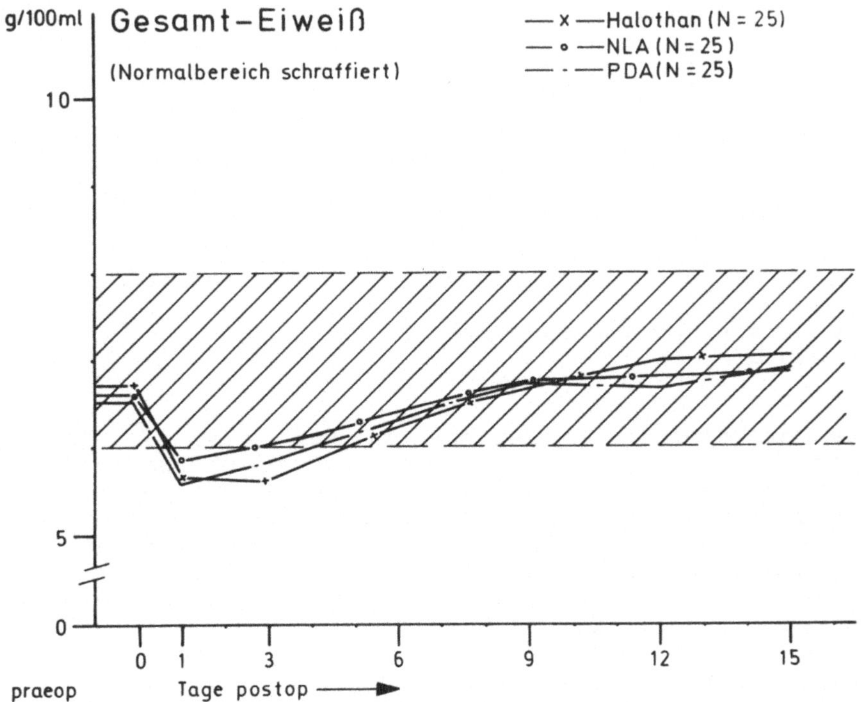

Abb. 1. Prä- und postoperatives Verhalten des Gesamteiweißes (Mittelwerte) ($n_1 = n_2 = n_3 = 25$)
—x— Halothan; —o— NLA; —.— PDA; Normalbereich schraffiert

Betrachtet man nun aus der Gruppe der "spezifischen Leberenzyme" zuerst die im Zytoplasma der Leberzelle lokalisierte GPT (Abb.2), so zeigt sich, daß die Aktivitäten in der Gruppe der Peridural-Patientinnen am 3. postoperativen Tag ansteigen und am 9. postoperativen Tag mit 28 U/l ein Maximum erreichen.

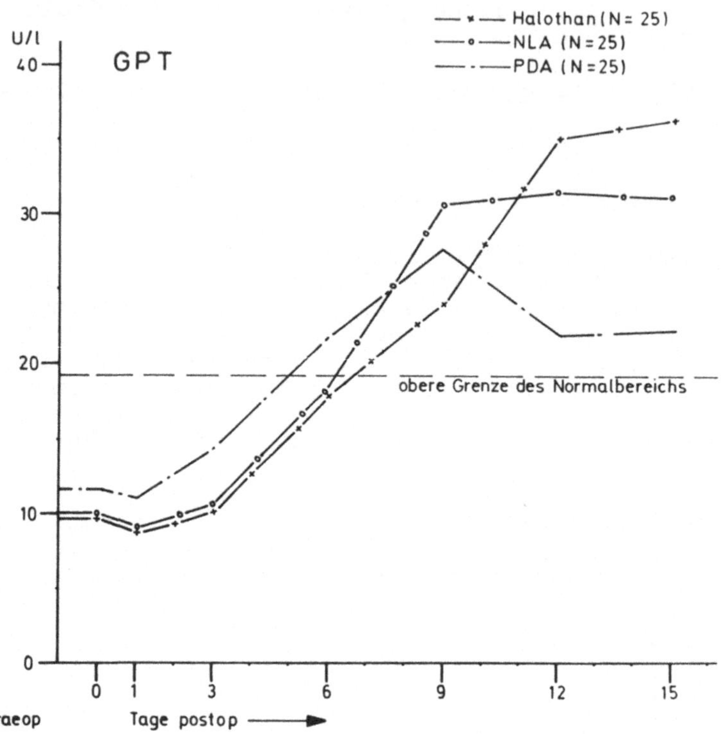

Abb. 2. Prä- und postoperatives Verhalten der GPT (Mittelwerte) ($n_1 = n_2 = n_3 = 25$)
--- obere Grenze des Normalbereiches
Zeichenerklärung wie Abb. 1

In der Gruppe der Halothan-Patientinnen finden wir vom 3. bis zum 15. postoperativen Tag, also bis zum Ende des Überwachungszeitraumes, einen kontinuierlichen Anstieg auf 36 U/l. Der GPT-Anstieg ist für alle 3 Gruppen gegenüber den Ausgangswerten signifikant unterschieden. Die GPT-Werte des Halothan-Kollektivs sind am 15. postoperativen Tag signifikant höher als die des Peridural-Kollektivs ($p < 0{,}05$). Ein analoges Verhalten wie bei der Halothangruppe findet sich im NLA-Kollektiv.

Bei der GLDH (Abb. 3), der als mitchondriales Leberenzym eine besonders große Spezifität zukommt, zeigt sich ein der GPT vergleichbarer Verlauf. Es erfolgt im Peridural-Kollektiv ein etwas schnellerer Anstieg als im Halothan-Kollektiv, in welchem jedoch im weiteren Verlauf, ebenso wie im NLA-Kollektiv, höhere

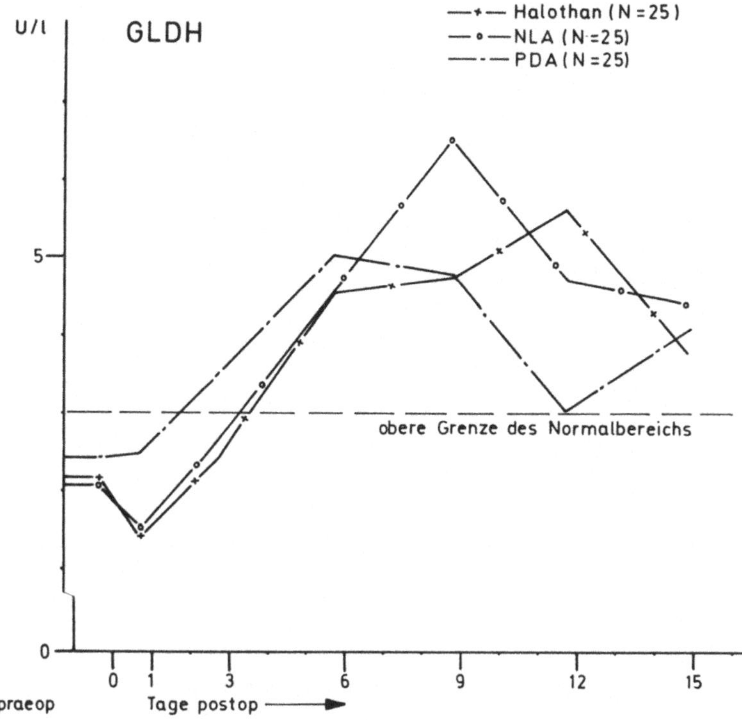

Abb. 3. Prä- und postoperatives Verhalten der GLDH (Mittelwerte)
($n_1 = n_2 = n_3 = 25$)
--- obere Grenze des Normalbereiches
Zeichenerklärung wie Abb. 1

Werte gemessen werden. Für den 1. postoperativen Tag liegen die Werte in der Periduräl-Gruppe signifikant höher als in der Halothan-Gruppe. Sowohl für die GPT als auch für die GLDH liegen die Werte in allen drei Gruppen am 15. postoperativen Tag noch über dem Normbereich.

Bei dem nicht leberspezifischen Enzym GOT (Abb. 4) läßt sich ein ähnlicher Verlauf, wenn auch in abgeschwächter Form, beobachten: Für das Peridural-Kollektiv bleiben die Werte innerhalb des Normbereichs, in den beiden anderen Gruppen wird der Bereich knapp überschritten.

Bei der LDH (Abb. 5) findet sich für alle drei Kollektive ein leichter Anstieg innerhalb des Normbereichs.

Etwas andere Ergebnisse sieht man bei den Cholostase anzeigenden Enzymen AP, LAP und gamma-GT: Bei der AP (Abb. 6) finden wir wiederum den charakteristischen Abfall am 1. postoperativen Tag, dann aber in allen drei Gruppen einen kontinuierlichen Anstieg bis zum 15. postoperativen Tag. Dabei sind die Werte der einzelnen Gruppen nicht signifikant voneinander unterschieden.

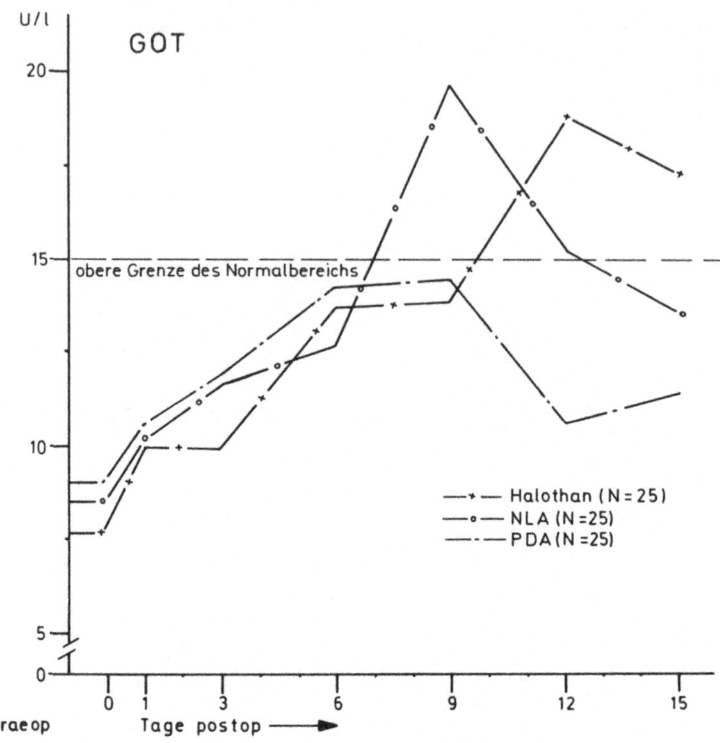

Abb. 4. Prä- und postoperatives Verhalten der GOT (Mittelwerte) ($n_1 = n_2 = n_3 = 25$)
--- obere Grenze des Normalbereiches
Zeichenerklärung wie Abb. 1

Derselbe Verlauf zeigt sich für die LAP (Abb. 7). Sowohl für die AP wie für die LAP bleiben die Werte innerhalb des Normbereichs.

Bei der sehr empfindlichen gamma-GT (Abb. 8) findet sich ein Verlauf, der für das Halothan- und NLA-Kollektiv einen signifikanten kontinuierlichen Anstieg bis zum 15. postoperativen Tag erkennen läßt, während beim Peridural-Kollektiv das Maximum bereits am 9. postoperativen Tag erreicht ist.

Der leichte Anstieg des Bilirubins (Abb. 9) am 1. postoperativen Tag kann als Ausdruck des traumatischen Geschehens gedeutet werden, der signifikante postoperative Abfall als Induktion der UDP-Glucuronyl-Transferase der Leber.

Die CHE schließlich (Abb. 10) zeigt für alle drei Gruppen den bekannten postoperativen Abfall (LUTZKI 1962; FINTELMANN 1973) mit einem Minimum am 3. postoperativen Tag und einem kontinuierlichen Wiederanstieg - ein Beweis für die intakte proteinsynthetische Leistung der Leber.

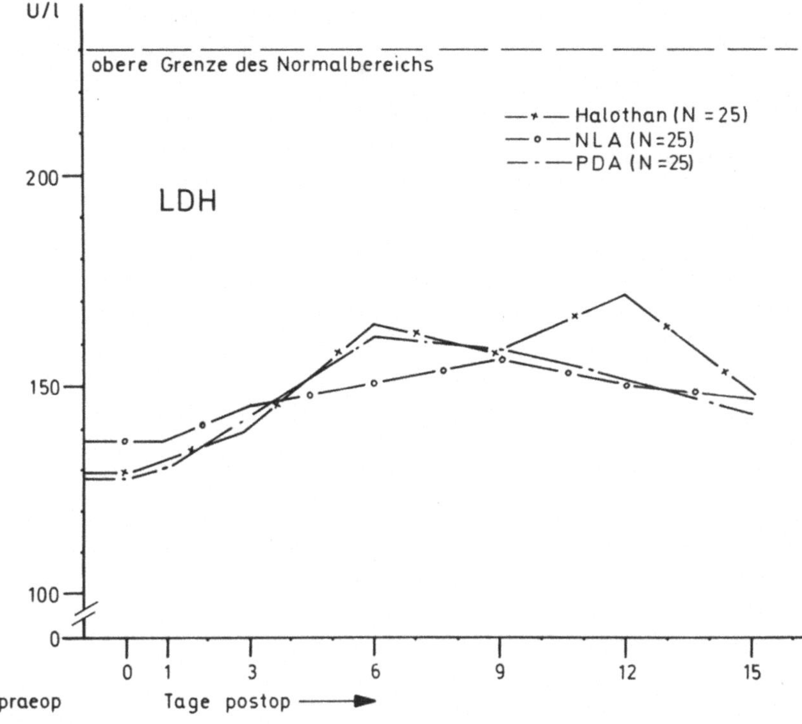

Abb. 5. Prä- und postoperatives Verhalten der LDH (Mittelwerte) ($n_1 = n_2 = n_3 = 25$)
--- obere Grenze des Normalbereiches
Zeichenerklärung wie Abb. 1

Diskussion

Unsere Einzelbeobachtungen von excessiven Transaminasenanstiegen bis zu 500 U/l nach Halothannarkosen, die uns zu dieser Studie veranlaßt hatten, waren im Halothankollketiv nicht vorhanden. Einmal mag die Kollektivgröße zu klein sein, um alle denkbaren Verlaufsformen mitzuerfassen. Zum andern scheint - zum mindesten für Halothannarkosen - ein weiterer Reaktionsmodus zu existieren, der weit über die "Grundbelastung", wie wir sie in unserem Kollektiv gefunden haben, hinausgeht. Dieser vermutete Reaktionsmodus ist aber bis jetzt noch nicht bekannt und ist auch nicht vorausschaubar. Die These der allergischen Genese durch kovalente Bindung von Halothanmetaboliten an körpereigenes Eiweiß, wie sie von KLATSKIN (1968/1973) sowie SCHÖNTUBE (1973) vertreten wird, wäre eine mögliche Erklärung. Die widersprüchlichen Ergebnisse über Enzymwerte nach Halothannarkosen anderer Autoren lassen die Deutung zu, daß einmal der "gemäßigte Reaktionstypus" und einmal der "überschießende Reaktionstypus" allergischer Genese oder auf Grund einer Stoffwechselanomalie zur Bobachtung kam.

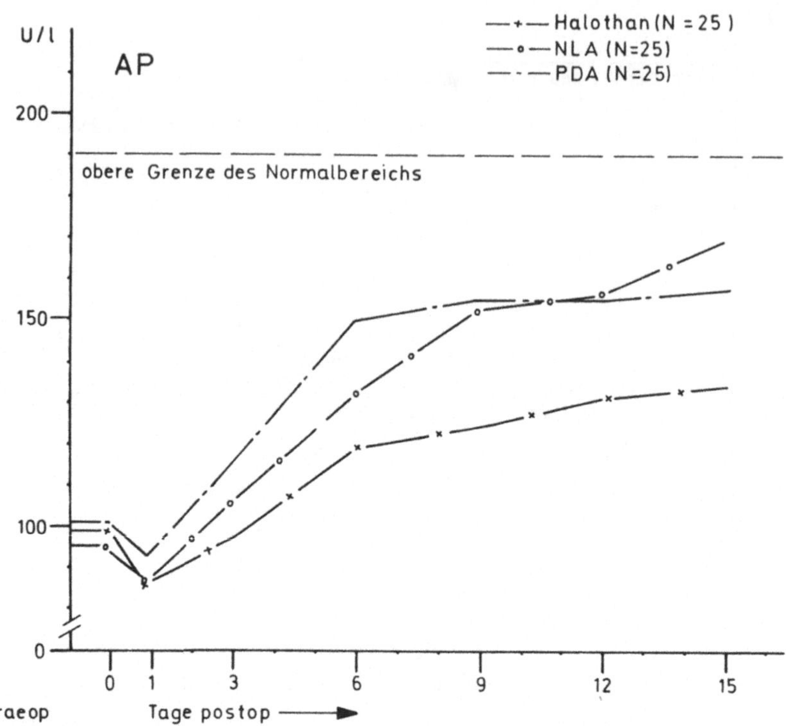

Abb. 6. Prä- und postoperatives Verhalten der AP (Mittelwerte) ($n_1 = n_2 = n_3 = 25$)
--- obere Grenze des Normalbereiches
Zeichenerklärung wie Abb. 1

Aus unseren Untersuchungen geht hervor, daß es im Anschluß an Neuroleptanalgesien und Periduralanaesthesien ebenso wie nach Halothannarkosen zu Veränderungen im Leberenzymmuster kommen kann. Ob hierbei quantitative Unterschiede bestehen, läßt sich auch an Hand der ermittelten Signikifanzen für einzelne postoperative Tage nicht schlüssig beantworten. Die beschriebenen Veränderungen könnte man als Basisbelastung der Leber definieren, wobei nicht mit Sicherheit gesagt werden kann, ob sie nur mit dem Anaesthesieverfahren oder mit weiteren Kovariablen, die anaesthesieunabhängig sind, in Zusammenhang stehen.

Wir danken Fräulein ELKE DORFELD, Fräulein BARBARA KOHLMANN und Fräulein ULRIKE THOMAS für ihre Mitarbeit.

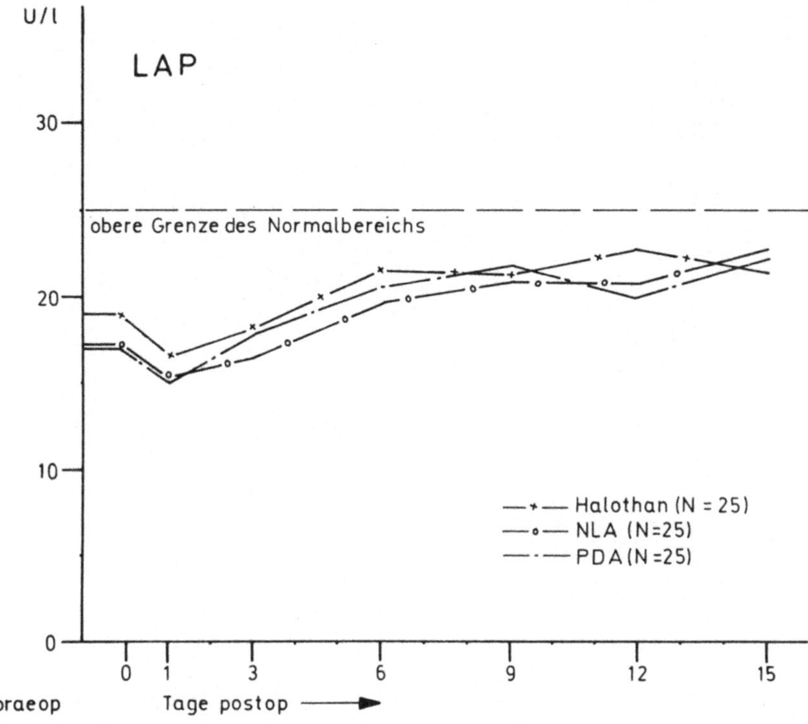

Abb. 7. Prä- und postoperatives Verhalten der LAP (Mittelwerte) ($n_1 = n_2 = n_3 = 25$)
--- obere Grenze des Normalbereiches
Zeichenerklärung wie Abb. 1

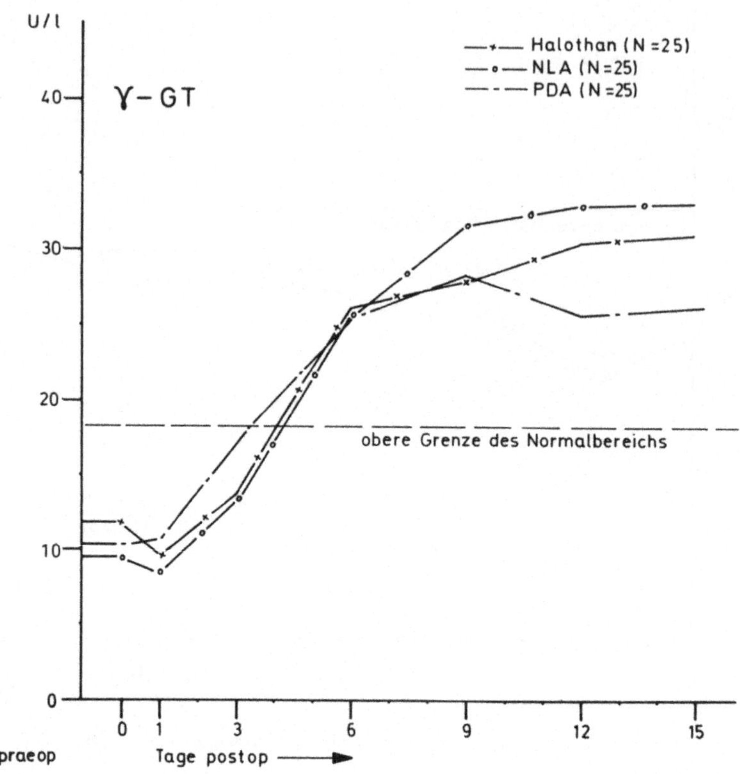

Abb. 8. Prä- und postoperatives Verhalten der gamma-GT (Mittelwerte) ($n_1 = n_2 = n_3 = 25$)
--- obere Grenze des Normalbereiches
Zeichenerklärung wie Abb. 1

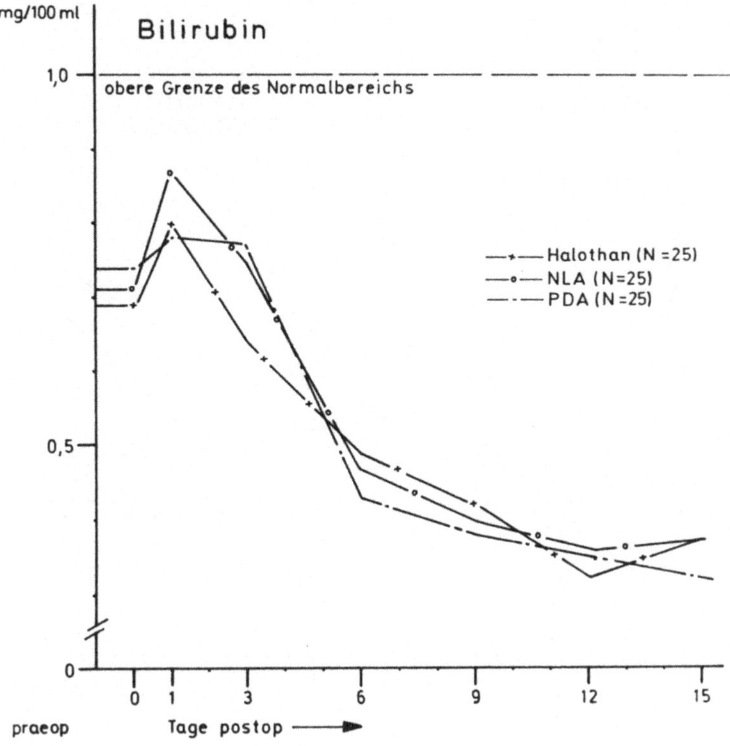

Abb. 9. Prä- und postoperatives Verhalten des Bilirubin (Mittelwerte) ($n_1 = n_2 = n_3 = 25$)
Zeichenerklärung wie Abb. 1

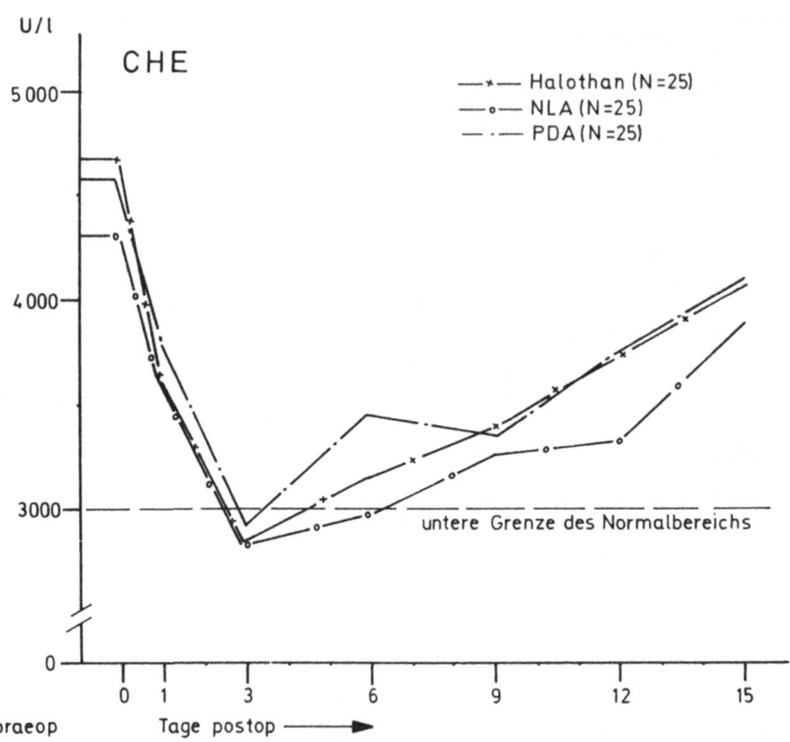

Abb. 10. Prä- und postoperatives Verhalten der CHE (Mittelwerte) ($n_1 = n_2 = n_3 = 25$)
--- obere Grenze des Normalbereiches
Zeichenerklärung wie Abb. 1

Literatur

1. FINTELMANN, V.: Postoperatives Verhalten der Serumcholinesterase und anderer Leberenzyme. Med. Klin. 68, 809-815 (1973).
2. KLATSKIN, G.: Mechanism of Toxic and Drug induced Hepatic Injury: Toxicity of Anesthetics. Baltimore: The Williams & Wilkins Co., 1968.
3. KLATSKIN, G.: Halothan. Sonderdruck aus: Therapiewoche 41, 25 (1973). III. Internationales Freiburger Lebersymposion 12. - 14. Oktober 1973.
4. LORENTZ, K., HENNEBERG, U.: Das Verhalten der leberspezifischen Lactat-Dehydrogenase nach Halothannarkosen. Anaesthesist 13, 234-235 (1964).
5. V. LUTZKI, A.: Verhalten und Bedeutung der Serumcholinesterase im experimentellen Schock und postoperativen Verlauf. Fortschr. Med. 80, 889-895 (1962).
6. OTTO, G. F., BRÜCKNER, W. L.: Leberenzymmuster im Serum nach Magenoperationen. Med. Klin. 66, 1603-1607 (1971).
7. SCHÖNTUBE, E., SCHÖNTUBE, M.: Halothan-Syndrom. Anaesthesist 22, 329-333 (1973)
8. STARK, G., CLAUDÉ, B.: Der Einfluß gynäkologischer Operationen auf die Transaminasen (GOT/GPT) und Dehydrogenasen (LDH/MDH) im Serum. Klin. Wschr. 41, 1062-1066 (1963).
9. STARK, G., CLAUDÉ, B.: Der Einfluß der Narkose auf die Transaminasen (GOT/GPT) und Dehydrogenasen (LDH/MDH) im Serum. Anaesthesist 13, 38-40 (1964).

Enzymmessungen bei verschiedenen Narkosemethoden

W. Dieckmann, W. Joel und H. Burkert

Der Verdacht, bei Narkosen könne sich Halothan ungünstig auf die Leberfunktion auswirken, wird besonders von internistischer Seite immer wieder geäußert.

Wir haben deshalb zwei Narkoseroutinemethoden, davon die eine ohne Halothan, miteinander verglichen (Tabelle 1).

Tabelle 1. Die beiden Narkosemethoden

Narkose I :	Thiopental - Succinyl N_2O - O_2 (70% : 30%); Halothan 0,7 Vol% Ø Narkosedauer: 83 min
Narkose II:	Flunitrazepam - Succinyl N_2O - O_2 (70% : 30%); Pentazocin Ø Narkosedauer: 86 min

Bei der ersten Narkosemethode erfolgte die Einleitung mit Thiopental; relaxiert wurde mit Succinyl, nach Intubation erfolgte die Beatmung mit N_2O/O_2 im Verhältnis 70% zu 30% und 0,7 Vol% Halothan.

Bei der zweiten Narkosemethode erfolgte die Einleitung mit Flunitrazepam, relaxiert wurde ebenfalls mit Succinyl, die Beatmung wurde nach Intubation mit N_2O/O_2 im gleichen Verhältnis vorgenommen. Bei Bedarf wurde hier schon intraoperativ Pentazocin verabreicht, sonst wurde bei beiden Narkosemethoden Pentazocin postoperativ zur Schmerzstillung gegeben.

Die durchschnittliche Narkosedauer betrug bei der ersten Gruppe 83 min, bei der zweiten Gruppe 86 min. Bei beiden Gruppen handelte es sich um gleiche Operationen (Hysterectomien); die Vor- und Nachbehandlung war gleich.

Ausgenommen wurden alle Patientinnen mit pathologischen Vorbefunden sowie mit postoperativen pathologischen Verläufen, ebenso alle Patienten, die Bluttransfusionen erhalten hatten.

Enzymmessungen wurden sowohl präoperativ als auch postoperativ am 1., 3., 5., 10. und 15. Tag vorgenommen.

Die Tabelle 2 zeigt die von uns gemessenen Enzyme, charakterisiert durch die Listennummer der Internationalen Enzym-Kommission. Die Auswahl beschränkt sich nicht nur auf die Enzyme, die heute

Tabelle 2. Gemessene Enzyme mit Normbereichen

Enzym	Enzyme - List	Normal-Bereich	Dimension
γ-GT		2 - 28	IE/L
GLDH	EL 1.4.1.3	- 3	IE/L
GOT	EL 2.6.1.1	5 - 20	IE/L
GPT	EL 2.6.1.2	2 - 17	IE/L
LDH	EL 1.1.1.27	70 - 240	IE/L
α-HBDH		60 - 140	IE/L
AP	EL 3.1.3.1	8 - 40	IE/L
LAP	EL 3.4.1.1	8 - 22	IE/L
PChE	EL 3.1.1.8	3000 - 8000	IE/L

bevorzugt bei der Diagnostik von Leberschäden gemessen werden, wie die Gamma-GT, die GLDH, die GPT und die Pseudocholinesterase, und die Cholestase-Enzyme AP und LAP, sondern das Spektrum erfaßt darüberhinaus mit der GOT, der LDH und der Alpha-HBDH auch den Enzymbereich, dessen Veränderungen im Serum Hinweise auf globale Einflußnahme auf andere Organe geben.

Entscheidend für die Breite dieses Spektrums war unsere Frage nach dem Organ, das als erstes Unterschiede der Narkosearten erkennen läßt.

Der Normalbereich entspricht den Angaben des Hauptlabors der Med. Univ.-Klinik Tübingen, abhängig von den - mit wenigen Ausnahmen aktivierten, respektive optimierten - Methoden nach den Richtlinien der Deutschen Gesellschaft für Klinische Chemie.

Abweichungen der Enzyme vom Ausgangswert fanden sich vor allem im Zeitraum um den 5. postoperativen Tag.

Als aussagekräftigste Enzyme erwiesen sich die Gamma-GT und die GLDH (Abb. 1a).

Beide zeigen einen signifikanten Anstieg am 5. postoperativen Tag, wobei die GLDH bei den Patienten der ersten Narkosemethode bis in den unteren pathologischen Bereich ansteigt.

Alle anderen gemessenen Enzymbewegungen bleiben im Mittel im Normalbereich.

Die beiden Narkosemethoden selbst zeigen im Vergleich untereinander keine signifikanten Veränderungen.

Mit den deutlichsten Anstiegen bei der Gamma-GT und der GLDH erscheint die Leber unabhängig von der Art der Narkose das unter Narkoseeinfluß am stärksten betroffene Organ zu sein.

Die LAP als typisches Cholestase-Enzym und die GPT (Abb. 1b), deren Hauptfraktion im plasmatischen Bereich des Leberparenchyms gemessen wird, zeigen keine signifikanten Veränderungen. Es scheinen also primär weder ein Einfluß im Sinne einer Cholestase noch eine pathologische Membranpermeabilität diesen Narkosen zu folgen.

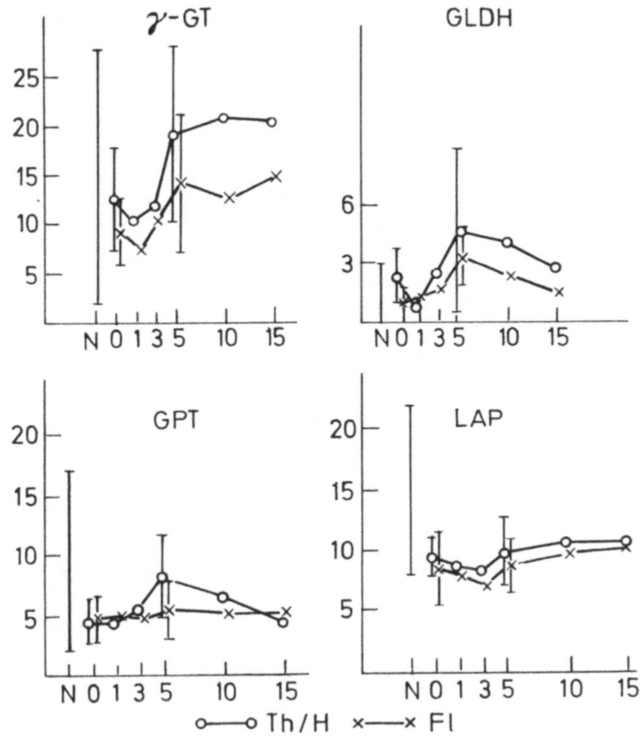

Abb. 1a und b. Veränderungen der Enzyme Gamma-GT und GLDH sowie GPT und LAP.
N = Normalbereich, 0 = Präoperativer Wert, 1 bis 15 = Postoperative Tage. Eingetragen sind die Mittelwerte sowie präoperativ und am 5. postoperativen Tag die Standardabweichungen
Th/H = Thiopental/Halothan; Fl = Flunitrazepam

Vergleichen wir aber bei diesen vier Enzymen die Regressionskoeffizienten der Steigungsgeraden zwischen präoperativem und 5. postoperativem Tag (Abb. 2), dann zeigt sich, daß unter der ersten Narkosemethode die höhere Permeabilität (bei GPT 0,72 gegenüber 0,14 unter der zweiten Narkosemethode) resultiert. Bei den anderen Enzymen sind die Unterschiede nicht signifikant.

Wir haben weiter den Einfluß der Narkosedauer auf die Enzymerhöhungen untersucht (Abb. 3). Es ist hier nicht mehr nach Narkosearten getrennt. Unter den kurzen Narkosen mit einer durchschnittlichen Zeit von 71 min befanden sich fünf Narkosen der ersten Gruppe und sechs der zweiten, unter den langen Operationen mit einer durchschnittlichen Zeit von 103 min je fünf von jeder Narkosegruppe.

Bei den kurzen Narkosen ist der Regressionskoeffizient bei allen Enzymen niedriger als bei den langen Narkosen und auch niedriger als bei den Durchschnittswerten der beiden Narkosemethoden.

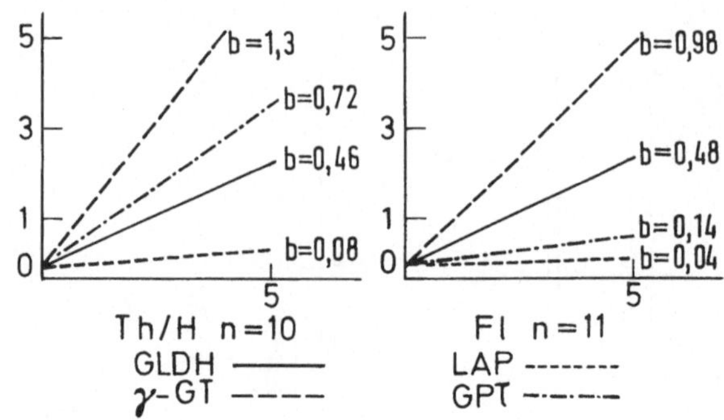

Abb. 2. Regressionskoeffizienten der Steigungsgeraden (Ausgangswert zu 5. postoperativem Tag) bei Narkose I Thiopental/Halothan (Th/H) und Narkose II Flunitrazepam (Fl)

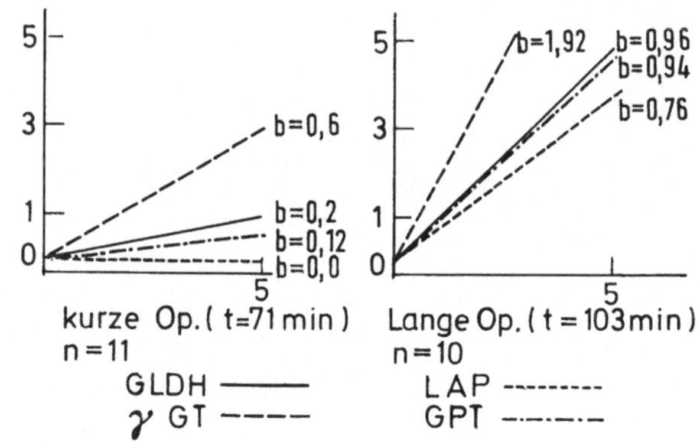

Abb. 3. Regressionskoeffizienten der Steigungsgeraden (Ausgangswert zu 5. postoperativem Tag) bei kurzen und langen Operationen, unabhängig von der Narkoseart

Bei den langen Narkosen fanden sich dagegen die größten Regressionskoeffizienten für alle gemessenen Enzyme. Als deutlichster Stimulus für die Enzymerhöhungen erwies sich somit eine lange Narkosedauer; diese nimmt deutlich einen wesentlich stärkeren Einfluß auf die Veränderungen der im Serum gemessenen Enzyme als die unterschiedlichen Narkosemethoden.

Fluothan als Adjuvans bei der kontrollierten Blutdrucksenkung

L. Havers und B. Harler

Kurzreferat

Es wird über 20jährige Erfahrungen mit der intraoperativen kontrollierten Hypotension berichtet, wobei Fluothan als Adjuvans zu anderen gefäßerweiternden Verfahren eine gute Steuerbarkeit ergibt.

Die Autoren verglichen folgende, von ihnen entwickelte Kombinationsverfahren:

1. Fluothan-Thalamonal-(Practolol),
2. Fluothan-Thalamonal-Phenoxybenzamine-Practolol,
3. Fluothan-Periduralanaesthesie.

Die Indikationen und Möglichkeiten, Gefahren und Kontraindikationen wurden an klinischen Beispielen und Untersuchungen besprochen.

Der Einfluss von Halothan auf die Oberflächenspannung der Lunge

B. Landauer, W. Tölle und E. Kolb

Einführung

In Anbetracht der Tatsache, daß akute Traumaereignisse bereits frühzeitig zu meßbaren Funktionsbehinderungen des Antiatelektasefaktors der Lunge führen (2, 3, 22, 23, 44) und derartig geschädigte Patienten meist langdauernder Narkosen bedürfen, gewinnt der Einfluß potenter Inhalationsanaesthetica auf dieses für die Integrität des Alveolarverbundes essentielle System (12, 25, 35, 42, 43) grundlegende Bedeutung. Da im Verlaufe jeder Allgemeinnarkose und den sich daran anschließenden Zeitraum nahezu konstant (1, 4, 6, 15, 16, 20, 24, 29, 33, 36, 37, 49) eine Abnahme der Compliance (C) sowie der funktionellen Residualkapazität (FRK) verbunden mit einer Zunahme von Verschlußvolumen (closing volume) und alveo-arterieller Sauerstoffdifferenz (A-a DO_2) beobachtet wird, lag es nahe, diese Veränderung auf eine spezifische Beeinflussung des Antiatelektasefaktors durch diese Stoffe zurückzuführen. Ob derartiges für Halothan (Fluothane, Halothan Hoechst) (8, 40), dem augenblicklich neben Lachgas wohl populärsten Inhalationsanaestheticum, zutrifft, war bereits, wenn auch mit den unterschiedlichsten Ergebnissen, Gegenstand zahlreicher Veröffentlichungen (18, 19, 32, 34, 39, 45, 48, 51, 53). Daß wir uns dennoch zu vorliegender Untersuchung entschlossen, ist hauptsächlich dem Umstand zuzuschreiben, daß der größte Teil diesbezüglicher Mitteilungen lediglich untersuchungstechnische Einzelaspekte berücksichtigt und damit, vor allem in Hinblick auf die "in vivo" Verhältnisse, ein nur unvollständiges Bild der Wirkung von Halothan auf das Surfactantsystem der Lunge (42) vermittelt.

Methodik

Bei den dreizehn 2,5 bis 3 kg schweren Kaninchen der Untersuchungsgruppe wurde die Narkose durch die intramusculäre Gabe von 50 mg/kg KG Ketamine (Ketanest) und 2 mg/kg Xylazin (Rompun) (8) eingeleitet. Die initiale Dosis wählten wir bewußt so hoch, um Lungenveränderungen, die bei ungenügender Analgesie (3, 30) bereits durch schmerzhafte Manipulationen, wie sie auch Tracheotomie und arterielle Kanülierung darstellen, provozierbar sind, sicher zu vermeiden. Darüber hinaus weist Ketamin weder "in vivo" beim Versuchstier (3, 26) noch, wie orientierende Vorversuche zeigten, "in vitro" bei direkter Zugabe zu normalen Lungenhomogenaten in die Wilhelmywaage surfactantirritierende Eigenschaften auf. Nach Sicherung von trachealem und arteriellem Zugang wurden die Tiere mit 0,1 mg/kg Diallylnortoxiferin (Alloferin) relaxiert und mit Druckluft über einen Loosco-Baby-Respirator kontrolliert beatmet (Abb. 1).

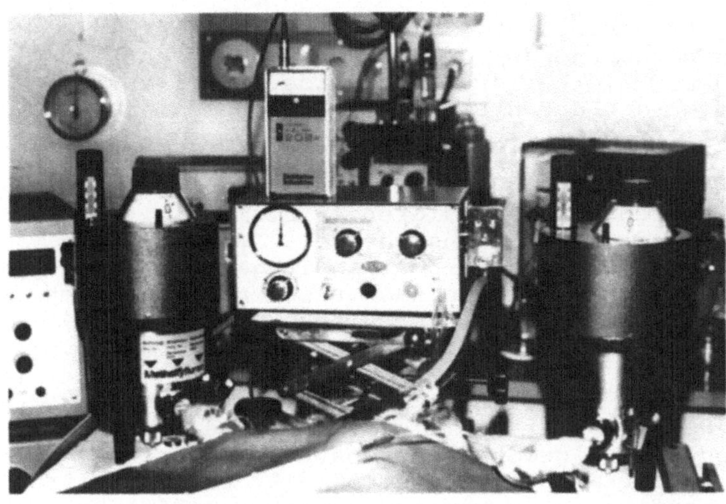

Abb. 1. Orientierende Gesamtdarstellung der Versuchsanordnung

Als Grundeinstellung wählten wir ein Atemminutenvolumen von 1 l/kg bei einer Frequenz von 40 - 45 Zyklen in der Minute. Diese Werte wurden durch wiederholte Blutgasanalysen auf ihre ventilatorische Effizienz hin überprüft und bei Bedarf dahingehend individualisiert, daß die Tiere am Ende der etwa eine Stunde in Anspruch nehmenden Stabilisierungsphase normale, das heißt dem ruhigen Wachzustand entsprechende, Kohlensäurewerte ($paCO_2$) aufwiesen. Sodann wurde über einen Dräger Vapor für fünf Stunden Halothan in derartiger Konzentration dem Beatmungsgas zugesetzt, daß der arteriell über einen in die Aorta vorgeschobenen Katheter mittels eines Statham-Elements direkt registrierte Mitteldruck nicht unter 40 mmHg abfiel. So wurden stärkere Kreislaufdepressionen, die sich vor allem im Bereich der Lungenstrombahn nachteilig auf Funktion und Synthese des Antiatelektasefaktors auswirken können (5, 9, 50, 51), sicher vermieden. Da von anderen Untersuchern (7) beim Kaninchen bereits nach nur kurzfristiger Beatmung mit reinem Sauerstoff massivste mikromorphologische Veränderungen der Lungen beschrieben wurden, wählten wir als Trägergas Druckluft, obwohl wir in eigenen Kontrolluntersuchungen feststellen konnten, daß eine 6-stündige Beatmung mit reinem Sauerstoff keine meßbaren Veränderungen der Surfactantaktivität nach sich zieht. Die erforderlichen Beatmungsdrucke lagen während der gesamten Versuchsdauer zwischen 0 und + 8 cm Wassersäule und damit in sicheren, eine normale Funktion des Antiatelektasefaktors nicht beeinträchtigende Größenordnungen (21, 47). Viertelstündlich eingeschaltete Seufzeratemzüge (sighs) beugten einer unspezifischen Atelektasenbildung mit ihren möglicherweise nachteiligen Auswirkungen (42, 46 auf den alveolären Grenzfilm vor (4, 16).

Als Beurteilungsmaßstab für die Surfactantfunktion "in situ" wählten wir in Übereinstimmung mit anderen Autoren (22) das in Form eines sogenannten "Pneumoloop" modifizierte Volumen-Druck-Diagramm (VP) der Lunge beim lebenden Versuchstier, wobei der

Vorwert (VW) bei eingetretener Stabilisierung, also etwa eine Stunde nach Versuchsbeginn, und der Endwert (EW) nach fünfstündiger Narkosebeatmung mit Halothan erstellt wurde. Dabei aufgetretene Veränderungen wurden durch Berechnung des Compliancequotienten (CQ)[1] quantifiziert.

Diese typische Kenngröße stellt den Quotienten aus der Steilheit der elastischen Achsen korrespondierender Atemschleifen des Exspirations- (C_E) und Inspirationsschenkel (C_I) bei 50% der jeweiligen Totalkapazität, ausgedrückt im Tangens der Steigungswinkel, dar. Sein Normalwert kann nach unseren Erfahrungen mit etwa 3 angegeben werden. Die ventilatorische Situation spiegelten halbstündliche Blutgasanalysen wider.

Bei Versuchsende wurden die Tiere getötet und ihre Lungen nach Entnahme einzelner Gewebsproben für die histologische Beurteilung homogenisiert und die so gewonnenen Substrate unter den dynamischen Bedingungen der Wilhelmywaage (10, 12, 42) "in vitro" auf ihren Gehalt an oberflächenaktivem Surfactant geprüft. Zur zahlenmäßigen Burteilung zogen wir neben der für eine ausreichende Funktion des Antiatelektasefaktors repräsentativen Hysteresefläche noch den aus der Oberflächenspannung des Homogenates bei maximaler Kompression (γ min) und Expansion (γ max) resultierenden Stabilitätsindex ($\bar{S}$)[2] (11) heran.

Im Rahmen weiterführender Vorversuche prüften wir die Änderung des Oberflächenverhaltens normaler Lungenhomogenate in der Wilhelmywaage nach direkter Zugabe klinischer Dosen verschiedener "parapulmonaler" Narkotica wie Ketamine (Ketanest), Thiopental (Pentothal), Pentobarbital (Nembutal) und Fentanyl.

Ergebnisse

Alle 13 Versuchstiere boten einen komplikationslosen Narkoseverlauf. Die im Beatmungsgas tolerierten Halothankonzentrationen lagen zwischen 0,5 und 1,5 Vol% und entsprachen damit den von DAVIS und Mitarbeitern (14) für das Kaninchen mit 0,82 $\pm$ 0,3 Vol% ermittelten und in ähnlichen Größenordnungen beim Menschen gefundenen minimalen alveolären Konzentrationen (MAC) (17, 41).

Durch eine wirkungsabhängige Dosierung sank bei keinem der Tiere der arterielle Mitteldruck unter 40 mmHg ab, so daß die Kreislaufverhältnisse als stabil bezeichnet werden konnten.

1. Das Volumen-Druck-Verhalten der Lunge (s. Abb. 2 und 7) zeigte beim noch lebenden Kaninchen nach fünfstündiger Halothannarkose einen signifikanten ($p = 0{,}018$) Abfall des für die Surfactantaktivität "in situ" repräsentativen Compliancequotienten (CQ) von durchschnittlich 3,16 auf 2,76. Als schlechtester Einzelwert

---

[1] $CQ = \frac{C_E}{C_I}$

[2] $\bar{S} = \frac{2 \times (\gamma \max - \gamma \min)}{(\gamma \max + \gamma \min)}$

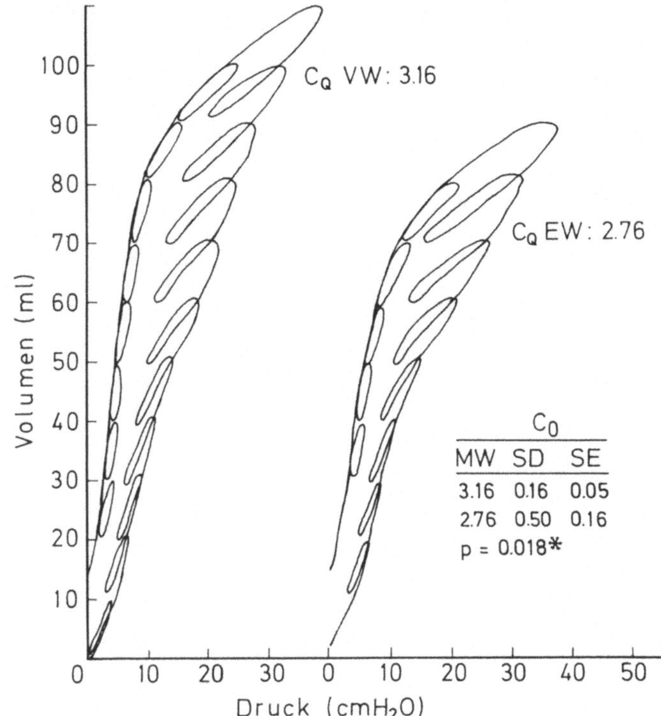

Abb. 2. Pathologisches Volumen-Druck-Diagramm eines über 5 Std mit Halothan narkotisierten Tieres (rechte Kurve) im Vergleich zum normalen Ausgangswert (linkes "Pneumoloop")

wurde 2,10 registriert. Diese vergleichsweise nur geringe Einschränkung der alveolären Mikromechanik blieb ohne signifikante

2. Veränderungen der arteriellen Blutgaswerte (s. Tabelle 1): So erwies sich der Sauerstoffpartialdruck (paO_2) bei gleichbleibendem inspiratorischem Angebot von 21 Vol% (F_IO_2 = 0,21) bis zum Ende der Versuchsdauer als auffallend stabil. Dementsprechend konnte auch ein trendmäßiger Anstieg der Kohlensäurespannung ($paCO_2$) von 28,2 auf 33 mmHg nicht die Signifikanzgrenze erreichen. Lediglich Baseexcess (BE) und pH sanken als Ausdruck einer metabolischen Beeinträchtigung während der Narkosephase um 4,9 mval/l bzw. 0,13 E. statistisch relevant (p = 0,018 bzw. 0,006) ab.

3. Die Prüfung der Lungenhomogenate in der Wilhelmywaage (s. Abb. 3) ergab bei einer durchschnittlichen Hysteresefläche von 40,3 cm^2 und einem unauffälligen Stabilitätsindex von 1,64 keinen Anhalt für eine definitive, die Narkose überdauernde Beeinträchtigung der Surfactantfunktion.

4. Bei der grobmakroskopischen Beurteilung des Thoraxsitus und der Lungen fanden sich, von vereinzelten atelektatischen Bezirken abgesehen, keine von der Norm abweichenden Befunde.

Tabelle 1. Zusammengefaßte Ergebnisse der Blutgasanalysen und des Compliancequotienten (CQ) (VW = pränarkotischer Ausgangswert, EW = erreichter Endwert)

Blutgasanalyse und Compliance (CQ)															
	pH			pO_2			pCO_2			BE			C_Q		
	MW	SD	SE	MW	SD	SE	MW	SD	SE	MW	SD	SE	MW	SD	SE
VW	7,42	0,09	0,02	83,8	8,90	2,46	28,2	4,53	1,25	-4,4	4,67	1,29	3,16	0,16	0,05
EW	7,29	0,12	0,03	79,8	22,4	6,23	33,0	9,99	2,77	-9,3	4,62	1,28	2,76	0,50	0,16
VW - EW	p = 0,006*			p = 0,56 n. s.			p = 0,131 n. s.			p = 0,18*			p = 0,18*		

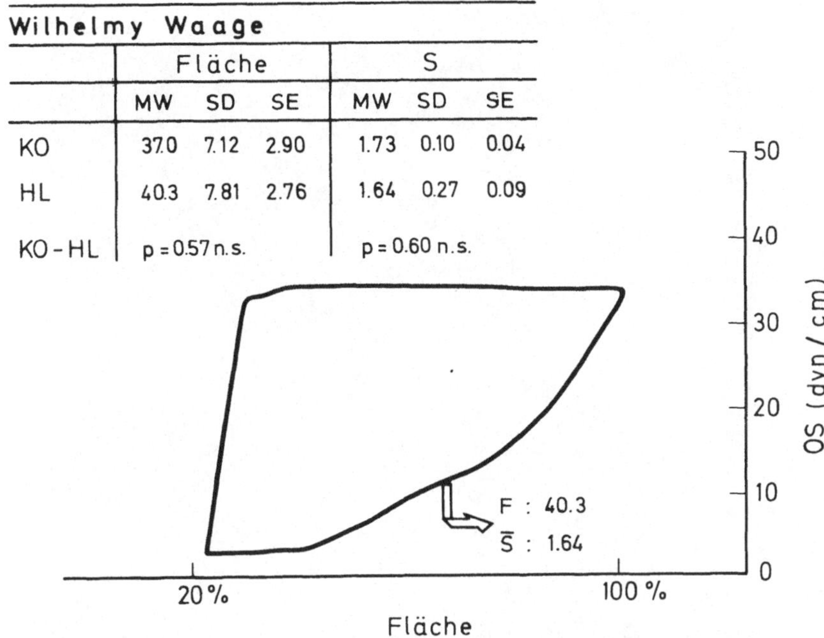

Wilhelmy Waage

	Fläche			S		
	MW	SD	SE	MW	SD	SE
KO	37.0	7.12	2.90	1.73	0.10	0.04
HL	40.3	7.81	2.76	1.64	0.27	0.09
KO-HL	p = 0.57 n.s.			p = 0.60 n.s.		

Abb. 3. Normales Homogenatsverhalten der Narkosegruppe in der Wilhelmywaage (KO = Kontrolltiere, HL = Halothantiere)

5. Im feingeweblichen Bild der Lungen jedoch imponierten ödematös verbreiterte Interstitien und atelektatische Herde (s. Abb. 4), Veränderungen, die bei der 6 Stunden lediglich mit Druckluft beatmeten Kontrollgruppe fehlten (s. Abb. 5).

6. Die Zugabe "parapulmonaler" Narkotica wie Ketamine (50 mg), Pentobarbital (75 mg), Thiopental (25 mg) und Fentanyl (0,05 mg) ließ die Grenzschichtdynamik eines normalen Gesamthomogenates in der Wilhelmywaage unbeeinflußt.

Diskussion

Wie aus dem unterschiedlichen Pharmakoprofil der einzelnen Inhalationsanaesthetica (Tabelle 2) theoretisch bereits zu erwarten und durch entsprechende Befunde für Lachgas (45, 52), Enfluran (26, 48) und Methoxyfluran (19, 27, 48) bestätigt, führt Halothan beim Versuchstier Kaninchen zu einer deutlichen, im Abfall des Compliancequotienten zum Ausdruck kommenden Beeinträchtigung des für eine ungestörte alveoläre Mikromechanik essentiellen (11, 12, 25, 35, 42) Antiatelektasefaktors der Lunge. Diese Veränderungen bleiben jedoch, ähnlich wie bei der Enflurangabe (26) und im Gegensatz zur Methoxyflurannarkose (27) ohne blutgasanalytisch faßbares ventilatorisches Korrelat, eine Beobachtung, die uns unter anderem auch deswegen bedeutsam erscheint, weil diesbezügliche Angaben in ähnlichen Untersuchungen bisher vermißt werden (19, 32, 34, 45, 51, 53). Wie aus Abb. 6 ersicht-

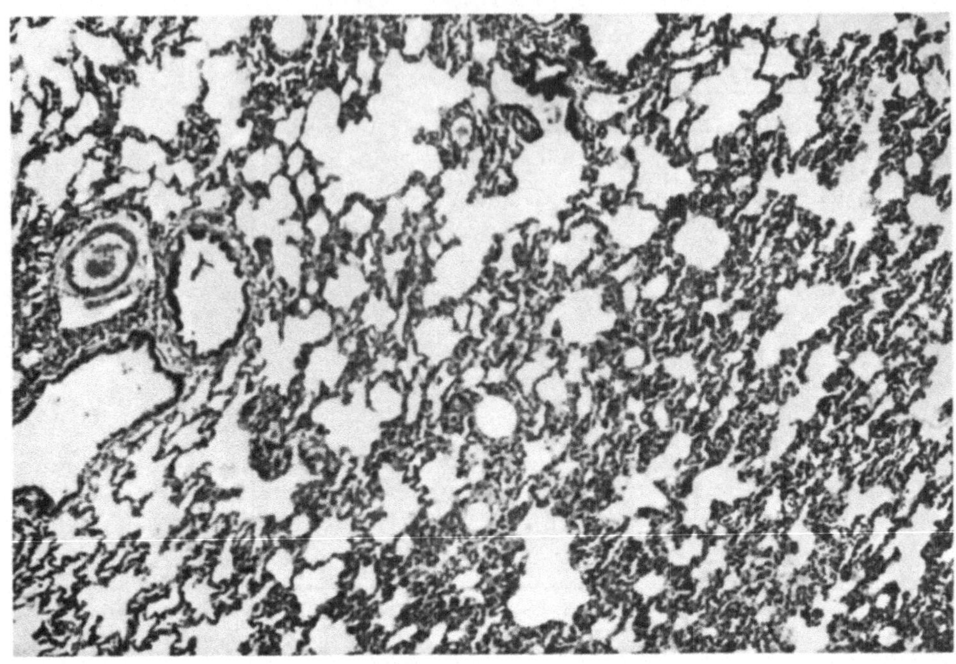

Abb. 4. Bild einer Kaninchenlunge nach 5-stündiger Narkose mit Halothan (60-fache Vergrößerung)

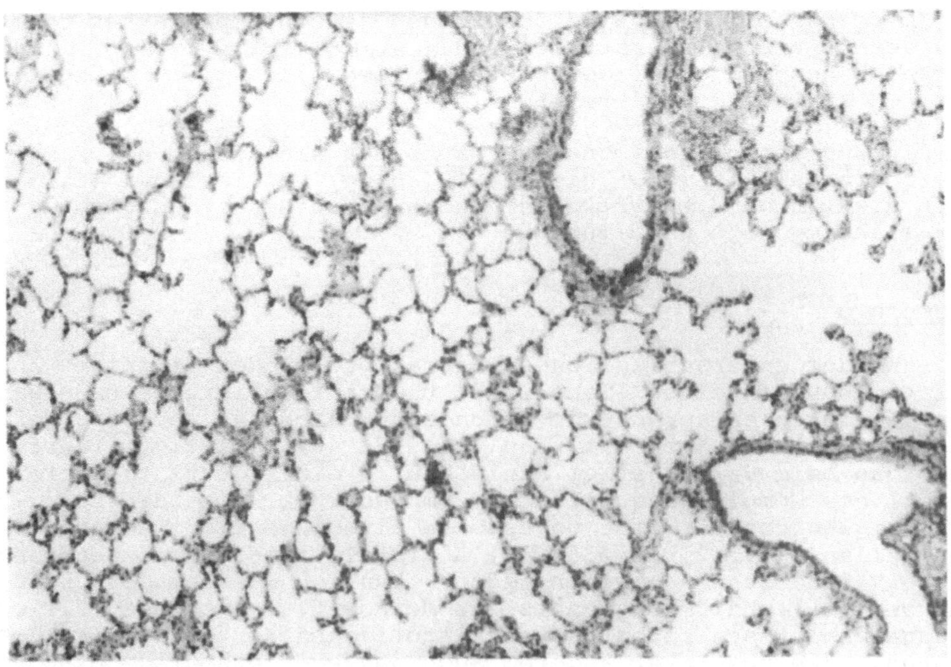

Abb. 5. Bild einer Kaninchenlunge nach 6-stündiger Beatmung mit Druckluft (30-fache Vergrößerung)

Tabelle 2. Synopsis einiger charakteristischer Kenndaten gebräuchlicher Inhalationsanaesthetica in Bezug auf ihre Beeinflussung der Surfactantaktivität

	Lachgas	Enflurane	Halothan	Methoxyflurane
Chem. Bezeichnung u. Struktur	Stickoxydul N_2O	1,1,2, Trifluor-2-chloraethyldifluor-methylaether F F F H-C-C-O-C-H CL F F	1,1,1-Trifluor-2-brom-2-chlor-aethan F H F-C-C-Br F CL	1,1-Difluor-2,2-dichloraethyl-methylaether CL F H H -C -C-O-C-H CL F H
Molekulargewicht	44	184,5	197,4	165
Blutgaskoeffizient (Maß für Steuer-barkeit)	0,47	1,91	2,5	13
Biotransformation	0%	2,4%	20 - 25%	-50%
Öl-Gas-Koeffizient (Lipoidlöslichkeit)	1,4	98,5	224	970
Minimale alv. Kon-zentration (MAC)	105 Vol%	1,68 Vol%	0,77 Vol%	0,16 Vol%
Theor. Beeinflus-sung d. Surfactant	0	(+)	+	++

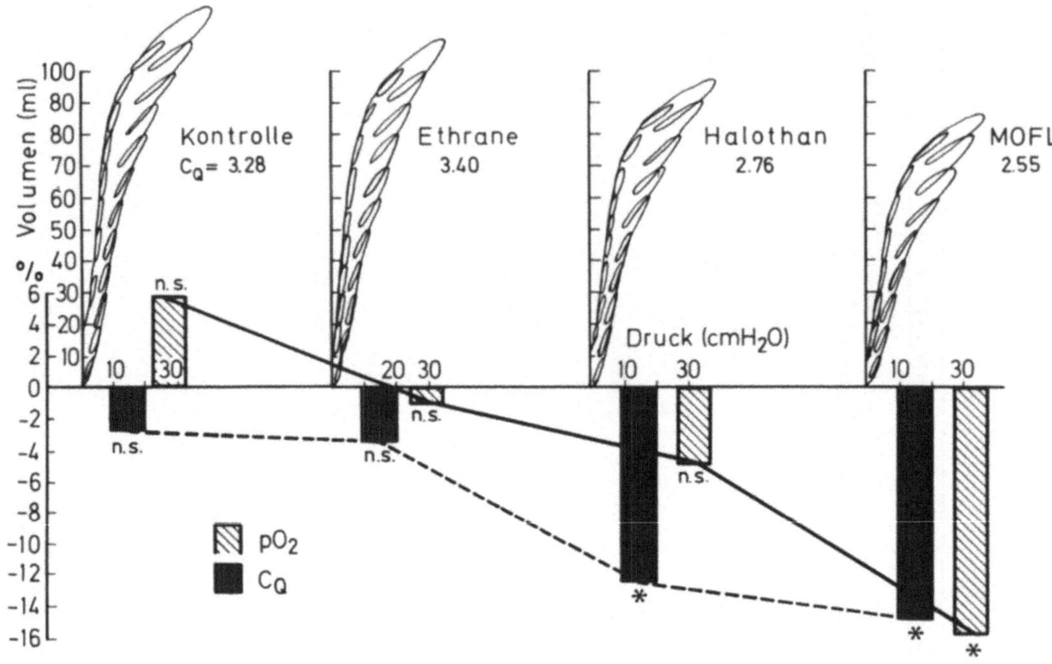

Abb. 6. Gesamtdarstellung der prozentualen Veränderungen des Compliancequotienten (CQ) sowie der arteriellen Sauerstoffspannung nach verschiedenen Inhalationsnarkosen

lich, erreichen die prozentualen Änderungen des Compliancequotienten und der arteriellen Sauerstoffspannung bei den Beatmungskontrollen und den mit Enfluran narkotisierten Tieren nicht die Signifikanzgrenze. Demgegenüber führt Halothan lediglich zu einer die Wahrscheinlichkeit überschreitenden Abnahme des CQs und Methoxyfluran, als derzeit potentester Vertreter dieser Stoffgruppe zu einer statistisch relevanten Verminderung beider Parameter. In diesem Zusammenhang sei vermerkt, daß vier unserer dreizehn Versuchstiere auf die Halothangabe mit einer deutlichen Verbesserung der ventilatorischen Situation reagierten, einen Befund, den wir unter Berücksichtigung der jeweiligen Histologie der broncholytischen Wirkung dieses Anaestheticums (8, 13, 38) zuschreiben möchten.

Das von uns gefundene normale Grenzschichtverhalten der Lungenhomogenate in der Wilhelmywaage steht in gutem Einklang mit den Ergebnissen von MILLER und THOMAS (32) sowie ZELKOWITZ und Mitarbeitern (53), die nach Halothangabe weder beim Menschen noch bei Hund und Ratte Veränderungen der typischen Kenndaten fanden. Diese Beobachtungen legen nahe, daß die Beeinträchtigung der Surfactantfunktion durch Halothan primär ein rein funktionelles und nach Verflüchtigung des Anaestheticums voll reversibles Phaenomen darstellt, das möglicherweise, wie die Untersuchungen von UEDA u. Mitarb. (48) zeigen, durch Interposition einzelner Narkoticamoleküle zwischen die Surfactantkomplexe der Grenzschicht hervorgerufen wird und erst nach längerer Persistenz zur Ausbildung sekundärer pathomorphologischer Korrelate in Form von interstitiellem Ödem und Atelektasen führt.

Die Ursache in einer primären Produktionsbehinderung des Surfactants zu suchen, wie es etwa in fortgeschrittenen Schockstadien (22, 23, 50) oder bei Ligatur der Pulmonalarterie (9) der Fall ist, erscheint in Anbetracht der im Verhältnis zu der etwa 14-stündigen Halbwertszeit dieses Biokomplexes (22, 23, 42) nur kurzen Versuchsphasen sowie der während der gesamten Narkose stabilen Kreislaufverhältnisse (5, 9, 22, 23, 42, 51, 52) nicht gerechtfertigt, zumal weder Veränderungen der Pneumocyten vom Typ II noch Verschiebungen der Phosphatidrelationen beobachtet werden können (19).

Unspezifische Atelektasebildung (4) und brüske Überblähung der Lungen, gleichfalls als potentiell surfactantschädigende Faktoren diskutiert (21, 25, 42, 46), konnten durch ein sorgfältiges, regelmäßige "Seufzer" umfassendes (16) Beatmungsregime ausgeschlossen werden. Daß eine so auch über einen längeren Zeitraum durchgeführte künstliche Ventilation ohne Funktionsstörungen des Antiatelektasefaktors toleriert wird, kann sowohl durch praktisch klinische Erfahrung als auch durch die Ergebnisse anderer Autoren (5, 21, 47) und eigene Befunde (26) belegt werden. Letztlich garantiert in diesem Zusammenhang die Narkoseeinleitung mit relativ hohen Ketamindosen und die anschließende Halothangabe eine sichere Anaesthesie, so daß pulmonale Funktionsstörungen auf Grund schmerz- (30) und streßbedingter (31) sympathoadrenerger Reaktionsabläufe (2, 3) nicht in Betracht kommen. Welcher klinischer Stellwert diesen Effekten insbesondere bei "surfactantgeschädigten" Patienten wie etwa nach ausgedehnteren Verletzungen (22, 23, 44, 50), Schädel-Hirn-Traumen (2, 3) oder dem "Respiratory-Distress"-Syndrom Neugeborener (42, 43) zukommt, müssen noch weitere Untersuchungen klären.

Zweifelsfrei jedoch stehen im Lachgas (45, 52) und Enfluran (26) sowie in den parapulmonalen Narkotica Ketamine (3, 26), Thiopental, Pentobarbital (3, 42) und den Opoiden (30, 31) "surfactantfreundliche" Substanzen zur Verfügung, auf die bei der Anaesthesie derartiger Kranker ausgewichen werden kann.

Literatur

1. ALEXANDER, J. I., SPENCE, A. A., PARIKH, R. K., STUART, B.: The role of airway closure in postoperative hypoxaemia. Brit. J. Anaesth. 45, 34 (1973).
2. BECKMAN, D. L., BEAN, J. W.: Pulmonary pressure-volume changes attending head injury. J. Appl. Physiol. 29, 631 (1970).
3. BECKMAN, D. K., BEAN, J. W., BASLOCK, D. R.: Neurogenic influence on pulmonary compliance. J. Trauma 14, 111 (1974).

4. BENDIXEN, H. H., BULLWINKEL, B., HEDLEY-WHYTE, J., LAVER, M. B.: Atelectasis and shunting during spontaneous ventilation in anesthetized patients. Anesthesiology 25, 297 (1964).
5. BENZER, H.: Respiratorbeatmung und Oberflächenspannung in der Lunge. Anaesthesiologie und Wiederbelebung Band 38. Berlin - Heidelberg - New York: Springer 1969.
6. BERGMAN, N. A.: Components of the alveolar-arterial oxygen tension difference in anesthetized man. Anesthesiology 28, 517 (1967).
7. BÖHMER, D., TRÄXLER, C.: Lungenveränderungen nach kurzdauernder intermittierender Überdruckbeatmung mit Sauerstoff. Zschr. prakt. Anaesth. 4, 140 (1969).
8. CHENOWETH, M. B.: Modern inhalation anesthetics. Handb. exp. Pharm. XXX. Berlin - Heidelberg - New York: Springer 1972.
9. CHERNICK, V., HODSON, W. A., GREENFIELD, L. J.: Effect of chronic pulmonary artery ligation on pulmonary mechanics and surfactant. J. Appl. Physiol. 21, 1315 (1966).
10. CLEMENTS, J. A.: Surface tension of lung extracts. Proc. Soc. Exp. Biol. (N. Y.) 95, 170 (1957).
11. CLEMENTS, J. A., HUSTEAD, R. F., JOHNSON, R. P., GRIBETZ, I.: Pulmonary surface tension and alveolar stability. J. Appl. Physiol. 16, 444 (1961).
12. CLEMENTS, J. A., TIERNEY, D. F.: Alveolar instability associated with altered surface tension. In: Handbook of Physiology. FENN, O. W., RAHN, H. (Hrsg.). Washington: American Physiological Society 1965.
13. COLGAN, F. J.: Performance of lungs and bronchi during inhalation anesthesia. Anesthesiology 26, 778 (1965).
14. DAVIS, N. L., NUNNALLY, R. L., MALININ, T. I.: Halothane MAC in the rabbit. Anesthesiology 41, 310 (1974).
15. DON, H. F., WAHBA, M., CUADRADO, L., KELKAR, K.: The effects of anesthesia and 100 per cent oxygen on the functional residual capacity of the lungs. Anesthesiology 32, 521 (1970).
16. EGBERT, L. D., LAVER, M. B., BENDIXEN, H. H.: Intermittent deep breaths and compliance during anesthesia in man. Anesthesiology 24, 57 (1963).
17. EGER, II E. I.: Anesthetic uptake and action. Baltimore, Maryland: Williams & Wilkins 1974.
18. EVANS, J. A., HAMILTON, R. W., KUENZIG, M. C., PELTIER, L. F.: Effects of anesthetic agents on surface properties of dipalmitoyl Lecithin. Anesth. Analg. 45, 285 (1966).
19. GASPARETTO, A., BARUSCO, G.: Effects of Ethrane, Halothane and Penthrane on alveolar surfactants. Anaesthesiologie und Wiederbelebung Band 84. Berlin - Heidelberg - New York: Springer 1974.
20. GOLD, M., HELRICH, M.: Pulmonary compliance during anesthesia. Anesthesiology 26, 281 (1963).
21. GREENFIELD, L. J., EBERT, P. A., BENSON, D. W.: Effect of positive pressure ventilation on surface tension properties of lung extracts. Anesthesiology 25, 312 (1964).
22. HAIDER, W., BAUM, M., BENZER, H., LACKNER, F.: Ablauf der Lungenveränderungen im posttraumatischen Schock - Schocklunge. Anaesthesist 23, 129 (1974).
23. HENRY, J. N., McARDLE, A. H., SCOTT, H. J., GURD, F. N.: A study of the acute and chronic respiratory pathophysiology of hemorrhagic shock. J. Thor. Cardiovasc. Surg. 54, 666 (1967).
24. HICKEY, R. F., VISICK, W. D., FAIRLEY, H. B., FOURCADE, H. E.: Effects of halothane anesthesia on functional residual capacity and alveolar-arterial oxygen tension difference. Anesthesiology 38, 20 (1973).
25. KLUGE, A.: Oberflächenspannung in der Lunge. Erg. d. ges. Lunge- und Tuberkuloseforschung 16, 10 (1967).

26. LANDAUER, B., TÖLLE, W., KOLB, E.: Beeinflussung der Oberflächenspannung der Lunge durch das Inhalationsanaestheticum Enfluran (Ethrane). Anaesthesist 24, 432 (1975).
27. LANDAUER, B., TÖLLE, W., ZÄNKER, K., BLÜMEL, G.: Beeinflussung der Oberflächenspannung der Lunge durch das Inhalationsanaestheticum Methoxyfluran (Penthrane). (in Vorbereitung).
28. MARSHALL, B. E., WYCHE, M. Q.: Pulmonary extravascular water volume during halothane-oxygen anesthesia in dogs. Anesthesiology 32, 530 (1970).
29. MARSHALL, B. E., WYCHE, M. Q.: Hypoxemia during and after anesthesia. Anesthesiology 37, 178 (1972).
30. METZ, G., CLASSEN, H. G., VOGEL, W., MITTERMAYER, Ch.: Sympathicoadrenerge Stimulation und Lungenveränderungen. Vortrag auf der Jahrestagung der DGAW in Erlangen vom 2. bis 5.10.1974.
31. METZ, G., SPIESS, B., CLASSEN, H. G., MITTERMAYER, Ch., VOGEL, W.: Akuter Streß und Lungenödem. Arzneim. Forsch. 24, 1625 (1974).
32. MILLER, R. N., THOMAS, P. A.: Pulmonary surfactant: Determinations from lung extracts of patients receiving diethylether or halothane. Anesthesiology 28, 1089 (1967).
33. MORR-STRATHAM, U., SCHIER, R., LAWIN, P.: Die Änderung physiologischer Atemgrößen unter Ethrane- und Halothannarkosen. Vortrag auf dem Zentraleurop. Anaesth. Kongreß, Bremen 1975.
34. MOTOYAMA, E. K., GLUCK, L., KIKKAWA, Y., KULOVICH, V., SUZUKI, Y. O.: The effects of inhalation anesthetics on pulmonary surfactant. Anesthesiology 30, 347 (1969).
35. V. NEERGAARD, K.: Neue Auffassungen über einen Grundbegriff der Atemmechanik. Die Retraktionskraft der Lunge, abhängig von der Oberflächenspannung in den Alveolen. Z. Ges. Exp. Med. 66, 373 (1929).
36. NUNN, J. F.: Factors influencing the arterial oxygen tension during halothane anaesthesia with spontaneous respiration. Brit. J. Anaesth. 36, 327 (1964).
37. NUNN, J. F.: Applied respiratory physiology. London: Butterworth 1969.
38. PATTERSON, R. W., SULLIVAN, S. F., MALM, R. D., BOWMAN, O., PAPPER, E. M.: The effect of halothane on human airway mechanics. Anesthesiology 29, 900 (1968).
39. PATTLE, R. E.,SCHOCK, C., BATTENSBY, J.: Some effects of anesthetics on lung surfactant. Brit. J. Anaesth. 44, 1119 (1972).
40. RAVENTÓS, J.: The action of fluothane - a new volatile anesthetic. Brit. J. Pharmacol. 11, 394 (1956).
41. SAIDMAN, L. J., EGER, E. I., II., MUNSON, E. S., BABAD, A. A., MUALLEM, M.: Minimum alveolar concentrations of Methoxyflurane, Halothane, Ether and Cyclopropane in man: Correlation with theories of anesthesia. Anesthesiology 28, 994 (1967).
42. SCARPELLI, E. M.: The surfactant system of the lung. Philadelphia: Lea & Febiger 1968.
43. SCARPELLI, E. M.: Pulmonary physiology of the fetus, newborn and child. Philadelphia: Lea & Febiger 1975.
44. SCHULZ, V., SCHNABEL, K. H.: Die Schocklunge - Pathogenetische Vorstellungen und therapeutische Möglichkeiten. Internist 16, 82 (1975).
45. STANLEY, T. H., ZIKRIA, B. A., SULLIVAN, S. F.: The surface tension of tracheobronchial secretions during general anesthesia. Anesthesiology 37, 445 (1972).
46. SUTNICK, A. I., SOLOFF, L. A.: Pulmonary surfactant and atelectasis. Anesthesiology 25, 676 (1964).
47. THORNTON, D., PONHOLD, H., BUTLER, J., MORGAN, T., CHENEY, F. W.: Effects of pattern of ventilation on pulmonary metabolism and mechanics. Anesthesiology 42, 4 (1975).

48. UEDA, I., SHIEH, D. D., EYRING, H.: Anesthetic interaction with a modell cell membrane: Expansion, phase transition, and melting of the lecithin monolayer. Anesthesiology 41, 217 (1974).
49. VOIGT, E., WEITZSÄCKER, W.: Gasaustausch und Lungenmechanik unter Narkosebeatmung. Anaesthesist 24, 166 (1975).
50. V. WIECHERT, P., WILKE, A., GÄRTNER, U.: Einbau von Palmitat 1-^{14}C in Lecithin und Phospholipidgehalt in normalen und mikroembolisierten Kaninchenlungen - Modellstudie zur sogenannten Schocklunge. Anaesthesist 24, 78 (1975).
51. WOO, S. W., BERLIN, D., BÜCK, Z., HEDLEY-WHYTE, J.: Altered perfusion ventilation, anaesthesia on lung-surface forces in dogs. Anesthesiology 33, 411 (1970).
52. WOO, S. W., BERLIN, D., HEDLEY-WHYTE, J.: Surfactant function and anesthetic agents. J. Appl. Physiol. 26, 571 (1969).
53. ZELKOWITZ, P. S., MODELL, J. H., GIAMMONA, S. T.: Effects of Ether and Halothane inhalation on pulmonary surfactant. Am. Rev. Resp. Dis. 97, 795 (1968).

Zum Verhalten der Oberflächenspannung der Lunge unter Halothan

Chr. Watzek, K. Steinbereithner, J. Lempert und K. Traczyk

Einleitung

In den letzten Jahren wird im Schrifttum wiederholt eine kausale Rolle von Inhalationsnarkotica bei der Entstehung postoperativer Atelektasen diskutiert. So glauben auch einige Arbeitsgruppen, eine Herabsetzung der Lungenstabilität und eine Erhöhung der Oberflächenspannungswerte an Extrakten mit Halothan beatmeter Lungen gesehen zu haben (MOTOYAMA u. Mitarb.; PATTLE u. Mitarb.; LANDAUER u. Mitarb.; u. a.); andere Autoren konnten diese Beobachtungen hingegen nicht bestätigen (CLEMENTS u. WILSON; COLGAN; MILLER u. THOMAS; u. a.).

Kürzlich wurden von STANLEY u. Mitarb. Untersuchungen zum Verhalten der Oberflächenspannung des Trachealsekrets während Halothannarkosen beim Menschen mitgeteilt, die erneut in Richtung einer Beeinflussung der Oberflächenaktivität durch dieses Inhalationsanaestheticum deuten. Eigene Untersuchungen (STEINBEREITHNER u. Mitarb.) zur Überprüfung dieser Beobachtungen ließen allerdings keinen derartigen Effekt erkennen. Es war nun das Ziel der hier vorgelegten Arbeit, unter definierten Versuchsbedingungen die Wirkung von Halothan auf die Alveolar-Stabilität der Lunge in vivo einerseits und auf die Oberflächeneigenschaften des Lungenextrakts andererseits im Tierexperiment zu überprüfen.

Material und Methodik

a) Registrierung des Volumen-Druckdiagramms

Acht Kaninchen (Gewicht 1,5 - 2 kg) wurden in Urethannarkose (4 ml/25%) tracheostomiert und mit d-Tubocurarin relaxiert. Über einen arteriellen Katheter wurden arterieller Druck und Blutgase überwacht. Die Beatmung erfolgte mit Luft (Engström-Respirator ER 311, Atemvolumen 600 ml/min, Atemfrequenz 30/min, Beatmungsdruck +5 - +15 cm H_2O); nach einer Kontrollperiode von ca. 20 min wurde für 20 min mit 5 Vol% Halothan beatmet, anschließend erneut durch 20 min Beatmung mit Luft. Nach jeder Periode Aufnahme des Volumen-Druckdiagramms bei geschlossenem Thorax unter gleichen Bedingungen (Blähung, Streßadaptionszeit 10 sec) mit stufenweiser Füllung bis zu einem Maximaldruck von 30 cm H_2O und anschließender schrittweiser Entleerung der Lunge. Für die rechnerische Charakterisierung der Oberflächenspannung wurden die exspiratorische Kennziffer (KE) nach CLEMENTS u. Mitarb. und die Tangentialkonstante (KT) nach BAUM u. Mitarb. herangezogen.

b) Messung der Oberflächenspannung des Lungenextraktes mittels Wilhelmywaage

Einbringen von Lungenextrakt (6 g Lungengewebe auf 60 ml 0,9% NaCl-Lösung) in einen speziell hierfür gebauten Teflontrog. Durch wiederholte Kompression auf 20% und Expansion auf 100% der Extraktoberfläche Bestimmung von y-max und y-min, daraus Errechnung des Stabilitätsindex nach CLEMENTS u. Mitarb. Zur Prüfung des Einflusses von Halothan auf den Lungenextrakt wurden Trog und Oberflächenwaage in ein 3,5 l fassendes Plexiglasgehäuse eingebracht und in gleicher Weise wie unter a) jeweils 20 min bei einem Flow von 9 l/min durchströmt. Die Halothankonzentration (5 Vol%) entsprach der für die Beatmung und Aufnahme der VP-Diagramme am geschlossenen Thorax gewählten.

Ergebnisse

a) Volumen-Druckdiagramm

Wie aus Abb. 1 ersichtlich, werden weder KE noch KT durch Halothanexposition wesentlich verändert.

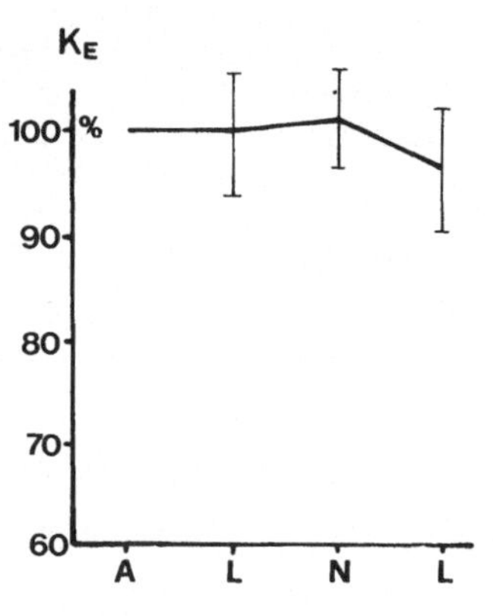

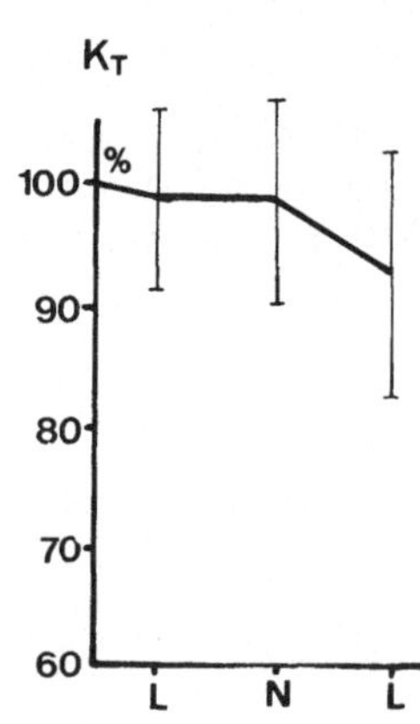

Abb. 1

b) Oberflächenspannungswerte im Lungenextrakt

Wie Abb. 2 erkennen läßt, tritt unmittelbar nach Beginn der Durchströmung des Gehäuses mit dem Inhalationsnarkoticum eine signifikante ($p < 0{,}001$) Verminderung von y-max ein; nach Abschluß der Exposition des Lungenextraktes (Durchströmung mit Luft) kehrt y-max binnen 30 sec wieder auf den Ausgangswert zurück. Da sich der y-min-Wert kaum veränderte, blieb der Stabilitätsindex im Normbereich (Abb. 3).

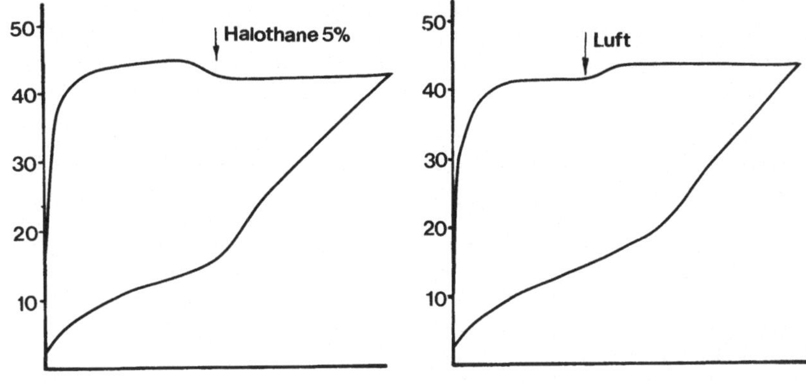

Abb. 2

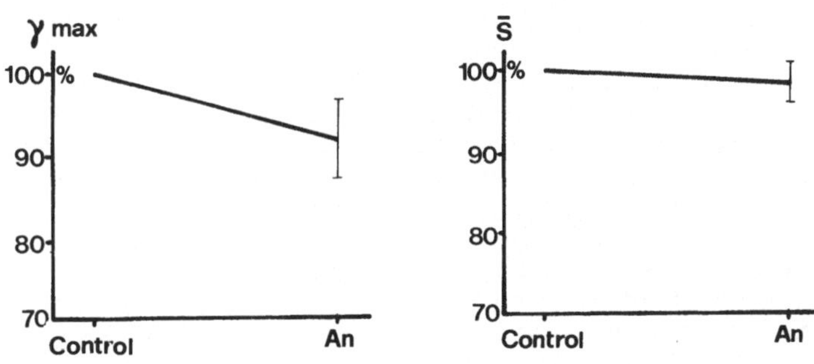

Abb. 3

Diskussion

Ziel dieser Untersuchung war es, den "Akuteinfluß" von Halothan auf den Surfactant zu untersuchen; es wurden daher bewußt hohe Konzentrationen und kurze Expositionszeiten gewählt. Auf die Problematik der Störungen von Synthese, Stoffwechsel und "Turnover rate" wurde bewußt nicht eingegangen - es sollte vielmehr nur geprüft werden, ob Halothan per se in jener Konzentration, die klinisch maximal erreicht wird, eine Störung der Surfactantaktivität hervorzurufen vermag, die sekundär zu postoperativer Atelektasenbildung Anlaß geben könnte. Aus den vorgelegten Daten geht eindeutig hervor, daß sich weder nach Beatmung mit hohen Anaestheticakonzentrationen noch nach Exposition von Lungenextrakten mit der gleichen Dampfspannung ein Einfluß auf die Oberflächenaktivität feststellen läßt. Die bei Lungenextrakten beobachtete Herabsetzung der maximalen Oberflächenspannung (γmax) könnte im Gegenteil sogar im Sinne erhöhter Oberflächenstabilität interpretiert werden; allerdings konnte dieser Effekt bei den Volumen-Druckdiagrammen an der Lunge in situ nicht bestätigt werden (wie an anderer Stelle bereits berichtet, vgl.

STEINBEREITHNER u. Mitarb., konnten wir mit der gleichen Versuchsanordnung mit Diäthyläther und allen derzeit klinisch in Verwendung stehenden halogenierten Anaesthetica dieselben Ergebnisse erzielen).

Wie eingangs ausgeführt, liegt aber eine Reihe von Untersuchungen vor, die zu gegenteiligen Schlüssen kommen. Der Versuch, diese Differenzen aufzuklären, begegnet gewissen Schwierigkeiten, da die methodischen Unterschiede (Art und Dauer der Beatmung, verwendete Konzentrationen, Tierart usw.) recht ausgeprägt sind. Wenn wir mit jenen Arbeiten beginnen, die für eine Störung der Surfactantaktivität nach Halothanexposition sprechen, so haben MOTOYAMA u. Mitarb. nach langdauernder Beatmung (4 - 7 Stunden) an Kaninchenlungenextrakten eine herabgesetzte Oberflächenaktivität festgestellt (VP-Diagramme wurden nicht geschrieben). Diese Ergebnisse werden auf eine Depression der Lecithinbiosynthese und/oder einen herabgesetzten Transport von Lecithinmolekülen an die Alveolaroberfläche zurückgeführt. Ähnlich glauben LANDAUER u. Mitarb. eine Surfactantschädigung nach Langzeitbeatmung mit Halothan (Konzentrationen in der Arbeit nicht angegeben) klinisch und experimentell bewiesen zu haben; der Einfluß der von den Autoren zur Einleitung verwendeten Anaesthetica sowie die Bedeutung der durch Langzeitexposition bedingten Senkung des arteriellen Mitteldruckes sind allerdings dabei schwer beurteilbar. PATTLE u. Mitarb. beobachteten in vitro eine Stabilitätsminderung von aus Alveolen ausgepreßten Bläschen unter extremer Halothanexposition (22 Vol%) - doch kommt diese Arbeitsgruppe zu dem Schluß, daß unter klinisch gebräuchlichen Halothandosen eine Schädigung des Oberflächenfilmes mit Sicherheit auszuschließen sei. - Eine Herabsetzung der Oberflächenaktivität (Zunahme von y-min) im Tracheobronchialsekret von mit Halothan beatmeten Patienten, wie von STANLEY u. Mitarb. beschrieben, konnte - wie bereits erwähnt - von uns nicht bestätigt werden. - Schließlich haben WOO u. Mitarb. eine Steigerung der Retraktionskräfte an exzidierten Hundelungen nach Halothanexposition festgestellt. Die Autoren glauben aber selbst, daß die fehlende Lungenperfusion in ihren Ergebnissen eine entscheidende Rolle spiele.

Im Gegensatz zu den bisher besprochenen Untersuchungsresultaten konnte die Gruppe EVANS u. Mitarb. keinerlei Einfluß von Halothan und anderen halogenierten Inhalationsanaesthetica auf die Oberflächenspannungseigenschaften eines Dipalmitoyllecithinfilms feststellen; die Autoren glauben, daß die gegenteiligen Resultate von CLEMENTS u. WILSON nur auf die verwendeten extrem hohen Konzentrationen zurückzuführen seien. Auch bei Studien an Lungenbiopsiematerial, das von Patienten während Thoracotomie gewonnen wurde, konnten MILLER und THOMAS keinerlei Beeinflussung der Oberflächenspannung durch Inhalation von Halothan (oder Äther) feststellen, was im wesentlichen den Resultaten der sorgfältig geplanten Studie von ZELKOWITZ u. Mitarb. entspricht.

In Übereinstimmung mit PATTERSON u. Mitarb. (wir halten es für unzulässig, gerade diese Gruppe als Zeugen für die behauptete halothanbedingte Surfactantschädigung anzuführen, wie dies z. B. LANDAUER u. Mitarb. tun), glauben wir uns also zur Feststellung berechtigt, daß - korrekte, klinischen Verhältnissen etwa entsprechende Applikation des Anaestheticums vorausgesetzt - eine durch Halothan (oder andere Inhalationsanaesthetica) bedingte alveoläre Instabilität infolge Veränderungen des Surfactant ausgeschlossen werden kann. Gegensätzliche Ergebnisse - wie von den Vorrednern, aber auch von verschiedenen anderen Autoren mitgeteilt - dürften auf ein "multifaktorielles" Zusammenspiel verschiedener Momente, wie Langzeitbeatmung mit Hyper- bzw. Hypoventilation, Hypo- oder Hyperoxie (vlg. EVANS u. Mitarb., PATTERSON u. Mitarb.), eventuell direkte Surfactantschädigung durch hohe Anaestheticakonzentrationen, vor allem aber eine Surfactantsynthese- bzw. stoffwechselstörung bei längerdauernden Hyperfusions- und Hypotensionszuständen, beruhen. Unter "normalen" Bedingungen kann jedoch für derzeit gebräuchliche Inhalationsanaesthetica, vor allem Halothan, ein ätiologischer Zusammenhang mit postoperativen Atelektasen mit an Sicherheit grenzender Wahrscheinlichkeit verneint werden.

Zusammenfassung

Die Bedeutung moderner Inhalationsanaesthetica, speziell von Halothan, für die Entstehung postoperativer Atelektasen infolge Minderung der Surfactantaktivität wird in der Literatur widersprüchlich beurteilt.

In eigenen Untersuchungen wurde geprüft, ob kontrollierte Beatmung mit Halothan im oberen klinischen Konzentrationsbereich eine Beeinflussung der Oberflächenaktivität im Volumen-Druckdiagramm der Kaninchenlunge in situ erkennen läßt; daneben wurde das Verhalten von Lungenextrakten in der Wilhelmywaage bei Exposition mit gleichen Halothankonzentrationen geprüft. Weder im VP-Diagramm noch am Lungenextrakt konnte ein derartiger Effekt nachgewiesen werden, vielmehr zeigte sich in der Wilhelmywaage sogar eine Herabsetzung der maximalen Oberflächenspannung (y-max) unter Halothan. - Das bisher zu dieser Frage vorliegende Schrifttum wird kritisch besprochen und die Meinung vertreten, daß gegenteilige Resultate anderer Arbeitsgruppen auf den Einfluß "additiver" Faktoren bzw. die Anwendung toxischer Halothankonzentrationen zurückgeführt werden müssen. Wie die eigenen Ergebnisse zeigen, führt Beatmung mit hohen Halothankonzentrationen - Einhaltung bestimmter "Normalbedingungen" vorausgesetzt - zu keiner relevanten Beeinflussung der pulmonalen Surfactantaktivität.

Literatur

1. BAUM, M., BENZER, H., LEMPERT, J., REGELE, H., STÜHLINGER, W., TÖLLE, W.: Oberflächenspannungseigenschaften der Lungen Neugeborener. Respiration 28, 409-428 (1971).
2. BAUM, M., BENZER, H., LEPIER, W., TÖLLE, W.: Die Bedeutung der Hysterese für die künstliche Beatmung von Neugeborenen. Pneumonologie 144, 206-214 (1971).
3. CLEMENTS, J. A.: Surface tension of lung extracts. Proc. Soc. exp. Biol., N. Y. 95, 170 (1957).

4. CLEMENTS, J. A., BROWN, E. S., JOHNSON, R. P.: Pulmonary surface tension and the mucus lining of the lungs: some theoretical considerations. J. appl. Physiol. 12, 262 (1958).
5. CLEMENTS, J. A., WILSON, K. M.: The affinity of narcotic agents for interfacial films. Proc. nat. Acad. Sci., Wahs. 48, 1008 (1962).
6. COLGAN, F. J.: Performance of lungs and bronchi during inhalation anesthesia. Anesthesiology 26, 778 (1974).
7. EVANS, J. A., HAMILTON, R. W. Jr., KUENZIG, M. C., PELTIER, L. F.: Effects of anesthetic agents on surface properties of dipalmitoyl lecithin: Lung surfactant model. Anesth. Analg. curr. Res. 45, 285-289 (1966).
8. KRISCH, K., WATZEK, C., STEINBEREITHNER, K.: Der Einfluß einiger Inhalationsnarkotica auf den Verlauf des hämorrhagischen Schocks im Tierexperiment. Proc. 7. int. Fortb. Kurs klin. Anaesth. Wien, 9.-13. Juni 1975 S. 127-140.
9. LANDAUER, B., TÖLLE, W., KOLB, E.: Beeinflussung der Oberflächenspannung der Lunge durch das Inhalationsanaestheticum Enfluran. Anaesthesist 24, 432-436 (1975).
10. MILLER, R. N., THOMAS, P. A.: Pulmonary surfactant: Determinations from lung extracts of patients receiving diethylether or halothane. Anesthesiology 28, 1089 (1967).
11. MOTOYAMA, E. K., GLUCK, L., KIKKAWA, Y.: The effects of inhalation anesthetics on pulmonary surfactant. Anesthesiology 30, 347 (1969).
12. PATTERSON, R. W., SULLIVAN, S. F., MALM, J. R., BOWMAN, F. O. Jr., PAPPER, E. M.: The effect of halothane on human airway mechanics. Anesthesiology 29, 900-907 (1968).
13. PATTLE, R. E., SCHOCK, C., BATTENSBY, J.: Some effects of anaesthetics on lung surfactant. Brit. J. Anaesth. 44, 1119-1127 (1972).
14. STANLEY, T. H., ZIKRIA, B. A., SULLIVAN, S. F.: The surface tension of tracheobronchial secretions during general anesthesia. Anesthesiology 37, 445-449 (1972).
15. STEINBEREITHNER, K., LEMPERT, J., TRACZYK, K., WATZEK, C.: The influence of inhalation anaesthetics on lung surfactant activity. Abstr. 12th Congr. Scand. Soc. Anaesthesiologists Oulu, 7.-12. Juli 1975, S. 15-16.
16. WOO, S. W., BERLIN, D., HEDLEY-WHYTE, J.: Surfactant function and anesthetic agents. J. appl. Physiol. 26, 571-577 (1969).
17. ZELKOWITZ, P. S., MODELL, H. H., GIAMMONA, S. T.: Effects of ether and halothane inhalation on pulmonary surfactant. Amer. Rev. Resp. Dis. 97, 795-800 (1968).

Refluxbegünstigung durch Inhalationsnarkotica - Halothan bei nicht leerem Magen

Gh. Sehhati, H. U. Gerbershagen und R. Frey

Die Regurgitation und die häufig damit verbundenen Aspirationen von Mageninhalt zählen zu den gefährlichsten Narkosezwischenfällen. Der erste Narkosetodesfall ereignete sich im Jahre 1878, wonach der Patient durch Aspiration zu Tode kam. Nach Angabe der Literatur sind 12 - 14% aller Anaesthesietoten auf Aspiration von Mageninhalt zurückzuführen.

Dem unteren Oesophagussphincter (UÖS) als Regurgitationsbarriere kommt wesentliche Bedeutung dabei zu, den Rückfluß von Mageninhalt in den Oesophagus zu verhindern. Der UÖS, oft auch als Hochdruckzone beschrieben, ist ca. 4 cm lang und entwickelt einen Ruhedruck von 10 bis 32 mmHg. Der Tonus des UÖS wird über nervale und hormonale Regulationsmechanismen gesteuert. Darüber hinaus werden einige Pharmaka beschrieben, die den Ruhedruck des unteren Oesophagussphincters verändern. Von großer Wichtigkeit für die Anaesthesie ist die Beeinflussung des UÖS durch Narkotica. Besonders bei Notfallpatienten, die oft mit gefülltem Magen anaesthesiert werden müssen, besteht eine gesteigerte Aspirationsgefahr, mit der der Anaesthesist täglich konfrontiert wird. Bis Anfang der 70er Jahre lagen zur Messung des intraluminären Druckes keine exakten systematischen Untersuchungen mit einer zuverlässigen Methode vor. Erst durch den Einsatz der perfundierenden Oesophagusmanometrie ist es heute möglich, vielerlei funktionelle Störungen zu diagnostizieren.

Die intraluminären Druckmessungen bei unseren Untersuchungen erfolgten mit der Dreipunktperfusionsmanometrie. Dabei übertragen drei perfundierende PVC-Sonden den Druck auf einen außen in Höhe der Cardia angebrachten Statham-Transducer. Die Drucke werden mit Hilfe eines UV Mehrkanalschreibers registriert. Die drei perfundierenden PVC-Schläuche bilden eine gemeinsame Sonde, und zwar so, daß der intraluminale Druck an drei jeweils 5 cm voneinander entfernten seitlichen Öffnungen gemessen wird. Die Sonde wird zunächst im Magen placiert und dann langsam in den Oesophagus zurückgezogen, bis der mittlere Meßpunkt im Sphincter liegt. Die intraluminalen Drucke (mmHg) können dann im Magen, im unteren Oesophagussphincter und im distalen Oesophagusbereich gleichzeitig registriert werden. Der Null-Punkt entspricht dem endexspiratorischen Fundusdruck. Auf diesen Wert wurde das Meßsystem geeicht.

Wir haben bei zehn gesunden Probanden die Wirkung von Lachgas/Sauerstoff/Halothan auf distalen Oesophagus, UÖS und Magen in folgender Weise gemessen: Nach Registrierung der Ausgangswerte wurde mit der Narkose begonnen und zwar atmeten die Probanden zunächst 10 min lang reinen Sauerstoff über die Maske, anschließend wurde Lachgas im Verhältnis N_2O/O_2 2 : 1 beigemischt und die Wirkung von Sauerstoff-Lachgas gemessen. Danach wurde zu dieser Mischung Halothan 2 Vol% hinzugegeben. Nach 15 min Inhalation dieses Gemisches und fortlaufender Registrierung erfolgte dann die langsame i.v.-Injektion von Suxamethoniumchlorid und nach 1 min die dritte Messung. Bis zum Erreichen einer ausreichenden Spontanatmung wurden die Probanden manuell kontrolliert beatmet. Nach i.v.-Injektion von Diallyl-Nortoxiferin (Alloferin) und Registrierung dieser Werte nach 4 min wurden die Probanden ebenfalls kontrolliert beatmet. Danach erfolgte die i.v.-Injektion eines Cholinesterasehemmers (Mestinon). An dieser Stelle wurde bewußt von gleichzeitiger Atropin-Gabe abgesehen, da es uns von eigenen Untersuchungen bekannt ist, daß Atropin eine Erschlaffung des UÖS verursacht.

Ergebnisse

A. Oesophagus

Die verwendeten Inhalationsanaesthetica und Muskelrelaxantien bewirken im Bereich des distalen Oesophagus einen Druckanstieg, der sich jedoch statistisch weder auffällig noch signifikant erwies. Lediglich Mestinon zeigte einen Druckabfall.

B. Unterer Oesophagussphincter (Abb. 1)

Die Inhalation der Gasgemsiche Lachgas/Sauerstoff bewirkte bereits nach 2 min am UÖS eine Ruhedruckreduzierung um 64,1% und nach der Beimischung von Halothan zeigte sich eine Druckreduzierung um 78,3%. Beide Ergebnisse erwiesen sich als statistisch hochsignifikant ($p < 0{,}001$). Die Druckabfälle nach Alloferin und Mestinon konnten nicht statistisch gesichert werden, während die Gabe von Succinylcholin einen signifikanten Druckanstieg bewirkte ($p < 0{,}01$).

C. Magen

Die Inhalation von Lachgas/Sauerstoff/Halothan zeigte im Magen eine signifikante Druckreduzierung ($p < 0{,}005$). Die Druckminderung nach Gabe von Succinylcholin und Alloferin konne statistisch nicht gesichert werden. Durch Mestinon kam es zu einem statistisch auffälligen Druckanstieg. Zusammenfassend konnte festgestellt werden, daß das Gasgemisch Lachgas/Sauerstoff/Halothan im Bereich des distalen Oesophagus einen statistisch nicht erwiesenen Druckanstieg, im Bereich des UÖS einen hochsignifikanten und im Magen einen signifikanten Druckabfall ($p < 0{,}005$) verursacht.

Die Wirkung von Sauerstoff/Lachgas konnte im distalen Oesophagus und im Magen statistisch nicht gesichert werden, verursachte aber im Bereich des UÖS eine statistisch signifikante Druckre-

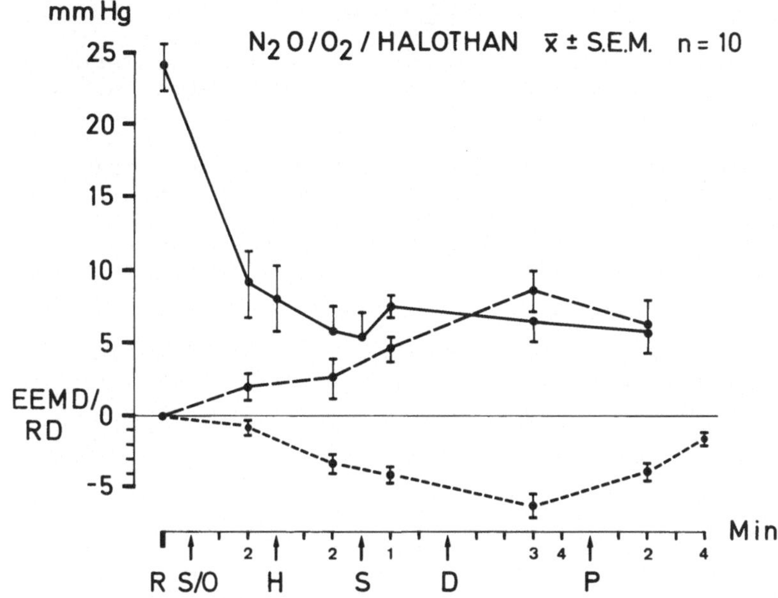

Abb. 1. Druckveränderungen in mmHg im distalen Oesophagus (---), UÖS (——) und Magen (-----) unter der Wirkung von N_2O/O_2 (S/O) und Halothan (H), Suxamethoniumchlorid (S), Diallylnortoxiferin (D) und Pyridostigminbromid (P). Endexspiratorischer Magendruck (EEMD), Ruhedruck (RD)

duzierung ($p < 0,001$) bereits in der 2. min (Tabelle 1). Die Signifikanz der Druckdifferenzen wurde nach dem Student's t-Test ermittelt.

Tabelle 1. Druckprofiländerungen im distalen Oesophagus, unteren Oesophagussphincter und Magen nach Inhalation von N_2O/O_2, N_2O/O_2-Halothan in Kombination mit Suxamethoniumchlorid, Diallylnortoxiferin und Pyridostigminbromid. (%) = Druckänderungen in Prozent des Ruhedruckes; p< = Irrtumswahrscheinlichkeit

Präparate	Distaler Oesophagus	UÖS	Magen
Stickoxydul/Oxygen	↑	(64,1%) ↓ (P<0,001)	↓
Stickoxydul/Oxygen-Halothan	↑	(78,3%) ↓ (P<0,001)	↓ (P<0,005)
Succinylcholin	↑	↑ (P<0,01)	↓
Alloferin	↑	↓	↓
Mestinon	↓	↓	↑ (P<0,05)

Klinische Schlußfolgerung zur Zusammenfassung

Der untere Oesophagussphincter (UÖS) spielt eine entscheidende Rolle als gastrooesophagealer Verschlußmechanimus. Seiner Kompetenz als Refluxbarriere kommt für die Verhinderung von Regurgitation und Aspiration wesentliche Bedeutung zu. Daher ist die Ruhetonus-Reduzierung nach Inhalation von Lachgas/Sauerstoff/Halothan von großem Interesse. Aufgrund der vorliegenden Resultate unserer Untersuchungsreihe mit Prämedikationsmitteln bzw. Narkotica und Muskelrelaxantien, können wir bei der Anaesthesie der Notfallpatienten mit Verdacht auf vollen Magen folgendes empfehlen:

1. Man sollte auf die i.v.-Gabe von Atropin als Prämedikationsmittel - trotz seiner Vorteile - wegen der Tonusreduzierung am UÖS verzichten. Atropin senkt nämlich den Druck am UÖS und öffnet damit den Mageneingang. Bei Bedarf sollte Atropin nach Intubation i.v. nachinjiziert werden.

2. Eine Depolarisierung zum Narkoseende durch die Applikation von Parasympathomimetica (Prostigmin, Mestinon ist wegen der zu erwartenden Sphincterdruckerhöhung zu empfehlen.

3. Aufgrund der ausgeprägten druckreduzierenden Wirkung von Lachgas/O_2/Halothan am UÖS ist bei Patienten mit Verdacht auf gefüllten Magen dieses Inhalationsanaestheticum mit großer Vorsicht zu verwenden.

Literatur

1. BANNISTER, W. K., SATTILARO, A. J.: Vomiting and aspiration during anaesthesia. A review. Anaesthesiology 23, 251 (1962).
2. BARTH, L., MEYER, M.: Moderne Narkose. 2. Aufl. S. 100. Stuttgart 1965.
3. BANNISTER, W. K., SATTILARO, A. J.: Therapeutic aspects of aspiration Pneumonitis in experimental animals. Anaesthesiology 22, 440 (1961).
4. COHEN, S., HARRIS, L. D.: The adaptine response of the lower esophageal sphincter. Clinical research. Thorofeore, N. Y. 17, 300 (1960).
5. COHEN, S., HARRIS, L. D.: The lower esophageal sphincter. Gastroenterology 63, 1066 (1972).
6. ELEBUTE, E., KELLEY, M. L., SCHWARZ, S. I.: Pressure effects of transabdominal supradiaphragmatic vagotomy on the inferior esophageal sphincter of dogs. Surg. Gynecol. obstet. 123, 326 (1966).
7. FREY, R., HÜGIN, N. W., MAYRHOFER, O.: Lehrbuch der Anaesthesiologie. Reanimation und Intensivtherapie. 3. Aufl. S. 124, 132, 133, 159, 160, 162, 279, 521. Berlin - Heidelberg - New York: Springer 1973.
8. GILES, G. R., ROSZKOWSKI, A.: Der Einfluß von Hormonen auf den unteren Oesophagus-Sphincter beim Menschen. In: Refluxkrankheiten der Speiseröhre. OTTERJANN, R. (Hrsg.) S. 21-25. Baden-Baden, Brüssel: Witzstorek 1973.
9. GOODMAN, S., GILMAN, A.: The pharmacological basis of Therapeutics. 4. Aufl. S. 85, 93-96, 245, 606-616. New York 1970.
10. KREBS, R., KERSTING: Ursache der haemodynamischen Nebenwirkungen einiger Narkotica. Der Anaesthesist 21, 153-165 (1972).
11. LIND, J. F., CRISPIN, J. S., Mc IVER, D. K.: The effect of atropine on the gastroesophageal sphincter. Can. J. Physiol. Pharmacol. 46, 233-238 (1968).

12. MARSHALL, F. N., PITTINGER, C. B., LONG, J. P.: Effects of halothane on gastrointestinal motility. Anaesthesiology 22, 363 (1961).
13. NIEMANN, H., JAKOB, G.: Oesophagomanometrische Befunde beim Menschen nach intravenöser Applikation eines neuen Cholinolytikums (HSP 2986), von Atropin und Scopolaminbutylbromid. Arzneim. Forsch. Jg. 21, 8, 1220-1221 (1971).
14. REICHERTS, M.: Druckverhalten im distalen Oesophagus, unteren Oesophagussphincter und Magen unter Einwirkung von Inhalationsanaesthetika, intravenösen Anaesthetika und Muskelrelaxantien. Diss. Mainz 1976.
15. SCHULZ, H.: Die Beeinflussung des intraluminalen Druckes im distalen Oesophagus, unteren Oesophagussphincter und Magen durch Prämedikationssubstanzen. Diss. Main (1976).
16. SEHHATI, Gh.: Intraluminales Druckverhalten im distalen Oesophagus, unteren Oesophagussphincter (UÖS) und Magen, unter Einwirkung von Prämedikationsmitteln, Inhalationsanaesthetica, intravenösen Narkotica und Muskelrelaxantien. (Elektromanometrische Untersuchungen). Habilitationsschrift Mainz 1976.
17. SEHHATI, Gh.: Die Beeinflussung des unteren Oesophagussphincters (UÖS) als Regurgitationsbarriere durch die Inhalationsanaesthetica N_2O/O_2-Halothan und N_2O/O_2-Enflurane. Anaesthesiologische Informationen (im Druck).
18. SEHHATI, Gh., FREY, R., GERBERSHAGEN, H. U., REICHERTS, M., SCHULZ, H.: Influence of i.v.-narcotics of the lower esophagealsphincter as a Regurgitationsbarrier. International congress on Emergency and Critical Care Medicine in Pittsburgh, Pennsylvania / USA, May 4 - 8 1976 (4. May Nr.).
19. SEHHATI, Gh., FREY, R., FISCHER, F.: Experimentelle Untersuchungen über die Wirkung von N_2O/O_2-Halothan im distalen Oesophagus, UÖS und Magen. Der Anaesthesist (im Druck).
20. SEHHATI, Gh., GERBERSHAGEN, H. U., FREY, R., REICHERTS, M., SCHULZ, H.: Refluxbegünstigung durch Inhalationsanaesthetica Halothan, bei nicht leerem Magen. XI. Weltkongreß der Anaesthesiologie in Mexico, 24.-30.4. 1976 (28. April, Nr. 480).
21. SIEWERR, J. R., WALDECK, F., PEIPER, H. J.: Gastrointestinale Hormone und unterer Oesophagussphincter. Chirurg. 45, 28 (1974).
22. SIMMENDINGER, H. J.: Klinische und experimentelle Untersuchungen zur Wirkung verschiedener Narkotica auf unteren Oesophagussphincter. (Zum Problem der Regurgitation als Narkosekomplikation). Habilitationsschrift, Heidelberg 1975.
23. STEPT, W. J., SAFAR, P.: Rapid induction/intubation for prevention of gastric content aspiration. Anaesth. Analg. 49, 633 (1970).
24. WALDECK, F.: A new Procedure for functional analysis of the lower esophageal sphincter. Pflügers Arch. 335, 74-84 (1972).

Änderungen des Augeninnendrucks unter Halothan- und Enfluran-Anaesthesie am Versuchstier

G. Varassi, P. Böhmig, M. G. Pignatelli, V. Vilardi, L. F. Comelli und G. Pinto

Bei allen intraokulären Operationen ist es erstrebenswert, zu Beginn des chirurgischen Eingriffs eine Verminderung des Augeninnendrucks (AID) zu erreichen, da bei hohem Druck im Moment des Einschnitts der Augeninnenhalt vorfallen kann. Außerdem wird dadurch ein Bruch der Arteriae ciliares posteriores mit nachfolgender austoßender Blutung begünstigt. Die konstante Kontrolle des AID ist deshalb eines der wichtigsten Ziele bei der Durchführung der Anaesthesie. Sämtliche Anaesthetica - die Muskelrelaxantien einbegriffen - können sowohl direkte als auch indirekte Auswirkungen auf den AID haben. Das d-Tubocurarin z. B. hat eine direkte Wirkung auf den AID und zwar durch Lähmung der Musculi bulbi (1, 2). Da aber in diesem Fall durch die allgemeine Muskellähmung eine Hypoventilation erzeugt wird, steigt auf Grund der dadurch entstehenden Hypoxie und Hyperkapnie der AID (3).

Dieser Parameter wird aber nicht nur durch die Atmungs-, sondern auch durch die Herz-Kreislauf-Änderungen, die durch die Anaesthesie bedingt sind, beeinflußt. Weniger bedeutend sind die Veränderungen des arteriellen Blutdrucks, da sein Anstieg eine Verschiebung des Humor aquosus aus der vorderen Augenkammer und des Blutes aus der Choroidea hervorruft (4). Eine Erhöhung des venösen Blutdrucks wird hingegen direkt auf das Auge übertragen, sowohl durch Erweiterung der Kapillaren der Choroidea als auch durch Druckerhöhung auf die den Schlemm-Kanal entwässernde Venae aquosae. Die höchsten Werte des AID sind während des Valsalva-Versuchs verzeichnet worden (5).

Es ist anzunehmen, daß alle Pharmaka, die das ZNS depremieren - wie z. B. Hypnotica, Tranquilizer, Neuroleptica und zentral wirkende Analgetica - eine Verminderung des AID verursachen. Einzige Ausnahme scheint Ketamin (6) und wahrscheinlich auch Etoxadrol (CL-1848C) (7) zu sein, das bei der Narkoseeinleitung ähnlich wie Ketamin wirkt (8, 9). Kürzlich ist darauf hingewiesen worden, daß der durch diese Pharmaca bedingte Anstieg des AID ausgesprochen gering sei, und daß diese deshalb besonders für die Messung des AID bei Kindern in Narkose geeignet seien (10, 11).

Die Barbiturate verringern den AID sowohl beim Menschen als auch beim Tier (12, 13). Diese Verminderung ist teils durch eine Depression des Diencephalon (14), das Einfluß auf den AID nimmt (15), teils durch eine direkte Einwirkung auf die Musculi bulbi (16) bedingt. Wie es scheint, rufen auch Morphin (17) und die Pharmaca der Neuroleptanalgesie vom Typ II eine Verminderung des AID hervor (18).

Allgemeine Übereinstimmung fand die Tatsache, daß auch die Inhalationsanaesthetica den AID vermindern (19, 20, 21). Wir haben es uns zur Aufgabe gemacht, in einer experimentellen Arbeit die Wirkungen des Halothan und Enfluran zu untersuchen, da diese Anaesthetica wegen der Einfachheit ihrer Verabreichung, ihrer Wirkungsgeschwindigkeit und ihrer relativen Sicherheit eine immer größere Anwendung finden.

Material und Methodik

Die Untersuchung bezog sich auf 20 pigmentierte Hasen gleicher Lebensbedingungen von je 2,5 - 3 kg. Bei jedem Tier wurde in Lokalanaesthesie eine Tracheostomie ausgeführt und nach vorausgehender Oberflächenanaesthesie der Trachea ein T-Tubus Typ Ayre eingeführt. Darauf wurden die Arteria und die Vena femoralis in Lokalanaesthesie freigelegt und kanüliert. Die Kanülen wurden zur Messung des arteriellen Blutdruckes und des zentralen Venendruckes über zwei Telco-Thomson Elektromanometer mit einem Varian-Registrator verbunden. Sofort anschließend wurde der Säure-Basen-Haushalt arteriell mit der Microastrup-Methode bestimmt und gleichzeitig nach Eintröpfeln eines Oberflächenanaestheticums in den Saccus conjunctivae der AID mit einem elektronischen Tonometer Mackey-Mark gemessen.

Nach dieser ersten Untersuchungsphase wurde der T-Tubus an einen Narkoseapparat angeschlossen und mit der Verabreichung von N_2O : O_2 = 2 : 1 begonnen. Nach 20 min wurde das Säure-Basen-Gleichgewicht kontrolliert und sodann mit der Verabreichung der für den Versuch herangezogenen Inhalationsnarkotica in einer MAC-Konzentration begonnen.

Während der ersten Phase der Untersuchung atmeten die Tiere spontan. Der AID wurde alle 5 min gemessen. 30 bzw. 60 min nach Verabreichung des Narkoticums wurden arterielle Blutproben für die neuerliche Bestimmung des Säure-Basen-Gleichgewichts entommen. Nach einer Stunde wurde bei konstanter Narkoticumkonzentration mit assistierter Ventilation begonnen und mit der Bestimmung der uns interessierenden Parameter fortgefahren.

Alle Ergebnisse wurden statistisch ausgewertet. Jedes Tier wurde dabei als seine eigene Kontrolle gewertet.

Ergebnisse

Nach den ersten 15 min N_2O- und O_2-Atmung fanden sich in beiden Tiergruppen (Halothan: Gruppe 1, Abb. 1; Enfluran: Gruppe 2, Abb. 2) keine Veränderungen des arteriellen und des zentralvenösen Blutdruckes. Der AID war unbedeutend gesunken. Bei den Halothan-Tieren (Abb. 1) fielen nach Zusatz des Inhalationsanaestheticums der arterielle Systemdruck, der zentralvenöse Druck und der AID deutlich ab.

Nach 30 min Halothan stieg der arterielle Blutdruck und der AID wieder an, nach 1 Std Halothan war aber auch das $paCO_2$ erhöht

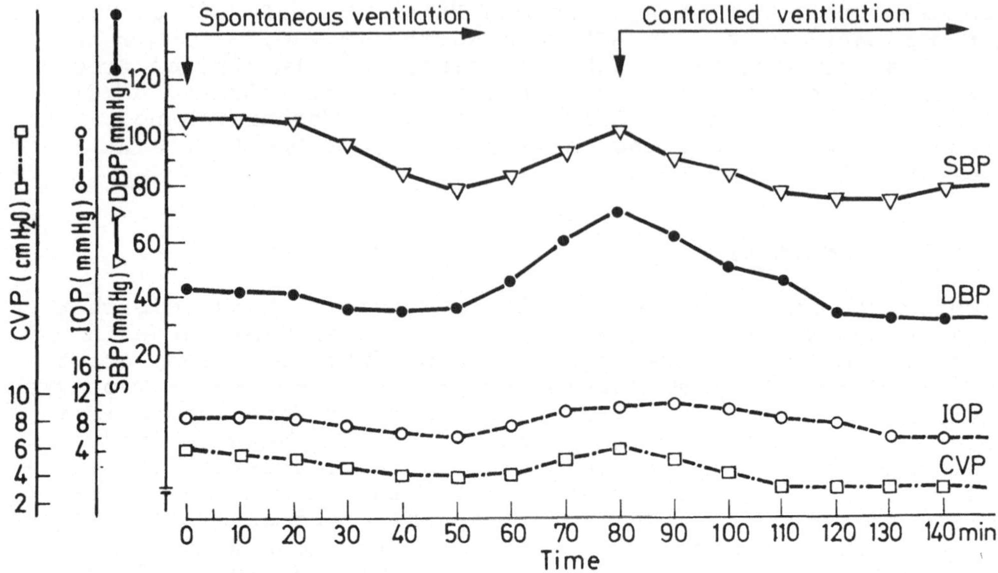

Abb. 1. Änderungen des arteriellen Systemdruckes (SBP, DBP), des zentralvenösen Druckes (CPV) und des Augeninnendruckes (IOP) während Halothan-Anaesthesie am Versuchstier. Während den ersten 20 min Spontanatmung mit N_2O : O_2 2:1. Dann Zusatz von Halothan (MAC). Während der letzten 60 min unter Beatmung mit Abfall aller Druckwerte parallel zum $PaCO_2$

Tabelle 1. Blutgasanalytische Befunde der ersten mit Halothan behandelten Tiergruppe. Mittel und Standardabweichung

	Vor Narkose-beginn	Nach 20 min Narkose (N_2O+O_2)	Nach 80 min Narkose (60 min Halothan Spontanatmung)	Nach 140 min Narkose (60 min Beatmung)
Zahl der Tiere: 10				
pH	7,39 ± 0,01	7,38 ± 0,02	7,32 ± 0,04	7,41 ± 1,11
$PaCO_2$ (mmHg)	41 ± 1	42 ± 1	49 ± 2	31 ± 2
PaO_2 (mmHg)	98 ± 3	106 ± 2	100 ± 1	110 ± 2
BÜ (mEq/L)	0 ± 0,1	1 ± 0,1	4 ± 0,1	-1 ± 0,2

(Tabelle 1). Nach einer weiteren Stunde assistierter Beatmung (80. - 140. Versuchsminute) mit einem gewissen Grad von Hypokapnie hatte sich der AID auf unternormale Werte stabilisiert.

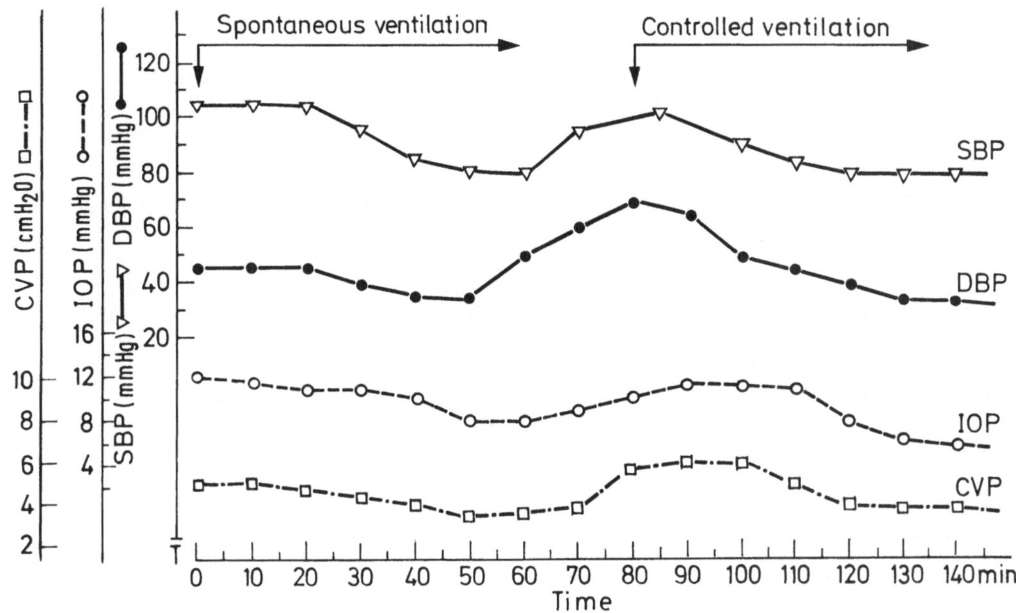

Abb. 2. Wie Abb. 1, nur Enfluran statt Halothan. Weniger gleichmäßige Veränderungen der Druckwerte. Der AID noch stärker vom $PaCO_2$ abhängig als in der Halothan-Gruppe

Die $paCO_2$-Werte nach 1 Std Spontanatmung in der zweiten Tiergruppe (Enfluran) waren wesentlich höher als die der ersten Gruppe (80. min, Tabellen 1 und 2). Auch der AID war zu diesem Zeitpunkt wieder angestiegen (Abb. 2). Die Verminderung des arteriellen und venösen Blutdruckes war weniger ausgeprägt. Nach Ablauf der assistierten Beatmungsphase war der AID höher als in der Tiergruppe 1 (Halothan), obwohl die $paCO_2$-Werte unter der Norm lagen (Tabelle 2 und Abb. 2).

Tabelle 2. Blutgasanalytische Befunde in der zweiten mit Enfluran behandelten Tiergruppe. Mittel und Standardabweichung

	Vor Narkose-beginn	Nach 20 min Narkose (N_2O+O_2)	Nach 80 min Narkose (60 min Enfluran Spontanatmung)	Nach 140 min Narkose (60 min Beatmung)
Zahl der Tiere: 10				
pH (mmHg)	7,40 ± 0,02	7,39 ± 0,03	7,30 ± 0,04	7,39 ± 0,02
$PaCO_2$ (mmHg)	39 ± 2	41 ± 3	54 ± 3	33 ± 1
PaO_2 (mmHg)	99 ± 3	108 ± 2	98 ± 2	115 ± 3
BÜ (mEq/L)	-0,8 ± 0,1	1 ± 0,4	4 ± 0,8	2 ± 0,2

Diskussion

Aus dem Vergleich von Halothan und Enfluran in Bezug auf ihre AID-Wirkung ging hervor, daß die Druckverminderung sowohl bei Spontanatmung als auch unter assistierter Beatmung bei Halothan größer als bei Enfluran ist.

Dementsprechend nimmt auch der AID bei den Halothan-Tieren zu. Der geringere Abfall des AID bei den Enfluran-Tieren scheint auch durch eine deutlichere Atemdepression (stärkere Hyperkapnie) mitbedingt zu sein. Der Abfall des AID in beiden Gruppen während der Beatmungsphase ($PaCO_2$ = 30 - 35 mmHg), ist ein Beweis für die AID-Wirksamkeit einer mäßigen Hyperventilation. Abgesehen vom Einfluß der Atmungstechnik auf den AID scheint die vorliegende Untersuchung eine gewisse Überlegenheit des Halothan im Vergleich zum Enfluran in Bezug auf die Verminderung des AID nachzuweisen.

Literatur

1. COLLE, J., DUKE-ELDER, P. M., DUKE-ELDER, W. S.: Studies on the intraocular pressure: I. The action of drugs on the vascular and muscular factors controlling the intraocular pressure. J. Physiol. 71, 1 (1931).
2. AGARWAL, L. P., MATHUR, S. P.: Curare in ocular surgery. Brit. J. Ophthalm. 36, 603 (1952).
3. DUNCALF, D., WEITZNER, S. W.: The influence of ventilation and hypercapnia on intraocular pressure during anesthesia. Anest. Analg. Curr. Res. 42, 232 (1963).
4. Physiology of the eye. ADLER, F. E. (Ed.) St. Louis: Mosby 1959.
5. BAIN, W. S. h., MAURICE, D. M.: Physiological variations in the intraocular pressure. Trans. Ophthalm. Soc. U. K. 79, 249 (1959).
6. CORSSEN, G., HOY, J. E.: A new parenteral anesthetic C1-581: Its effect on intraocular pressure. J. Pediat. Ophthalm. 4, 20 (1967).
7. WILSON, R. D., TRABER, B. L., BARRATT, E., CRESON, D. L., SCHMITT, R. C., ALLEN, C. R.: Evaluation of CL-1848C: a new dissociative anesthetic in normal human volunteers. Anesth. Analg. Curr. Res. 49, 236 (1970).
8. HIDALGO, J., DILEO, R. M., RIKIMARU, M. T., GUZMAN, R. J., THOMPSON, C. R.: Etoxadrol (CL-1848C) a new dissociative anesthetic: studies in primates and other species. Anesth. Analg. Curr. Res. 50, 231 (1971).
9. JULIEN, R. M., KAVAN, E. M.: Electrophysiological effects of Etoxadrol (Cl-1848C): a new intravenous anaesthetic agent. Neuropharmacology 14, 53 (1975).
10. DUNCALF, D.: Anesthesia and intraocular pressure. Bull. New York Acad. Med. 51, 374 (1975).
11. HEILMANN, K.: Glaukom, Tonometrie und Anaesthesie. Anaesthesist 24, 97 (1975).
12. DUNCALF, D., FOLDES, F. F.: Effect of anesthetic drugs and muscle relaxants on intraocular pressure. Intern. Ophthalm. Clin. 13, 21 (1973).
13. STONE, H. H., PRIJOT, E. L.: The effect of a barbiturate and paraldehyde on aqueous humor dynamics in rabbit. Arch. Ophthalm. 54, 834 (1955).
14. De ROETTH, A. Jr., SCHWARTZ, H.: Aqueous humor dynamics in glaucoma: Effect of ganglionic blocking agents and thiopental sodium (Pentothal) anesthesia on aqueous humor dynamics. Arch. Ophthalm. 55, 755 (1956).
15. Von SALLMANN, L., LOWENSTEIN, O.: Response of intraocular pressure, blood pressure and cutaneous vessels to electric stimulation in the diencephalon. Am. J. Ophthalm. 39, 11 (1955).

16. VOLPI, V., MANGIAVACCHI, E.: Ricerche sull'ipotonia oculare da anestesia generale con curaro. Ann. Oftalm. 84, 93 (1958).
17. LEOPOLD, I. H.: Effect of intramuscular administration of morphine, atropine, scopolamine, and neostigmine on the human eye. Arch. Ophthalm. 40, 285 (1948).
18. IVANKOVIC, A. D., LOWE, H. J.: The influence of methoxyflurane and neuroleptanesthesia on intraocular pressure in man. Anesth. Analg. Curr. Res. 48, 933 (1969).
19. KORNBLUETH, W. ALADJEMOFF, L., MAGORA, F., GABBAY, A.: Influence of general anesthesia on intracoular pressure in man: The effect of diethyl ether, cyclopropane, vinyl ether and thiopental sodium. Arch. Ophthalm. 61, 84 (1959).
20. MAGORA, F., COLLINS, V. J.: The influence of general anesthetic agents on intraocular pressure in man: The effect of common nonexplosive agents. Arch. Ophthalm. 66, 806 (1962).
21. SCHETTINI, A., OWRE, E. S., FINK, A. I.: Effect of methoxyflurane on intraocular pressure. Can. Anaesth. Soc. J. 15, 172 (1968).

Die Anaesthesie mit Fluothane (Halothan) in der Urologie

E. Salehi

Die Urologie ist wie die Anaesthesie ein junges und selbständiges Fachgebiet. Die Mitarbeit des Anaesthesisten in der Urologie setzte jedoch viel später ein als in den anderen operativen Disziplinen. Die geschichtliche und fachspezifische Eigenart der urologischen Eingriffe hat zu dieser beiderseitigen Zurückhaltung beigetragen.

Schon bald nach der Einführung der Intubationsnarkose wurde vom Anaesthesisten die bis dahin in der Urologie bewährte, rückenmarksnahe Leitungsanaesthesie in den Hintergrund gedrängt; sie wurde als nicht mehr zeitgerecht angesehen und oft sogar für gefahrvoll gehalten. Der Grund dafür lag bei den Anaesthesisten, weil sie die Vorteile der Allgemeinnarkose für urologische Eingriffe überschätzten. Erst in den siebziger Jahren wurde die Regionalanaesthesie wieder populär und erlebte eine Renaissance, weil die modernen Anaesthesiemittel mannigfache Probleme mit sich brachten, wie z. B. toxische Nebenwirkungen auf bestimmte Organsysteme (Leber, Niere und Kreislauf) oder mögliche Gesundheitsschäden für die Anaesthesisten selber.

Unsere urologische Klinik machte im Zuge der Weiterentwicklung keine Ausnahme. Bereits bei der Übernahme des Anaesthesiedienstes durch den Anaesthesisten im Jahre 1963 wurde die Allgemeinnarkose angewandt. Die kombinierte Halothannarkose - mit oder ohne Intubation - stand dabei immer im Mittelpunkt. So wurden von 1963 - 1966 über 60% der in der Urologie anfallenden Eingriffe (transurethrale Technik inbegriffen) mit Halothan in Form von Kombinationsnarkosen durchgeführt.

Wir stellten jedoch fest, daß der urologische Patient mit seinen oft vorgeschädigten Nieren nicht nur durch den operativen Eingriff, sondern vielmehr durch die Narkose gefährdet ist. Wir stellten weiterhin fest, daß bei der Wahl für die Anaesthesie für die Belange der Urologie - <u>und speziell für die Nierenchirurgie</u> - die nephrotoxische und hämodynamische Wirkung der gewählten Substanz immer in den Vordergrund gestellt werden muß.

Halothan und die Nierenfunktion

Der Anaesthesist in der Urologie hat die Aufgabe und die Möglichkeit, die Wirkung der Pharmaka im allgemeinen und die der Narkotica im besonderen an der gesunden und kranken Niere, am nierenlosen Patienten, am oligoanurischen Patienten und schließlich bei angesetztem Nierentrauma jeglicher Art zu prüfen, festzustellen und zu erforschen, und die evtl. nachteiligen Wirkungen auf die Nierenfunktion zu beurteilen. Bei der Betrachtung über die Entscheidung der Verträglichkeit eines Pharmakons ist letztlich dessen Abbau und Ausscheidung von größter Bedeutung.

Man kann einfach nicht über Anaesthesie in der Urologie reden, ohne dabei nicht die Nierenfunktion zu erwähnen. Die prä-, intra- und postoperativen Kontrollen der Nierenfunktion und Diurese in der Urologie gehören heute zur Routine und sind ein fester Bestandteil des urologischen Untersuchungsgutes zur Diagnostik und zur Objektivierung des Operationserfolges.

Aus der Literatur und anhand eigener Erfahrungen wissen wir, daß die meisten Narkosepharmaka mehr oder minder die Nierenfunktion beeinträchtigen, und die renale Elektrolytexkretion verändern (1, 2, 6, 8, 10, 11). Schon 1956 berichtete RAVENTOS (11) anhand tierexperimenteller Untersuchungen, daß Halothan nach einmaliger Narkose zur Dilatation der proximalen tubuli contorti mit leichten, reversiblen Veränderungen am Tubulusepithel führt. Diese Veränderungen sind bei wiederholten und langanhaltenden Narkosen deutlich ausgeprägt. Wie die meisten anderen Narkosepharmaka stimuliert auch Halothan die Freisetzung von antidiuretischen Hormonen und führt intra- und postoperativ zur Verminderung der Urinproduktion, die in der Nierenchirurgie absolut unerwünscht ist. Insbesondere nach ausgedehnten Nierenparenchymeingriffen, wie longitudinaler Nephrotomie bei Restniere oder Nephrostomie bei Niereninsuffizienz, wo der Urologe praktisch jeden Urintropfen zählt, ist die Wahl eines nicht nephrotoxischen Narkoticums wichtiger denn je. Somit sind in der Nierenchirurgie Narkosepharmaka, die eine verstärkte antidiuretische Wirkung nachweisen oder den Blutdruck senken, nur mit Vorbehalt anzuwenden.

Bereits 1960 stellten BLACKMORE et al. (3) sowohl im Tierexperiment als auch an gesunden Menschen fest, daß Urinausscheidung, glomeruläre Filtration, effektiver Nierenplasmastrom und Natriumexkretion bei Halothannarkosen signifikant abfallen. Über diese ungünstige Halothanwirkung auf die Nierenfunktion wurde auch später u. a. von MILLER et al., DEUTSCH et al., CSASZAR et al. und HUTSCHENREUTER et al. berichtet (1, 2, 4-7, 9).

Die renalen und kardiovasculären Reaktionen auf Halothan korrelieren miteinander; d. h. je höher die Halothandosis, desto ausgeprägter ist auch der Blutdruckabfall und umso schlechter werden auch Nierenfunktion und Urinproduktion. Der renale Plasmastrom und die glomeruläre Filtration nehmen parallel zum Blutdruckabfall ab.

Eigene Untersuchungen ergaben, daß unabhängig von der Narkosetiefe die Diurese nach Halothannarkosen zurückgeht. Sowohl im Tierexperiment als auch in klinischen Studien wurde ein vermehrter Aktivitätsanstieg der Urinfermente bis zu mehreren Tagen nach der Halothannarkose beobachtet, der auf eine temporäre Tubuluszellenschädigung hindeutet. Wir haben bereits darauf hingewiesen (7), daß Halothan vermutlich eine pharmatoxisch und hämodynamisch bedingte Nierenparenchymschädigung verursacht, die mit einer gesteigerten Fermentaktivität im Urin einhergeht, wobei die Höhe der Fermentausscheidung sich proportional zur Höhe der Halothankonzentration und Dauer der Narkose verhält.

Zur Prüfung der Nephrotoxizität des Halothans wurde im Urin die Aktivität der als nierenspezifisch bezeichneten LAP wie auch der stark im Nephron verbreiteten universellen LDH und MDH vor und nach der Halothannarkose verabfolgt.

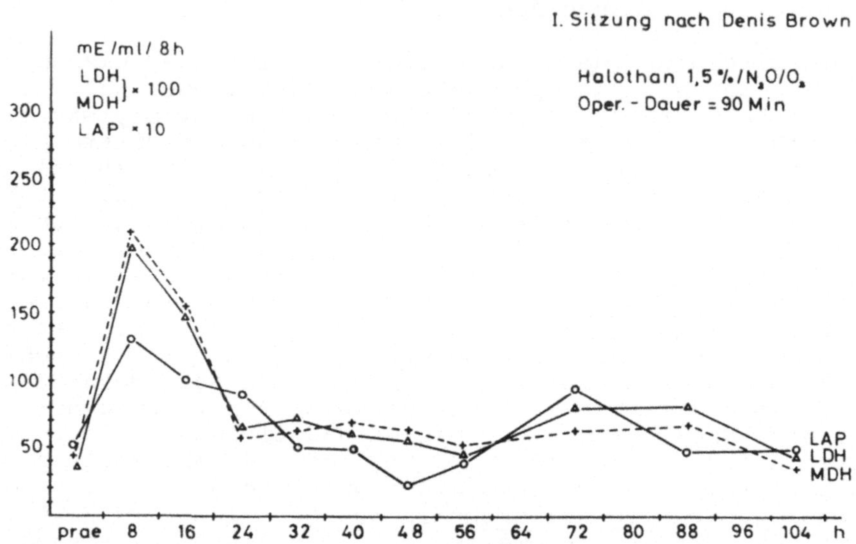

Abb. 1. Verlaufskurve der gemessenen Fermentaktivitäten im Urin eines 13-jährigen Jungen nach Halothan-Lachgas-Sauerstoff-Narkose

Abb. 1 zeigt eine typische Verlaufskurve der gemessenen Fermentaktivität im Urin eines nierengesunden Kindes nach Halothan-Lachgas-Sauerstoff-Narkose ohne Prämedikation. Nach einem vorübergehenden Anstieg aller Fermente in den ersten postoperativen Stunden erfolgt eine rasche Normalisierung, was auf eine reversible Tubuluszellenschädigung hindeutet.

Abb.2 zeigt dagegen einen bedeutend stärkeren Anstieg der Fermente bei einer bereits vorgeschädigten Niere nach Halothannarkose. Unsere klinischen Beobachtungen wurden schließlich im Tierexperiment bestätigt, wo die jeweilige Tierspezies nur mit Halothan und Sauerstoff narkotisiert und ein postnarkotischer Anstieg aller Urinfermente festgestellt wurde.

Somit ist zu folgern, daß unter Halothannarkose bei nierengesunden Patienten eine reversible Tubuluszellschädigung eintritt, wiederholte und langanhaltende Halothannarkosen verursachen ebenfalls reversible, jedoch degenerative Tubuluszellschädigungen, die durch stärkere Fermentausscheidung nachweisbar sind. Ob die vermehrte Ausscheidung der Urinfermente mit gleichzeitiger Ver-

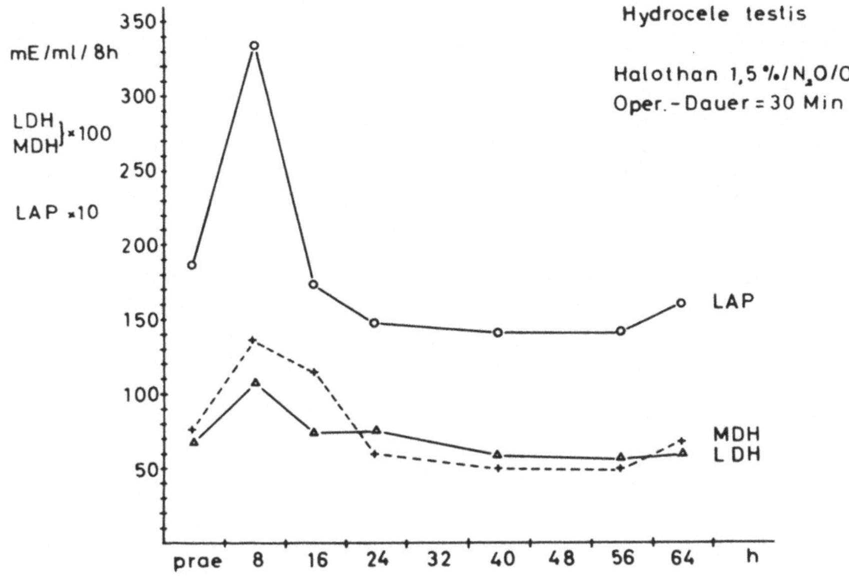

Abb. 2. Verhalten der Urinfermente bei einem Patienten mit chronisch-rezidivierender Pyelonephritis vor und nach einer Halothan-Lachgas-Sauerstoff-Narkose

minderung der Urinproduktion auf eine direkte nephrotoxische Wirkung des Halothans zurückgeht oder/und hämodynamisch bedingt ist, bleibt weiterhin offen.

Die Stellung des Halothans in der Urochirurgie heute

Ein ideales Anaestheticum für die Belange der Urologie muß folgende Merkmale haben: Es darf die Nierenfunktion nicht beeinflussen, muß Kreislaufstabilität gewährleisten und darf die Hämodynamik der Niere nicht und den Herzrhythmus nicht verändern. Es sollte ausreichende Perfusionseffekte besitzen, eine Ventilation mit hohem Sauerstoffanteil erlauben und leicht steuerbar sein. Bei kurzen postnarkotischen Erholungsphasen sollte eine ausreichende intra- und postoperative Analgesie gewährleistet sein.

Halothan erfüllt nur einen kleinen Teil dieser Forderungen, und somit sind seiner Anwendung in der Uro-Chirurgie Grenzen gesetzt. In der Nierenchirurgie, die bei uns etwa 30% der urologischen Eingriffe ausmacht, sind wir von der Vorstellung abgekommen, daß Halothan generell ein geeignetes Narkoticum ist. Wir stützen uns dabei auf eigene Beobachtungen und auf die allgemein bekannten kardiovasculären Nebenwirkungen und deren depressive Wirkungen auf die Nierenfunktion. Wir bevorzugen deswegen zunehmend die Neuroleptanalgesie, da unter Neuroleptanalgesie die Nierenperfusion und Nierenfunktion sich nicht wesentlich verändern und nach Meinung der Experten sogar die Nierendurchblutung erheblich verbessert wird.

Während die Halothannarkosen in unserer Klinik von Jahr zu Jahr ständig zurückgehen, ist dagegen eine eindeutige Zunahme der in Regionalanaesthesie und Neuroleptanalgesie operierten Patienten zu verzeichnen. Insbesondere werden die transurethralen Eingriffe und offenen Prostatektomien bei uns fast ausschließlich in Leitungsanaesthesie durchgeführt.

Die Abb. 3 veranschaulicht den Wandel der Anaesthesie und den prozuentalen Anteil der drei wichtigen Anaesthesiearten, nämlich Regionalanaesthesie, Neuroleptanalgesie und die kombinierte Halothannarkose, in unserer urologischen Klinik im Laufe der letzten 13 Jahre.

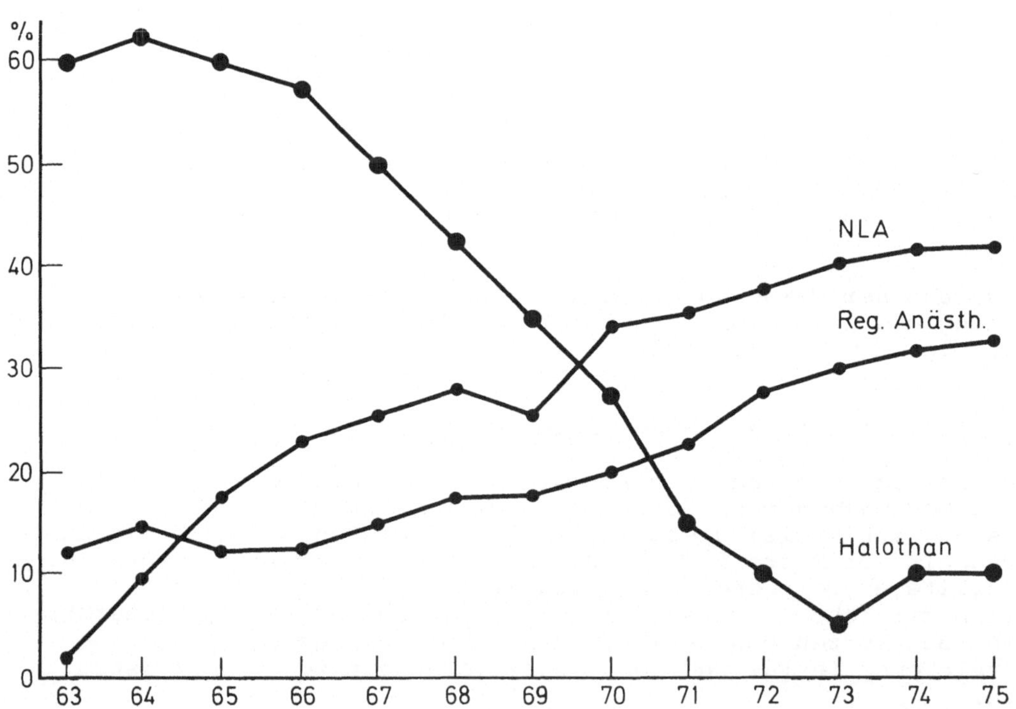

Abb. 3. Prozentualer Anteil der Neuroleptanalgesie, Regionalanaesthesie und kombinierten Halothannarkosen in der Urologischen Klinik Aachen im Laufe der letzten 13 Jahre

Indikation zur Halothannarkose

Wir stellen keine absolute Indikation oder Kontraindikation für Halothan, sind jedoch der Meinung, daß es ratsam ist, bei vielen urologischen Eingriffen zugunsten anderer Anaesthesieverfahren auf Halothan zu verzichten.

So stellen wir immer wieder fest, daß z. B. intra- und postoperatives Kreislaufverhalten und das Allgemeinbefinden der Patienten nach transurethralen Eingriffen bei der Regionalanaesthesie günstiger sind als bei der Allgemeinanaesthesie.

Die häufigsten intraoperativen chirurgischen Komplikationen bei der transurethralen Technik sind Blutungen. Einschwemmung der Spülflüssigkeit in den Kreislauf, in periprostatische und retroperitoneale Gewebe oder seltener, die Einschwemmung der Spülflüssigkeit durch iatrogene Blasenperforation in das freie Peritoneum. Häufig beobachtete Reaktionen sind bei wachen Patienten in Regionalanaesthesie Unruhe, Verwirrung, Brechreiz, Dyspnoe, Zyanose, Bradykardie, Blutdruckänderungen, Konvulsionen, seltener ist ein Lungenoedem. Während der Narkose werden nicht nur die subjektiven, sondern auch die objektiven Symptome wie Dyspnoe und Zyanose verdeckt, und bei der Halothannarkose kommt auch der Blutdruckanstieg nicht zum Vorschein. Wir stellen heute die Indikation zur Halothannarkose bei der TUR-Technik nur dann, wenn der Patient unbedingt in Vollnarkose operiert werden will oder Kontraindikationen für die Regionalanaesthesie bestehen. Wir haben die Anaesthesie in unserer Klinik weitgehend standardisiert, so daß wir heute für jeden Eingriff eine bestimmte Anaesthesieart bevorzugt anwenden.

Wie aus Tabelle 1 ersichtlich ist, nimmt die Anaesthesie mit Halothan in der Urologie heute nur noch einen eng begrenzten Raum ein. Bei kurzen urologischen Eingriffen wie Cystokopien, Bougierungen, Elektrokoagulationen, retrograde Sondierungen, Prostatabiopsien und Vasektomien, die zum Teil bei uns ambulant durchgeführt werden, benutzen wir die kombinierte Halothan-Lachgas-Sauerstoff-Narkose. Bei diesen Eingriffen muß die Anaesthesie adäquat sein und darüber hinaus muß eine rasche und vollständige postnarkotische Erholung gewährleistet werden, damit der Patient ohne anaesthetische Begleiterscheinungen nach Hause oder auf die ursprüngliche Station entlassen werden kann.

Nach wie vor hat die Inhalationsnarkose mit Halothan in der Kinderurologie eine dominierende Stellung: Eine Halothankonzentration von 0,5 - 1%, kombiniert mit 60 - 70% Stickoxydul und 30 - 40% Sauerstoff, ist eine günstige Narkosekombination, der wir nach wie vor in der Kinderurologie bei Neugeborenen und Säuglingen den Vorzug geben.

Bei der Auswertung von 3000 Kinderanaesthesien der urologischen Klinik in den Jahren 1964 - 1975 ergab es sich, daß der Anteil der Halothannarkosen bei insgesamt 30% lag (Tabelle 2). Für die letzten 5 Jahre war jedoch ein rapider Rückgang zu verzeichnen, der Anteil lag nunmehr zwischen 5 - 10% (Abb. 4).

Tabelle 1. Bevorzugte Anaesthesiemethoden bei verschiedenen urologischen Eingriffen

Eingriffe	Bevorzugte Anaesthesie
Nierenchirurgie	a) Neuroleptanalgesie b) Allgemeinanaesthesie (Halothan)
TUR der Blase und Prostata	a) Leitungsanaesthesie
Offene Blasenoperationen	a) Neuroleptanalgesie b) Allgemeinanaesthesie (Halothan) c) Leitungsanaesthesie
Offene Prostatachirurgie	a) Leitungsanaesthesie b) Neuroleptanalgesie c) Allgemeinanaesthesie (Halothan)
Not- und Risikoeingriffe bei gestörter oder bei Ausfall der Nierenfunktion	a) Neuroleptanalgesie b) Leitungsanaesthesie c) Allgemeinanaesthesie (Halothan)
Kinderurologie	a) Ketamin-Monoanaesthesie b) Ketamin + N_2O/O_2 c) Ketamin + Halothan + N_2O/O_2
Säuglinge bis zu 6 Monaten	a) Halothan + N_2O/O_2
Ambulante Eingriffe	a) Lokalanaesthesie b) Halothan + N_2O/O_2

Tabelle 2. Anaesthesietechnik bei 3000 kinderurologischen Eingriffen

Anaesthesietechnik	Anzahl der Fälle	(%)
Ketamin-Mononarkose	1.100	37
Inhalationsnarkose ($Halothan/N_2O/O_2$)	1.000	30
Intubationsnarkose	390	13
Intravenöse Narkose	370	12
Ketamin + N_2O/O_2	240	8

Abgesehen von Kurzeingriffen und kinderurologischen Operationen im Säuglingsalter bevorzugen wir weiterhin die Halothannarkose bei Operationen im Genitalbereich. Für die übrigen urologischen Eingriffe sind wir bei der Indikationsstellung zur Halothannarkose kritischer geworden und bevorzugen - wie bereits erwähnt - zunehmend die Neuroleptanalgesie oder die rückenmarknahe Leitungsanaesthesie.

Unsere von Jahr zu Jahr wachsende Zurückhaltung bei der Halothannarkose ist letzten Endes durch die zunehmenden Berichte über die nachteiligen Wirkungen auf die Gesundheit der im Operationssaal anwesenden Personen verstärkt worden.

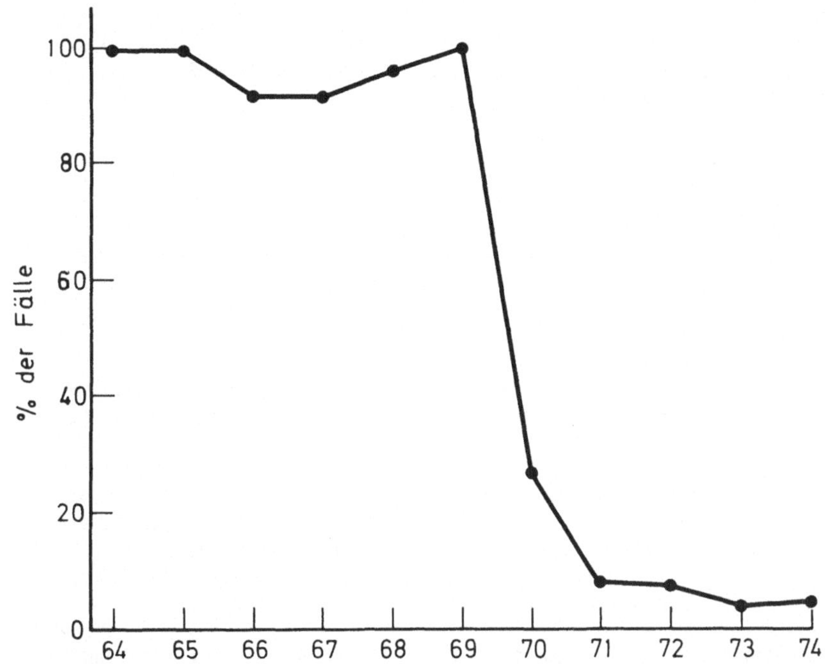

Abb. 4. Anteil der Halothannarkosen bei 3000 kinderurologischen Anaesthesien in den Jahren 1964 - 1974

Trotz Narkoticafilter, Klimatisierung der Operationsräume und anderer Vorsichtsmaßnahmen atmet der Anaesthesist in den ersten Minuten bei der Narkoseeinleitung (vor allem in der Kinderanaesthesie) eine Menge Halothan ein. Die meisten kinderurologischen Eingriffe dauern nicht lange und eine Intubation ist nicht angezeigt. Es wird fast immer ein offenes System verwendet, bei dem das ausgeatmete Halothan durch ein Ventil, aber auch durch undichte Gesichtsmasken, in den Raum strömt und hautpsächlich vom Anaesthesisten eingeatmet wird.

Während bei Erwachsenen das Auffangen der ausgeatmeten Narkosegase über ein Narkoticafilter möglich ist, ist die Ausleitung der Narkosegase in der Säuglingsanaesthesie heute noch problematischer und die bislang empfohlenen Methoden sind weder praktikabel noch sicher genug.

Solange die fraglichen Halothanschäden bei Anaesthesisten und beim Operationsteam nicht restlos geklärt sind und sichere Methoden zur Elimination oder Neutralisation der giftigen Gase oder sonstige Schutzmaßnahmen im Operationssaal fehlen, halten wir eine großzügige und kritiklose Anwendung von Halothan für bedenklich, zumal wir für einen großen Teil der urologischen Operationen mit wenig aufwendigen und gefahrloseren sowie für den Patienten vorteilhafteren Anaesthesiemethoden auskommen können.

Unsere Narkosemöglichkeiten in der Urologie sind in den letzten Jahren viel subtiler und differenzierter geworden. Auf Inhalationsnarkosen können wir jedoch auf lange Sicht nicht verzichten und sind trotz der erhobenen Bedenken für viele urologische Operationen auf sie angewiesen. Dies gilt besonders für die pädiatrische Urologie im Säuglingsalter.

Zusammenfassung

Die Anaesthesie in der Urologie unterscheidet sich in mancher Hinsicht von den übrigen Disziplinen. Im Mittelpunkt der Kriterien, die für oder gegen die Anwendung eines gewählten Anaesthesieverfahrens sprechen, steht der Einfluß des Mittels auf die Nierenfunktion.

Dem Fluothane (Halothan), einst ein Universalinhalationsnarkoticum für jedes Lebensalter und für jede Operation passend, ist in der Urologie Grenzen gesetzt.

Die Einführung immer neuer Anaesthetica, eine 20-jährige klinische Erfahrung, eine mögliche Nierenbelastung und die zunehmenden Berichte über Halothanschäden bei Anaesthesisten dämpfen unseren ursprünglichen Enthusiasmus und mahnen vor kritiklosem und unüberlegtem Gebrauch von halogenierten Substanzen.

Neben der Neuroleptanalgesie und der Leitungsanaesthesie nimmt die kombinierte Halothannarkose in der Urologie heute den dritten Platz in der Liste der angewandten Narkotica ein. Sie ist jedoch auch heute noch ein unentbehrliches Anaestheticum, vor allem in der pädiatrischen Urologie.

Literatur

1. BIHLER, K.: Anaesthesiebedingte Veränderungen der Nierenfunktion und renalen Elektrolytexkretion. Anaesthesist 18, 396 (1969).
2. BIHLER, K., MOORMANN, J. G., GUNDLACH, G., KRAMER, D.: Einfluß von Halothan auf die Nierenfunktion und renale Elektrolytexkretion bei Kindern. Monatschr. Kinderheilkd. 117, 367 (1969).
3. BLACKMORE, W. P., ERWIN, K. W., WIEGAND, O. F., LIPSEY, R.: Renal and cardiovascular effects of halothane. Anesthesiology 21, 489 (1960).
4. CSASZAR, J., WÖLFER, E., MIHALECZ, K.: Unsere Erfahrungen mit der Neurolept-II-Analgesie unter besonderer Berücksichtigung der Nierenfunktionsveränderungen. Anaesthesist 16, 107 (1967).
5. DEUTSCH, S., GOLDBERG, M., STEPHEN, G. W., WEN-HSIEN WU: Effects of halothane anesthesia on renal function in normal man. Anesthesiology 27, 793 (1966).
6. HUTSCHENREUTER, K., BIHLER, K., GUNDLACH, G.: Über den Einfluß von Mannit auf die Nierenfunktion unter Halothan-Narkose. In: Anaesthesie und Nierenfunktion. Anaesthesiologie und Wiederbelebung 36. Berlin - Heidelberg - New York: Springer 1969.
7. LYMBEROPOULOS, S., SALEHI, E.: Fermentaktivitäts-Untersuchungen im Urin zur Frage der Nephrotoxizität des Halothans. In: Anaesthesie und Nierenfunktion. Anaesthesiologie und Wiederbelebung 36. Berlin, Heidelberg, New York: Springer 1969.
8. MAZZE, I. R., SCHWARTZ, F. D., SLOCUM, H. C., BARRY, K. G.: Renal Function during anesthesia and surgery. 1. The effects of halothane anesthesia. Anesthesiology 24, 279 (1963).

9. MILLER, J. R., STOELTING, V. K., RHAMY, R. K.: A comparison of the effects on renal tubular function of halothan-oxygen and halothane-nitrous oxide-oxygen anesthesia. Anesth. Analg. 44, 236 (1966).
10. NADJMABADI, M. H., HUSE, K.: Verhalten des PAH-Spiegels im Serum als Anhalt für die Nierendurchblutung bei verschiedenen Narkosemitteln. Anaesthesist 23, 5 (1974).
11. RAVENTÓS, J.: The Action of Fluothane - a New Volatile Anaesthetic. Brit. J. Pharmacol. 11, 394 (1956).
12. SALEHI, E., MÜSSIGGANG, H., LYMBEROPOULOS, S.: Erfahrungen mit der Neuroleptanalgesie bei den urologischen Eingriffen und ihre Auswirkungen auf die Nierenfunktion. Urologe 3, 141 (1966).

Tierexperimentelle Studie über die Wirkung von Halothan und Ethrane auf die Gravidität der Ratte

G. Kessler

In Literatur und Klinik werden hohe Abortraten des weiblichen OP-Personals eingeschlossen der Anaesthesistinnen diskutiert. ASKROG und HARVALD (1) sprechen von 12,9%, COHEN et al. im Jahre 1971 (2) bei Anaesthesistinnen sogar von 37,8%, während sie bei OP-Schwestern die Fehlgeburtenrate bei 29,7% angeben. Man diskutierte als Ursache den ständigen Kontakt dieser Gruppe mit volatilen Gasnarkotica. In tierexperimentellen Untersuchungen mit dem Hühnchen konnten RECTOR und EASTWOOD, 1964 (3), SNEGIREFF et al., 1968 (4), VALENTINI et al., 1971 (5) Wachstumsverzögerungen, Verzögerungen des Schlüpfens und toxische Effekte wie Fruchttod und Entwicklungsstörungen aufzeigen. Bei Ratten und Mäusen hat Halothanexposition unter verschiedenen Versuchsbedingungen zu erhöhten Fruchttodraten - und zu sporadisch aufgetretenen Mißbildungen der Ossifikation des Skeletts geführt (BUSFORD und FINK, 1968 (7). Für Ethrane liegen noch zu wenige Untersuchungen vor, um hierüber ein abschließendes Urteil fällen zu können (HORATZ et al., 1974 (8), KESSLER und v. KREYBIG, 1975 (9)). Eine gültige Aussage über das Fehlen oder das Vorhandensein einer teratogenen oder für die Frucht toxischen Wirkung kann nur durch die exakten Kriterien des Versuchs, die Dosisabhängigkeit der Effekte und die Gesetzmäßigkeiten der Teratogenese wie Phasenspezifität und Organotropie (v. KREYBIG, 1968 (10)) gemacht werden. Unser Ziel ist deshalb, die Wirkung definierter Dosen von Halothan und Ethrane auf die einzelnen Stadien der Entwicklung zu studieren.

Unserer Versuchsreihe wurde die i.p.-Applikation von Halothan und Ethrane zugrunde gelegt, wobei die einzelnen applizierten Dosen in ihrer Wirkungsäquivalenz miteinander verglichen und jeweils auf die DL 50 bezogen wurden (Tabelle 1).

Tabelle 1. Vergleich der DL_{50}-Werte und der wirkungsäquivalenten Dosisbereiche von verschiedenen Kohlenstoffinhalationsnarkotica nach i.p. Applikation bei der Ratte; a) Definition der Schlafzeit: Dauer der Aufhebung des Umkehrreflexes; b) Nur 7 Tiere schliefen, die restlichen waren lediglich sediert; c) Diese Dosis liegt schon im letalen Bereich

Substanz	DL_{50} mg/kg	Wirkungsäquivalente Dosen				
		Narkotische Dosen		Schlafzeit min[a]		
		mg/kg	% DL_{50}	min	X	max.
Chloroform $CHCL_3$	500	500	100	0[b]	125	210
Halothan $C_2HBrClF_3$	800	500	62,5	35	90	116
Penthrane $C_3H_4Cl_2F_2O$	1500	500	30	30	91,6	120
Ethrane $C_3H_2F_5ClO$	4000	3000[c]	75	60	103,2	160

Material und Methodik

Zu den Versuchen wurden Ratten aus dem Aufzuchtsstamm AF HAN vom Zentralinstitut für Versuchstierzüchtung Hannover verwendet. Die Haltung der Versuchstiere erfolgte unter konstanten Bedingungen, Raumtemperatur 22°C, Fütterung: Altromin M 6, Tränkung: Wasser ad libitum. Für diesen Aufzuchtsstamm ist eine durchschnittliche spontane Resorptionsrate von 4,5 - 5,5% charakteristisch.

Nach der nächtlichen Paarung zeigte das Vorhandensein von Spermien im Vaginalabstrich die stattgefundene Befruchtung an. Dieser Tag wurde als erster Tag der Gestation gerechnet. Als Dosierung wählten wir für Halothan 500 mg/kg Körpergewicht i.p.; das entspricht 62,5 der DL 50, für Ethrane 3000 mg/kg Körpergewicht, 75% der DL 50. Die Schlafzeiten betrugen im Mittel für Halothan 90 min, für Ethrane 103,2 min. Als Behandlungstage wurden für Halothan der 10., 13., 14. und 21. Tag der Gestation, für Ethrane der 12. 13., 14. und 19. Tag der Gestation gewählt. Dadurch konnte eine mögliche Sensibilität entweder der Hauptorgan-Bildungsphase, der embryonalen Entwicklungsphase oder der späten Fetalphase (19. Tag und später) auf Halothan und Ethrane aufgezeigt werden. Die während der Hauptorganbildungsphase und der embryonalen Entwicklungsphase behandelten Muttertiere wurden am 21. Tag der Gestation schnittentbunden. Bei den am 19. oder 21. Tag der Gestation behandelten Weibchen wurde die Geburt abgewartet. Die Entwicklung dieser Jungtiere wurde bis zur Geschlechtsreife verfolgt.

Ergebnisse (Tabelle 2)

Tabelle 2. Wirkung von Halothan (500 mg/kg KG) und Ethrane (3000 mg/kg KG) auf die Gravidität der Ratte

Tag der Behandlung	10.	12.	13.		14.		Kontrolltiere
Substanz mg/kg	Hal. 500	Ethrane 3000	Hal. 500	Ethrane 3000	Hal. 500	Ethrane 3000	Ø
Zahl der Tiere	4	7	9	5	3	6	8
Zahl der Implantationen	48	56	96	40	29	65	82
Resorption %	2,08	8,7	37,5	10	41,38	19	4,88
Aborte %	2,08	-	12,5	-	-	-	-
Totgeburten %	4,17	1,9	1,04	2,5	6,9	-	1,22
Normale Feten %	91,67	89,4	48,96	87,5	51,72	81,0	93,9

Die in der Hauptorganbildungsphase, am 10. Tag der Gestation, mit Halothan behandelten graviden Rattenweibchen zeigten lediglich eine geringfügige Verringerung ihrer Fruchtbarkeit. Von 48 Implantationen starben bis zur Geburt 8,4%. Bei zwei von den vier Weibchen trat nach 60 min blutiges Sekret aus der Vagina. In der Embryonalphase, am 13. und 14. Tag der Gestation, brachte die Halothanexposition wesentlich stärkere Schäden als während der Hauptorganbildungsphase. Von den am 13. Tag behandelten Muttertieren waren nur 49% der Jungtiere normal entwickelt. Der Prozentsatz der Resorptionen lag bei ca. 37,5%, der der Totgeburten und Aborte bei 13,54%. Die Sektion am darauffolgenden Tag zeigte, daß im Uterus neben einzelnen in der Frühfetalphase abgestorbenen (Resorption) kurz vor der Geburt abgestorbene mazerierte Foeten nicht zur Geburt kommen konnten. Das Bild der am 14. Tag behandelten Tiere gleicht dem Bild der am 13. Tag behandelten. Die Rate der Resorptionen und Totgeburten liegt hier ebenfalls bei 50%. Mißbildungen, das heißt Gestaltsabweichungen, die durch Störungen der Entwicklungsvorgänge nach dem Behandlungszeitpunkt auftreten, wurden weder bei Schnittentbindungen noch bei den geworfenen Feten bzw. Jungtieren beobachtet. Alle Gestaltsabweichungen der Abortivfoeten konnten auf Mazeration oder auf Autolyse zurückgeführt werden. Am 21. Tag wurde vier Muttertieren eine einstündige Inhalationsnarkose mit Halothan gegeben. Die Narkose wurde mittels einer mit Halothan getränkten Gesichtsmaske so gesteuert, daß während 60 min die hochschwangeren Tiere sich im Narkosestadium II - III befanden. In dieser Versuchsreihe konnte keine Beeinträchtigung der Weiterentwicklung der Foeten bzw. des Wurfs erfaßt werden. Vier weitere Muttertiere wurden am 21. Tag der Gestation durch allmähliche Vertiefung der Halothannarkose getötet. Drei min nach Erreichen des Narkosestadiums III der Mutter hörten die Kindsbewegungen auf. Nach etwa 7 - 8 min weiterer Narkose verstarben die Muttertiere. Die bei der sofort durchgeführten Sectio entbundenen Feten überlebten alle.

Für Ethrane gelten grundsätzlich gleichartige Verhältnisse. Es wurde die Dosis von 3000 mg/kg Körpergewicht an den einzelnen Tagen der embryonalen Entwicklungsphase (12. 13, oder 14. Tag der Gestation) verabreicht. In dieser Versuchsreihe hat sich die Zahl der Resorptionen von 8,7% am 12. auf 19% am 14. Tag der Gestation erhöht. Es wurden bei den Schnittentbindungen tote Feten in einem geringen Anteil angetroffen. Die Verabreichung von 3000 mg/kg Körpergewicht am 19. Tag der Gestation beeinträchtigte weder den weiteren Verlauf der fetalen Entwicklung noch die Geburt und die postpartale Entwicklung der Jungtiere. Mißgebildete Tiere wurden hier ebenso wenig wie im Fall Halothan gefunden. Eine Gruppe von vier Muttertieren wurde am 21. Tag der Gestation durch eine Ethrane-Inhalationsnarkose getötet. Die schnittentbundenen Foeten überlebten ebenfalls (Abb. 1).

Diskussion

Für die Durchführung der Versuche wurde die an sich nicht physiologische i.p.-Applikation des Inhalationsnarkoticums Halothan in der Dosierung von 500 mg/kg Körpergewicht und Ethrane in der

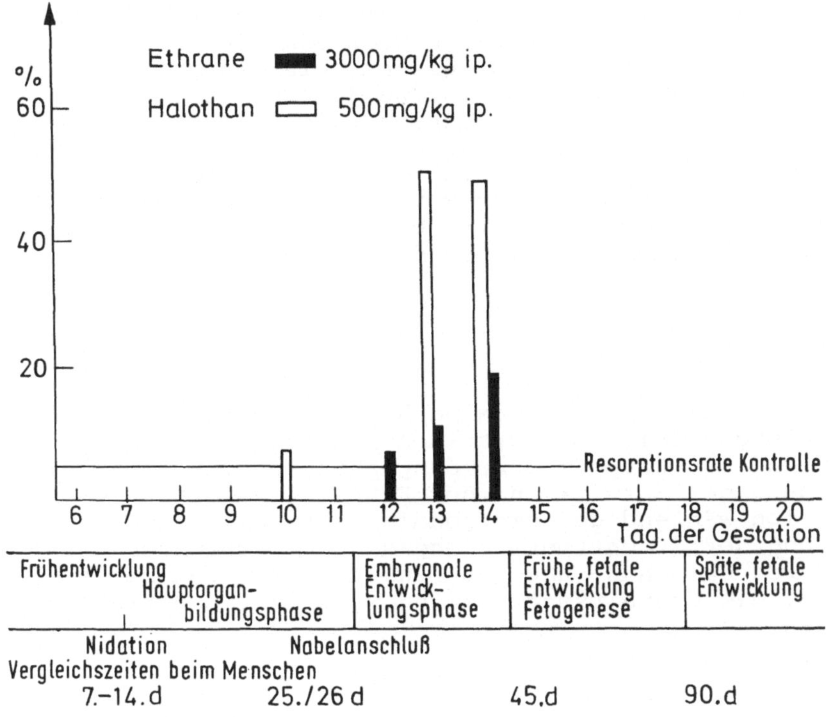

Abb. 1. Die Verteilung von Entwicklungsstörungen in % (Respiration und Totgeburten)

Dosierung von 3000 mg/kg Körpergewicht verwendet. Diese beiden Dosen bewirken jeweils Schlafzeiten bei Halothan von 90 min und bei Ethrane von 103,2 min, obwohl die Dosis für Ethrane das 6-fache des Halothans beträgt. Wir waren bemüht, teratogene Faktoren wie Unterkühlung und Hypoxie möglichst auszuschalten. Unterernährung, Nahrungskarenz, Temperaturschwankungen, Anoxie, Hypoxie und Fasten sind nämlich für Maus und Ratte teratogene bzw. für die Frucht toxische Faktoren (WERTHEMANN und REINIGER, 1950 (11); RÜBSAAMEN, 1955 (12); CZAKOWSKI, 1955 (13); LECYK, 1965 (14)). Es hat sich ganz deutlich gezeigt, daß in unseren extremen Versuchsbedingungen Halothan und Ethrane nicht teratogen wirken, d. h. daß die morphogenetischen Prozesse der Ontogenese nicht verändert werden. Jedoch muß für beide Substanzen - sowohl für Halothan als auch für Ethrane - in der embryonalen Entwicklungsphase eine deutliche toxische Wirkung auf die Frucht registriert werden. Es ist zu bedenken, daß die Hauptorganbildungsphase, die für teratogen wirksame Substanzen ein höchstempfindlicher Indikator ist, weder bei Halothan noch bei Ethrane eine wesentliche Beeinträchtigung der Entwicklung aufzeigte.
92% der Foeten entwickelten sich völlig normal. Nach der Zeit des Nabelanschlusses jedoch, am Beginn und in der Mitte der embryonalen Entwicklungsphase, am 13./14. Tag der Gestation, steigt die Abortresorptionsrate bei Halothan stark (bis zu 50%), bei

Ethrane weniger stark (bis zu 19%) an. Spätere Stadien, die frühe und späte Fetalphase, scheinen bei beiden Substanzen keine besondere Empfindlichkeit mehr aufzuweisen. Interessant ist, daß die Feten der in Halothan- und Ethrane-Kollaps getöteten Muttertiere durch Sectio überleben konnten. Dies ist möglicherweise nur auf ein materno-fetales Konzentrationsgefälle der Inhalationsnarkotica zurückzuführen (DICK et al., 1975 (15)). Auch einstündige Inhalationsnarkosen mit Ethrane oder Halothan, zwei Tage vor dem Termin durchgeführt, brachten ebenfalls keine Beeinträchtigung der Weiterentwicklung der Feten oder des Geburtenverlaufs.

Zusammenfassung

Die Wirkung von Ethrane und Halothan nach i.p.-Applikation auf einzelne Entwicklungsstadien bei graviden Rattenweibchen wurden untersucht. Während der Hauptorganbildungsphase zeigte sich keine Beeinträchtigung der Entwicklung der Früchte. Halothan- und Ethrane-Applikation während der embryonalen Entwicklungsphase führt zur Erhöhung der Fruchttodrate und auch zu Störungen der Geburt. Weder durch Halothan- noch Ethrane-Einwirkungen konnten teratogene, d. h. die Gestaltsentwicklung verändernde Wirkungen beobachtet werden.

Literatur

1. ASKROG, V., HARVALD, B.: Teratogen effekt of inhalationsanaesthetika. Nordisk Medicin 83, 498-500 (1970).
2. COHEN, E. N., BELLVILLE, J. W., BROWN Jr., B. M.: Anesthesia, pregnancy, and miscarriage. A study of operating room nurses and anesthetists. Anesthesiology 35, 343-347 (1971).
3. RECTOR, G. H. M., EASTWOOD, D. W.: The effects of an atmosphere of nitrous oxide and oxygen on the incubating chick. Anesthesiology 25, 109 (1964).
4. SNEGIREFF, S. L., et al.: The effect of nitrous oxide, cyclopropane or halothane on neural tube mitotic index, weight, mortality and gross anomaly rate in the developing chick embryo. In: Toxicity of Anaesthetics. Baltimore: Williams & Wilkins, 1968.
5. VALENTINI, A. F., et al.: Accvescimento e differenziazione del cuore e dell'embrione di pollo dopo prolungata anestesia da fluotane neele prune 72 ore di incubatione. Bull Soc. Ital. Biol. Sper. 47, No. 11 (Referat) (1971).
6. WITTMANN, R., DOENICKE, A., HEINRICH, H., PAUSCH, H.: Die abortive Wirkung von Halothan. Anaesthesist 23, 30 - 35 (1974).
7. BUSFORD, A. B., FINK, B. R.: The teratogenicity of halothane in the rat. Anesthesiology 29, 1167-1173 (1968).
8. HORATZ, K., KESSLER, G., KREYBIG, Th. v.: Wirkung von Ethrane auf die Fertilität und vorgeburtliche Entwicklung der Ratte. 1. Europäisches Symposium über moderne Anaesthetika, Hamburg 1973. In: Ethrane. LAWIN, P., BEER, R. (Hrsg.). Berlin, Heidelberg, New York: Springer 1974.
9. KESSLER, G., KREYBIG, Th. v.: Tierexperimentelle Studie über die Wirkung von Halothan auf die Gravidität. Anaesth. prax. 9, 25 (1974).
10. KREYBIG, Th. v.: Experimentelle Praenatal-Toxikologie. Arzneimittel-Forschung, 17. Beiheft. Aulendorf i. Württ.: Editio Cantor KG 1968.

11. WERTHEMANN, A., REINIGER, M.: Über Augenentwicklungsstörungen bei Rattenembryonen durch Sauerstoffmangel in der Frühschwangerschaft. Acta anat. (Basel) 11, 329 (1950).
12. RÜBSAAMEN, A.: Mißbildungen durch Sauerstoffmangel im Experiment und in der menschlichen Pathologie. Naturwissenschaften 42, 319 (1955).
13. CZAKOWSKI, W.: The effect of hypothermia on the duration of pregnancy in the golden hamster. Folia biol. (Kraków) 6, 195-202 (1955).
14. LECYK, M.: The effect of hypothermia applied in the given stages of pregnancy on the member and form of vertebrae. Experimenta 21, 452-453 (1965).
15. DICK, W., KNOCHE, E., TRAUP, E., ECKSTEIN, K.-L.: Ethrane in der Geburtshilfe. In: Ethrane, neue Ergebnisse in Forschung und Klinik. KREUSCHER, H. (Hrsg.). Stuttgart, New York: Schattauer 1975.

Klinische Erfahrungen mit Halothan-Narkosen zur Sectio caesarea

H. Schmidt und H. Pflüger

Eine "balancierte Allgemeinanaesthesie", die sowohl den physiologischen Veränderungen im letzten Drittel der Schwangerschaft als auch der diaplazentaren Passage der meisten zur Narkose verwandten Pharmaka Rechnung trägt, hat sich bei der Sectio caesarea als Noteingriff ebenso bewährt wie zur Durchführung einer geplanten Schnittentbindung. Die verfügbaren Narkosemittel werden jedoch hinsichtlich ihrer Anwendung beim Kaiserschnitt uneinheitlich beurteilt (2, 8, 15, 19). Die voneinander abweichende Bewertung erstreckt sich auch auf das zur Allgemeinnarkose häufig verwandte Inhalationsanaestheticum Halothan. Es soll neben seiner narkotisierenden Wirkung auf das ungeborene Kind - wie sie abhängig von Konzentration und Applikationsdauer für alle Inhalationsnarkotica beschrieben worden ist - Uterusatonien verursachen (ADRIANI, ALBERT und ANDERSON, RUSSEL), die nach Mitteilungen von CRAWFORD auch durch die Gabe von Uteruskontraktionsmitteln nicht aufgehoben werden können (1, 3, 9, 26). Deshalb empfahlen diese Autoren zusammen mit BECK, BONICA, DIETEL, HOCHULI und KERN Zurückhaltung bei der Halothananwendung im Rahmen der Allgemeinanaesthesie zu geburtshilflichen Operationen (1, 3, 4, 8, 9, 11, 16, 26). Demgegenüber wird in einer Vielzahl in- und ausländischer Publikationen hervorgehoben, daß die Zufuhr von 0,5 - 1,5 Vol% Halothan bei Narkosen zu geburtshilflichen Eingriffen lediglich die Wehentätigkeit hemmt. Halothaninduzierte, therapieresistente Uterusatonien wurden jedoch nicht beobachtet (BENZ, BERGSCHMIDT, CUTTER und KING, KALFF und KAPFHAMMER, LANGREHR, LEMKE, MICHEL, MOYA und SPICER, NOVOA, SCHUBIGER et al., SHERIDAN und ROBSON, UTER, VOGEL und SCHNEIDER, WINTER und UTER) (6, 7, 10, 19, 20, 21, 28, 29, 31, 32).

Nach Untersuchungen von EMBREY et al. und VASICKA und KRETSCHMER besteht eine Dosisabhängigkeit zwischen Halothanzufuhr und relaxierender Wirkung auf den schwangeren menschlichen Uterus (14, 30). Daraus leiten BECK, BONICA, SCHUBIGER et al. eine absolute Indikation für die tiefe Halothan-Narkose bei tetanus uteri, drohender Uterusruptur, Nabelschnurvorfall, Quer- und Schräglagen und für die innere Wendung ab (5, 8, 27).

Die eigenen klinischen Erfahrungen beziehen sich auf insgesamt 768 Halothan-Narkosen zur Sectio caesarea und umfassen den Zeitraum von 12 Jahren (Tabelle 1). Zur Durchführung der Narkose hat sich uns das in Tabelle 2 wiedergegebene Vorgehen bewährt:

Bei eiligen Eingriffen erhalten die Patientinnen zur Prämedikation ausschließlich Atropin in der üblichen Dosierung. Vor geplanten Schnittentbindungen werden zusätzlich 50 mg Pethidin i. m. appliziert.

Tabelle 1. Häufigkeit der Sectio caesarea an der Frauenklinik des Krankenhauses Nordwest, Frankfurt/M. von Januar 1964 - Dezember 1975

Jahr	Zahl der Geburten	Sectio caesarea n	Sectio caesarea %
1964	770	26	3,4
1965	1143	49	4,3
1966	1339	61	4,6
1967	1343	71	5,3
1968	1297	64	4,9
1969	1244	70	5,6
1970	1186	86	7,3
1971	1182	76	6,4
1972	977	72	7,4
1973	980	60	6,1
1974	1029	58	5,6
1975	1012	75	7,4
gesamt	13502	768	5,7

Tabelle 2. Narkoseführung zur Sectio caesarea

Prämedikation:

45 min vor Narkosebeginn: Atropin 0,1 mg/10 kg KG i. m.
(Pethidin 50 mg i.m.)
oder
5 min vor Narkosebeginn: Atropin 0,25 mg i.v.

dazu: Präoxygenierung über eine Narkosemaske

Einleitung der Narkose:

Methohexital-Natrium 0,5 - 1,0 mg/kg KG i.v.
Succinylcholin 1,0 mg/kg KG i.v.
Intubation

Narkoseführung:

Kontrollierte Beatmung mit einem Stickoxydul-Sauerstoffgemisch (1 : 1) unter Zusatz von 0,3 - 0,7 Vol% Halothan

Abnabelung des Kindes

Oxytocin 3 IE i.v.

Entleerung des cavum uteri

Methylergometrin 0,2 mg i.v.

Relaxation mit einem 0,2%igen Succinyl-Dauertropf
evtl. Erhöhung der Halothan-Zufuhr

Ausleiten der Narkose:

Drosselung der Narkosemittel- und Relaxanzienzufuhr - Extubation

Nach Lagerung auf dem Operationstisch, der zur Vermeidung des Vena-Cava-Inferior-Syndroms leicht nach links gekippt wird, wird der Patientin über eine Narkosemaske Sauerstoff verabreicht.

Erst wenn das Operationsteam alle Vorbereitungen - einschließlich Desinfektion und Abdecken des Operationsfeldes für den vorgesehenen Eingriff getroffen hat, wird die Narkose mit einer intravenösen Injektion von 0,5 - 1,0 mg Methohexital pro kg Körpergewicht eingeleitet. Die früher von uns zum gleichen Zweck vorgenommene Applikation von Thiopental oder Propanidid haben wir aus verschiedenen Gründen aufgegeben (vgl. 13, 19). Nach Relaxation mit 1,0 mg Succinylcholin pro kg Körpergewicht und endotrachealer Intubation wird die Narkose unter kontrollierter Beatmung mit einem Stickoxydul-Sauerstoff-Gemisch im Verhältnis 1 : 1 und Zusatz von 0,3 - 0,7 Vol% Halothan fortgeführt. Bis zur Abnabelung des Kindes unterbleibt jede weitere Gabe von Muskelrelaxantien. Nach Durchtrennen der Nabelschnur werden 3 IE Oxytocin und nach völliger Entleerung des cavum uteri zusätzlich 0,2 mg Methyl-Ergometrin intravenös verabreicht. Anschließend wird die Patientin mit Succinylcholin im 0,2%igen Dauertropf relaxiert und die Narkose bei Bedarf durch Erhöhung der Halothan-Zufuhr vertieft.

Bei 118 Patientinnen erforderten größere prä- und/oder intraoperative Blutverluste die Transfusion von Blutkonserven (Tabelle 3). Ein ursächlicher Zusammenhang zwischen Blutverlust und Halothan-Anaesthesie konnte in keinem Fall eruiert werden. Dies gilt auch für die sechs von uns beobachteten atonischen Blutungen. Vielmehr mußten andere Ursachen für das Auftreten dieser lebensbedrohlichen Komplikationen in Betracht gezogen werden (Tabelle 4): Gerinnungsstörungen bei Eklampsie (2), pathologische Veränderungen des Myometriums (3) und eine Uterusmißbildung.

Tabelle 3. Ursachen für größere Blutverluste bei 118 Schnittentbindungen unter Halothan-Narkose (Beobachtungszeitraum 1964 - 1975)

Diagnose	n	%
1. Placenta praevia	33	28
2. Vorzeitige Lösung	14	11,9
3. Sectio caesarea und Uterusexstirpation	8	6,8
4. Atonische Blutung	6	5,1
5. Re-sectio	4	3,4
6. Uterusruptur	3	2,5
7. Sonstige	50	42,3
Gesamt	118	100,0

Tabelle 4. Ursachen für atonische Blutungen bei Schnittentbindungen unter Halothan-Narkose (Beobachtungszeitraum 1964 - 1975)

Diagnose	n
1. Placenta increta	1
2. Placenta accreta	1
3. Gerinnungsstörungen bei Eklampsie	2
4. Uterus bicornis nach Op. n. Straßmann	1
5. Uterus myomatosus	1
Gesamt	6

Von den Uterusatonien einmal abgesehen, gestaltete sich der postoperative Verlauf bei 754 Patientinnen hinsichtlich der Involution der Gebärmutter komplikationslos. Bei acht Patientinnen war direkt nach Entwicklung des Kindes wegen maligner Prozesse an der portio uteri die Uterusexstirpation vorgenommen worden.

Vergleichende Untersuchungen über die Durchschnittsmengen der post partum verabreichten Uteruskontraktionsmittel ließen keinen Unterschied zwischen Patientinnen, die eine Halothan-Narkose zur Sectio caesarea erhalten hatten, und den Wöchnerinnen erkennen, die unter Regionalanaesthesie entbunden hatten. Ähnliche Resultate ermittelten wir nach 293 Halothan-Narkosen, die zu anderen geburtshilflichen Operationen appliziert worden waren (Tabelle 5). Auch in diesen Fällen konnten wir weder anaesthesiebedingte Blutungen noch einen verzögerten Wirkungseintritt intravenös verabreichter Uteruskontraktionspräparate registrieren.

Tabelle 5. Halothan-Narkosen zu geburtshilflichen Operationen an der Frauenklinik des Krankenhauses Nordwest, Frankfurt/M. von Januar 1972 - Dezember 1975 (ohne Sectio caesarea!)

1. Forceps	41
2. Vakuumextraktion	96
3. Nachtastung, manuelle Lösung	127
4. Sonstige	29
Gesamt	293

Durch Exitus in tabula verloren wir keine Patientin. Zwei Patientinnen verstarben postoperativ nach Schnittentbindungen. Eine Wöchnerin erlag am 3. Tag post partum einem inoperablen Hirntumor (s. u.), eine andere starb am 18. postoperativen Tag an einer Schocklunge. Diese Patientin litt an einer schweren Eklampsie mit ausgeprägten Störungen der Hämostase und der Nierenfunktion.

Neben der Wirkung auf den schwangeren Uterus kommt der Beeinträchtigung der vitalen Funktionen des ungeborenen Kindes durch eine Halothan-Narkose eine besondere Bedeutung zu. Während intravenös applizierbare Narkosemittel - wie Barbiturate, Propanidid, Ketamine oder Etomidate - nach diaplazentarer Passage auch im kindlichen Organismus relativ schnell abgebaut werden, muß nach Zufuhr von Inhalationsanaesthetika abhängig von der Applikationsdauer und der verabreichten Gesamtmenge mit einer unbeabsichtigten Narkose beim Neugeborenen gerechnet werden, die post partum der "Ausleitung" durch einen Anaesthesisten bedarf (AHNEFELD, DOENICKE, NGAI, ROEMER und HINSELMANN), (2, 13, 23, 25).

Die eigenen Beobachtungen beziehen sich auf 698 Narkosen. Das Intervall zwischen Narkoseeinleitung und Abnabelung betrug 5'30"± 1'45". Die dabei nach 1 min erhobenen Apgarwerte sind in Abb. 1 dargestellt. Die Mittelwerte weichen gegenüber den Angaben in der Literatur um ca. 2 Punkte nach oben ab (18, 19).

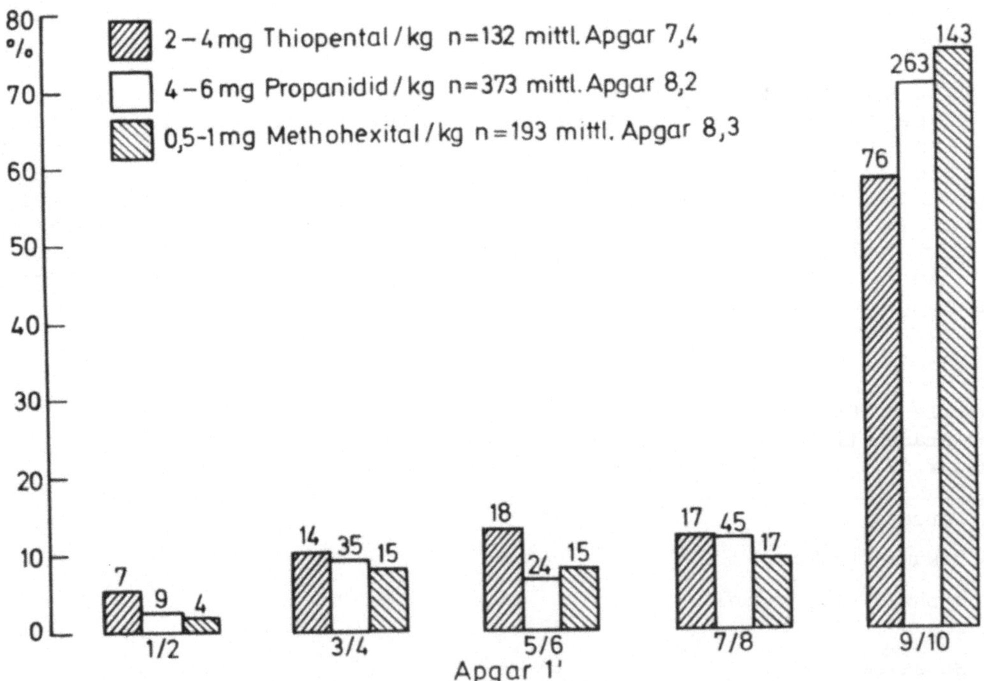

Abb. 1. Vergleich der 1-min-Apgarwerte bei Kollektiven mit unterschiedlicher Narkoseeinleitung und gleicher Fortsetzung der Narkose. Der Beobachtungszeitraum umfaßt 10 Jahre (1966 - 1975). Die Gesamtzahl der durch Sectio caesarea lebend entbundenen Kinder beträgt 702 bei 698 Schnittentbindungen

Diese Differenz ist vor allem aus der hohen Frequenz der primären Schnittentbindungen in unserem Hause zu erklären (Tabellen 6 und 7). Auffällig ist (vgl. Abb. 1), daß der mittlere Apgarwert nach Injektion von Thiopental um 1 Punkt niedriger liegt als nach Induktion der Narkose mit Propanidid oder Methohexital. Ähnliche Ergebnisse ermittelte LANGREHR beim Vergleich der mittleren Apgarwerte nach Gabe von Thiopental mit den entsprechenden Daten nach Applikation von Propanidid oder Ketamine (19).

Tabelle 6. Indikation zur primären Sectio caesarea an der Frauenklinik des Krankenhauses Nordwest, Frankfurt/M. von 1964 - 1975

	n	%
1. Einzelnes schwerwiegendes Risiko	141	18,4
2. Risikohäufung	104	13,5
3. Mißverhältnis bei BEL	47	6,1
4. Mißverhältnis bei Schädellagen	30	3,9
5. Pathologische Geburtslagen	24	3,1
6. Organerkrankungen der Mutter	41	5,3
Gesamt	387	50,3

Tabelle 7. Indikationen zur Sectio caesarea unter der Geburt an der Frauenklinik des Krankenhauses Nordwest, Frankfurt/M. von 1964 - 1975

I. Ohne Gefährdung des Kindes	n	%
Mißverhältnis	17	2,2
Path. Kopfeinstellung	33	4,4
Wehenstörungen	84	10,9
Gesamt	134	17,5
II. Präventiv kindl. Indikation		
Subakut	112	14,6
Akut	92	12,0
III. Vital kindl. Indikation	43	5,6
Gesamt	247	32,2

Von insgesamt 702 unserer durch Kaiserschnitt entbundenen Kinder mußten 139 (19,7%) reanimiert werden. Einzelheiten sind der Zusammenstellung in Tabelle 8 zu entnehmen. In drei Fällen gelang die Wiederbelebung nicht. Dabei handelte es sich um zwei ausgetragene Kinder, die nach dem CTG-Kurvenverlauf bereits präoperativ schwer geschädigt waren, und um ein Frühgeborenes mit einem Geburtsgewicht von 1050 g. Eine wesentliche Beeinträchtigung der vitalen Funktionen der Neugeborenen durch das von uns praktizierte Narkoseverfahren konnte jedoch nicht eruiert werden (Tabelle 8).

Tabelle 8. Zusammenstellung der Indikation zur Sectio caesarea und des Reanimationsverlaufs bei 139 von insgesamt 702 durch Schnittentbindung lebend entwickelter Kinder. Die Angaben in % beziehen sich auf die lebend Geborenen. Fälle von präoperativem intrautrinem Fruchttod und schwere Mißbildungen sind gesondert aufgeführt (Beobachtungszeitraum 1966 - 1975)

Diagnose	Reanimation		
	< 5 min	> 5 min	erfolglos
Intrauterine Asphyxie	13	26	1
Placenta praev.	4	4	1
Placentainsuff.	7	8	-
EPH-Gestose	2	4	-
Protrahierter Geburtsverlauf	16	17	-
Rh-Unverträglichkeit	1	2	-
Pathol. Lage	7	7	-
Mehrlingsgeburt	5	10	-
Frühgeburt	-	2	1
Ausgetragene Extrauteringravidität	-	1	-
Gesamt	55 (7,8%)	81 (11,5%)	3 (0,4%)
dazu:			
Intrauteriner Fruchttod			9
Anencephalus			2

Nach Untersuchungen von LANGREHR kommt bei fehlerfreier Gesamttechnik dem Einfluß der Anaesthesiedauer auf die Lebensfrische des Neugeborenen nur eine untergeordnete Bedeutung zu.

Ähnlich interpretieren wir die folgende Einzelbeobachtung (Abb.2): Eine 20-jährige Schwangere wurde 3 Wochen vor dem errechneten Geburtstermin wegen Schwindels, rasender Kopfschmerzen, anhaltendem Erbrechen und Sehstörungen in die Neurologische Klinik unseres Hauses eingewiesen. Wegen des klinischen Verdachtes, daß die Patientin an einem Hirntumor leide, wurde zur endgültigen Klärung der Diagnose eine doppelseitige Carotisserienangiographie in 2 Ebenen in Allgemeinnarkose durchgeführt. Erst 60 min später wurde in der gleichen Narkose die Schnittentbindung vorgenommen. Trotz einstündiger Zufuhr von 0,7 - 1,0 Vol% Halothan im Frischgasgemisch konnte ein lebensfrisches Kind entbunden werden. Der Apgarwert nach 1 min betrug 10.

Die Mutter verstarb 3 Tage post partum an einem inoperablen Tumor in der hinteren Schädelgrube.

Zusammenfassend kann festgestellt werden, daß sich uns Halothan für die "balancierte Allgemeinanaesthesie" zur Sectio caesarea durchaus bewährt hat. Bei 768 Narkosen zur Schnittentbindung

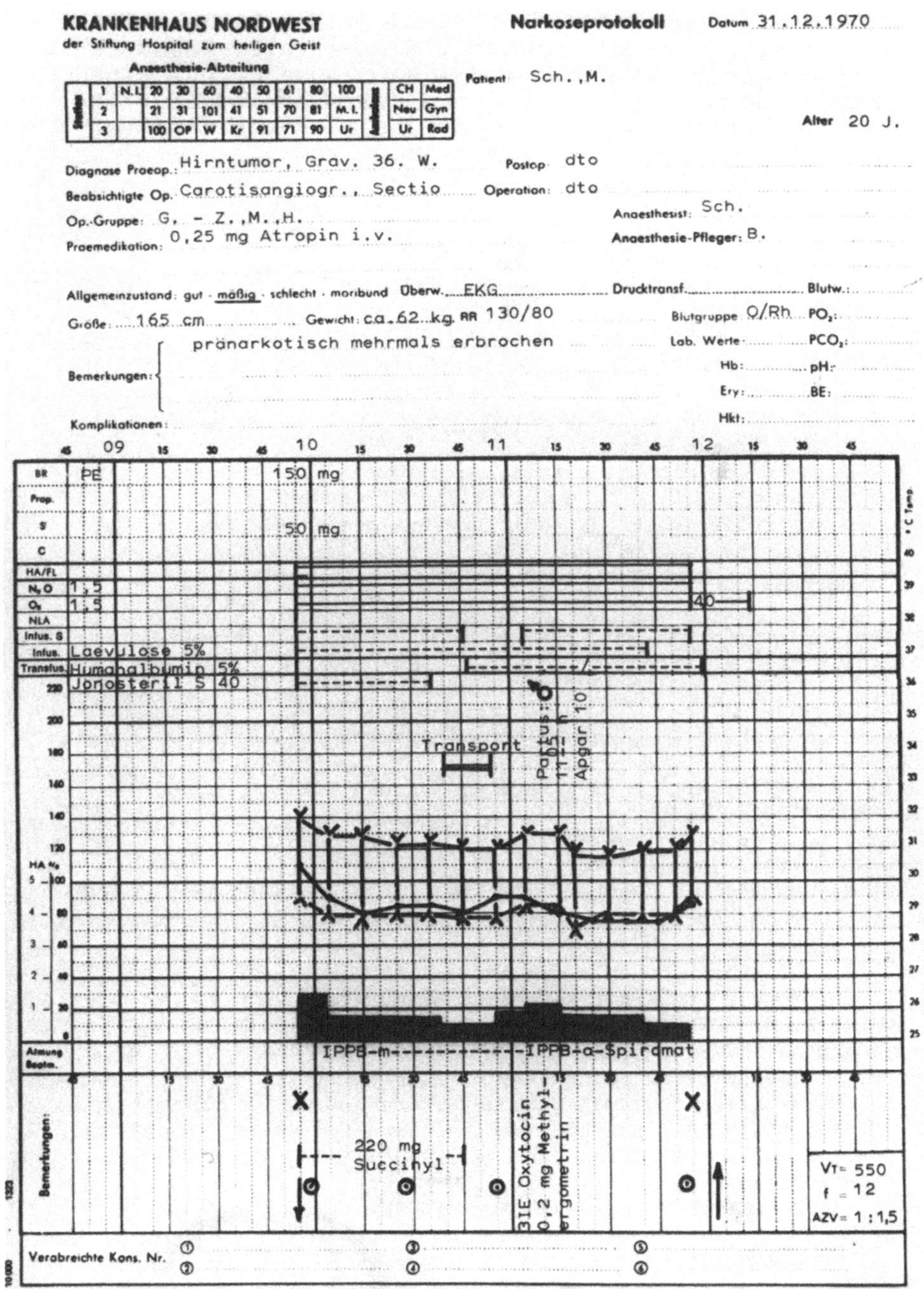

KRANKENHAUS NORDWEST
der Stiftung Hospital zum heiligen Geist
Anaesthesie-Abteilung

Narkoseprotokoll   Datum 31.12.1970

Patient: Sch.,M.
Alter 20 J.

Diagnose Praeop.: Hirntumor, Grav. 36. W.   Postop: dto
Beabsichtigte Op.: Carotisangiogr., Sectio   Operation: dto
Op.-Gruppe: G, - Z.,M.,H.   Anaesthesist: Sch.
Praemedikation: 0,25 mg Atropin i.v.   Anaesthesie-Pfleger: B.

Allgemeinzustand: gut - mäßig - schlecht - moribund   Überw.: EKG   Drucktransf.:   Blutw.:
Größe: 165 cm   Gewicht: ca. 62 kg   RR 130/80   Blutgruppe O/Rh PO_2:
Bemerkungen: pränarkotisch mehrmals erbrochen   Lab. Werte: PCO_2:
Hb: pH:
Ery: BE:
Komplikationen: Hkt:

Abb. 2. o 20 a ♀, Sch. M.: Hirntumor. Gravidität 36 SSW, Verdacht auf Hirntumor. Narkoseprotokoll für Carotisangiographie und anschließende Sectio caesarea (siehe Text)

konnten keine anaesthesiebedingten Uterusatonien beobachtet werden. Der Anaesthesiedauer kommt bei fehlerfreier Gesamttechnik hinsichtlich der Lebensfrische des Neugeborenen nur eine untergeordnete Bedeutung zu. Nach den bisher vorliegenden Ergebnissen sollte Thiopental nicht mehr zur Narkoseeinleitung bei geburtshilflichen Operationen verwandt werden.

Literatur

1. ADRIANI, J.: The pharmacology of anestetics durgs. 4th Ed. Springfield: Thomas 1960.
2. AHNEFELD, F. W.: Auswahl derAnaesthesiemittel und -methoden in der Geburtshilfe. In: Anästhesie in der Geburtshilfe und Gynäkologie. F. W. AHNEFELD, C. BURRI, W. DICK, M. HALMAGY (Hrsg.). München: Lehmann 1974.
3. ALBERT, C. A., ANDERSON, G.: Fluothane for obstetrical anesthesia. Obstet. Gynecol. 13, 282 (1959).
4. BECK, L.: Erfahrungen mit der Halothannarkose bei gynäkologischen und geburtshilflichen Operationen. Geburtshilfe Frauenheilkd. 21, 882 (1961).
5. BECK, L.: Geburtshilfliche Anästhesie und Analgesie. Stuttgart: Thieme 1968.
6. BENZ, W.: Diskussionsbemerkung. Geburtshilfe Frauenheilkd. 24, 61 (1964),
7. BERGSCHMIDT, O.: Halothan und Muskelrelaxantien bei der Kaiserschnittnarkose. Med. Welt 1963, 1275.
8. BONICA, J. J.: Obstetric analgesia and anesthesia. Berlin, Heidelberg, New York: Springer 1972.
9. CRAWFORD, J. S.: The place of halothane in obstetrics. Brit. J. Anaesth. 34, 386 (1962).
10. CUTTER, J. A., KING, B. D.: Zit. nach WINTER und UTER. N. Y. St. J. Med. 60, 503 (1960).
11. DIETEL, H.: Moderne Anaesthesieverfahren in der operativen Geburtshilfe. Arch. Gynäkol. 195, 259 (1961).
12. DOENICKE, A., KRUMEY, I., KUGLER, I., KLEMPA, J.: Experimental studies of the breakdown of epontol: determination of propanidid in human serum. Brit. J. Anaesth. 40, 415 (1968).
13. DOENICKE, A.: Wirkung und Nebenwirkung von Anästhesiemitteln und Adjuvantien auf Mutter und Kind. In: Anästhesie in der Geburtshilfe und Gynäkologie. F. W. AHNEFELD, C. BURRI, W. DICK, M. HALMAGY (Hrsg.). München: Lehmann 1974.
14. EMBREY, M. P., GARRETT, W. J., PRYER, D. L.: Inhibitory action of halothane on contractility of human pregnant uterus. Lancet 1958 II, 1093.
15. HERDEN, H.-N., LAWIN, P.: Anästhesie-Fibel. Stuttgart: Thieme 1973.
16. HOCHULI, R., KERN, F.: Fluothanenarkose in Gynaekologie und Geburtshilfe. Geburtshilfe Frauenheilkd. 21, 926 ;1961).
17. KALFF, G., KAPFHAMMER, V.: Halothan zur Anaesthesie bei der Sectio caesarea. Gynaekologia 157, 288 (1964).
18. KRAUSS, A., SCHLEGEL, L., ESCHEMANN, St.: Vergleich der Apgarnoten nach Spontangeburten und nach operativen Entbindungen. Geburtshilfe Frauenheilkd. 30, 827 (1970).
19. LANGREHR, D.: Prinzipien der geburtshilflichen Allgemein-Anaesthesie. Anaesthesist 20, 241 (1971).
20. LEMKE, J.: Erste Erfahrungen mit Halothan bei geburtshilflichen und gynäkologischen Narkosen. REf. Geburtsh. und Frauenheilk. 22, 473 (1962).

21. MICHEL, C. F.: Diskussionsbemerkung. Geburtshilfe Frauenheilkd. 24, 61 (1964).
22. MOYA, F., SPICER, A. R.: An appraisal of halothane in obstetrics. In: Clinical anesthesia series. N. M. GREENE (Hrsg.). Philadelphia: Davis 1968.
23. NGAI, S. H.: Halothane. In: Modern inhalation anesthetics. M. B. CHENOWETH (Hrsg.). Handb. exp. Pharm. XXX. Berlin, Heidelberg, New York: Springer 1972.
24. NOVOA, R. R.: Zit. nach WINTER und UTER. Canad. Anaesth. Soc. J. 7, 109 (1960).
25. ROEMER, V. M., HINSELMANN, M.: The influence of time at caesarean section. Geburtsh. und Perinatologie 177, 43 (1973).
26. RUSSELL, J. T.: Zit. nach WINTER und UTER. Anaesthesia 13, 241 (1958).
27. SCHUBIGER, V., HAUSER, G. A., FASSOLT, A.: Indikationen und Kontraindikationen für Fluothane-Narkose in der Geburtshilfe. Gynaekologia 165, 108 (1968).
28. SHERIDAN, C. A., ROBSON, G.: Fluothane in obstetrics. Canad. Anaesth. Soc. J. 6, 341 (1959).
29. UTER, F.: Zur Halothannarkose in der Geburtshilfe. Anaesthesist 12, 161 (1963).
30. VASICKA, A., KRETSCHMER, H.: Effect of conduction and inhalation anesthesia on uterine contractions. Am. J. Obstet. Gynecol. 82, 600 (1961).
31. VOGEL, W., SCHNEIDER, M.: Die Narkose bei der Sectio caesarea. Z. Prakt. Anästh. 3, 150 (1968).
32. WINTER, W., UTER, F.: Halothan-Narkose und Uterusrelaxation. Anaesthesist 14, 83 (1965).

46 Intubationsnarkosen unter Anwendung von Fluothane bei einem zweijährigen Kind mit Oesophagusstenose

H. Weigand und H. Dobbelstein

Wir möchten über einen Fall berichten, der vielleicht - wenn auch nur klinisch - ein kleiner Beitrag sein mag zu dem umfangreichen Thema Leberschäden nach Fluothane, insbesondere nach mehrfachen Fluothane-Expositionen.

Es handelt sich um einen 1 1/2-jährigen Jungen, der 25%ige Essig-Essenz getrunken und sich erhebliche Verätzungen des Oesophagus zugezogen hatte. Erst 4 Wochen später, als eine Nahrungsaufnahme unmöglich geworden war, wurde er in die Klinik[1] eingewiesen.

Die Röntgenaufnahmen des Oesophagus zeigten eine etwa 5 mm lange, stecknadelkopfweite Stenose ungefähr 3 cm distal vom Oesophaguseingang. Unterhalb der Stenose wurde das Lumen allmählich weiter und nach etwa 8 cm schien es seinen vollen Umfang wieder erreicht zu haben. Die Diagnose wurde durch eine Oesophagoskopie bestätigt. Gleichzeitig gelang es, die Stenose langsam mit Bougies der Größe 2 bis 14 zu erweitern.

Wegen des Alters und der Ängstlichkeit des Kindes hatten wir für diese erste Oesophagoskopie die Narkose auf der Station mit Thiopental (25 mg/kg) rektal eingeleitet und Atropin (0,3 mg / i.m.) verabreicht. Im Operationssaal setzten wir die Narkose mit O_2, N_2O und Fluothane unter Verwendung einer Maske fort und intubierten in ausreichend tiefem Narkosestadium ohne Muskelrelaxantien oral mit einem abdichtbaren Spiraltubus. Eingriff und Narkose verliefen ohne Komplikationen, ebenso der postnarkotische Verlauf.

Aufgrund der Oesophagoskopie und des ersten Bougierungs-Erfolges entschloß man sich von HNO-ärztlicher Seite, die Stenose versuchsweise durch weitere Bougierungen zu beseitigen. Es wurde aber klar, daß wegen des kindlichen Alters und der psychischen Verfassung dies nur in Vollnarkose mit Intubation durchgeführt werden konnte, nicht zuletzt auch, um eine Kompression der Trachea durch die wiederholten Bougierungen zu vermeiden.

Nach einem unauffälligen Zeitintervall von 2 Tagen wurden fünf Dilatationen innerhalb der folgenden 13 Tage vorgenommen. Schließlich konnte eine Bougie Größe 17 an der Stenose vorbeigeführt werden und der Junge begann feste Nahrung zu sich zu nehmen.
Er wurde versuchsweise in hausärztliche Weiterbehandlung entlassen (Tabelle 1).

---

[1]Universitäts-HNO-Klinik Köln

Tabelle 1. Ablauf der Behandlung

Behandlung in der HNO-Klinik		Untersuchungen in der Kinderklinik	Alter J./Mon.	Gewicht kg	Größe cm	Größe der Bougies (Ch.)	Anzahl der Narkosen
stationär	ambulant						
6.12.-21.12.68			1/7	12,2	81	2 - 17	6
28.12.-30.12.68						bis 18	2
	2.1.-19.2.69						8
24. 2.- 5. 5.69		22.4.69	1/10	12,2	85	bis 30	23
		6.5.- 9.5.69					
10. 5.-14. 5.69				13,0		bis 30	2
18. 6.-22. 6.69			2/2	12,8	88	bis 30	2
6. 7.- 8. 7.69				13,2	88	bis 30	1
		8.7.-12.7.69					
2. 9.- 7. 9.69		4.9.69	2/5	13,0	90	bis 30	1
19. 1.-22. 1.70			2/9	14,4	94	Oesophagoskopie	1
		22.1.70					
		31.8.72	5/4	17,5	111		

Eine Woche später wurde wegen erneuter Schwierigkeiten bei der Nahrungsaufnahme die Wiederaufnahme notwendig. Die Bougierungen wurden wieder aufgenommen, und in den darauffolgenden 20 Wochen fanden unter Anwendung der gleichen Anaesthesie-Methode zeitweilig ambulant 35 Sitzungen statt.

Zum Schluß konnte eine Bougie Größe 30 mit Leichtigkeit durch den Oesophagus geführt werden, die Nahrungsaufnahme war ohne Einschränkung möglich. Der Junge wurde in ausgezeichnetem körperlichen Zustand entlassen.

Innerhalb der nächsten 8 Monate wurden fünf weitere Oesophagoskopien und Bougierungen durchgeführt. Dabei konnte die Stenose jedesmal mit einem Bougie Größe 30 passiert werden, die Verengung hatte also nicht wieder zugenommen (Tabelle 1).

Unglücklicherweise hatten wir vor der allerersten Narkose nicht daran gedacht, einen Lebertest durchzuführen. Mit ein Grund für diese Unterlassung war, daß wir in dieser frühen Situation weder die Art noch den Ablauf der Behandlung übersehen konnten. Um so sorgfältiger haben wir den klinischen Verlauf nach den jeweiligen Narkosen beobachtet, ohne jedoch Anzeichen für eine beginnende Leberaffektion als Reaktion auf die Prämedikations- oder Narkosemittel feststellen zu können. Lediglich einigemale beobachteten wir subfebrile Temperaturen am Tag der Behandlung. Da wir derartige vorübergehende Temperaturanstiege postoperativ besonders bei Kindern relativ häufig sehen, maßen wir ihnen auch in diesem Falle keine spezifische Bedeutung zu.

Erst nach der 24. Narkose - wir müssen dabei zugeben, daß wir heute aus Vorsichtsgründen selbst bei unauffälligem Verlauf nicht mehr so lange warten würden - wurde der Junge in der Kinderklinik einer sorgfältigen Untersuchung und einem Lebertest unterzogen (Tabelle 2). Es konnten jedoch keine krankhaften Befunde erhoben werden. Während der folgenden Monate wurden drei weitere Untersuchungen durchgeführt. Abgesehen von einem geringfügigen Anstieg der Bromsulphalein-Retention auf 5,2% bei der ersten und der $\alpha 2$ Globuline auf 13,8 g% bei der zweiten Untersuchung lagen alle übrigen Ergebnisse innerhalb des Normbereiches. Eine Abschlußuntersuchung fand 17 Monate nach der letzten Fluothane-Anaesthesie statt. Wiederum konnten für eine Leberschädigung keine Anhaltspunkte gefunden werden.

Insgesamt wurden in 14 Monaten 46 Anaesthesien unter Anwendung von Fluothane verabreicht. Die Zeit der einzelnen Fluothane-Expositionen variierte von 12 - 46 min, die Gesamtzeit betrug 18 Std und 44 min.

In nur wenigen Fällen verliefen die Narkosen nicht ganz glatt. Viermal trat unmittelbar nach der Extubation ein Laryngospasmus auf, weil wir die Narkose gegen Ende des Eingriffes bereits zu flach hatten werden lassen, einmal gefolgt von einem sekundären Herzstillstand, der aber durch extrathorakale Herzmassage sofort behoben werden konnte. Vier weitere Male kam es nach der Extubation zum Erbrechen. Alle Zwischenfälle hatten jedoch dank der minutiösen Überwachung keine weiteren Konsequenzen. Anzu-

Tabelle 2. Labor-Untersuchungen

	Zeit nach der 1. Narkose / Anzahl der Narkosen				
	4 1/2 Monate	5 Monate	7 Monate	13 Monate	45 Monate[a]
Untersuchte Faktoren	24	36	39	44	46
Hämoglobin g%		11.9	11.4	11.4	14.7
Erythrocyten x 10^6			3.88	3.41	
Leucocyten x 10^3		09.300	10.100	08.200	
BSG		4/11	5/12	2/4	
SGOT mE/ml	13.5	11.2	15.7	11.2	18.0
SGPT mE/ml	9.0	4.5	9.0	6.7	11.0
alk. Phosphatase mE/ml		96	66	98	116
Elektrophorese					
Ges. Eiweiß g%	5.4	7.5	6.3	5.9	7.1
Albumine g%	69.0	64.3	61.1	61.6	61.6
Globuline g%					
α_1	3.1	2.7	3.3	2.7	2.7
α_2	11.7	11.6	13.8	11.6	8.9
β	11.7	10.7	10.5	11.6	13.0
γ	12.6	10.7	11.3	12.5	13.8
Bilirubin gesamt mg%	0.23	0.32	0.37	0.33	0.39
Bilirubin direkt mg%		0.22	0.18	0.10	
Bilirubin indirekt mg%		0.10	0.19	0.23	
Cholesterol		144	184	170	200
Thymol		2.1	3.0	2.2	
BSP Retention nach 45 min %		5.2	0.7	0.5	2.0
Aldolase mE/ml		2.1	1.7	2.6	
Orale Glucose-Belastung		normal	normal	normal	

[a] 17 Monate nach der letzten Narkose

merken ist, daß diese Zwischenfälle in der Zeit auftraten, in welcher der Junge ambulant behandelt wurde.

Der hier vorgetragene Fall stellt sicher ein Extrem dar und wird - soweit wir die Literatur übersehen - nur von 3 weiteren Fällen übertroffen. 1959 berichten VISSER und TARROW von einer 26-jährigen Frau, die wegen Behandlung multipler Verbrennungen innerhalb von 7 Monaten 49 mal mit Fluothane anaesthesiert worden war, ohne daß es - wie die Laboruntersuchungen ergaben - zu einer Affektion der Leber gekommen war. HÜGIN erwähnt 1964, ohne allerdings nähere Angaben zu machen, ein Kind, bei welchem in einem Zeitraum von 8 Jahren wegen der Behandlung einer Augenmißbildung über 70 Halothannarkosen durchgeführt worden waren. Schließlich berichten SOLOSKO und Mitarbeiter 1972 über einen Jungen mit juvenilen Papillomen, der innerhalb von 10 Jahren 111 Fluothane-Narkosen erhalten hatte.

Diese extremen Fälle sind zum Glück selten, aber im täglichen Routinebetrieb werden wir immer wieder mit dem Problem konfrontiert, Patienten innerhalb eines kürzeren oder längeren Zeitraumes mehrfach narkotisieren zu müssen. In welcher Häufigkeit diese Mehrfach-Narkosen vorkommen können, ist von vielen Faktoren, unter anderem von der Art der zu betreuenden operativen Disziplinen und nicht zuletzt vom Krankengut abhängig. Während wir an einer Spezialklinik für Hals-, Nasen- und Ohrenerkrankungen[2] in einem Zeitraum von 7 Jahren 12,8% der Patienten mehrfach narkotisieren mußten, davon 81,8% mehrfach mit Fluothane, lag die Häufigkeit in einem allgemeinen Krankenhaus[3] innerhalb von 2 Jahren bei 7,9% aller Patienten. Von diesen wurden 71,7% mit Fluothane narkotisiert (Tabelle 3).

Tabelle 3. Häufigkeit von Mehrfach-Narkosen

	Spezial-Klinik Abtlg. HNO	Allgemeines Krankenhaus Abtlg. Chir., Orth., HNO Augen, Ambulanz
Im Zeitraum von	7 Jahren (n = 12.896)	2 Jahren (n = 3.140)
mehrfach narkotisierte Patienten	12,8%	7,9%
davon mehrfach mit Fluothane	81,8%	71,7%

Eine weitere Aufschlüsselung der Zahlen des Allgemein-Krankenhauses ergaben im HNO-Bereich eine Häufigkeit der Mehrfach-Narkosen von 6,8%, davon 99,2% mit Fluothane. Die übrigen Abteilungen lagen hinsichtlich der Häufigkeit mit 9,1% etwas höher, während die Mehrfach-Narkose mit Fluothane mit 31,4% nur knapp ein Drittel ausmachten (Tabelle 4).

[2]Universitäts-HNO-Klinik Köln; [3]Dreifaltigkeitskrankenhaus Köln-Braunsfeld

Tabelle 4. Häufigkeit von Mehrfach-Narkosen

	Allgemeines Krankenhaus, Abteilung	
	HNO	Chirurgie, Orthopädie, Augen, Ambulanz
mehrfach narkotisierte Patienten	6,8%	9,1%
davon mehrfach mit Fluothane	99,2%	31,4%

Dieser deutliche Unterschied ist dadurch bedingt, daß wir im HNO-Bereich fast ausschließlich Intubationsnarkosen unter Verwendung von Fluothane durchführten, während in den übrigen Abteilungen in einem hohen Prozentsatz auch andere Narkosearten mit den verschiedensten Narkosemitteln oder Regional- bzw. Leitungsanaesthesien zur Anwendung kamen.

Hinsichtlich der Zeitintervalle ergab sich, daß die meisten Mehrfach-Narkosen sowohl in der Spezialklinik wie auch im Allgemein-Krankenhaus innerhalb einer Woche durchgeführt worden waren (Tabelle 5). Die Unterschiede der 24 Std-Gruppe sowie in der Gruppe über 12 Monate sind im wesentlichen durch die ungleichen Beobachtungszeiträume zu erklären. Wir erwarten, daß mit zunehmender Beobachtungsdauer am Allgemein-Krankenhaus sich die einzelnen Werte nicht nur verschieben, sondern auch den in der Spezialklinik gefundenen Werten annähern. Gleiches ist für die Zahlen innerhalb der ersten 6 Monate und darüber anzunehmen.

Tabelle 5. Zeitraum, in welchem die Narkosen durchgeführt wurden

Innerhalb von	24h	1 Woche	4 Wochen		6 Mon.	12 Mon.		über 12 Mon.
Spezial-klinik	8,1%	26,0%	17,2%		16,6%	11,5%		20,6%
				67,9%			32,1%	
Allgemeines Krankenhaus	15,0%	29,9%	12,4%		24,4%	15,9%		8,4%
				75,7%			24,3%	

Unsere Zahlen über die Häufigkeit der Mehrfach-Narkosen, die übrigens den Ergebnissen der Nationalen Halothan-Studie in den USA, nämlich 9,3%, sehr nahe kommen (BUNKER et al., 1969), verdeutlichen, wie oft der Anaesthesist vor dieses Problem gestellt werden kann.

Die Diskussionen um die Frage der leberschädigenden Wirkung des Fluothanes, insbesondere bei Mehrfach-Narkosen, sind zwar nicht mehr so heftig wie vor Jahren, aber nach wir vor lebendig. In einer nicht unerheblichen Anzahl von Berichten wird Fluothane angeschuldigt, zumindest auslösende Ursache für postnarkotische Leberschädigungen gewesen zu sein, wenn nicht gar zum Tode geführt zu haben (Übersichten: CARNEY und VAN DYKE, 1972; RAUEN, 1973; DAVIS und HOLDSWORTH, 1973; QIZILBASH, 1973; INMAN und MUSHIN, 1974; TROWELL et al., 1975; WRIGHT et al., 1975).

Viele dieser Autoren warnen davor, Fluothane überhaupt mehr als einmal anzuwenden, oder empfehlen, die Mehrfach-Anwendung wenn eben möglich zu vermeiden. Andere schlagen vor, bei mehreren Eingriffen Fluothane nur für die größere und wichtigere Operation zu reservieren. Darüber hinaus wird der leiseste Verdacht einer noch so milden hepatischen Reaktion im Anschluß an eine Narkose als absolute Kontraindikation angesehen, Fluothane bei eventuellen weiteren Narkosen anzuwenden (Übersichten: CARNEY und VAN DYKE, 1972; RAUEN, 1973; LÖFSTRÖM, 1972; HEIFETZ et al., 1975).

Wann immer man sich jedoch dazu entschließen sollte, bei Mehrfach-Narkosen Fluothane zu verwenden, sei es ratsam, gewisse Zeitspannen zwischen die einzelnen Narkosen zu legen, um das Risiko zu mindern. Die Empfehlungen reichen von "nicht innerhalb einer kurzen Zeit" (SHARPSTONE et al., 1971; PAULL und GRANT, 1974) über "nicht innerhalb von 4 Wochen" (MUSHIN et al., 1971) bis zu "nicht innerhalb von 3 Monaten" (LOMANTO und HOWLAND, 1970; CARNEY und VAN DYKE, 1972). Dabei wird zugegeben, daß die Zeitintervalle mehr oder weniger willkürlich gewählt sind, denn es gibt keine eindeutigen Anhaltspunkte dafür, daß Fluothane nicht auch in kürzeren Zeitabständen als z. B. 3 Monaten gegeben werden könne (BRUCE, 1972). Darüber hinaus gibt es keinen Hinweis, wie lange z. B. eine sogenannte "Fluothane-Sensibilität" anhält (SHERLOCK, 1971).

Demgegenüber haben andere Autoren über gute Erfahrungen mit Mehrfach-Narkosen unter Anwendung von Fluothane berichtet, besonders wenn es sich hierbei um Kinder handelte. Leberschäden, die eindeutig auf Fluothane hätten zurückgeführt werden können, seien nicht beobachtet worden (VISSER und TARROW, 1959; KIRCHNER, 1961; GAZZANO, 1962; HÜGIN, 1964; BOLČIČ - WIKERHAUSER, 1966; BREITFELLNER et al., 1968; GRONERT et al., 1968; CASSON, 1968; NOWILL, 1970; WEDEKIND und ENDRES, 1970; GESTEH, 1971; AHLGREN, 1972; SOLOSKO et al., 1972; SEEBERT, 1973).

Wir selber haben während der 7 Jahre an der HNO-Klinik bei insgesamt 14 Patienten mit vorher bekanntem akutem oder chronischem Leberschaden Mehrfach-Narkosen mit Fluothane durchgeführt, ohne nachteilige Folgen zu sehen. Während unserer bisherigen zweijährigen Tätigkeit am Allgemeinen Krankenhaus haben wir erst bei zwei mehrfach mit Fluothane narkotisierten Patienten zwischen zwei Narkosen geringfügig erhöhte Transaminasen beobachtet.
Ein weiterer Patient erkrankte 3 Monate nach der letzten Fluothane-Narkose an einer akuten Hepatitis, die einwandfrei als Transfusionshepatitis diagnostiziert wurde.

Die hier angeführten, sich zum Teil erheblich widersprechenden Untersuchungen und Berichte mögen genügen, um aufzuzeigen, in welchen Konflikt der Anaesthesist bei Mehrfach-Narkosen kommen kann. Nach unseren Untersuchungen wird er immerhin mit einer

Häufigkeit von etwa 10% damit konfrontiert werden. In nicht wenigen Fällen mag sich dabei herausstellen, daß eine Intubations-Narkose erforderlich (PROCTOR, 1968; SNOW, 1972) und Fluothane das Mittel der Wahl ist. SIMPSON et al. haben diesen Konflikt 1971 als das Halothan-Dilemma bezeichnet. Hier kann eigentlich jeder nur noch aufgrund seiner Erfahrungen und seines Wissens entscheiden und die Risiken gegeneinander abwägen. Wir selber glauben, es aufgrund unserer guten Erfahrungen vertreten zu können, Fluothane bei Mehrfach-Narkosen auch weiterhin anzuwenden. Jedes Narkosemittel birgt seine eigenen Gefahren in sich. Das darin enthaltene Risiko läßt sich nur durch Gewissenhaftigkeit und äußerste Sorgfalt auf ein für den Patienten zumutbares Maß reduzieren. So wie SIMPSON et al. damals ihren Bericht unter den Titel "The halothane-dilemma: a case for the defence" gestellt haben, so möchten wir heute den von uns vorgetragenen Fall als "a witness for the defence" betrachten.

Literatur

1. AHLGREN, I.: In: Biochemical effects of halothane. Acta Anaesth. Scand. Suppl. 49, 41 (1972).
2. BOLCIC-WIKERHAUSEN, J.: Multiple halothane anaesthetics. Brit. J. Anaesth. 38, 228-230 (1966).
3. BREITFELLNER, G., KRENN, J., KUCHER, R., NEUHOLD, R.: Leber und Fluothane: Experimentelle Studie zur Ultramorphologie und Pathophysiologie der tierischen und menschlichen Leber. Z. prakt. Anästh. 3, 102-139 (1968).
4. BRUCE, D. L.: What is a "safe" interval between halothane exposures? JAMA 221, 1140-1143 (1972).
5. BUNKER, J. P., FORRESR, W. H., MOSTELLER, F., VANDAM, L. D.: The National halothan study. A study of the possible association between anaesthesia and postoperative hepatic necrosis. U.S. Gov. Print. Office (1969); Washington D. C.
6. CARNEY, F. M. T., VAN DYKE, R. A.: Halothane hepatitis. A critical review. Anesth. Analg. Curr. Res. 51, 135-160 (1972).
7. CASSON H.: In: Clinicopath. Conference, Barnes and Wohl Hosp. and Wash. Univers. School of Med., St. Louis, Miss. Am. J. Med. 45, 589-600 (1968).
8. DAVIS, P., HOLDSWORTH, C. D.: Jaundice after multiple halothane anaesthetics administered during the treatment of carcinoma of the uterus. Gut. 14, 566-568 (1973).
9. GAZZANO, A. M.: Il fluothane in chirurgia ortopedica. Esperienza clinica su 2850 casi. Romagna Medica (1962). Suppl. Simposio sul Fluothano.
10. GESTEH, T.: Repeated halothane anesthesia in war injuries. Kupat Holim Yearbook 1, 138-148 (1971).
11. GRONERT, G. A., SCHANER, P. J., GUNTHER, R. C.: Multiple halothane anesthesia in the burnt patient. JAMA 205, 878-800 (1968).
12. HEIFETZ, M., WAJSBORT, E., ROSENBERG, B., GURMANN, G.: Komplikationen bei wiederholten und langdauernden Anaesthesien. Münch. med. Wschr. 117, 983-984 (1975).
13. HÜGIN, W.: Halothan - Eine Übersicht und Bewertung. Anaesthesist 13, 306-312 (1964).
14. INMAN, W. H. W., MUSHIN, W. W.: Jaundice after repeated exposure to halothane: an analysis of reports to the Committee on Safety of Medicines. Brit. Med. J. 1, 5 (1974).

15. KIRCHNER, E.: 2.500 Kurznarkosen mit Halothan-Lachgas-Sauerstoff. Anaesthesist 10, 65-69 (1961).
16. LÖFSTRÖM, J. B.: Biochemical effects of halothane. Acta Anaesth. Scand. 49, 1-43 (1972).
17. LOMANTO, C., HOWLAND, W. S.: Problems in diagnosing halothane hepatitis. JAMA 214, 1257-1261 (1970).
18. MUSHIN, W. W., ROSEN, M., JONES, E. V.: Post halothane jaundice in relation to previous administration of halothane. Brit. Med. J. 1, 18-22 (1971).
19. NOWILL, W. K.: Death due to acute hepatic necrosis, secondary to administration of halothane anesthesia. Anesth. Analg. Curr. Res. 49, 355-360 (1970).
20. PAULL, A., GRANT, A. K.: Halothane Hepatitis - A report of five cases. Med. J. Aust. 1, 954-957 (1974).
21. PROCTOR, D. F.: Anesthesia for peroral endoscopy and bronchography. Anesthesiology 29, 1025-1036 (1968).
22. QIZILBASH, A. H.: Halothane hepatitis. Canad. Mess. Ass. J. 108, 171-177 (1973).
23. RAUEN, H. M.: Halothane und Leber. Arzneimittelforschung Editio Cantor KG 24. Beiheft (1973).
24. SEEBERT, C. T.: Halothane anesthesia in a burned patient: Nine consecutive anesthetics in one having thirty percent second - and third - degree burns. South. Med. J. 66, 1057-1059 (1973).
25. SHARPSTONE, P., MEDLEY, D. R. K.,WILLIAMS, R.: Halothane-Hepatitis - a preventable disease? Brit. Med. J. 1, 448-450 (1971).
26. SHERLOCK, S.: Halothane Hepatitis. Gut 12, 324-329 (1971).
27. SIMPSON, B. R., STRUNIN, L., WALTON, B.: The halothane dilemma: A case for the defence. Brit. Med. J. 4, 96-100 (1971).
28. SNOW, J. C.: Anesthesia in Otolaryngology and Ophthalmology. Charles C. Thomas Publ. Springfield 3, 286 (1972).
29. SOLOSKO, D., FRISSELL, M., SMITH, R. B.: 111 halothane anesthesias in a pediatric patient: A case report. Anesth. Analg. Curr. Res. 51, 706-709 (1972).
30. TROWELL, J., PETO, R., SMITH, A. C.: Controlled trial of repeated Halothane Anaesthetics in patients with carcinoma of the uterine cervix treated with radium. Lancet 1, 821-823 (1975).
31. VISSER, E. R., TARROW, A. B.: Fluothane for multiple burn dressing anesthetics. Anesth. Curr. Res. 38, 301-305 (1959).
32. WEDEKIND, L. V., ENDRES, G.: Die wiederholte Halothannarkose. Anästhesiol. Praxis 5, 7-9 (1970).
33. WRIGHT, R., CHRISHOLM, M., LLOYD, B., EDWARDS, J. C., EADE, O. E., HAWKSLEY, M., MOLES, T. M., GARDNER, M. J.: Controlled prospective study of the effect on liver function of multiple exposures to halothane. Lancet 1, 817-820 (1975).

Fluothane-Anaesthesie bei Kindern (Klinische Erfahrungen bei über 5.000 Narkosen)

H. H. Hennes, Helga Lapsit und Monika Holke

Einleitung

Die großen Fortschritte, die in den beiden letzten Jahrzehnten in der Anaesthesiologie erzielt wurden, haben naturgemäß auch die Kinderanaesthesie günstig beeinflußt. Daß ihr auch umfangmäßig eine erhebliche Bedeutung zukommt, zeigt eine Auswertung unserer Narkosen der vergangenen zehn Jahre, wobei weniger die absoluten Zahlen als vielmehr der hohe Anteil der Kinderanaesthesien an der Gesamtnarkosezahl interessant sein dürfte (Tabelle 1); er liegt an unserem Hause im Mittel immerhin bei 11,5%.

Tabelle 1. Anteil der Anaesthesien bei Kindern bis 10 Jahre an den Gesamtnarkosen

Jahr	Gesamt-Narkosen	Kinder-anaesthesien	%-Satz
1966	3.733	363	9,72
1967	*4.213*	*459*	*10,89*
1968	5.391	624	11,57
1969	*6.003*	*661*	*11,01*
1970	6.655	692	10,39
1971	*7.063*	*704*	*9,96*
1972	6.832	814	11,91
1973	*6.311*	*863*	*13,65*
1974	6.449	816	12,55
1975	*6.284*	*790*	*12,57*
insgesamt	58.984	6.786	11,5

Die dominierende Rolle der Inhalationsnarkose bei Kindern dürfte unbestritten sein; der Auswahl des geeigneten Inhalationsanaestheticums kommt somit bei den gegebenen Besonderheiten in dieser Altersgruppe erhöhte Bedeutung zu.

Fluothane, das seit Beginn der 60er Jahre alle anderen Inhalationsnarkotica weitgehend verdrängte, bot sich auch für die Verwendung bei Kindern an: Seine oft zitierten Vorteile lassen es einerseits als das ideale Narkosemittel erscheinen; dagegen fehlen in keinem Erfahrungsbericht Hinweise auf die kardiodepressorische Wirkung, den Einfluß auf die Atmung und die immer wieder diskutierte Hypothese der Leberschädigung.

Patientengut

In der Zeit vom 1. Januar 1966 bis zum 31. Dezember 1975 konnten wir an unserer Abteilung 6.786 operative und diagnostische Eingriffe bei Kindern in Narkose durchführen. Über die dabei verwendeten Anaesthetica gibt Abb. 1 Aufschluß:

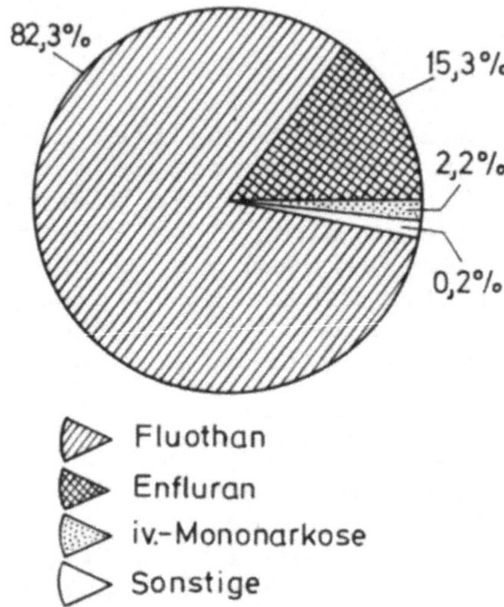

Abb. 1. Bei 6.786 Kindernarkosen verwendete Anaesthetica (1.1.1966 - 31.12.1975)

5.584 Narkosen (= 82,3%) wurden unter Anwendung von Fluothane durchgeführt; dann folgen die Anaesthesien mit Enflurane (1.041= 15,3%), während andere Inhalationsanaesthetica, bzw. die i.v.-Mononarkose mit zusammen 2,4% in unserem Patientengut nur eine untergeordnete Rolle spielen. Die Eingriffe, bei denen Fluothane benutzt wurde, verteilen sich auf das Gesamtgebiet der operativen Disziplinen (Abb. 2). Aufgrund der routinemäßigen Anwendung waren die Patienten nicht ausgesucht; auch in Risikofällen wurde Fluothane verabreicht, sofern nicht eine absolute Kontraindikation für seine Anwendung gegeben war. Die Narkosen umfassen alle Altersstufen vom Neugeborenen bis einschließlich des 10. Lebensjahres (Tabelle 2).

Tabelle 2. Alter der mit Fluothane anaesthesierten Kinder

- *4 Wochen*	*64*
- 1	459
- *2*	*370*
- 3	313
- *4*	*373*
- 5	453
- *6*	*517*
- 7	595
> *7 Jahre*	*2.440*

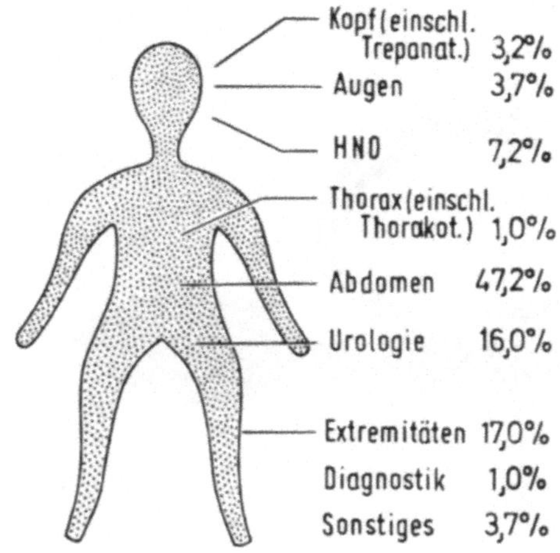

Abb. 2. In Fluothane-Anaesthesie durchgeführte Eingriffe (n = 5.584 = 100%)

Methodik

Die Prämedikation richtet sich nach dem Alter und dem Allgemeinzustand des Kindes, bzw. der Art und der Dringlichkeit der geplanten Operation:

Entweder allein mit Atropin (0,01 mg/kg Körpergewicht) bei Kindern unter einem Jahr bzw. bei Noteingriffen, oder bei stationären Patienten über einem Jahr mit Pethidin (1 mg/kg Körpergewicht), Promethazin (0,5 mg/kg Körpergewicht) und Atropin (0,01 mg/kg Körpergewicht); zeitweilig haben wir den Kindern auch eine Bellafolin-Barbiturat-Kombination rectal verabreicht, jedoch war hier eine rechtzeitige und ausreichende Resorption nicht immer gewährleistet.

Die Narkosen wurden bei Kindern bis ca. zum 6. Lebensjahr im halboffenen System durchgeführt (2.291 - 41%), wobei wir neben dem allseits bekannten Kuhnschen Kinderbesteck (Abb. 3) den Sheffield Infant Ventilator (Abb. 4) bevorzugt für die kontrollierte Beatmung eingesetzt haben. In den übrigen Fällen (3.293 = 59%) benutzten wir ein Kreissystem üblicher Bauart mit CO_2-Absorption. Als Verdampfer dienten der Vapor, bzw. der Fluotec.

Die Einleitung der Narkose erfolgte mit einem Lachgas-Sauerstoff-Gemisch im Verhältnis 2 : 1 bei hohem Frischgasflow, dem Fluothane in steigender Konzentration zugesetzt wurde. Bei 1.625 (= 29,1%) vorwiegend älteren Kindern wurde die Narkose intravenös mit Thiobarbiturat, Methohexital, Propanidid, Ketamin oder Diazepam eingeleitet. In 1.112 Fällen (= 20%) machte das operative Vorgehen eine Intubation mit kontrollierter Beatmung erforderlich; die Relaxierung erfolgte fast ausnahmslos mit Succinylcholin, nur 10 Kinder erhielten zur prolongierten Muskelerschlaffung Alloferin (Abb. 5).

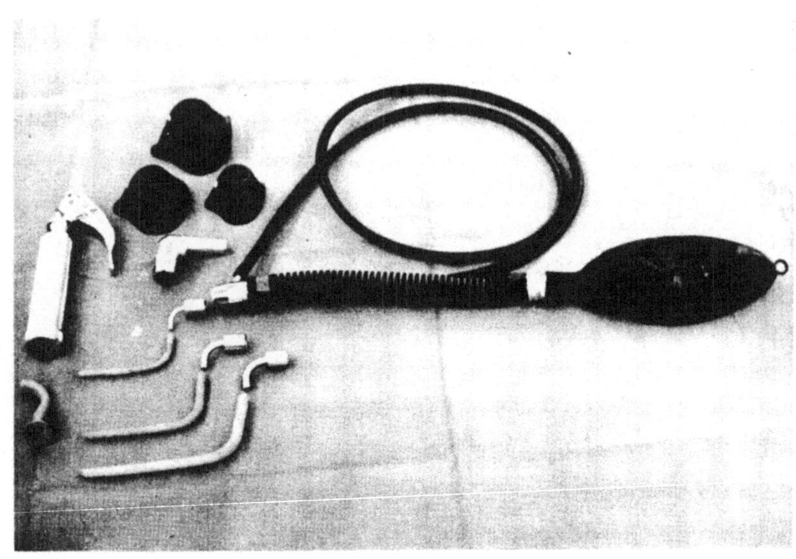

Abb. 3. Kühn'sches Kinderbesteck

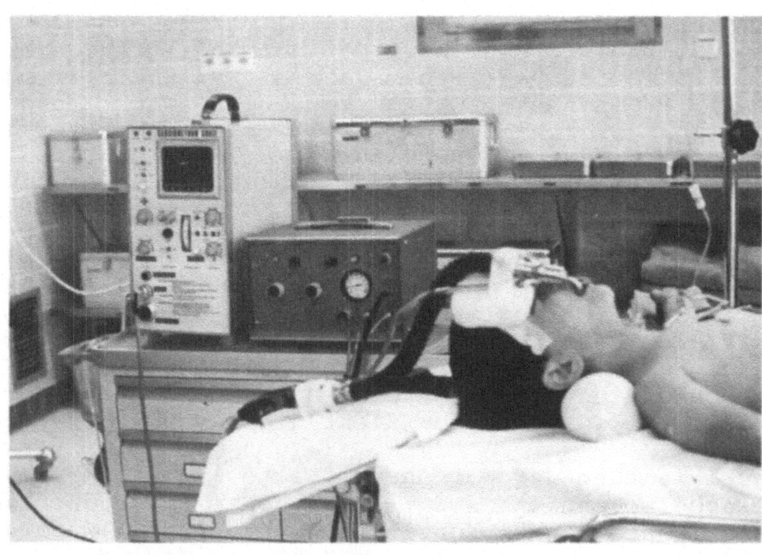

Abb. 4. Sheffield Infant Ventilator

Die Überwachung der Narkose beschränkte sich bei Routineeingriffen auf die Kontrolle von Herzfrequenz und Atemgeräusch mittels präcardialem Stethoskop bzw. der Pulsfrequenz mit einem Ohrpulsabnehmer; hinzu kam bei älteren Kindern die unblutige Druckmessung und die Bestimmung von Atemfrequenz und Atemvolumen (Volu-

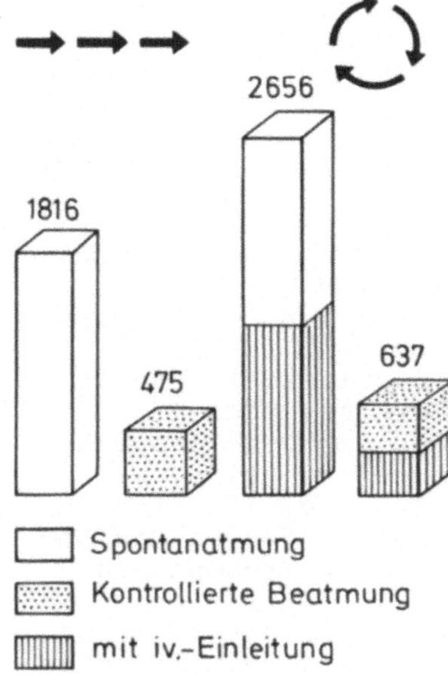

Abb. 5. Angewandte Narkosetechniken

meter, Spirox-Atemmonitor). In Risikofällen wurde ein EKG-Monitor angeschlossen bzw. das EKG registriert, die Körpertemperatur fortlaufend mit einer Thermoelektrode bestimmt und, falls erforderlich, die Überwachung der Beatmung durch blutgasanalytische Untersuchungen ergänzt.

Ergebnisse und Diskussion

Die allgemeinen Eigenschaften des Fluothane und seine Auswirkungen auf die einzelnen Organsysteme wurden bereits eingehend erörtert; wir möchten uns hier auf die besonders auffälligen Erscheinungen beschränken, die von Beginn der Einleitung an bis zur Übergabe an den Aufwachraum bzw. die Station auftraten, in Zusammenhang mit der Anaesthesie standen und vorwiegend das respiratorische und/oder das kardiovasculäre System betrafen bzw. gefährden konnten (Tabelle 3).

Tabelle 3. Beobachtete Symptome unter und nach Fluothane-Anwendung bei Kindern

Excitation
Erbrechen
Laryngo-Bronchospasmus
Herzfrequenzabfall
Herzrhythmusstörungen
Blutdruckabfall
Kreislaufstillstand
Herzstillstand

1. An- und Abfluten erfolgen bei der von uns bevorzugten reinen Inhalationsnarkose rasch, wobei gelegentlich eine milde Excitation durchlaufen wurde. Selten sahen wir Erbrechen in der Einleitungsphase bzw. unter der Narkose, meist beim nicht nüchternen Patienten, aber auch bei eingehaltener Nahrungskarenz (19 = 0,35%); zweimal konnte hierbei eine massive Aspiration nicht verhindert werden.

2. Da durch Fluothane die Schleimhäute der Atemwege nicht gereizt werden, tritt Laryngospasmus während der Einleitung kaum auf, doch sahen wir vermehrt Laryngo- und Bronchospasmen bei Kindern mit vorausgegangenen oder noch bestehenden Lungenaffektionen (spastische Bronchitis, Pneumothorax; 17 = 0,3%). Zwar erschlafft der Unterkiefer schon nach relativ kurzer Narkose, doch ist der Larynx erst in einer bedeutend tieferen Phase genügend anaesthesiert, um eine glatte reflexlose Intubation zu gestatten, was wiederum mit einem höheren Risiko erkauft wird. Bei 114 Kindern (= 10,3% aller Intubationsnarkosen) gelang das Einführen des Endotrachealtubus ohne vorherige Relaxierung ohne Zwischenfälle.

3. Die kardiovasculäre Wirkung von Fluothane soll, wie mehrfach berichtet, bei Kindern weniger ausgeprägt sein als beim Erwachsenen, doch nehmen auch hier Herzfrequenz und Blutdruck mit steigender Konzentration ab, insbesondere dann, wenn die Kinder unzureichend mit Atropin prämediziert sind oder ihnen bei der Einleitung zu rasch eine hohe Konzentration angeboten wurde. Dieser Frequenzabfall - maximal um mehr als die Hälfte des Ausgangswertes - war durch Nachinjektion von Atropin bzw. Reduzierung der angebotenen Konzentration jederzeit beherrschbar (36 = 0,65%).

4. Fluothane-bedingte Rhythmusstörungen (Bradyarrhythmie, Extrasystolie) konnten wir im Gegensatz zum Erwachsenen kaum beobachten.

5. Unter unseren Anaesthesien hatten wir zwei Herzstillstände zu verzeichnen:
Bei einem 4-jährigen, körperlich retardierten Jungen wurden ambulant kariöse Zahnreste entfernt. Nach Einleitung der Narkose per inhalationem wurde eine Vene punktiert und zur Intubation relaxiert; bei der Nachinjektion von Succinylcholin kam es zum Herzstillstand, der durch äußere Herzmassage und Gabe von Atropin beherrscht werden konnte. Der weitere Verlauf war komplikationslos.
Im zweiten Fall handelt es sich um ein 9-jähriges Mädchen, bei dem nach fraglicher Streptokokkeninfektion (Scharlach in der Familie) wegen einer ausgedehnten Phlegmone im Bereich des linken Oberschenkels eine Incision durchgeführt wurde. Nach Prämedikation (Pethidin 40 mg, Promethazin 20 mg, Atropin 0,35 mg) wurde die Narkose mit Thiopental (125 mg) eingeleitet, anfänglich mit 2 Vol% aufrechterhalten. Zum Operationsende wurde das Kind plötzlich cyanotisch, pulslos, die Pupillen waren weit, eine Herzaktion fehlte. Alle Wiederbelebungsmaßnahmen blieben erfolglos. Bei der direkten Herzmassage fand sich eine Schnürfurche an der Herzspitze, die als Teil einer Herzmißbildung gedeutet wurde, durch Verweigerung der Obduktion aber nicht verifiziert werden konnte.

Im Fluothane besitzen wir ein wirkungsvolles, in vieler Hinsicht gutes Narkosemittel. Andererseits sind es aber gerade die große Wirksamkeit und der depressorische Effekt insbesondere auf das kardiovasculäre System (BEER u. Mitarb., GÖTHERT und TUCHINDA; GÖTZ; JOHNSTONE; KARLICZEK; MAHAFFEY et al., TARNOW et al.), die zur besonderen Vorsicht zwingen. Dies gilt auch für die Anwendung bei Kindern, vor allem bei Patienten mit eingeschränkter kardiovasculärer Leistungsbreite; der zweite von uns beschriebene Herzstillstand dürfte mit der Unterschätzung dieser potentiellen Gefahr in Zusammenhang stehen.

Insgesamt wurden 380 Mehrfachnarkosen (= 6,8% aller Kinder-Anaesthesien) mit Fluothane durchgeführt (Tabelle 4), wobei das Intervall der Reoperationen zwischen wenigen Stunden und mehreren Monanten und das Maximum der wiederholten Anwendung bei 12 Fluothane-Narkosen lag. Alle diese Anaesthesien verliefen ohne Zwischenfälle, grob klinisch konnten keine hepatotoxischen Symptome festgestellt werden. Die vorgeschlagene dreimonatige Karenzzeit zwischen zwei Inhalationsnarkosen mit Fluothane (LOMANTO, HOWLAND, RIETBROCK) braucht nach HEMPEL bei komplikationsfreiem Verlauf nicht eingehalten werden. Wir tendieren heute zu der Auffassung, nach Möglichkeit bei Wiederholungseingriffen das Anaestheticum oder das Narkoseverfahren zu wechseln, insbesondere dann, wenn irgendwelche Reaktionen etwa im Sinne einer malignen Hyperpyrexie aufgetreten sind.

Tabelle 4. Mehrfache Anwendung von Fluothane bei Kindern

2 Narkosen mit Fluothane	265 Kinder
3 Narkosen	79 Kinder
4 Narkosen	26 Kinder
5 und mehr Narkosen (max. 12)	10 Kinder
	insgesamt 380 Mehrfachnarkosen mit Fluothane

Zusammenfassend sehen wir unsere Bilanz bei über 5.000 Anaesthesien bei Kindern äußerst positiv: Unter Berücksichtigung der dem Fluothane anhaftenden Nachteile und bei Anwendung mit der gebotenen Kritik ergibt sich eine niedrige Komplikationsrate (<1,5%). Wir schließen uns der schon vor Jahren von MARETTI und WEISS vertretenen Auffassung an, daß das Problem der Fluothane-Narkosen vor allem in der klinischen Überwachung des Patienten und der daraus folgenden individuellen, wirkungsgerechten Dosierung liegt.

Literatur

1. BECKMANN, K.: Zu einigen Problemen der Kinderanaesthesie. Kinderärztl. Prax. 40, 54 (1972).
2. BEER, D., BEER, R., WOLFF, A. v., DUFFNER, H.: Die Einwirkungen des neuen Inhalationsnarkoticums Ethrane auf Myocardkontraktilität und Hämodynamik im Vergleich zu Halothane.
3. BÖTTGER, P., DOEHN, M., HORATZ, K., KESSLER, G.: Maligne Hyperthermie durch Allgemeinanaesthesie. Pädiat. Prax. 16, 95 (1975).
4. EICHLER, J.: Anaesthesie im Säuglings- und Kindesalter. In: Operationen im Kindesalter. Bd. I. KEINZ, H. (Hrsg.). Stuttgart: Thieme 1973.
5. FREY, R., WEIS, K. H.: Die Bedeutung des Halothans in der allgemeinen Anaesthesie. Zentralbl. Chir. 86, 797 (1961).
6. GÖTHERT, M., TUCHINDA, P.: Negativ chronotrope Wirkung von Halothane. Anaesthesist 22, 334 (1973).
7. GÖTZ, F.: Heutige Stellung der Inhalationsnarkotika. Anästh. Inform. 16, 11 (1975).
8. HEMPEL, V.: Ist die Forderung nach einem dreimonatigen Intervall zwischen zwei Halothannarkosen gerechtfertigt? Dtsch. med. Wschr. 100, 111 (1975).
9. KOTTMANN, B., RACHMAT, L., SCHLIMGEN, R., KALFF, G.: Anaesthesien bei Tonsillektomien im Kindesalter. Vergleichende Untersuchungen von Ethrane und Halothan. In: Ehtrane. Neue Ergebnisse in Forschung und Klinik. KREUSCHER, H. (Hrsg.). Stuttgart: Schattauer 1975.
10. KRIVOSIC-HORBER, R., SAUVAGE, M. R., CALMES, M. O.: Notre expérience à propos de 6.000 anesthésies à l'halothane chez l'enfant. Ann. Chir. Infant. 14, 91 (1973).
11. SCHMITZ, Th.: Die Anaesthesie bei Neugeborenen und Säuglingen. Anaesthesist 9, 91 (1960).
12. STOFFREGEN, J.: Die aussichtsreiche Behandlung des Narkose-Herzstillstandes. Anaesthesist 9, 131 (1960).
13. TARNOW, J., GETHMANN, J. W., HESS, W., PATSCHKE, D., WEYMAR, A., BRÜCKNER, J. B.: Der Einfluß von Ethrane auf die Hämodynamik und die Sauerstoffversorgung des Myocards im Vergleich zu Halothane. Anaesthesist 23, 281 (1974).

Hämodynamische Veränderungen in Halothannarkose bei kontrollierter Hypotension und Hypothermie für neurochirurgische Operationen

K. Huse und H. Köhler

Einleitung

Die Möglichkeit größerer Blutverluste bei der Operation intracerebraler Gefäßmißbildungen ist die wichtigste Indikation zur kontrollierten Hypotension.

Durch die Anwendung der Hypothermie wird die Ischämietoleranz des Hirngewebes bei 30° C von 3 - 4 min auf 8 - 10 min verlängert (GÄNSHIRT et al., 1954; McMURREY und BERNHARD, 1956; ROSOMOFF, 1955; BOTTERELL und LOUGHEED, 1955). Die Hypothermie erlaubt eine temporäre Kreislaufunterbrechung cerebraler Arterien.

Neben der Verlängerung der Ischämietoleranz beobachtet man weitere günstige Wirkungen auf das Hirngewebe: In Hypothermie und Hyperventilation ist sowohl das intracerebrale Blutvolumen vermindert als auch das cerebrospinale Flüssigkeitsvolumen neu verteilt (ROSOMOFF, 1963). Die hypokapnische Vasoconstriktion bleibt auch in Halothannarkose und Hypothermie erhalten und kompensiert die vasodilatorische Wirkung volatiler Anaesthetica auf die Hirngefäße (ADAMS et al., 1972).

Außer der Senkung des Hirnstoffwechsels und der Unterdrückung der Kältegegenregulation kann bei einer Halothannarkose also der Mitteldruck und somit auch der cerebrale Perfusionsdruck gesenkt werden.

Bei den neurochirurgischen Patienten wurden serienmäßig und kontinuierlich Kreislaufuntersuchungen durchgeführt. Mit Hilfe dieser Ergebnisse lassen sich die Möglichkeiten und Gefahren dieser Methoden unter den Bedingungen der Hypothermie und der kontrollierten Hypotension darlegen.

Methodik und Untersuchungsgang

Bei zehn Patienten wurde in Hypothermie eine kontrollierte Hypotension in Halothannarkose durchgeführt.

Das Durchschnittsalter der Patienten betrug 43 Jahre (Bereich 29 - 60 Jahre). Bei einer durchschnittlichen Narkosedauer von 416 min betrug die Dauer der kontrollierten Hypotension 50 min (Bereich 27 - 105 min).

Alle Patienten hatten Gefäßmißbildungen (Aneurysmen der Hirnarterien). Die Patienten hatten keine kardiovasculären oder

Lungenerkrankungen. Die Prämedikation bestand in Luminal 0,2 g am Tag vor der Operation. Eine Stunde vor Narkosebeginn erhielten die Patienten 0,5 mg Atropin und 2 mg Nembutal/kg Körpergewicht intramusculär. Nach der Narkoseeinleitung mit Thiopental (Pentothal) 150 - 250 mg oder Hexobarbital (Evipan) und der Intubation nach Gabe von 100 mg Succinylcholin wurden die Patienten mit einem Woodbridgetubus intubiert. Mit dem Narkosespiromat 650 (Dräger-Werke) wurde mit einem Halothan-Sauerstoffgemisch kontrolliert beatmet.

Die Oberflächenkühlung erfolgte mit Kühlmatten, die an ein Blanketrolgerät angeschlossen waren.

Das Herzzeitvolumen wurde bei zehn Patienten nach der Thermodilutionsmethode gemessen. Die zur Messung des Herzzeitvolumens notwendige Thermosonde wurden in Lokalanaesthesie durch percutane Punktion der Arteria femoralis in die Aorta abdominalis eingeführt. Die blutige Blutdruckmessung erfolgte über die Arteria femoralis oder radialis. Zur Messung des Druckes wurde ein Statham-Transducer Typ PDb 23 eingesetzt. Der Mitteldruck wurde elektronisch gemessen.

Zur Blutgasanalyse wurden pH, pO_2 und pCO_2 aus dem arteriellen und zentralvenösen Blut bestimmt. Hierzu diente das Gerät zur Mikrobestimmung von Blutproben von IL (Instrumentation Laboratory, Boston/Massachusetts) Modell 127.

Die Bestimmung der Halothankonzentrationen im arteriellen Blut wurde mit einem handelsüblichen Gaschromatographen durchgeführt (Perkin Elmer 900, Bodenseewerk, Überlingen). Die Messung wurde mit einem Flammenionisationsdetektor nach der Aequillibrationsmethode durchgeführt.

Die Untersuchungsergebnisse wurden auf Lochkarten abgelocht und mit drei Fortran IV-Programmen auf einem Prozeßrechner bearbeitet.

Es wurden Mittelwerte und Standardabweichungen der Kollektive errechnet. Ferner wurde die Signifikanz der Mittelwertdifferenz zweier Kollektive abhängig von der Gesamtdatenmenge nach einer Gauß- bzw. Studentverteilung getestet.

Das zweite Programm berechnete Regressionskurven wählbarer Potenzen (linear, kubisch etc.) und zeichnete Eingabedaten und Regressionskurven auf einen Plotter. Durch einen X^2-Test über die Eingabewerte wird die Beurteilung der Vertrauenswürdigkeit der Regressionskurven ermöglicht.

Ergebnisse

Die Ergebnisse der Blutgasanalysen in Hypothermie und kontrollierter Hypotension wurden auf Tabelle 1 zusammengefaßt. Tabelle 2 und Abb. 3 - 8 zeigen die Ergebnisse der Kreislaufuntersuchungen.

Tabelle 1. Mittelwerte und Standardabweichungen der Ergebnisse der Blutgasanalyse in Halothannarkose bei kontrollierter Hypotension und Hypothermie im Vergleich zu präoperativen Kontrolluntersuchungen

Zeitpunkt der Untersuchungen	Pa_{O_2} mmHg	Pa_{CO_2} mmHg	pH pH-E	S_{O_2} Prozent	Act. Bicarb. mEq/l	Totaler CO_2-Gehalt mMol/l Plasma	Basen-abweichg. mEq/l	Puffer-Base mEq/l	Standard Bicarbonat mEq/l
Präoperative Kontrolluntersuchung	66 $\pm$ 5	33 $\pm$ 3	7,44 $\pm$ 0,03	94 $\pm$ 2	22,1 $\pm$ 2,2	23,2 $\pm$ 2,2	-0,64 $\pm$ 2,37	46,5 $\pm$ 2,1	21,6 $\pm$ 2,3
Hypothermie (Fi_{O_2} = 1)	321 $\pm$ 57	33 $\pm$ 4	7,40 $\pm$ 0,02	100 $\pm$ 0	19,9 $\pm$ 2	21 $\pm$ 2	-3,2 $\pm$ 1,6	44 $\pm$ 1.9	19,8 $\pm$ 1,9
Kontrollierte Hypotension (Fi_{O_2} = 1)	309 $\pm$ 92	30 $\pm$ 3	7,40 $\pm$ 0,03	99,8 $\pm$ 0,34	18,4 $\pm$ 2,2	19,6 $\pm$ 1,8	-4,42 $\pm$ 2,13	42,7 $\pm$ 2,3	16,5 $\pm$ 1,1
Signifikanz Hypothermie zu Hypotension	P>0,05	P>0,05	P>0,05	P>0,05	P>0,05	P>0,05	P>0,05	P>0,05	P>0,05
Wiedererwärmungsphase nach der kontrollierten Hypotension (Fi_{O_2} = 1)	305 $\pm$ 81	32 $\pm$ 6	7,38 $\pm$ 0,06	99,8 $\pm$ 0,27	18,5 $\pm$ 1,8	19,5 $\pm$ 2,2	-4,82 $\pm$ 2,16	42,2 $\pm$ 1,79	18,36 $\pm$ 1,7
Signifikanz kontrollierte Hypotension und Wiedererwärmung	P>0,05	P>0,05	P>0,05	P>0,05	P>0,05	P>0,05	P>0,05	P>0,05	P>0,05

Tabelle 2. Mittelwerte und Standardabweichungen der Ergebnisse von kreislaufanalytischen Untersuchungen in Halothannarkose bie kontrollierter Hypotension und Hypothermie im Vergleich zu präoperativen Kontrolluntersuchungen

Zeitpunkt der Untersuchungen	Pulsfrequenz Schlag·min^{-1}	Mitteldruck mmHg	Herzindex l·min^{-1}min^{-2}	Schlagindex ml·Schlag^{-1}·m^{-2}	Totaler peripherer Widerstand dyn·sec·cm^{-5}	linke Herzarbeit m·kg·min^{-1}	linke Schlagvolumenarbeit g·m·Schlag^{-1}
Präoperative Kontrolluntersuchungen	92 ± 19	106 ± 21	3,57 ± 1,13	40 ± 19	1362 ± 243	9,51 ± 4,8	110 ± 73
In Halothannarkose und Hypothermie	80 ± 16	74 ± 5	2,4 ± 0,51	31 ± 9	1475 ± 394	4,5 ± 1,1	58 ± 20
Signifikanz präop. - intraop.	$P>0{,}05$	$P<0{,}01$	$0{,}01<P<0{,}02$	$P<0{,}05$	$P<0{,}05$	$0{,}01<P<0{,}02$	$P<0{,}01$
Intraop. Vergleichsmessungen vor Hypotension	76 ± 16	70 ± 8	2,24 ± 0,7	30 ± 10	1506 ± 426	3,86 ± 1,44	52 ± 20
Kontrollierte Hypotension	72 ± 16	50 ± 5	1,78 ± 0,53	25 ± 7	1360 ± 448	2,14 ± 0,62	30 ± 10
Signifikanz intraop. - kontr. Hypotension	$P>0{,}05$	$P<0{,}001$	$P>0{,}05$	$P>0{,}05$	$P>0{,}05$	$0{,}01<P<0{,}0$	$0{,}02<P<0{,}05$

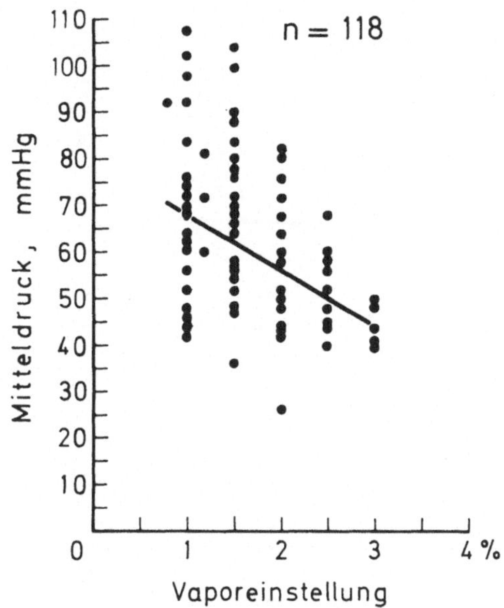

Abb. 1. Beziehung zwischen Mitteldruck und inspiratorischer Halothankonzentration in Hypothermie

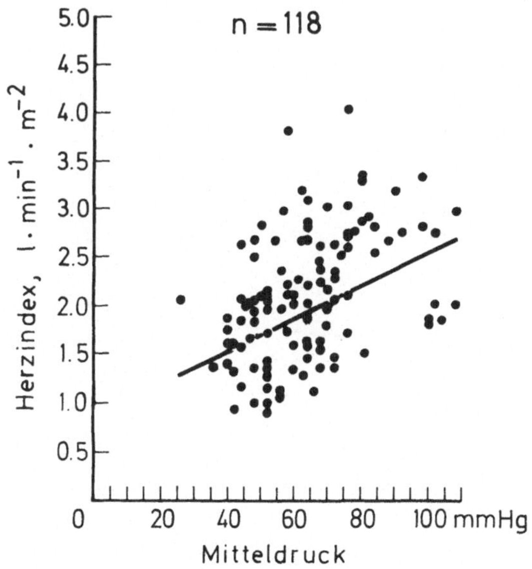

Abb. 2. Beziehung zwischen Mitteldruck und Herzindex bei Halothannarkose in Hypothermie und kontrollierter Hypotension

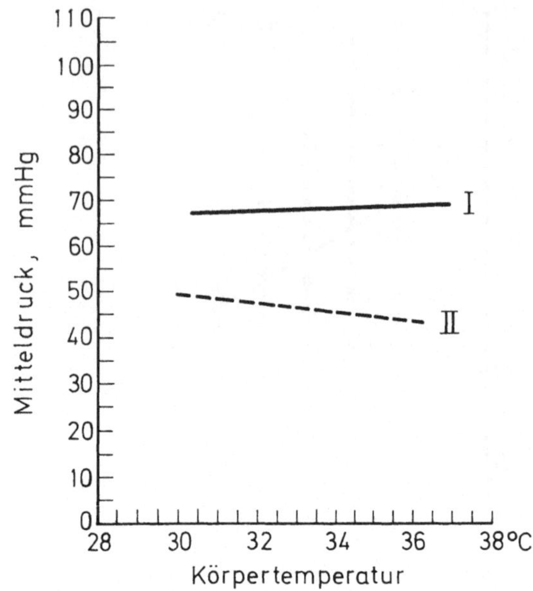

Abb. 3. Beziehung zwischen Mitteldruck und Körpertemperatur bei Halothannarkose; I Hypothermie; II Hypothermie und Hypotension

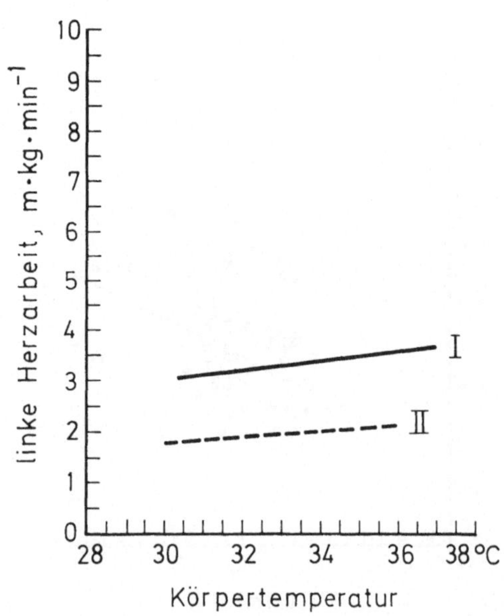

Abb. 4. Beziehung zwischen linker Herzarbeit und Körpertemperatur bei Halothannarkose; I Hypothermie; II Hypothermie und Hypotension

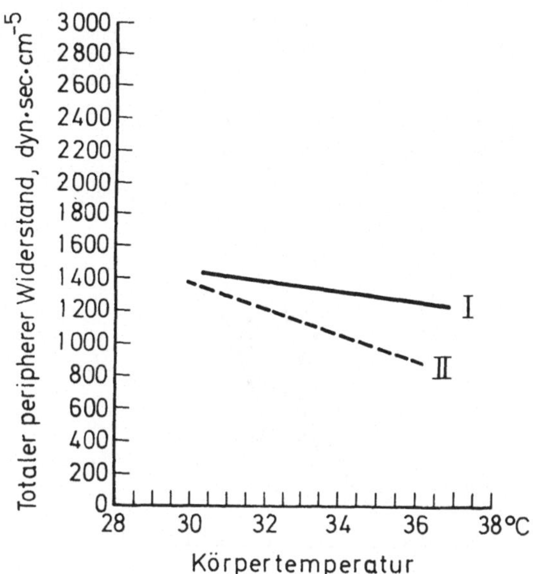

Abb. 5. Beziehung zwischen totalem peripherem Widerstand und Körpertemperatur bei Halothannarkose; I Hypothermie; II Hypothermie und Hypotension

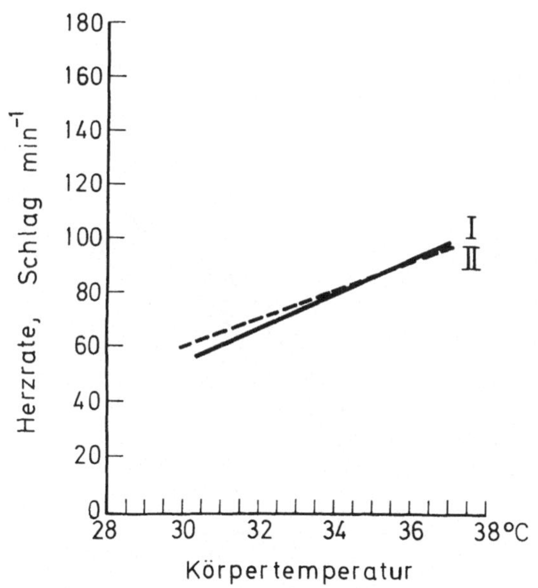

Abb. 6. Beziehung zwischen Pulsfrequenz und Körpertemperatur bei Halothannarkose; I Hypothermie; II Hypothermie und Hypotension

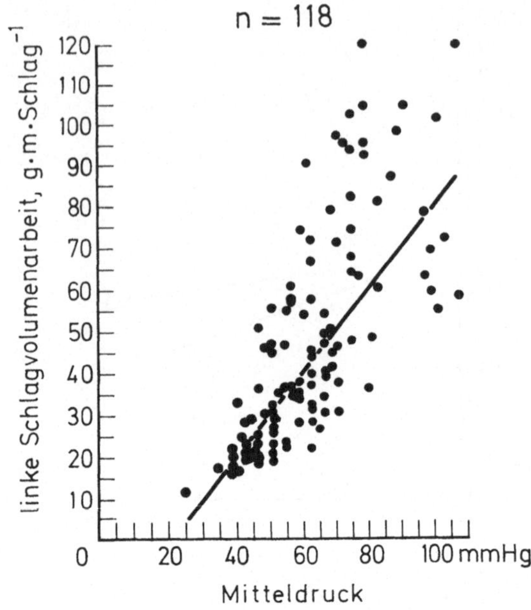

Abb. 7. Beziehung zwischen Mitteldruck und linker Schlagvolumenarbeit in Halothannarkose, Hypothermie und kontroll. Hypotension

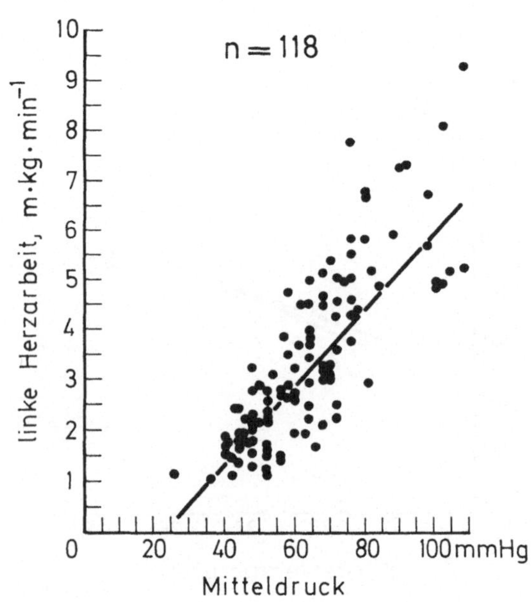

Abb. 8. Beziehung zwischen Mitteldruck und linker Herzarbeit in Halothannarkose, Hypothermie und kontrollierter Hypotension

Bei fünf Patienten wurde durch Bestimmung der arteriellen Halothanblutspiegel mit Hilfe gaschromatographischer Untersuchungsmethoden die Narkosetiefe überprüft. In der Hypothermie betrug die durchschnittliche Halothankonzentration im arteriellen Blut bei einer mittleren Vaporeinstellung von 1,5%, 13 mg/100 ml (Bereich 7 - 21 mg%). In der kontrollierten Hypotension bei einer durchschnittlichen Vaporeinstellung von 2,5% betrug die mittlere arterielle Halothankonzentration 18 mg/100 ml (Bereich 9 - 25 mg%).

Diskussion

In Abhängigkeit von der Narkosetiefe sinkt der Mitteldruck (Abb. 1) und zeigt im Gegensatz zu den Ganglienblockern keine Plateaubildung. Erleichtert wird die Senkung des Mitteldruckes durch zusätzliche Maßnahmen wie Hypothermie, Kopfhoch-Neigungslagerung (hydrostatisch) und kontrollierte Beatmung (IPPV).

Drei Faktoren bestimmen nach PRICE und DRIPPS (1963) die hypotensive Wirkung von Halothan: eine direkte Lähmung des Myokards und der peripheren glatten Muskulatur, eine Verminderung der sympathischen bei gleichzeitiger Zunahme der parasympathischen Stimulation des Kreislaufs und eine Wirkungsminderung der Katecholamine auf Herz und Kreislauf.

Die Wirkung der Hypothermie auf den Kreislauf zeigt sich nach BRENDEL (1957) im wesentlichen durch eine Pulsfrequenzabnahme parallelgehend zur Senkung des Herzminutenvolumens bei unverändertem Schlagvolumen, durch eine relative Konstanz des arteriellen Mitteldruckes bei normaler Blutdruckamplitude und durch einen mit der Auskühlung ansteigenden peripheren Widerstand.

In Hypothermie betrug die durchschnittliche Halothankonzentration im arteriellen Blut (Vaporeinstellung 1,5%) 13 mg/100 ml (Bereich 7 - 21 mg/100 ml). Bei dieser Narkosetiefe betrug der durchschnittliche Mitteldruckabfall 28% vom präoperativen Kontrollwert. Der aus Angaben der Literatur berechnete mittlere Abfall des Blutdruckes bei vergleichbarer Narkosetiefe in Normothermie betrug 24,5% (Bereich -12 bis -50%) (SEVERINGHAUS et al., 1958; EGER et al., 1970; DEUTSCH et al., 1962).

Diese Ergebnisse weisen darauf hin, daß der durchschnittliche Blutdruckabfall in mäßiger Hypothermie den Kreislaufveränderungen in Normothermie gleichkommt.

In der kontrollierten Hypotension betrug die mittlere arterielle Halothankonzentration 18 mg/100 ml (Vaporeinstellung 2,5%). Der Mitteldruck lag hierbei durchschnittlich bei 50 ± 5 mmHg (Tabelle 2, Abb. 1) entsprechend einem Abfall von 52% vom präoperativen Kontrollwert.

Interessant war hierbei das Verhalten des totalen peripheren Widerstandes (Tabelle 2, Abb. 5): In Hypothermie stieg der Widerstand um 7% leicht an, in der kontrollierten Hypotension bei einem Mitteldruck von 50 ± 5 Torr zeigte der totale periphere Widerstand keinen Unterschied zum präoperativen Kontrollwert.

Nach PRICE und DRIPPS (1963) zeigte sich bei normthermen eukapnischen Patienten in Halothannarkose eine Verminderung des totalen peripheren Widerstandes. Diese Veränderung wird durch eine periphere Vasodilatation infolge Herabsetzung der sympathischen Stimulation und direkter Vasodilatation in Halothannarkose erklärt.

Entgegen dieser vasodilatorischen Wirkung von Halothan zeigte sich in Hypothermie ein direkter vasoconstriktorischer Effekt der Kälte mit Zunahme des totalen peripheren Widerstandes (BRENDEL, 1957).

Bei unserem Patientenkollektiv zeigten sich entsprechend den gegensätzlichen Kreislaufwirkungen keine stärkeren Veränderungen des totalen peripheren Widerstandes (Abb. 5) in Hypothermie und kontrollierter Hypotension.

Im Gegensatz zu diesen Veränderungen fiel der Herzindex nach Einleitung der Hypothermie um 30% bei einer Verminderung der Pulsfrequenz um 12% und des Schlagindex um 18%. Bei einem Mitteldruck von 50 mmHg verminderte sich der Herzindex um 48% vom präoperativen Kontrollwert. Es zeigte sich eine direkte Beziehung zwischen der Senkung des Mitteldruckes und dem Herzindex (Abb. 2, Tabelle 2).

Da keine wesentliche Pulsfrequenzsenkung durch die kontrollierte Hypotension beobachtet werden konnte (Tabelle 2), ist der statistisch signifikante Abfall des Schlagindex um 37% (Tabelle 2) die wichtigste Ursache für die Senkung des Mitteldruckes bei dieser Methode der kontrollierten Hypotension.

Die Veränderungen des Schlagindex und des Herzindex bei kontrollierter Hypotension bestimmten die Größe der linken Herzarbeit und die Schlagvolumenarbeit (Abb. 7 und 8).

Bei einem durchschnittlichen Mitteldruck von 50 $\pm$ 5 Torr wurde der kritische Grenzwert des cerebralen Perfusionsdruckes nicht erreicht. Dieser Grenzwert liegt nach ZWETNOW (1965) zwischen 40 - 50 Torr in Normothermie. Nach den Untersuchungen von BOYSEN (1975) liegt dieser Grenzwert in Halothannarkose und Normothermie bei 35 Torr.

Es bestehen aber Hinweise nach den Untersuchungen von BRODERSON et al. (1974), daß in Hypothermie und tiefer Narkose die kritische hypoxische Grenze des cerebralen Perfusionsdruckes weiter gesenkt wird.

Damit war das wichtigste Ziel dieser Technik der kontrollierten Hypotension in Hypothermie, die größtmögliche Sicherheit der Patienten bei gleichzeitig optimalen Operationsbedingungen, gewährleistet.

Zusammenfassung

Bei zehn Patienten wurde in Hypothermie eine kontrollierte Hypotension in Halothannarkose durchgeführt. Das Durchschnittsalter der Patienten betrug 43 Jahre. Bei einer durchschnittlichen Narkosedauer von 416 min betrug die Dauer der kontrollierten Hypotension 50 min (Bereich 27 - 105 min).

Bei 5 Patienten wurde die Narkosetiefe durch Bestimmung der arteriellen Halothanblutspiegel mit Hilfe gaschromatographischer Untersuchungsmethode überprüft. In Hypothermie betrug die durchschnittliche Halothankonzentration im arteriellen Blut 13 mg/100 ml (Vaporeinstellung 1,5 Vol%). In der kontrollierten Hypotension bei einer mittleren Vaporeinstellung von 2,5% betrug die mittlere arterielle Halothankonzentration 18 mg/100 ml.

Intraoperative Kreislaufveränderungen zeigten sich in Hypothermie durch einen mittleren Abfall der Pulsfrequenz um 12%, des Mitteldruckes um 28% und des Herzindex um 30%. Die linke Herzarbeit verminderte sich um 47%, die linke Schlagvolumenarbeit um 35% und der Schlagindex um 18%. Der totale periphere Widerstand stieg um 7%.

Bei der Senkung des Mitteldruckes auf 50 ± 5 Torr (-52% vom präoperativen Kontrollwert) verminderte sich die Pulsfrequenz um 21%. Der Herzindex fiel um 50%, der Schlagindex um 37% vom präoperativen Kontrollwert.

Die Verminderung der linken Herzarbeit um 77,5% und der linken Schlagvolumenarbeit um 72,7% entsprach den Veränderungen des Mitteldruckes und des Herzindex bzw. des Schlagindex.

Die entscheidende Kreislaufveränderung in kontrollierter Hypotension mit einer Halothanmononarkose war die Verminderung des Herzindex. Der totale periphere Widerstand zeigte in kontrollierter Hypotension keine statistisch signifikante Veränderung.

Danksagung

Die Programmerstellung und Auswertung wurde durch die Mitarbeiter des Rechenzentrums der Neurochirurgischen Klinik der Universität Düsseldorf, Herrn Dipl. Ing. K. MÜLLER und Herrn Dr. R. GUARDO ermöglicht. Frl. HILBRICHT, Frl. HEUSCH und Frl. BECKER danken wir für die technische Assistenz.

Literatur

1. ADAMS, R. W., GRONERT, G. A., SUNDT, T. M., MICHENFELDER, I. D.: Halothane, Hypocapnia and Cerebrospinal Fluid Pressure in Neurosurgery. Anesthesiology 37, 510-517 (1972).
2. BRENDEL, W.: Kreislauf in Hypothermie. Verl. Dtsch. Ges. Kreislaufforsch. 23, 33-53 (1957).
3. BOTTERELL, E. H., LOUGHEED, W. M.: A Discussion of the Surgical Treatment of 16 Cases of Intracranial Aneurysm using Hypothermia. Presented at Harrey Cushing Society 18 III (1955).

4. BOYSEN, G.: Cerebral Hemodynamics in Carotid Surgery. Acta Neurol. Scand. Suppl. 49, 52 (1973).
5. CALLAGHAN, I. C., McOWENS, D. A., SCOTT, I. W., BIGELOW, W. G.: Cerebral Effects of Experimental Hypothermia. Arch. Surg. 68, 208 (1954).
6. CHRISTENSEN, M. S., HOEDT-RADMUSSEN, K., LASSEN, N. A.: Cerebral Vasodilatation by Halothane Anesthesia in Man and its Potentiation by Hypotension and Hypercapnia. Brit. J. Anesth. 39, 927-934 (1967).
7. DEUTSCH, S., LINDE, H. W., DRIPPS, R. D., PRICE, H. L.: Circulatory and Respiratory Actions of Halothane in Norman Man. Anesthesiology 23, 631-638 (1962).
8. EGER, h. I., SMITH, N. T., STOELTING, R. K., CULLEN, D. J., KADIS, L. B., WHITCHER, C. E.: Cardiovascular Effects of Halothane in Man. Anesthesiology 32, 396-409 (1970).
9. GÄNSHIRT, H., HIRSCH, H., KRENKEL, W., SCHNEIDER, M., ZYKLA, W.: Über den Einfluß der Temperatursenkung auf die Erholungsfähigkeit des Warmblütergehirns. Arch. exper. Path. u. Pharmakol. 222, 431-449 (1954).
10. McMURREY, J. D., BERNHARD, W. F.: Studies of Hypothermia in Monkeys. Effect of Hypothermia on the Prolongation of the Permissable Time of Total Occlusion of the Circulation of the Brain. Surg. Gynec. Obstet. 102, 75-86 (1956).
11. MICHENFELDER, J. D., VIHLEIN, A., DAU, E. F., THEYE, R. A.: Moderate Hypothermia in Man. Haemodynamic and Metabolic Effects. Brit. J. Anaesth. 37, 738-745 (1965).
12. PRICE, H. L., DRIPPS, R. D.: General Anesthetics. In: The Pharmacological Basis of Therapeutics. III. Ed. Chapter 7, P. 83-99. GOODMAN, L. S., GILMAN, A. (eds.). New York: The Macmillan Company 1963.
13. ROSOMOFF, H. L.: Distribution of Intracranial Contents with Controlled Hyperventilation. Implications for Neuroanesthesia. Anesthesiology 24, 640-645 (1963).
14. ZWETNOW, N.: CBF Autoregulation to Blood Pressure and Intracranial Pressure Variations. Scand. J. Clin. Lab. Invest. (1968) Suppl. 102.

Entfernung eines hühnereigrossen Angioms aus dem Marklager der linken Zentralregion in Hypotension und Hypothermie

M. Dahmen, R. Wrbitzky, A. Schulze, H. G. Mittring
und A. Richter

Die Entfernung eines großen Angioms stellt Operateur sowie Anaesthesisten vor nicht unbeträchtliche Probleme. Der junge Patient, über den wir berichten, hatte zwei Subarachnoidalblutungen überstanden, zum Zeitpunkt der geplanten Operation bestanden keine wesentlichen neurologischen Ausfälle mehr.

Für den Neurochirurgen ergaben sich die Schwierigkeiten aus der Lokalisation des Tumors in der Zentralregion, aus der Größe des Angioms und aus der komplizierten Gefäßversorgung sowohl aus dem Gebiet der A. cerebri media als auch aus dem der A. cerebri anterior.

Anaesthesistische Probleme waren vor allem die Aufrechterhaltung einer suffizienten Endstrombahnarterialisierung bei den zu befürchtenden massiven Blutungen. Wir entschlossen uns zu einer kombinierten Hypotension-Hypothermie in halothangesteuerter Lachgas-Sauerstoffnarkose. Die Operation dauerte 14 Stunden.

Vorbereitung und Prämedikation

1. Medikamentöse vegetative Blockade vom Vorabend ab mittels je 25 mg Dolantin, 12,5 mg Atosil und 0,3 mg Hydergin in Form einer Mischspritze, welche 4-stdl. verabreicht wurde.

2. Auffüllung des Kreislaufes in der präoperativen Nacht durch 400 ml 5% Humanalbumin und 200 ml Erythrozytenkonzentrat.

3. Zusätzliche Schockprophylaxe unmittelbar vor Narkosebeginn mit 10 mg Droperidol intramusculär.

4. Als venöse Zugänge wählten wir zwei Braunülen Gr. 2, einen zentralen Armvenenkatheter sowie einen infraclaviculär eingelegten Subclaviakatheter. Die Lage der Katheter wurde per Thoraxaufnahme überprüft. Beide lagen in der oberen Hohlvene.

Narkosetechnik

Einleitung mit 200 mg Trapanal, Relaxierung mit 4 mg Imbretil, Intubation (Woodbridge Ch. 40), halothangesteuerte Lachgas-Sauerstoff-Narkose.

Kühlung

Die Kühlung erfolgte in einer mit Eiswasser gefüllten Badewanne. Wassertemperatur 4°C. Innerhalb einer Stunde fiel die Körpertemperatur des Patienten auf 31°C ab. Nach Auflegen im OP sank sie weiter auf 26°C. Dabei traten keine Herzrhythmusstörungen auf.

Operationsverlauf

Zunächst wurde die linke A. carotis communis freigelegt und angeschlungen, damit man einen evtl. intraoperativen massiven Blutverlust besser beherrrschen konnte. Außerdem ergab sich auf diese Weise die Möglichkeit, während der Operation weitere Carotisangiogramme anzufertigen.

Die Freilegung des Angioms selbst gestaltete sich sehr schwierig, weil die arterielle Versorgung des Tumors nicht nur, wie erwartet, aus den beiden genannten Arterien (media und anterior) sondern zusätzlich noch aus der A. chorioidea des linken Plexus erfolgte. Für den Nachweis dieser weiteren Gefäßversorgung waren fünf intraoperative Carotisangiogramme erforderlich.

Narkoseverlauf

Mit der Freilegung des Angioms begannen wir die kontrollierte Hypotension über ca. 2 Stunden mit insgesamt 250 mg Arfonad. Die Blutdruckmittelwerte lagen um 90/50. Der tiefste Wert war 60/40 mmHg. Dabei blieb die Diurese normal (80 ml pro Stunde). Die Oesophagustemperatur betrug zu dieser Zeit 26,5°C.

In der achten Operationsstunde kam es zu einer stärkeren Blutung, wir senkten den Blutdruck nochmals auf Werte um 80/40 mmHg. Als die Temperatur 28°C erreicht hatte, hielten wir sie in diesem Bereich, wobei wir im Wechsel kalte Tücher und Rotlichtstrahler einsetzten.

Arterielle Blutgase

Das aus der A. femoralis entnommene Blut ergab gleichbleibend eine dekompensierte respiratorische Alkalose mit pH 7,5 bei pCO_2 von 22 Torr.

Liquorgase

Die über eine Lumbaldrainage abgenommenen Liquorgase ergaben überraschenderweise eine dekompensierte metabolische Azidose (pH 7,28, HCO_3 18,4 mval/l, pCO_2 46 Torr, BE - 4,5). Es handelt sich um Mittelwerte aus drei Bestimmungen.

Ergebnis

Der Patient hat den Eingriff gut überstanden. Es besteht noch eine leichte Facialisparese sowie eine passagere motorische Dysphasie. Die Kombination von Halothan mit Arfonad zur kontrollierten Blutdrucksenkung hat sich bewährt, denn der Blutverlust betrug nur 1400 ml.

Zusammenfassung

I. Herr JOHNSTONE, der am 20.1.1956 die erste Narkose mit Fluothane (Halothan) gegeben hat, beschrieb rückschauend die Entwicklung des Fluothane. Der Chemiker Dr. SUCKLING synthetisierte - fußend auf den Vorarbeiten des Chemikers Dr. FERGUSON - im Jahre 1953 das Fluothane. Der Pharmakologe Dr. RAVENTOS untersuchte die Substanz näher und sagte ihre Anwendbarkeit beim Menschen voraus. Die klinischen Versuche wurden durch den Medizinischen Direktor und Anaesthesisten Dr. WEVILL geplant und koordiniert. Die Anwendung des Fluothane wurde in 3 Stufen vorangetrieben: 1. Als Zusatz zu einer Thiopental-N_2O-O_2-Relaxansnarkose, dann 2. als alleinige Substanz im geschlossenen System, der wirksamsten, wirtschaftlichsten und theoretisch sichersten Methode der Halothananwendung unter Spontanatmung und schließlich 3. als Faktor in der bestmöglichen Kombination mit anderen bekannten Medikamenten bzw. Narkosemitteln.

Es wurde erkannt, daß Fluothane alle Auswirkungen des operativen Eingriffes auf den Organismus blockieren kann, nicht aber die Auswirkungen exogener Katecholaminzufuhr und einer induzierten Hypokapnie. Kardiovaskuläre Wirkungen werden als Hypotonie, Verlängerung des QT-Intervalls, negative Dromotropie und unter höheren Dosen auch atrio-ventrikulärer Block erkannt. Diese Effekte sind verursacht durch eine Sympathikusblockade, eines aus der Sympathikusblockade resultierenden passiven Ansteigens des Vagustonus und schließlich durch die negativ inotrope Wirkung als Folge des Calciumantagonismus.

Fluothane bewirkt, wie andere narkotische Drogen, eine vorübergehende Depression der zell-vermittelten Immunität. Bisher gibt es keinen stichhaltigen wissenschaftlichen Beweis für eine direkte Schädigung der Leber durch Fluothane. Dieses Narkosemittel ist ein Meilenstein, an dem zukünftige Anaesthetika gemessen werden müssen.

Die Biotransformation des Halothan - von der man seit 10 Jahren weiß - erläuterte Herr STIER. Er zeigte sichere Kenntnisse des Halothanstoffwechsels beim Menschen auf und wies auf vermutbare oder mögliche Abbaumechanismen hin. Insbesondere zeigte er Arbeitshypothesen auf, nach denen sich weitere klinisch-pharmakologische Untersuchungen richten und zur Klärung einer möglichen Beteiligung des Halothans an Leberschäden führen könnten.

Das endoplasmatische Reticulum der Leberzelle, der Abbauort des Halothans, war Studienobjekt von Herrn HEMPEL und Frau RICKART. An Ratten wurde die Interferenz der Hexobarbital-Oxydation und der Halothanwirkung untersucht und gefunden, daß die Halothan-

Narkose die Hexobarbital-Oxydation hemmt. Es soll dies durch eine Verdrängung des Hexobarbital vom Cytochrom-P-450 bedingt sein. Chronische Halothan- und Trifluoressigsäure-Exposition führt ebenfalls zu einer Vermehrung des Cytochrom-P-450-Gehaltes, was als eine Hemmung dieses Systems gedeutet wird und auch für den Menschen zu gelten scheint.

Frau RIETBROCK sprach zur Frage der Hepatotoxizität von Halothan. Aus den Ergebnissen biochemischer Untersuchungen an Ratten wurde gefolgert, daß Halothan nicht hepatotoxisch im klassischen Sinne ist. Es konnten keine Verminderungen der mikrosomalen Enzyme gemessen werden. Offenbar rufen Narkotika per se Veränderungen im Regelmechanismus des Organismus hervor. Unter Extrembedingungen treten diese in Erscheinung, sind aber für Halothan nicht spezifisch.

II. Herr KARLICZEK ging auf die Wirkungen des Halothans auf den Gesamtkreislauf ein. Die Abnahme des peripheren Gesamtwiderstandes wird als ein Summationseffekt aus Sympathikuseinfluß und direkter Vasodilatation gedeutet. Die Abnahme des Herz-Zeitvolumens ist durch neurale und humorale Einflüsse, durch Änderung der Herzfrequenz, durch Veränderungen des venösen Rückflusses und eine Myocarddepression bedingt. An der resultierenden arteriellen Hypotension ist möglicherweise auch noch die Sensibilisierung der Baroreceptoren beteiligt.

Eine Übersicht über die Veränderungen der Atmung durch Halothan gaben Frau WEIHRAUCH und Frau PICHLMAYR. Eine progressive Parese oder Inaktivität der Interkostalmuskulatur ohne signifikante Zeichen der Erschlaffung anderer Skelettmuskeln wird hervorgehoben. Unter der Halothanwirkung kommt es zu einer Abnahme der alveolären Ventilation durch uneinheitliche Veränderungen der Atemfrequenz und der exspiratorischen Pause. Die Atmung sistiert bei noch intakter Kreislauffunktion. Die Beurteilung der atemdepressorischen Wirkung des Halothan wird unterschiedlich beurteilt. Der Vermutung einer direkt depressiven Wirkung auf die Atemzentren steht die Auffassung einer durch Blockierung der synaptischen Erregungsübertragung an den motorischen Neuronen verursachte Atemdepression gegenüber. - Die funktionelle Residualkapazität (FRC) nimmt ab, die $A\text{-}aDO_2$ nimmt durch erhöhte venöse Beimischung zu, auch der physiologische Totraum nimmt unter Halothannarkose regelmäßig zu. Über die Complianceentwicklung gibt es uneinheitliche Aussagen. Der Bronchialtubus wird geringer.

Herr WEIS besprach das Problem Halothan und Leber. Er wies darauf hin, daß die in der nationalen Halothanstudie von 1969 erwähnte Diskrepanz zwischen 23,7 rechnerisch zu erwartenden und nur 19 tatsächlich aufgetretenen Fällen massiver Lebernerkose bis heute ungeklärt ist. Bei den vergleichend untersuchten Narkosearten war die Lebernerkoserate 1 : 10 000, unter Halothan 1 : 35 000. Letalität und Morbidität der Halothaninhalationsnarkose liegen demnach niedriger als bei allen anderen Narkosearten. Es ist deshalb nicht zulässig, von einer Lebertoxizität des Halothans zu sprechen. Bisher gibt es auch keine wissenschaftlichen Beweise für eine "Halothan-Hepatitits". Auch eine zusätzliche Schädigung der vorgeschädigten Leber durch Halothan ist bisher nicht nachgewiesen worden. Von Leberspezialisten wird Halothan für die portokavale Shunt-Operation empfohlen. Die gegenwärtig geübte Zurückhaltung in der Halothananwendung bei einer subakuten, chronischen oder aggressiven Hepatitis beruht nicht auf begründeter Kenntnis sondern auf Vorsicht.

Die Nierenfunktion unter Halothan erörterte Herr BIHLER. Nierenplasmastrom, glomeruläre Filtrationsrate und Urinausscheidung nehmen unter Halothan, wie unter jeder Allgemeinnarkose ab. Es treten Veränderungen der renalen Elektrolytausscheidung auf. Der Hydratationszustand des Patienten spielt in diesem Geschehen eine wichtige Rolle.

Herr RIBARIČ erinnert in seinem Beitrag an die Anfangsschwierigkeiten der Halothanapplikation. Mangels geeigneter Verdunster und wegen der hohen Kosten wurde deshalb Halothan im geschlossenen System gegeben. Die Dosierung erfolgte nach der Injektionsmethode. Die Sicherheit der Halothannarkose wird am Beispiel der Tonsillektomie, die Möglichkeit der Hypotension am Beispiel der Operation cerebro-vaskulärer Aneurysmen aufgezeigt. Es wird darauf hingewiesen, daß mit zunehmender Halothankonzentration durch das Absinken des ionisierten Calciums im Serum eine Senkung des Blutdrucks eintritt. Der Blutdruck normalisiert sich mit der Normalisierung der Plasma-Calcium-Werte.

III. Herr FISCHER beschäftigte sich in seinem Vortrag mit der Objektivierung und Quantifizierung der direkten Myocardeffekte am isolierten Herz. Er fomulierte dazu den Begriff des "kardiotherapeutischen Index" der angibt, bei welchem vielfachen des MAC-Wertes die Kontraktionskraft des Myocards um 25% gesenkt wird. Mit dem KI läßt sich, bezogen auf die negativ-inotropen Eigenschaften der Inhalationsnarkotika, deren therapeutische Breite quantifizieren. Es wird der Schluß gezogen, daß die Inhalationsnarkotika neben der gemessenen unterschiedlichen Kardioaktivität auch durch extrakardiale Audoregulationsmechanismen beeinflußt werden.

KARLICZEK und Mitarbeiter trugen Befunde über Kreislaufveränderungen durch Halothan bei herzchirurgischen Patienten (Schweregrad III NYHAC) während offener Herzoperationen vor. 0,75% Halothan führten in 10 min zu Hypotension, Verminderung des peripheren Widerstandes, des Schlagvolumens und des HZV. Dp/dt_{max} sank um mehr als 25%. Vergleiche mit Enflurane, Methoxyflurane und Fluoroxene werden mitgeteilt. Bei Herzinsuffizienz sind Halothan und Enflurane weniger geeignet.

Mit der Coronardurchblutung und dem myocardialen O_2-Verbrauch unter Halothan, Methoxyfluran und Enflurane befaßten sich Herr TARNOW und Mitarbeiter im Hundeversuch. Es wurde der Einfluß von jeweils 0,5 und 1,0 MAC + 67% N_2O auf die Coronardurchblutung, den myocardialen Energiebedarf und den Systemkreislauf geprüft. Coronardurchblutung und myocardialer O_2-Verbrauch nahmen stets signifikant ab. Der coronare Gefäßwiderstand wurde von Halothan und Methoxyfluran kaum beeinflußt, unter Enfluran abgesenkt. Trotz erheblicher Hypotension und

Abnahme des Coronarflusses war die O_2-Versorgung des Myocards nicht gefährdet. Für die Klinik wird daraus geschlossen, daß bei cardial vorgeschädigten Patienten die mit einer Druckentlastung einhergehende Senkung des myocardialen O_2-Verbrauchs bei üblicher Dosierung ein Vorteil ist, solange brüske Senkungen des coronaren Perfusionsdruckes und ein Frequenzanstieg vermieden werden.

Herr RADKE und Mitarbeiter untersuchten am Menschen das Ausmaß der Myocardinotropie unter halothaninduzierter Kreislaufdepression. Die signifikante Abnahme des arteriellen Druckes ist nicht durch eine Verschlechterung der Ventrikelfüllung sondern durch eine Verschlechterung der Ventrikelentleerung verursacht. Für eine vorübergehende und offensichtlich reversible Herzinsuffizienz sprechen auch die unter Halothan ansteigenden linksventrikulären enddiastolischen Drucke und das Ansteigen des Pulmonalarteriendruckes. Bei unverändertem Coronarwiderstand war die Coronardurchblutung signifikant gesenkt, die myocardiale O_2-Versorgung jedoch nicht gefährdet. Erst bei Halothandosierungen über 0,9 Vol% ergaben sich Verschlechterungen der Oekonomie der Herztätigkeit.

Herr FOURNELL bestimmt die elektrische Flimmerschwelle am isolierten Meerschweinchenherz als Parameter für die Arrhythmiebereitschaft des Herzens unter dem Einfluß der Kombination von Adrenalin und Halothan oder Enfluran oder Methoxyfluran. Halothan und Enfluran führen zu einer qualitativ vergleichbaren Abnahme, Methoxyfluran dagegen zu einem Anstieg der Flimmerschwelle.

Herr HARTUNG und Frau DEHNEN berichteten über eine versehentliche Halothan-Intoxikation während einer Herzoperation an der Herz-Lungenmaschine. Wenn die Halothanelimination nicht unter dem Schutz eines partiellen Bypass vorgenommen werden kann, müssen Calcium, Katecholamine, Herzglykoside und Glukagon zur Aufrechterhaltung des Blutdruckes eingesetzt werden.

Die Untersuchungen zur Anwendung von Halothan bei Herzkatheteruntersuchungen und bei Angiocardiographien in den ersten Lebensjahren von Herrn COMELLI und Mitarbeitern wurden zu Protokoll genommen. Unter Halothannarkose wird der Druck im rechten und linken Herzen unterschiedlich beeinflußt, auch treten häufiger ventrikuläre Extrasystolen und Nodalrhythmen auf. Rhythmusstörungen treten auch auf, wenn bei Angiocardiographien Acetylcholin gegeben wird. Weitere Befunde führen zu der Aussage, daß das Halothan zwar viele günstige Eigenschaften hat, für die vorgenannten Untersuchungen jedoch nicht sehr geeignet ist.

Anaesthesieprobleme bei transvenöser Schrittmacherimplantation besprachen Herr BLAUM und Mitarbeiter. Sie fanden bei mehr als 800 Narkosen für Schrittmacherimplantationen bzw. Revisionen die oberflächliche Halothan-Lachgas-Narkose, nach Prädmedikation mit Atropin, als günstigste Form. Zusätzliche Anwendung von Pethidin in der Prämedikation, von Propanidid zur Einleitung und auch von Lokalanaesthesie brachten häufiger Komplikationen mit sich.

IV. Herr FREY gab Hinweise und klinische Empfehlungen auf die Kombination von Inhalationsnarkotika und Muskelrelaxantien. Halothan verstärkt und verlängert die neuromuskulär blockierende Wirkung der Relaxantien vom Curaretyp. Die Wirkung der depolarisierenden Relaxantien vom Succinyl-Cholin-Typ wird durch Halothan nicht wesentlich verstärkt.

Herr BARTH ging auf Wechselwirkungen zwischen Halothan und Pancuronium ein. Es wurde geprüft, ob zwischen Halothan und Muskelrelaxantien additive oder überadditive (potenzierende) Wechselwirkungen bestehen. Es wurden die Dauer des Maximaleffektes, das Zeitintervall bis zu 50% Erholung und die Anstiegsgeschwindigkeit der Erholungskurve gemessen. Unter Halothanzusatz verlief die Erholung signifikant rascher. Zwischen Halothan und Pancuronium bestehen offenbar nur additive Wechselwirkungen.

Einen Beitrag zur malignen Hyperthermie lieferten Herr GULLOTTA und Mitarbeiter. Bei 9 Fällen wurden Muskelbiopsien lichtmikroskopisch enzymhistochemisch und elektronenoptisch untersucht. Eine Gruppe zeigte akute Veränderungen der Muskelfasern im Sinne der akuten Stoffwechselentgleisung, es handelt sich um Vorstufen der Nekrose. Sie lassen sich als eine Wirkung der Inhalationsnarkotika (z. B. Halothan) und/oder Muskelrelaxantien (Succinyl-Cholin) auf Defekte Ca-speichernde Membranen des sarkoplasmatischen Retikulums, mit der Folge einer akuten Beschleunigung des Zellstoffwechsels, deuten.

Die Voraussetzung für das Auftreten der malignen Hyperthermie scheint jedoch eine Myopathie zu sein. Eine präexistente Myopathie kann familiär bedingt oder erworben sein. Es wurden "tubuläre Aggregate" in der Nähe der Zellkerne gefunden, deren Natur und Genese bisher unbekannt sind, die aber bei Myopathien gefunden werden, die durch Elektrolytstörungen charakterisiert sind.

Herr OEHMIG gab eine Übersicht über die Methoden der Elimination von Narkosegasen und -Dämpfen. Zur Verminderung der "air pollution" im Operationssaal wird die geschlossene Umfüllung der Narkotika aus der Vorratsflasche in die Verdunster, die Vermeidung der "offenen Tropfmethode" empfohlen und für alle anderen Systeme eine zuverlässige Absaugung angeregt. Bei der Anwendung des "geschlossenen Systems" oder des "halboffenen Systems" muß der Überschuß an Gas zuverlässig und am besten aktiv abgesaugt werden. Ejektor-System, Elektrogebläse und Narkotikafilter werden erläutert und es wird darauf hingewiesen, daß die abgesaugten Narkosegase nicht wieder über die Klimaanlage in den Operationssaal zurückgeführt werden dürfen.

Die Herren MAYR und WIDMANN trugen über die Effizienz der Narkosegasabsorption durch Filter vor. Bei kontinuierlicher Benutzung sind die Filter 3 1/2 Std (2 Vol% Halothan) bis 16 Std (0,3 Vol%) wirksam. Eine Unterbrechung der Filterbelastung bringt eine Diffusion des absorbierten Narkosegases über die ganze Filtersubstanz, wodurch die Filtereffektivität erheblich abnimmt. Nach Betriebspausen von 2 - 3 Tagen ist der Einsatz gebrauchter Filter nicht mehr sinnvoll.

Die Auswirkung einer Installation von Abführsystemen auf die Konzentration von Narkosegasen in der Luft von Operationssälen trug Herr REJGER und Mitarbeiter vor. Die Narkosegase wurden über ein Vakuumsystem geführt, wodurch eine Verminderung der Narkosegaskonzentrationen von 150 - 260 ppm auf 9 - 25 ppm erreicht wurde. Die Luft im Operationssaal völlig frei von Verunreinigungen mit Narkosegasen zu halten ist unmöglich. Brennbare Anaesthetika können nicht in eine Vakuumanlage abgeleitet werden, Ölpumpen können nicht zur Ableitung herangezogen werden. Gasstrahlpumpen mit Preßluftantrieb, kombiniert mit einem Vorratsgefäß, sind anwendbar. Die Anwendung von Narkotikafiltern hat den Nachteil, daß Lachgas die Filter passiert.

V. Die Herren MOSTERT und SCHRAUT stellten eine neue Technik der Halothannarkose im Kreissystem vor, bei der unter kontinuierlicher Messung der Sauerstoffkonzentration im Ausatemschenkel Halothan durch eine rechnergesteuerte Pumpe zugeführt wird. Die Berechnungsgrundlagen sind angegeben. Zur Einarbeitung in die Technik wird die Messung der endexspiratorischen Halothankonzentration empfohlen. Die angegebene Dosierung ist durch die gemessene arterielle Halothankonzentration abgesichert und gilt nicht nur für Erwachsene, sondern auch für Säuglinge. Die Halothandosierung ist auf einfache Weise auch ohne datengesteuerte Injektionsmaschine möglich.

Erfahrungen mit der Halothan-Lachgas-Narkose im geschlossenen System wurden von Herrn SPIESS mitgeteilt. Durch Zusatz von 70% Lachgas wird die MAC für Halothan um etwa 60% von 0,74 auf 0,29% herabgesetzt. Das Problem der Sicherstellung der erforderlichen Sauerstoffkonzentration wird durch die kontinuierliche elektrochemische Messung in der Ausatemluft gelöst. Die erforderliche Gasmenge wird an der Konstanz des Beatmungsdruckes ausgerichtet. Die im geschlossenen System verwendeten sehr geringen Gasvolumina bedingen ein entsprechendes Aufdrehen des Halothanverdunsters, damit eine ausreichende Konzentration im Inspirationsschlauch erreicht werden kann.

Über die einschlägige Neuigkeit älterer Halothanverdampfer berichteten Herr EHEHALT und Mitarbeiter. Mit dem infrarotanalysierenden Narkometer wurde Halothan in Sauerstoff bei einem flow von 3 und 6 l/min gemessen. Bei 55 unregelmäßig gewarteten Halothanverdampfern verschiedener Hersteller wurden Abweichungen der Halothankonzentration bis zu 40% gemessen. Für Abweichungen vom Sollwert von über 25% wird eine Korrektur gefordert. Als Ursache mangelnder Einstellgenauigkeit wurden Verunreinigungen durch Schmutzpartikel und Stabilisatorrückstände angesprochen. Eine jährliche Wartung und Eichung wird empfohlen.

Halothan als Adjuvens bei der kontrollierten Blutdrucksenkung wurden von den Herren HAVERS und HARLER besprochen. Es wurden verglichen: Halothan-Thalamonal-(Practolol), Halothan-Thalamonal-Phenoxybenzamine-Practolol und Halothan-Periduralanaesthesie. Halothan erweist sich als Zusatz zu einer Basis aus anderen gefäßerweiternden Verfahren als gut steuerbar.

Die Herren BÜTTNER und KNORR berichteten über eine Methode kontrollierter Hypotension für die Narkose bei totaler Hüftgelenksendoprothese, wobei Thalamonal und Halothan kombinierten. Der Blutverlust wird dadurch verringert, die Einschwemmung von gewebsthromboplastischen Produkten herabgesetzt und die postoperative Erholungsphase abgekürzt. Die Hypertonie per se wird nicht als Kontraindikation gegen die kontrollierte Hypotension angesehen.

Über Stoffwechselveränderungen bei kontrollierter Blutdrucksenkung mit Halothan berichtete Frau SCHLIMGEN und Mitarbeiter. Blutgas- und Säure-Basen-Werte änderten sich nur unbedeutend innerhalb der Normgrenzen. Es traten geringe Mengen Exzeßlaktat auf, was auf den operativen Eingriff zurückgeführt wird. Obwohl der Cardiac-Index um 50% und der Sauerstoffverbrauch auf 90% des kalkulierten Grundumsatzes vermindert waren, blieben Zeichen einer Gewebsoxydose aus. Offenbar wird bei der kontrollierten Hypotension mit Halothan der Sauerstoffverbrauch gesenkt und der Sauerstoffbedarf vermindert.

Frau GARSTKA und Mitarbeiter berichteten über Leberenzymuntersuchungen nach Halothannarkosen, Neuroleptanalgesien und Periduralanaesthesien. Es wurden Veränderungen im Leberenzymmuster unterschiedlicher Ausprägung und Richtung gefunden, die als "Basisbelastung" der Leber definiert sind. Dabei kann nicht mit Sicherheit gesagt werden, ob diese Veränderungen mit dem Anaesthesieverfahren in Zusammenhang stehen oder anaesthesieunabhängig sind.

Enzymmessungen bei verschiedenen Narkosemethoden trugen Herr DIECKMANN und Mitarbeiter vor. Es wurden Patienten-Gruppen mit und ohne Halothanzusatz zu einer Basisnarkose untersucht. Im Vergleich ergaben sich keine signifikanten Veränderungen. Der Einfluß der Narkosedauer auf die Enzymveränderungen ergab, daß mit längerer Operationsdauer ein deutlicher Stimulus für Enzymerhöhungen gegeben ist.

Herr LANDAUER und Mitarbeiter trugen Messungen über den Einfluß von Halothan auf die Oberflächenspannung der Lunge vor. Sie fanden, daß es beim Kaninchen unter Halothan zu einer Beeinträchtigung des Antiatelektasefaktors der Lunge kommt, die jedoch ohne blutgas-analytisch faßbares ventilatorisches Korrelat bleibt. Bei einem Teil der Versuchstiere kam es unter Halothan zu einer deutlichen Verbesserung der ventilatorischen Situation infolge der broncholytischen Wirkung dieses Anaesthetikums. Die Beeinträchtigung der Surfactantfunktion durch Halothan wird als rein funktionelles und voll reversibles Phänomen gedeutet. Lachgas, Ketamine, Barbiturate und Opiate werden als "surfactantfreundliche" Substanzen herausgestellt.

Frau WATZEK und Mitarbeiter legten Untersuchungen zum Verhalten der Oberflächenspannung der Lunge unter Halothan vor, sie fanden, daß die Einhaltung bestimmter "Normalbedingungen" auch unter Beatmung mit hohen Halothankonzentrationen eine relevante Beeinflussung der pulmonalen Surfactantaktivität nicht in Erscheinung treten läßt. Gegensätzliche Auffassungen anderer

Autoren werden auf den Einfluß "additiver" Faktoren oder auf die Anwendung toxischer Halothankonzentrationen zurückgeführt.

Herr SEHHATI und Mitarbeiter legten Ergebnisse über die Refluxbegünstigung durch Inhalationsnarkotica durch Halothan vor. Bei Patienten mit "nicht leerem Magen" sollte Atropin in der Prämedikation wegen der Tonusreduzierung am unteren Oesophagussphincter vermieden werden. Durch Lachgas-Sauerstoff-Halothan-Gemische wird der Druck am unteren Oesophagussphincter ebenfalls wesentlich herabgesetzt. Diese Beobachtungen sollten bei der Anaesthesie von Notfall-Patienten Beachtung finden.

Der Beitrag von Herrn VARRASSI und Mitarbeitern über Änderungen des Augeninnendrucks unter Halothan- und Enfluran-Anaesthesie am Versuchstier wurde zu Protokoll genommen. Unter Halothan ist die Minderung des Augeninnendrucks stärker ausgeprägt als unter Enfluran. Auch mäßige Hyperventilation senkt den Augeninnendruck.

In seinem Überblick über die Anaesthesie mit Halothan in der Urologie wies Herr SALEHI darauf hin, daß die Narkosemöglichkeiten in den letzten Jahren subtiler und differenzierter geworden sind. Er beschreibt die Indikationen für die Inhalationsnarkose mit Halothan und die Problematik der Halothananwendung im Hinblick auf die Beeinflussung der Nierenfunktion, der Einschwemmung von Spülflüssigkeit bei der transurethralen Prostataresektion und die Beseitigung der Narkosegase.

Herr KESSLER untersuchte die Wirkung von Halothan und Ethrane auf die Gravidität der Ratte. Nach intraperitonealer Applikation in unterschiedlichen Entwicklungsstadien gravider Rattenweibchen zeigte sich keine Beeinträchtigung der Entwicklung der Früchte. Halothan- und Ethrane-Applikation während der embryonalen Entwicklungsphase führt zu Erhöhung der Fruchttotrate und auch zu Störungen der Geburt. Teratogene Wirkungen wurden nicht beobachtet.

Über klinische Erfahrungen mit Halothan beim Kaiserschnitt berichteten die Herren SCHMIDT und PFLÜGER. Die Anwendung einer "balancierten Allgemeinanaesthesie" mit Zusatz von Halothan werden für Kind und Mutter als risikoarm beschrieben.

Herr WEIGAND und Frau DOBBELSTEIN berichten über ein Kind, dem 46 Intubationsnarkosen unter Anwendung von Halothan gegeben wurden. Für eine Leberschädigung konnten keine Anhaltspunkte gefunden werden. Im Verlauf des Referates wird die Problematik der Mehrfachnarkose mit Halothan ausführlich diskutiert.

Über die Halothan-Anaesthesie bei Kindern berichteten Herr HENNES und Mitarbeiter. An 5500 Kindern wurden äußerst günstige Ergebnisse erzielt. Die Komplikationsrate lag unter 1,5%, 380 Mehrfachnarkosen verliefen ohne Zwischenfälle.

Herr HUSE und Herr KÖHLER trugen über hämodynamische Veränderungen in Halothannarkose bei kontrollierter Hypotension und Hypothermie für neurochirurgische Operationen vor. Es wird herausgestellt, daß der durchschnittliche Blutdruckabfall in mäßiger Hypothermie den Kreislaufveränderungen in Normothermie gleichkommt. Der totale periphere Widerstand war in Hypothermie und kontrollierter Hypotension nur wenig verändert. Bei einem durchschnittlichen Mitteldruck von 50 ± 5 Torr wurde der kritische Grenzwert des cerebralen Perfusionsdruckes nicht erreicht. Als entscheidende Kreislaufveränderung in kontrollierter Hypotension mit einer Halothanmononarkose wird die Verminderung des Herzindex herausgestellt.

Abschließend berichteten Herr DAHMEN und Mitarbeiter von einer 14-stündigen Halothannarkose zur Entfernung eines hühnereigroßen Angioms aus dem Marklager der linken Zentralregion in Hypotension und Hypothermie. Die Kombination von Halothan mit Arfonad zur kontrollierten Blutdrucksenkung wird günstig beurteilt.

Summary

I. Dr. JOHNSTONE, who gave the first anesthesia with fluothane (halothane) on 20 January, 1956, retrospectively described the development of fluothane.

In January, 1953, Dr. SUCKLING, an analytic chemist, synthesized fluothane - basing it on preparatory work of Dr. FERGUSON, also a research chemist.

The pharmacologist Dr. RAVENTOS tested the substance and predicted its applicability in man. The clinical trials were planned and supervised by Dr. WEVELL, medical director and experienced anaesthetist.

Fluothane was tested in three stages: 1. in addition to thiopentone-N_2O-O_2 anesthesia with relaxation, 2. as a sole agent in a closed circuit, the most effective, most economic, and theoretically safest method of using fluothane under spontaneous breathing, and finally, 3. in a combination with other known drugs and narcotics.

It became known that fluothane is able to block all the effects of surgery on the organism but not the effects of exogenous application of catecholamines and of induced hypocapnia.

The cardiovascular effects are hypotension, widening of the Qt interval, negative dromotropic action, and under higher dosage atrioventricular block. These are caused by a blockage of the sympathetic nervous system resulting in a passive increase of vagal tone and finally by negative inotropism as a consequence of the calcium ion antagonism.

Like other narcotic drugs fluothane causes a temporary depression of the cell-induced immunity. Until now there are no valid scientific proofs for primary liver damage caused by fluothane. This drug is a yardstick by which further anesthetics should be judged.

Dr. STIER explained the biotransformation of halothane, known for 10 years. He discussed the known facts of halothane metabolism in man and outlined possible mechanisms of metabolism. He especially indicated working hypotheses for further clinical and pharmacological investigations leading to the knowledge of a possible participation of halothane in liver damage.

Dr. HEMPEL and Dr. RICKART studied the endoplasmic reticulum of the liver cell as a site of halothane metabolism. They investigated the interference of hexobarbitone oxidation and halothane administration in rats and found that halothane anesthesia was slowing down hexobarbitoneoxidation. This may be caused by suppression of hexobarbitone by cytochrome-P-450. Chronic exposure to halothane and trifluoroacetic acid causes augmentation of cytochrome-P-450, which could be explained as competitive inhibition of hexobarbitone and halothane for the binding site of cytochrome-P-450, this also operates in man.

Another question was the liver cell toxicity of halothane. Dr. RIETBROCK explained the results of her experiments with rats. There was no indication of liver cell damage (in a classic manner). Neither was here any decrease of microsomic enzymes. Obviously narcotics seem to alter the regulatory mechanism of the organism. This may occur under extreme conditions but is not typical for halothane.

II. The effects of halothane on the circulation were outlined by Dr. KARLICZEK. A decrease of the total peripheral resistence is caused by a sympathetic nervous influence and direct vasodilation. Neural and humoral alterations in heart frequence as well as venous return and myocardial depression can cause a decrease in cardiac output. The resulting arterial hypotension is possibly involved with the sensibilization of the baroreceptors.

Alterations in respiration caused by halothane were reviewed by Dr. WEIHRAUCH and Dr. PICHLMAYR. Special attention was paid to a progressive paresis or inactivity of the intercostal muscles without significant relaxation of the other skeletal muscles. Halothane causes a decrease of alveolar ventilation by irregular alteration of respiratory rate and expiratory pause. Respiration stops when circulation is still functioning. There are different opinions on the depressing effect of halothane on respiration. Some suppose a direct depressing influence on the respiration center, some assume a stop in the transmission of electric conduction in the motor neuron.

The functional residual capacity (FRC) is diminished; alveolar arterial difference in oxygen pressure ($A\text{-}aDO_2$) is increased through increased venous admixture. The physiologic deadspace ventilation increases regularly under halothane administration. There are different opinions on the development of compliance. The tonus of the bronchi is diminished.

In his talk Dr. WEIS exposed the problem of halothane and the liver. In the National Halothane Study of 1969 there are unexplained discrepances between the calculated 23.7 and the actually observed 19 cases of liver necrosis. The rate of necrosis in equally conditioned kinds of anesthesia was 1 : 10,000, in halothane 1 : 35,000. There is less lethality and morbidity with halothane administration. Therefore it is not inaccuratet to speak of liver toxicity due to halothane. There is no scientific proof of "halothane hepatitis" until now. Even additional damage to a previously damaged liver by halothane could not be prooved.

Specialists in liver disease recommend halothane for portocaval shunt surgery. The use of halothane in subacute chronic or aggressive hepatitis is not based on well-founded knowledge but on caution.

The renal function under halothane was explained by Dr. BIHLER. As under general anaesthesia, renal plasma perfusion, glomerular filtration rate and urine excretion decreases under halothane. There are alterations in the renal electrolyte excretion. The hydration of the patient is a most important problem in these findings.

Dr. RIBARIC gave a review of the difficulties experienced at the beginning of halothane administration. Due to high costs and lack of proper vaporizers, halothane was applied in a closed circuit method. The dosage was based on the "injection method" (into the expiratory tube). Tonsillectomy was quoted as an example for safety; the possibilities of hypotension were explained on the example of cerebrovascular aneurysm surgery. With increasing halothane concentration the level of ionized serum calcium will drop, leading to a fall of blood pressure: It will return to normal with normalization of the plasma calcium values.

III. In his report Dr. FISCHER explained the possibilities of how to understand and measure the direct myocardial effects in the isolated heart. He therefore defined the concept of the "cardiotherapeutic index", a measure of the MAC value multiplication factor lowering the concentration ability of the myocard by 25%. The cardiotherapeutic index quantifies the therapeutic range in reference to the negative inotropic qualities of inhalation anesthetics. The author concludes that inhalation narcotics are influenced by both the differing cardioactivity and the extracardial regulatory mechanism of the body.

Dr. KARLICZEK et al. gave a report on the changes in the circulation in patients undergoing open heart surgery when halothane halothane is used (grade III NYHAC-patients). Anesthesia with 0.75% halothane was provoking hypotension after 10 minutes, lowering of peripheral resistance, stroke volume, and cardiac output per minute. Dp/dt_{max} dropped by more than 25%. There were comparisons with enflurane, methoxyflurane and fluoroxene. Halothane and enflurane are less suitable for anesthesia in heart failure.

Dr. TARNOW and co-workers talked about their experiments in dogs measuring coronary bloodflow and myocardial oxygen consumption under halothane, methoxyflurane, and enflurane. They tested the influence of 0.5 and 1.0 MAC + 67% N_2O on the coronary blood flow, the myocardial energy consumption, and the systemic circulation. There was a significant drop in CBF and myocardial oxygen consumption. Halothane and methoxyflurane hardly changed coronary vascular resistance whereas enflurane lowered it. Hypotension and reduced CBF did not endanger the oxygenation of the myocardial tissue. As a conclusion for clinical applicability there is an advantage for cardially impaired patients because hypotension provokes a drop in myocardial oxygen consumption in normal doses as long as a sudden drop of perfusion pressure and tachycardia is avoided.

There were investigations by Dr. RADKE and co-workers who tested the inotropic action of myocardial tissue in man caused by halothane-induced depression of circulation. The significant drop in arterial blood pressure is not caused by a decrease of ventricular filling but of ventricular output. An increase in the left ventricular enddiastolic pressure evidently points to transient and reversible heart failure. Perfusion of the coronary vessel resistance or damage to the oxygenation of the myocard. A dosage above 0.9% halothane, however, negatively affected the economy of the heart's work.

As a parameter for the arrhythmic tendency Dr. FOURNELL measured the electric potentials for fibrillation in the isolated heart of the guinea pig in relation to the administration of epinephrine and halothane or to enflurane or methoxyflurane. There is a drop with halothane and enflurane whereas methoxyflurane provokes a rise of the fibrillation threshold.

Dr. HARTUNG and Dr. DEHNEN reported a case of accidental halothane intoxication during heart surgery with the heart lung machine. If there is no possibility of protecting the heart with a partial bypass to eliminate halothane there should be administration of calcium, catecholamines, glykosides, and glucagon to maintain the blood pressure.

Problems of halothane administration for catheterization of the heart and angiography during the first years of life were reported by dr. COMMELLIS' and his co-workers. In anaesthesia with halothane the pressures in the right and left ventricles are influenced differently. One will often find ventricular extrasystoles and nodal rhythms. Disturbance of rhythm will occur in angiocardiography when acetylcholine is given. Further findings show that halothane, despite many favorable properties, is not suitable for the aforementioned tests.

Problems in anesthesia for transvenous pacemaker implantation were discussed by Dr. BAUM et al. After premedication with atropine, halothane-N_2O anesthesia was found to be the most favorable in more than 800 cases of pacemaker implantations and revisions. There were more complications with additional administration of pethidine for premedication, propanidid for induction, and use of local anesthesia.

IV. Dr. FREY recommended the combination of inhalation narcotics with muscle relaxants. Halothane increases and prolongs the neuromuscular blocking action of relaxants of the curare type. The action of relaxants of the suxamethonium type is not intensified especially by halothane.

Dr. BARTH reported on the reciprocal actions of halothane and pancuronium. He tested additive or potentiating mutual effects between halothane and muscle relaxants. He measured the duration of the maximal effect, the time until recovery was 50% and the speed of recovery. With addition of halothane to pancuronium recovery was significantly quicker. Obviously there are only additive mutual effects between halothane and pancuronium.

Malignant hyperthermia was discussed by Dr. GULOTTA and co-workers. Muscle biopsies of nine cases were tested microscopically, enzymhistochemically, and electrooptically. One group showed acute alterations in the muscle fibers such as acute metabolic imbalance, a prenecrotic stage. This was explained as the effects of inhalation narcotics (e.g., halothane) and/or muscle relaxants (suxamethonium) on defective calcium storing membranes of the sarcoplastic reticulum, followed by acute increase of cell metabolism. Myopathy seems to be a prerequisite for a malignant hyperthermia. A preexistent myopathy may be hereditary or acquired. Close to the cell nucleus one can see tubular aggregates, the nature and genesis of which are still unknown. They are mainly found in myopathies correlated with changes in electrolytes.

Dr. OEHMIG reviewed different methods of elimination of narcotic gases and vapors. To diminish "air pollution" in the operating room the closed filling of narcotics from the reserve bottle with "key filling devices" is recommended. The open drip method is obsolete. For all other systems the use of reliable sucking systems is suggested. Use of a "closed system" would be ideal. In the "half open system" the excess of gas should be eliminated reliably and actively. Dr. OEHMIG described the ejector system, the electric supercharger, and filter systems for narcotic elimination. He pointed out that the exhausted gases should not be recycled through the air conditioning into the operating room.

Dr. MAYR and Dr. WIDMANN talked about the efficiency of narcotic gas filters. When continually in use the filters are working from 3 1/2 (2% of halothane) to 16 hours (0.3% of halothane). If the filter activity is interrupted the absorbed gases will spread into the total filter substance, thus impairing further effectivity. After breaks of 2 - 3 days the reuse of filters is not recommended.

Dr. REJGER and co-workers investigated the effects of built in air draining systems in the operating room on the concentration of narcotic gases. They were removed by a vacuum system that lowered the concentration of narcotic gases from 150 - 260 ppm to 9 - 25 ppm. But it is impossible to clear the air in the operating room totally from narcotic gases. Flammable anesthetics cannot be removed by vacuum systems; oil pumps cannot be used either, but gas pumps propelled by air compressors combined with a reserve container can be used. N_2O, however, is passing through filters unaltered.

V. A new technic for halothane anesthesia was presented by Dr. MOSTERT and Dr. SCHRAUT. It is a closed circuit system, adding halothane through a computer-operated syringe pump under continuous checking of O_2 concentration on the expiratory side of the system. The basic principles of this method were explained. In order to learn the technic, measuring of the end-expiratory halothane concentration is recommended. The indicated concentrations are valid for both adults and babies. The dosage for halothane can be maintained in a simple way even without a computerized injector.

Dr. SPIESS gave a report on his experiences with halothane in a closed system. By adding 70% N_2O the (MAC) maximal concentration of halothane is lowered by 60% from 0.74 to 0.29% halothane. To maintain the necessary concentration of O_2 expiration air was continuously controlled by electrochemical measuring with fuel cells. The gas volumes in the closed system are very low. In order to maintain a sufficient gas concentration in the inspiratory part of the system, the halothane vaporizer should be opened wider.

Interesting facts about older halothane vaporizers were reported by Dr. EHEHALT and co-workers. They measured halothane concentration in a flow of 3 - 6 l/min O_2 with help of an infrared analyzing narcometer. In 55 halothane vaporizers not checked regularly by the manufacturer, discrepances up to 40% were found. Discrepances of more than 25% of the nominal value should be adjusted. Cause for the discrepancy is either contamination through dirt particles or remains from stabilizing agents. Yearly servicing and gauging is recommended.

Halothane may be used as an adjuvant in controlled hypotension. Dr. HAVERS and Dr. HARLER compared the methods of halothane-thalamonal-(practolol), halothane-thalamonal-phenoxybenzamine-practolol and halothane-epidural anesthesia. In addition to other basic vasodilating agents halothane action can be well controlled.

Combination of thalamonal and halothane was used for controlled hypotension during anesthesia for total hip joint replacement by Dr. BÜTTNER and Dr. KNORR. The advantages are diminished blood loss, diminished irrigation of tissue damaging thromboplastic products, and shortening of postoperative recovery period. Hypertension is not a contraindication for controlled hypotension.

Dr. SCHLIMGEN and co-workers reported on metabolic changes in metabolism induced by controlled hypotension. Blood gases and acid base balance did not deviate significantly from normal. There was minimal excess of lactate due to surgery. Although the cardiac index was lowered by 50% and O_2 consumption was reduced to 90% of the calculated basal metabolism, signs of hypoxydosis of the tissue failed to appear. Obviously oxygen consumption and oxygen requirement under controlled hypotension are lowered.

Dr. GARSTKA and co-workers tested liver enzymes in halothane anesthesia, neurolept analgesia, and epidural anesthesia. Changes in the pattern of liver enzymes were found in different degrees and defined as basic stress signs. It is not clear whether these changes are due to anesthesia or unrelated to anesthetic procedures.

Dr. DIECKMANN and co-workers reported on enzyme evaluations in different anesthetic procedures. Different groups of patients were given basic anesthesia with or without halothane, and enzymes were tested. In comparison to control groups significant alterations were not found. Enzyme alteration was influenced by duration of anesthesia, and long-lasting surgery caused a definite increase.

Dr. LANDAUER and co-workers reported on the influence of halothane on the surface elasticity of the lung. They found that halothane diminished the antiatelectatic factor in rabbits. This does not prove that alterations of ventilation change blood gases. Some of the laboratory animals even showed significant improvement of ventilation due to the bronchodilating action of halothane. Impairment of surfactant function caused by halothane is a functional, fully reversible phenomenon. N_2O, ketamine, barbitals, and opiates are "surfactant friendly" substances.

Dr. WATZEK and co-workers talked about experiments with the surface elasticity of the lung in halothane anesthesia. They did not find relevant changes of pulmonary surfactant activity even under high concentrations of halothane, as long as certain normal conditions were observed. Differing opinions of other authors were attributed to the use of extremely toxic concentrations of halothane or to influence of additive factors.

Dr. SEHHATI and co-workers reported on reflux favored by halothane administration. Patients with "not empty stomachs" should not be premedicated with atropine to avoid reduction of sphincter tone in the lower esophagus. Pressure on the lower esophagus sphincter is also essentially reduced by N_2O/O_2-halothane mixture. This should be observed in emergency situation anesthesia.

Changes of intraoccular pressure under halothane and enflurane anesthesia in laboratory animals were tested by Dr. VARRASSI and co-workers. Halothane reduced intraoccular pressure more than enflurane, even slight hyperventilation lowered it.

In his review about anesthesia with halothane in urology Dr. SEHHATI pointed out that possibilities for anesthesia became more subtile and differentiated during the past few years. He described the indications for inhalation anesthesia with halothane and the problems of its use concerning renal functions, flushing of irrigation liquid in transurethral prostatectomy, and elimination of narcotic gases.

Dr. KESSLER researched the effects of halothane and enflurane on pregnant rats. Following intraperitoneal administration during different stages of pregnancy impairment of the fetal development could not be seen. Halothane and enthrane administration during the embryonal stages leads to higher rates in fetal deaths and trouble during birth. Theratogenic effects were not found.

Dr. SCHMIDT and Dr. PFLÜGER tested halothane in cesarean sections. The use of a "balanced general anesthetic" with additional halothane was of low risk for mother and child.

Another report from Dr. WEIGAND and Dr. DOBBELSTEIN dealt with a child who was given 46 intubation anesthesias using halothane, without resulting liver damage. The problems of multiple anesthesias with halothane were then widely discussed.

Dr. HENNES and co-workers gave a report on halothane anesthesia in children. The results in 5500 children were favorable. The complication rate was under 1.5%; in 380 multiple anesthesias there were no incidents.

Dr. HUSE and Dr. KOEHLER reported on hemodynamic changes during halothane anesthesia with controlled hypotension and hypthermia for neurosurgery. They pointed out that the average decrease in blood pressure in slight hypotension equalled the alterations of the circulation in normothermia. In hypothermia and hypotension the total peripheral resistance was nearly unchanged.

With an average mean pressure of 50 $\pm$ 5 torr the cerebral perfusion did not reach its critical limit. The most important change in circulation during controlled hypotension in halothane monoanesthesia is a decrease of the heart index.

Finally Dr. DAHMEN reported on a halothane anesthesia with hypotension and hypothermia lasting 14 hours for the removal of an angioma of the cerebral marrow of the left central region. He favors the combination of halothane and arforand for controlled decrease of blood pressure.

SACHVERZEICHNIS

A

B

C

D

E

F

G

H

I

K

L

M

N

O

P

R

S

T

Anaesthesiology and Resuscitation · Anaesthesiologie und Wiederbelebung
Anesthésiologie et Réanimation

Editors: R. Frey, F. Kern, O. Mayrhofer. Managing Editor: H. Bergmann

Eine Auswahl lieferbarer Bände:

1 Resuscitation. Controversial Aspects. Edited by Peter Safar. VII, 64 pages. DM 26,–. 1963
2 Hypnosis in Anaesthesiology. Edited by Jean Lassner. VIII, 51 Seiten. DM 24,–. 1964
5 Infusionsprobleme in der Chirurgie. Herausgegeben von U. F. Gruber. VIII, 108 Seiten. DM 14,–. 1968
6 Parenterale Ernährung. Herausgegeben von K. Lang, R. Frey und M. Halmágyi. X, 156 Seiten. DM 34,–. 1966
7 Grundlagen und Ergebnisse der Venendruckmessung zur Prüfung des zirkulierenden Blutvolumens. Von V. Feurstein. VIII, 37 Seiten. DM 19,–. 1965
11 Der Elektrolytstoffwechsel von Hirngewebe und seine Beeinflussung durch Narkotica. Von W. Klaus. VIII, 97 Seiten. DM 33,–. 1967
12 Sauerstoffversorgung und Säure-Basenhaushalt in tiefer Hypothermie. Von P. Lundsgaard-Hansen. VIII, 91 Seiten. DM 30,–. 1966
14 Die Technik der Lokalanaesthesie. Von H. Nolte. VIII, 53 Seiten. DM 14,–. 1966
15 Anaesthesie und Notfallmedizin. Herausgegeben von K. Hutschenreuter. XII, 286 Seiten. DM 78,–. 1966
16 Anaesthesiologische Probleme in der HNO-Heilkunde und Kieferchirurgie. Herausgegeben von K. Horatz und H. Kreuscher. VIII, 39 Seiten. DM 19,–. 1966
19 Örtliche Betäubung: Plexus brachialis. Von Sir Robert R. Macintosh und W. W. Mushin. VIII, 32 Seiten. DM 20,–. 1967
20 Anaesthesie in der Gefäß- und Herzchirurgie. Herausgegeben von O. H. Just und M. Zindler. XII, 209 Seiten. DM 64,–. 1967
21 Die Hirndurchblutung unter Neuroleptanaesthesie. Von H. Kreuscher. VIII, 85 Seiten. DM 33,–. 1967
22 Ateminsuffizienz. Von H. L'Allemand. VIII, 90 Seiten. DM 36,–. 1968
23 Die Geschichte der chirurgischen Anaesthesie. Von Thomas E. Keys. XVIII, 230 Seiten. DM 78,–. 1968
24 Ventilation und Atemtechnik bei Säuglingen und Kleinkindern unter Narkosebedingungen. Von J. Wawersik. X, 151 Seiten. DM 52,–. 1967
25 Morphinartige Analgetika und ihre Antagonisten. Von Francis F. Foldes, Mark Swerdlow, and Ephraim S. Siker. XXIII, 364 Seiten. DM 110,–. 1968
26 Örtliche Betäubung: Kopf und Hals. Von Sir Robert R. Macintosh und M. Ostlere. VIII, 124 Seiten. DM 67,–. 1968
27 Langzeitbeatmung. Herausgegeben von Ch. Lehmann. XIV, 91 Seiten. DM 39,–. 1968
28 Die Wiederbelebung der Atmung. Von H. Nolte. XII, 89 Seiten. DM 14,–. 1968
29 Kontrolle der Ventilation in der Neugeborenen- und Säuglingsanaesthesie. Von U. Henneberg. VII, 73 Seiten. DM 34,–. 1968
30 Hypoxie. Herausgegeben von R. Frey, M. Halmágyi, Karl Lang und G. Thews. X, 176 Seiten. DM 69,–. 1969
32 Örtliche Betäubung: Abdominal-Chirurgie. Von Sir Robert R. Macintosh und R. Bryce-Smith. XI, 73 Seiten. DM 62,–. 1968
33 Planung, Organisation und Einrichtung von Intensivbehandlungseinheiten am Krankenhaus. Herausgegeben von H. W. Opderbecke. X, 230 Seiten. DM 49,–. 1969
35 Die Störungen des Säure-Basen-Haushaltes. Herausgegeben von V. Feurstein. X, 149 Seiten. DM 56,–. 1969
36 Anaesthesie und Nierenfunktion. Herausgegeben von V. Feurstein. X, 142 Seiten. DM 53,–. 1969
37 Anaesthesie und Kohlenhydratstoffwechsel. Herausgegeben von V. Feurstein. VIII, 83 Seiten. DM 36,–. 1969
38 Respiratorbeatmung und Oberflächenspannung in der Lunge. Von H. Benzer. IX, 51 Seiten. DM 24,–. 1969
39 Die nasotracheale Intubation. Von M. Körner. XI, 94 Seiten. DM 43,–. 1969
41 Über das Verhalten von Ventilation, Gasaustausch und Kreislauf bei Patienten mit normalem und gestörtem Gasaustausch unter künstlicher Totraumvergrößerung. Von O. Giebel. VII, 74 Seiten. DM 26,–. 1969
43 Die Klinik des Wundstarrkrampfes im Lichte neuzeitlicher Behandlungsmethoden. Von K. Eyrich. VIII, 95 Seiten. DM 30,–. 1969
45 Vergiftungen. Erkennung, Verhütung und Behandlung. Herausgegeben von R. Frey, M. Halmágyi, K. Lang und P. Oettel. XX, 173 Seiten. DM 30,–. 1970
46 Veränderungen des Wasser- und Elektrolythaushaltes durch Osmotherapeutika. Von M. Halmágyi. XII, 77 Seiten. DM 30,–. 1970
48 Intensivtherapie bei Kreislaufversagen. Herausgegeben von S. Effert und K. Wiemers. IX, 108 Seiten. DM 43,–. 1970
50 Intensivtherapie beim septischen Schock. Herausgegeben von F. W. Ahnefeld und M. Halmágyi. IX, 103 Seiten. DM 44,–. 1970
51 Prämedikationseffekte auf Bronchialwiderstand und Atmung. Von L. Stöcker. VII, 46 Seiten. DM 26,–. 1971
52 Die Bedeutung der adrenergen Blockade für den haemorrhagischen Schock. Von G. Zierott. VIII, 115 Seiten. DM 62,–. 1971

53 Nomogramme zum Säure-Basen-Status des Blutes und zum Atemgastransport. Herausgegeben von G. Thews, XI, 134 Seiten. DM 48,–. 1971

56 Anaesthesie bei Eingriffen an endokrinen Organen und bei Herzrhythmusstörungen. Herausgegeben von K. Hutschenreuter und M. Zindler. XII, 223 Seiten. DM 47,–. 1972

58 Stoffwechsel. Pathophysiologische Grundlagen der Intensivtherapie. Herausgegeben von K. Lang, R. Frey und M. Halmágyi. X, 142 Seiten. DM 59,–. 1972

59 Anaesthesia Equipment. By P. Schreiber. XII, 219 pages. DM 59,–. 1972

60 Homoiostase. Wiederherstellung und Aufrechterhaltung. Herausgegeben von F. W. Ahnefeld und M. Halmágyi. XI, 192 Seiten. DM 83,–. 1972

61 Essays on Future Trends in Anaesthesia. By A. Boba. X, 93 pages. DM 36,–. 1972

62 Respiratorischer Flüssigkeits- und Wärmeverlust des Säuglings und Kleinkindes bei künstlicher Beatmung. Von W. Dick. VIII, 69 Seiten. DM 40,–. 1972

64 Sauerstoffüberdruckbehandlung. Probleme und Anwendung. Herausgegeben von I. Podlesch. IX, 97 Seiten. DM 47,–. 1972

65 Der Wasser- und Elektrolythaushalt des Kranken. Von H. Baur. XI, 221 Seiten. DM 59,–. 1972

66 Überlebens- und Wiederbelebungszeit des Herzens. Von P. G. Spieckermann. IX, 116 Seiten. DM 47,–. 1973

67 Sauerstoffbedarf und Sauerstoffversorgung des Herzens in Narkose. Von D. Kettler. VIII, 53 Seiten. DM 30,–. 1973

68 Anaesthesie mit Gamma-Hydroxibuttersäure. Herausgegeben von W. Bushart und P. Rittmeyer. IX, 93 Seiten. DM 30,–. 1973

70 Die Sekretionsleistung des Nebennierenmarks unter dem Einfluß von Narkotica und Muskelrelaxantien. Von M. Göthert. VIII, 89 Seiten. DM 36,–. 1972

71 Anaesthesie und Wiederbelebung bei Säuglingen und Kleinkindern. Herausgegeben von F. W. Ahnefeld und M. Halmágyi. IX, 83 Seiten. DM 40,–. 1973

72 Therapie lebensbedrohlicher Zustände bei Säuglingen und Kleinkindern. Herausgegeben von R. Frey, M. Halmágyi und K. Lang. IX, 136 Seiten. DM 69,–. 1973

73 Diagnostische und therapeutische Nervenblockaden. Herausgegeben von R. Frey, M. Halmágyi und H. Nolte. IX, 67 Seiten. DM 36,–. 1973

75 Anesthetic Management of Endocrine Disease. By T. Oyama. IX, 220 pages. DM 65,–. 1973

77 Herzrhythmus und Anaesthesie. Herausgegeben von H. Nolte und J. Wurster. IX, 55 Seiten. DM 30,–. 1973

78 Biotelemetrie. Angewandte biomedizinische Technik. Von H. Hutten. VII, 70 Seiten. DM 39,–. 1973

79 Coronardurchblutung und Energieumsatz des menschlichen Herzens unter verschiedenen Anaesthetica. Von H. Sonntag. VIII, 56 Seiten. DM 36,–. 1973

80 Anaesthesie. Atmung – Kreislauf. Herausgegeben von M. Gemperle, G. Hossli und B. Tschirren. XIII, 278 Seiten. DM 58,–. 1974

81 Stoffwechselwirkungen von Trometamol. Von H. Helwig. VIII, 96 Seiten. DM 36,–. 1974

84 Ethrane. Edited by P. Lawin und R. Beer in cooperation with E. Wiethoff. XIII, 389 pages. DM 64,–. 1974

85 Blutersatz durch stromafreie Hämoglobinlösung. Von J. M. Unseld. VIII, 90 Seiten. DM 32,–. 1974

95 Mobile Intensive Care Units. Edited by R. Frey, E. Nagel and P. Safar. XV, 271 pages. DM 48,–. 1976

98 Intraaortale Ballongegenpulsation. Von E. R. de Vivie. X, 96 Seiten. DM 28,–. 1976

101 Myokarddurchblutung und Stoffwechselparameter im arteriellen Blut bei Hämodilutionsperfusion. Von D. Regensburger. VII, 75 Seiten. DM 36,–. 1976

102 Coronarinsuffizienz, Pathophysiologie und Anaesthesieprobleme bei der Coronarchirurgie. Herausgegeben von M. Zindler und R. Purschke. XIII, 166 Seiten. DM 48,–. 1977

103 Fettemulsionen in der parenteralen Ernährung. Herausgegeben von A. Wretlind, R. Frey, K. Eyrich und H. Makowski. X, 222 Seiten. DM 48,–. 1977

104 Die akute normovolämische Hämodilution in klinischer Anwendung. Von A. J. Coburg. XI, 89 Seiten. DM 28,–. 1977

105 Lungenveränderungen während Dauerbeatmung. Von H. Reineke. VII, 56 Seiten. DM 36,–. 1977

106 Etomidate. Edited by A. Doenicke. XI, 155 pages. DM 36,–. 1977

107 Die kontrollierte Hypotension mit Nitroprussidnatrium in der Neuroanaesthesie. Von K. Huse. IX, 98 Seiten. DM 38,–. 1977

108 Transcutane Sauerstoffmessung. Von K. Stosseck. VIII, 68 Seiten. DM 32,–. 1977

Preisänderungen vorbehalten

Springer-Verlag Berlin Heidelberg New York